Rapid Assessment Program
Programa de Evaluación Rápida

Evaluación Rápida de la Biodiversidad de los Ecosistemas Acuáticos en la Confluencia de los ríos Orinoco y Ventuari, Estado Amazonas (Venezuela)

RAP
Bulletin of Biological Assessment

Boletín RAP *de* Evaluación Biológica

30

Carlos A. Lasso, Josefa Celsa Señaris, Leeanne E. Alonso, y Ana Liz Flores
(Editores)

Conservación Internacional –Venezuela (CI-Venezuela)

Conservación Internacional-DC (CI)

Fundación La Salle de Ciencias Naturales (FLASA)

Instituto de Zoología Tropical, Universidad Central de Venezuela

Universidad Centro Occidental Lisandro Alvarado (UCLA)

Colección Ornitológica Phelps

Universidad Experimental de los Llanos Ezequiel Zamora (UNELLEZ) (BioCentro)

Fundación Terra Parima

Fundación Cisneros

Fundación Instituto Botánico de Venezuela

Boletín RAP de Evaluación Biológica está publicado por:
Conservation International
Center for Applied Biodiversity Science
Rapid Assessment Program (RAP)
1919 M Street NW, Suite 600
Washington, DC, USA 20036
202-912-1000
202 912-9773 (fax)

www.conservation.org

Editores: Carlos A. Lasso, Josefa Celsa Señaris, Leeanne E. Alonso y Ana Liz Flores
Editor asistente: Greg Love
Diseño: Glenda Fábregas
Editores de la serie del Boletín RAP de Evaluación Biológica:
Terrestre y AquaRAP: Leeanne E. Alonso y Heather Wright
RAP Marino: Sheila McKenna

Conservación Internacional es una organización privada, sin fines de lucro y exempta de impuestos federales sobre ingresos bajo la sección 501(c)(3) del Codigo de Ingresos Interno

ISBN1-881173-46-1

Library of Congress Catalog Card Number 2006925489
DOI: 10.1896/ci.cabs.2006.rap30

El RAP Bulletin of Biological Assessment es la continuación de los RAP Working Papers. Los Numeros 1-13 de esta serie fueron publicados con el previo título.

Publicación:
C. A. Lasso, J.C. Señarìs, L.E. Alonso y A. Flores (Editores). 2006. Evaluación Rápida de la Biodiversidad de los Ecosistemas Acuáticos en la Confluencia de los ríos Orinoco y Venturi, Estado Amazonas (Venezuela). Boletín RAP de Evaluación Biológica 30. Conservation International. Washington DC, USA.

Fundación Cisneros generosamente apoyó financieramente esta expedición AquaRAP y el reporte.

Tabla de Contenido

APÉNDICES

Prefácio

En el hermoso Raudal de Santa Bárbara, el río Orinoco encuentra al primero de sus grandes tributarios: el Ventuari. Esta desembocadura posee características muy especiales, y viene a ser un delta interior donde a través de múltiples brazos, se funden las aguas de los dos grandes ríos. De hecho, el Ventuari por su gran volumen de aguas de mas de 110 miles de millones de metros cúbicos por año, tiene meritos propios para estar en la lista de los 100 ríos mas grandes del planeta; distinción que comparte además con otros ríos venezolanos como Meta, Apure, Caura, Caroní, Paragua, y por supuesto, el soberbio Orinoco.

La unicidad y valor del río Ventuari se ven reforzados por ser una de las cuencas mas ramificadas del mundo, recibiendo aportes de mas de 300 ríos y riachuelos en un área estimada de 42.000 km^2, superficie superior a muchos países del mundo. Estos cientos de tributarios se originan en varios macizos montañosos al norte y este del estado Amazonas, que forman la frontera con el estado Bolívar, y sirve de barrera geográfica a las biotas de las tierras altas de Guayana de las tierra bajas de Amazonas. Estos macizos son algunas de las montanas mas hermosas del Escudo Guayanés, como las sierras de Maigualida, Guanay, Guayapo y Uasadi, el macizo Paru-Euaja, y los cerros Yavi y Yapacana. Al mismo tiempo, son algunos de los ecosistemas amazónicos mas prístinos y en mejor estado de conservación; siendo además, las tierras ancestrales de las etnias Piaroa, Yekuana y Yabarana.

Esta maravilla de la naturaleza aun es muy poco conocida por la ciencia, y por eso fue priorizada por Conservación Internacional para realizar el presente estudio, que viene a sumarse a las evaluaciones ecológicas rápidas que se adelantan para relevar la gran biodiversidad existente en el Escudo Guayanés, incluyendo otros dos ríos venezolanos: el Caura (2000) y Paragua (2005), y el río Coppename (2003) en Surinam.

Los resultados obtenidos refuerzan los estimados de valiosos científicos y demuestran que nos encontramos ante una región de gran importancia para la conservación de la biodiversidad. Solo en el presente estudio del Orinoco-Ventuari que nos honra presentar, se encontraron 18 nuevos registros para Venezuela, y al menos 14 nuevas especies para la ciencia. Con esta introducción queda abierta la puerta para promover nuevos RAPs e inventarios en los variados tributarios de las cuencas altas, los cuales aportaran con toda seguridad, nuevos y valiosos datos para el conocimiento y conservación de la mayor riqueza de nuestra megadiversa Venezuela.

Una empresa del calibre e impacto como lo es el AquaRap Orinoco-Ventuari, solo fue posible por la productiva asociación que se dio entre Conservación Internacional y la Fundación Cisneros, institución venezolana que presta apoyo a programas innovadores en diversas áreas, incluyendo entre sus acciones el manejo de Campamento Manaka, localizado en la confluencia del Orinoco-Ventuari, y que sirvió de base para la presente investigación. Pero fue la participación entusiasta y profesional de los técnicos de la Fundación Terra Parima, Fundación La Salle de Ciencias Naturales, Universidad Central de Venezuela y Colección Ornitológica Phelps, los que hicieron posible este esfuerzo.

Un esfuerzo que hoy cosecha uno de sus frutos con la presente publicación, y que seguirá generando aportes a medida que las especies nuevas para la ciencia sean descritas y se publiquen otros artículos sobre la valiosa información recolectada.

Sr. Pedro R. Tinoco T.
Presidente Ejecutivo
Fundación Cisneros

Franklin Rojas Suárez
Director Ejecutivo
Conservación International- Venezuela

Participantes y Autores

Leeanne E. Alonso (Coordinación, Asistente de Campo)
Rapid Assessment Program
Center for Applied Biodiversity Science
Conservation International
1919 M Street NW, Suite 600
Washington, D. C. 20036, USA
Correo electrónico: l.alonso@conservation.org

José Vicente García Díaz (Invertebrados Acuáticos)
Instituto de Zoología Tropical
Universidad Central de Venezuela
Apartado 47058, Caracas 1041-A, Venezuela
Correo electrónico: jvgarcia@strix.ciens.ucv.ve

Carlos Andrés Lasso A. (Peces, Líder del Equipo AquaRAP)
Fundación La Salle de Ciencias Naturales (FLASA)
Museo de Historia Natural - Sección Ictiología
Apartado 1930, Caracas 1010-A, Venezuela
Correo electrónico: carlos.lasso@fundacionlasalle.org.ve

Oscar Miguel Lasso-Alcalá (Peces)
Fundación La Salle de Ciencias Naturales (FLASA)
Museo de Historia Natural - Sección Ictiología
Apartado 1930, Caracas 1010-A, Venezuela
Correo electrónico: oscar.lasso@fundacionlasalle.org.ve

Miguel Lentino (Aves)
Colección Ornitológica Phelps
Edificio Gran Sabana, Piso 3
Boulevard de Sabana Grande
Caracas 1050, Venezuela
Correo electrónico: mlentino@reacciun.ve

Oscar León-Mata (Peces)
BIOCENTRO-UNELLEZ-Guanare
Vicerrectorado de Producción Agrícola
Programa de R. N. R., Mesa de Cavacas
Estado Portuguesa. Venezuela 3350
Correo electrónico: oscar_leon64@hotmail.com

Abraham Rafael Mora Polanco (Limnología)
Estación Hidrobiológica de Guayana
"Dr. Enrique Vásquez"
Fundación La Salle de Ciencias Naturales (FLASA)
Carrera Alonso de Herrera
UD104, El Roble
San Félix, Estado Bolívar, Venezuela
Correo electrónico: abrahammora@hotmail.com

Guido A. Pereira (Crustáceos)
Instituto de Zoología Tropical
Facultad de Ciencias
Universidad Central de Venezuela
Apartado 47058, Caracas 1041-A, Venezuela
Correo electrónico: gpereira@strix.ciens.ucv.ve

Edward Enrique Perez Mora (Cartografia, Sistemas de Información Geográfica, Vegetación)
INFOGEO
Fundación Terra Parima
Av. 2 Lora con Calle 37, Quinta Irma Segunda Planta
Estado Mérida, Mérida, Venezuela
Correo electrónico: eperez@andestropicales.org

Leyda Rodríguez (Flora y Vegetación)
Fundación Instituto Botánico de Venezuela
Av. Salvador Allende
Jardín Botánico de Caracas
Plaza Venezuela
Apartado 2156, Caracas, Venezuela
Correo electrónico: rodriguv@camelot.rect.ucv.ve o qualea@hotmail.com

Douglas Rodríguez-Olarte (Peces)
Universidad Centro Occidental Lisandro Alvarado (UCLA)-Barquisimeto
Decanato de Agronomía
Departamento de Ciencias Biológicas
Edificio A, Piso 3, Cubículo 21, Apdo. 400
Tarabana, Barquisimeto, Estado Lara, Venezuela
Correo electrónico: douglasrodriguez@ucla.edu.ve

Josefa Celsa Señarìs (Reptiles y Anfibios)
Fundación La Salle de Ciencias Naturales (FLASA)
Museo de Historia Natural La Salle – Sección Herpetología
Apartado 1930, Caracas 1010-A, Venezuela
Correo electrónico: josefa.senaris@fundacionlasalle.org.ve

AUTORES ADICIONALES

Gerard Aymard (Suelos y Vegetación)
UNELLEZ-Guanare
Vicerrectorado de Producción Agrícola
Programa de R. N. R., Mesa de Cavacas
Estado Portuguesa. Venezuela 3350
Correo electrónico: gaymard@cantv.net

Paul Berry (Suelos y Vegetación)
Botany Department
University of Wisconsin-Madison
132 Birge Hall
430 Lincoln Drive
Madison, Wisconsin, 53706, U. S. A.
Correo electrónico: pberry@facstaff.wisc.edu

Carlos DoNascimiento (Peces)
Fundación La Salle de Ciencias Naturales (FLASA)
Museo de Historia Natural La Salle – Sección Ictiología
Apartado 1930, Caracas 1010-A, Venezuela
Correo electrónico: carlos.donascimiento@fundacionlasalle.org.ve

Alejandro Giraldo (Peces)
Fundación La Salle de Ciencias Naturales (FLASA)
Museo de Historia Natural La Salle – Sección Ictiología
Apartado 1930, Caracas 1010-A, Venezuela
Correo electrónico: agiraldo@ciens.ucv.ve

Cesar Mac-Quhae (Limnología)
Estación Hidrobiológica de Guayana "Dr. Enrique Vásquez"
Fundación La Salle de Ciencias Naturales (FLASA)
Carrera Alonso de Herrera
UD104, El Roble, San Félix, Estado Bolívar, Venezuela

Alberto Marcano (Invertebrados Acuáticos)
Instituto de Zoología Tropical
Universidad Central de Venezuela
Apartado 47058, Caracas 1041-A, Venezuela

Rafael Martínez-Escarbassiere (Invertebrados Acuáticos)
Instituto de Zoología Tropical
Universidad Central de Venezuela
Apartado 47058, Caracas 1041-A, Venezuela

Pablo Márvez (Suelos y Vegetación)
UNELLEZ-Guanare
Vicerrectorado de Producción Agrícola
Programa de R. N. R., Mesa de Cavacas
Estado Portuguesa. Venezuela 3350

Nelson Mattié (Aspectos Físicos)
INFOGEO
Fundación Terra Parima
Av. 2 Lora con Calle 37
Quinta Irma Segunda Planta
Estado Mérida, Mérida, Venezuela
Correo electrónico: nmattie@andestropicales.org

Nadia Milani (Peces)
Instituto de Zoología Tropical
Universidad Central de Venezuela
Aptdo. 47058, Caracas 1041-A, Venezuela
Correo electrónico: nadiamilani@cantv.net

Carmen Montaña (Peces)
BIOCENTRO-UNELLEZ-Guanare
Vicerrectorado de Producción Agrícola
Programa de R.N.R., Mesa de Cavacas
Estado Portuguesa. Venezuela 3350
Correo electrónico: mont-car@cantv.net

Leo G. Nico (Peces)
U. S. Geological Survey
Florida Integrated Science Center
7920 NW 71 Street
Gainesville, FL 32653, USA
Correo electrónico: leonico@usgs.gov

Anabel Rial (Flora)
Conservación Internacional Venezuela
Av. San Juan Bosco, Edif. San Juan Bosco, Piso 8
Of. 8-A, Altamira, Caracas C. P. 1060
Correo electrónico: a.rial@conservation.org

Gilson Rivas (Anfibios y Reptiles)
Fundación La Salle de Ciencias Naturales (FLASA)
Museo de Historia Natural La Salle – Sección Herpetología
Apartado 1930, Caracas 1010-A, Venezuela
Correo electrónico: gilson.rivas@fundacionlasalle.org.ve

María A. Sampson (Aspectos Físicos)
INFOGEO
Fundación Terra Parima
Av. 2 Lora con Calle 37
Quinta Irma Segunda Planta
Estado Mérida, Mérida, Venezuela
Correo electrónico: nmattie@andestropicales.org

Richard Schargel (Suelos y Vegetación)
UNELLEZ-Guanare
Vicerrectorado de Producción Agrícola
Programa de R. N. R., Mesa de Cavacas
Estado Portuguesa. Venezuela 3350

Luzmila Sánchez (Limnología)
Estación Hidrobiológica de Guayana
"Dr. Enrique Vásquez"
Fundación La Salle de Ciencias Naturales (FLASA)
Carrera Alonso de Herrera
UD104, El Roble
San Félix, Estado Bolívar, Venezuela
Correo electrónico: luzsanchez@cantv.net

Basil Stergios (Suelos y Vegetación)
UNELLEZ-Guanare
Vicerrectorado de Producción Agrícola
Programa de R. N. R., Mesa de Cavacas
Estado Portuguesa. Venezuela 3350

Donald Taphorn (Peces)
BIOCENTRO-UNELLEZ-Guanare
Vicerrectorado de Producción Agrícola
Programa de R. N. R., Mesa de Cavacas
Estado Portuguesa. Venezuela 3350
Correo electrónico: taphorn@cantv.net

Perfiles Organizacionales

CONSERVACIÓN INTERNACIONAL – VENEZUELA (CI – VENEZUELA)

CI – Venezuela fue fundada el año 2000 para conservar la biodiversidad en el *hotspot* de los Andes Tropicales y para demostrar que las sociedades humanas son capaces de vivir el armonía con la naturaleza. La experiencia de CI indica que el éxito en materia de conservación sucede en el marco del desarrollo sostenible que incluye a las comunidades locales ejecutando actividades creativas y alternas, construye la capacidad local para el uso apropiado y la conservación de los recursos naturales, avanza en términos de educación ambiental y busca de evitar el uso destructivo de la tierra, la contaminación del agua y la perdida de diversidad biológica. Trabajamos a través de alianzas estratégicas con socios institucionales y sociales para desarrollar las actividades de conservación, basados en criterios técnicos y científicos que respetan la diversidad cultural, el desarrollo de la creatividad local, la evaluación de los daños al hábitat, la identificación de amenazas y la creación de fuentes de ingresos alternativas.

Conservación Internacional – Venezuela
Av. San Juan Bosco
Edif.. San Juan, Piso 8,
Oficina 8 – A
Altamira, Caracas, Venezuela.
Tel. 011-58-212-266-7434
Fax. 011-58-212-266-7434

CONSERVACIÓN INTERNACIONAL (CI)

Conservación Internacional (CI) es una organización internacional, sin fines de lucro basada en Washington, DC, USA, cuya misión es conservar la diversidad biológica y los procesos ecológicos que soportan la vida en el planeta. CI emplea una estrategia de "conservación ecosistémica" que busca integrar la conservación biológica con el desarrollo económico de las poblaciones locales. Las actividades de CI se focalizan en el desarrollo del conocimiento científico, practicando un manejo basado en el ecosistema, estimulando el desarrollo basado en la conservación y asistiendo en el diseño de políticas.

Conservación Internacional – DC
1919 M Street, NW, Suite 600
Washington, DC 20036 USA
Tel: 202 912-1000
Fax: 202 912- 0773
www.conservation.org

FUNDACIÓN LA SALLE DE CIENCIAS NATURALES (FLASA)

La Fundación La Salle de Ciencias Naturales es una institución civil venezolana sin fines de lucro, creada en el año 1957, con la finalidad de impulsar el desarrollo social del país a través de tres modos de acción: La investigación, la educación y la extensión. Actualmente Fundación La Salle cuenta con una red institucional enraizada en diversas regiones del país, que incluyen los estados Cojedes, Nueva Esparta, Bolívar, Amazonas, Trujillo y el Distrito Capital, y que incluyen siete centros de investigación, cinco liceos técnicos, seis institutos universitarios, cuatro empresas de producción, un barco oceanográfico, dos barcos de pesca y un proyecto adelantado de Universidad Nacional en los Valles del Tuy. Los centros de investigación, con algo más de 100 investigadores, técnicos y asistentes de investigación, incluyen la Estación Hidrobiológica de Guayana (EDHIGU), Estación de Investigaciones Agropecuarias (EDIAGRO), Instituto Caribe de Antropología y Sociología (ICAS), Estación de Investigaciones Marinas de Margarita (EDIMAR), Estación Andina de Investigaciones Ecológicas (EDIAIE) y el Museo de Historia Natural La Salle (MHNLS). Estos centros se dedican esencialmente a estudios ambientales del país en las áreas de biodiversidad, oceanografía, ciencias agropecuarias, suelos, sedimentología, limnología, biología marina, piscicultura, antropología y sociología, entre otras. Adicionalmente, Fundación La Salle es editora de dos revistas científicas con más de 50 años de existencia, como son la Memoria y Antropológica. El Museo de Historia Natural La Salle tiene objetivos orientados hacia la realización de inventarios de la fauna y flora de Venezuela, además de investigación en áreas de taxonomía, sistemática, biogeografía, ecología y conservación. En más de 60 años de investigación ha reunido cerca de 110.000 registros de la biodiversidad venezolana, constituyendo una de las colecciones más completas e importantes del país, manteniendo ejemplares de aves, mamíferos, anfibios, reptiles, peces, diversas colecciones de invertebrados (moluscos, crustáceos, arácnidos, parásitos) y un herbario.

Fundación La Salle de Ciencias Naturales
Edif. Fundación La Salle
Av. Boyacá, sector Maripérez
Caracas, Venezuela
Tel. +58 (0) 212 7095811/5868
Fax. + 58 (0) 212 7095871
info@fundacionlasalle.org.ve
www.fundacionlasalle.org.ve

INSTITUTO DE ZOOLOGÍA TROPICAL, UNIVERSIDAD CENTRAL DE VENEZUELA

El Instituto de Zoología Tropical (IZT) es un instituto de investigación de la Facultad de Ciencias de la Universidad Central de Venezuela (UCV). Dentro de las vastas disciplinas de Zoología y Ecología, IZT enfatiza la educación y la investigación en sistemática zoológica, parasitología, ecología teórica y aplicada, estudios ambientales y conservación. El Instituto de Zoología Tropical es el responsable del Museo de Biología de la Universidad Central de Venezuela, que incluye una de las colecciones más importantes de peces en Latinoamérica y del Acuario "Agustín Codazzi", en el cual, a través de sus exhibiciones y programas educacionales, se disemina conocimiento al público acerca de los peces venezolanos y la conservación ambiental. El Instituto de Zoología Tropical publica la revista científica *Acta Biológica Venezuelica*, fundada en 1951.

Instituto de Zoología Tropical
Universidad Central de venezuela
Apto 47058
Caracas, 1041 – A, Venezuela
Web. http://strix.ciens.ucv.ve/-instzool.

UNIVERSIDAD CENTROCCIDENTAL LISANDRO ALVARADO, COLECCIÓN REGIONAL DE PECES (CPUCLA)

La colección CPUCLA se inicia en el año 2002 con la finalidad de recabar información sistematizada sobre los recursos hidrobiológicos (ambientes acuáticos y organismos) de los drenajes en la vertiente Caribe de la región centroccidental de Venezuela, principalmente para generar bases de datos y fuentes de consulta e investigación con fines de monitoreo y manejo de las cuencas hidrográficas. Esto es expresado en las líneas de investigación sobre la Biodiversidad de Peces en la Región Centroccidental y Modelos de Biomonitoreo y Manejo de los Ambientes Acuáticos. Por otro lado, la CPUCLA promueve las siguientes actividades de extensión: exposición de ejemplares preservados, charlas conservacionistas y curso de capacitación en el biomonitoreo de los recursos acuáticos.

Colección Regional de Peces CPUCLA
Edificio A, piso 2. Laboratorio de Ecología. Departamento de Ciencias Biológicas
Decanato de Agronomía. Universidad Centroccidental Lisandro Alvarado
Barquisimeto, estado Lara, Venezuela
Tel. 0058-0251-2592493 y 95
Fax: 0058-0259-2592304
cpucla@hotmail.com / douglasrodriguez@ucla.edu.ve

COLECCIÓN ORNITOLÓGICA PHELPS

La Colección Ornitológica Phelps (COP) desde sus inicios en 1938, comenzó un programa de investigaciones sobre la diversidad, distribución geográfica, taxonómica y sistemática de las Aves de Venezuela, lo cual ha permitido que Venezuela sea uno de los países de Latinoamérica mejor conocido en aves. Hasta el presente se han descrito 310 formas diferentes de aves, 246 de estas descripciones provienen de sus propias investigaciones. Es la colección de aves más grande y completa de Latinoamérica, y se encuentra entre los primeros 20 lugares de las mayores colecciones del mundo y cuenta con una extensa biblioteca especializada en aves. La Colección Phelps ha sido la base de numerosas publicaciones sobre las aves del país y ha sentado las bases para que los ornitólogos venezolanos puedan desarrollar otros campos de la biología de las aves.

Colección Ornitológica Phelps
Edf. Gran Sabana. Piso 3.
Boulevard de Sabana Grande
Caracas 1050, Venezuela
Tlf. (212) 7615631. Fax (212) 7633695

UNIVERSIDAD EXPERIMENTAL DE LOS LLANOS EZEQUIEL ZAMORA (UNELLEZ, BIOCENTRO)

El Centro para el Estudio de la Biodiversidad Neotropical Biocentro es una asociación civil sin fines de lucro, creado para apoyar el Museo de Ciencias Naturales de la UNELLEZ en Guanare, Estado Portuguesa. Consiste de cuatro unidades: El Museo de Zoología, con colecciones de Invertebrados, Peces, Herpetofauna, Aves, y Mamíferos, el Herbario Universitario (PORT) con colecciones de plantas, el Centro Cartográfico con colecciones de mapas e imágenes de satélite, y Oficina de Proyectos que funciona como una Consultoría Ambiental que ejecuta proyectos de impacto ambiental, inventarios de flora y fauna, planificación ambiental, conservación de biodiversidad, catastro rural e ingeniería ambiental.

BioCentro – UNELLEZ
Mesa de Cavaca
Guanare, estado Portuguesa, 3310, Venezuela
0257 256 8007 Fax 0257 256 8130
Email: biocentro@cantv.net

FUNDACIÓN PROGRAMA ANDES TROPICALES

La Fundación Programa Andes Tropicales (PAT), desde 1997, actúa a favor de la protección del Medio Ambiente, en los Andes Tropicales a través de la identificación y estudio de las causas profundas de los problemas que enfrentan los ecosistemas y agro ecosistemas, en la búsqueda y promoción de soluciones viables para resolverlos. Su principal objetivo es el de facilitar la conservación de escenarios naturales mediante programas donde la participación comunitaria es prioritaria. En apoyo a su gestión, el PAT recurre a herramientas de alta tecnología en el área de teledetección y sistemas de información geográfica (GIS), que le permiten optimizar la interpretación geográfica y planificar la gestión funcional en las zonas abordadas. EL PAT se caracteriza por la implantación de un estilo dinámico y eficiente en el desarrollo de sus programas y el cumplimiento de sus metas. Estratégicamente, interrelaciona sus programas e incorpora entes asociados que coadyuvan en el cumplimiento y desarrollo de los proyectos.

Fundación Programa Andes Tropicales
Avenida 2 con calle 41,
Urbanización El Encanto,
Quinta Irma. Piso 2.
P.O. Box 676, 5101-A
Mérida - Venezuela
Teléfonos: 58+274+ 263 8633 / 263 68 84
Fax : 58+274+ 263 8633
Website : www.andestropicales.org
Email : contacto@andestropicales.org

FUNDACIÓN TERRA PARIMA

La Fundación Terra Parima, se creo en el año 2001 y tiene como finalidad el fomento del estudio y de la conservación de la diversidad biológica, la promoción y divulgación de la información científica, necesaria para la elaboración de planes de desarrollo alternativos, favoreciendo las interacciones entre científicos, instituciones y las comunidades. La fundación desarrolla sus actividades fundamentalmente en el espacio geográfico comprendido por la cuenca del río Venturí y el macizo Duida -Marauaka, ubicados en el Estado amazonas en Venezuela.

Fundación Terra Parima
Avenida 2 con calle 41,
Urbanización El Encanto,
Quinta Irma. Piso 2.
P.O. Box 676, 5101-A
Mérida - Venezuela
Telefax: 58+274+ 263 8633

FUNDACIÓN CISNEROS

La Fundación Cisneros, con sede en Venezuela, emprende y administra una gama de programas dedicados a mejorar la calidad de vida de todos los latinoamericanos y a aumentar el conocimiento global sobre la América Latina contemporánea. Esta institución utiliza la avanzada plataforma tecnológica que provee la Organización Cisneros, para desarrollar programas innovadores y concretar alianzas estratégicas en las áreas de educación, cultura, medio ambiente y desarrollo social, para fortalecer a las comunidades, promover la libre expresión, impulsar el desarrollo económico y fomentar el entendimiento intercultural. La educación es el componente clave de las principales actividades de la Fundación Cisneros y el programa de televisión de Actualización de Maestros en Educación (AME) es su principal iniciativa en esta materia. Otros programas de la Fundación Cisneros son la promoción de las artes visuales, Colección Orinoco y el Centro Mozarteum, un programa multifacético que se dedica al mejoramiento profesional de músicos venezolanos. La institución mantiene una activa agenda de programas de conservación con el fin de preservar y proteger los ecosistemas venezolanos. En este sentido, destaca su auspicio a las actividades que emprende la Fundación Terra Parima y el Programa Andes Tropicales (PAT). De igual forma, la Fundación Cisneros está convencida de que la fortaleza de una sociedad se encuentra vinculada directamente a la salud y al bienestar de sus ciudadanos, iniciándose recientemente el Programa de Tecnología de Información y Comunicación para Indígenas, con el fin de fomentar en las etnias Pemón y Kariña la enseñanza de las nuevas tecnologías, para posteriormente insertarse en el Programa AME.

Fundación Cisneros
Centro Mozarteum, final avenida La Salle,
Colina de Los Caobos
Caracas 1050, Venezuela.
Teléfono: (58-212) 708.9697
Correo electrónico:info@fundacion.cisneros.org

FUNDACIÓN INSTITUTO BOTÁNICO DE VENEZUELA

La Fundación Instituto Botánico de Venezuela (FIBV) es una organización sin fines de lucro, con personalidad jurídica y patrimonio propio. Tiene como función primordial la investigación botánica, la administración, enriquecimiento, conservación y manejo del Herbario Nacional de Venezuela, del Jardín Botánico de Caracas, de la Biblioteca Henri Pittier y de otras unidades de apoyo. Publica la revista científica *Acta Botánica Venezuelica*, órgano de difusión de artículos sobre flora y vegetación de Venezuela. A través de su visión busca posicionamiento en el ámbito nacional e internacional como centro de referencia en el estudio de la diversidad vegetal en Venezuela. Tiene como misión la promoción y desarrollo de la investigación, educación e información botánica directamente vinculadas a la educación ambiental y la conservación y protección de la biodiversidad. Además, la generación de conocimiento sobre flora y la vegetación de Venezuela en los diferentes niveles de organización, mediante el desarrollo de programas y proyectos de investigación en los diversos ecosistemas del país. Sus objetivos primordiales son: realizar y promover la investigación en botánica y disciplinas relacionadas; coordinar y participar en la ejecución del inventario de la flora nacional; custodiar, mantener y enriquecer la principal colección de ejemplares botánicos de referencia de la Flora de Venezuela; promover, fomentar y efectuar labores relacionadas con la conservación, protección y albergue de plantas nativas o exóticas y raras o en peligro de extinción; investigar y conservar *ex situ* la fitodiversidad; editar y publicar resultados de la investigación botánica nacional e internacional; promover y realizar labores de extensión a través de actividades y programas educativos en materia botánica y disciplinas relacionadas; conservar e enriquecer las colecciones bibliográficas y la documentación histórica patrimonial de la FIBV; apoyar la formación de investigadores y docentes en botánica y ciencias afines y promover y participar en las redes de información botánica y disciplinas relacionadas.

Fundación Instituto Botánico de Venezuela
Av. Salvador Allende, entrada Tamanaco de la U.C.V.,
Plaza Venezuela, Caracas, Venezuela.
Apartado Postal 2156, Caracas 1010-A.
Teléfonos 58-212-605-39-94/89
Telefax: 58-0212-605-39-94
www.ucv.ve/fibv.htm

Agradecimientos

Un agradecimiento muy especial a todas las comunidades indígenas de la región por su interés en que se realizará este proyecto, en particular al Sr. Alfredo Guayamare, Presidente de la Jurisdicción Yapacana. Así mismo, al Comisario de la Comunidad de Macuruco, Sr. Israel Menare; al Capitán de la Comunidad de Picúa, Sr. Jacinto García; al Capitán de Maraya, Sr. Juan Herrera; al Capitán de la Comunidad de Arena Blanca, Sr. Nestor González y al Capitán de la Comunidad de Güachapana, Sr. Roberto Yavinape.

A la Organización Pueblos Indígenas de Amazonas (ORPIA) por permitirnos realizar las investigaciones en territorio indígena, especialmente a los Profesores Nelson Mavio (Coordinador General) y Daniel Guevara (Asesor General de ORPIA).

A la Dirección de Asuntos Indígenas (DAI) del Ministerio de Educación por su guía en la obtención de permisos en las comunidades indígenas. Especial agradecimiento al Dr. Iñigo Narbaiza, Delegado de la Comisión de Ciencia y Tecnología del Ministerio en el Estado Amazonas y Coordinador de FUDECI en Puerto Ayacucho, por todas las gestiones realizadas. Por el apoyo en el transporte aéreo agradecemos a la Gobernación del Estado Bolívar.

Al Dr. Jesús Ramos, actual Director General de la Oficina Nacional de Diversidad Biológica (ONDIBIO-MARN) y al Ing. Rodolfo Roa, anterior director (E), por su receptividad en la obtención de los permisos necesarios. A las autoridades y funcionarios de INPARQUES, Dra. Maurelena Remiro y Lic. Neydú Pérez, por la rapidez en la obtención de permisos para trabajar en el Parque Nacional Yapacana. A Maris José López por su colaboración en la obtención de los datos climáticos.

El equipo AquaRAP desea expresar su mayor agradecimiento al Dr. Gustavo Cisneros y la Dra. Patty Cisneros por su interés y colaboración durante el transcurso del proyecto. A la Fundación Cisneros por el apoyo logístico y económico, especialmente a su Presidente, el Dr. Peter Tinoco y al Ing. Frank Ibarra, Gerente del Manaka Fishing Lodge, que pusieron a nuestra disposición todos los medios necesarios y cuya coordinación fue vital para el desarrollo del trabajo de campo. Igualmente a la Dra. Sandra Zanoletti, Vicepresidenta de la Organización Cisneros por su receptividad y a Kelsi Koch y Vladimir Mujica. Todo el personal del Campamento Manaka participó de diferentes formas en el estudio, ya fueran coordinadores, chef, guías, motoristas o ayudantes: Gilberto Tang, Armando Rodríguez, Augusto Luna, Antonio Martínez, Luis Caribán, Moisés Martínez, Julio Caribán, Martín Gonzálcz, Virgilio Valor, Jean Claude Rozzame y demás personal del campamento. También agradecemos a la Fundación Rufford por apoyar el programa de AquaRAP de CI.

A todo el equipo técnico de Vale TV, Fundación Cisneros y productores independientes que realizaron el documental, en especial a Vanessa Briceño, Cynthia Forsyth, Henry Briceño y Kelsy Koch.

Al Dr. Aníbal Castillo, Presidente de la Fundación Instituto Botánico de Venezuela.
Al Dr. Yves Lessenfants, Director Ejecutivo de la Fundación Terra Parima y el Programa Andes Tropicales, PAT-Infogeo, por su apoyo desde el inicio y la cesión de todo el material cartográfico e imágenes de satélite. Al Sr. Bernabé Lezama de Transporte Manapiare por su apoyo logístico. A la Presidencia, Vicepresidencia y Dirección Científica de Fundación La Salle de Ciencias Naturales.

El equipo de flora, vegetación y suelos desean agradecer a los siguientes investigadores que amablemente colaboraron en la identificación de algunos grupos de plantas: Neida Avendaño (Fabaceae), Ismael Capote (Melastomataceae), Reina Gonto (*Scleria*-Cyperaceae), Omaira Hokche (Caesalpiniaceae), Mauricio Ramia y José Grande (Poaceae), Basil Stergios (*Campsiandra*-Caesalpiniaceae), Thomas Phillbrick (Podostemaceae), S. Renner (Monimiaceae y Melastomataceae), A. Vincentini y H. van der Werff (Lauraceae), L. Lohmann (Bignoniaceae), C. Taylor (Rubiaceae) y N. Cuello (*Swartzia*-Fabaceae y *Tovomita*-Clusiaceae). A Yaroslavi Espinoza por su asistencia en el procesado de las plantas acuáticas y elaboración de rótulos de las muestras botánicas. A Franklyn Molina y Alberto Vicentini por su valiosa ayuda en los trabajos de campo y a Domingo Dacosta y Virgilio Valor por su información sobre los diferentes aspectos de la selva Amazónica. La Gerencia de Investigación orientada del FONACIT (Agenda Biodiversidad), financió en parte algunos de los resultados aquí presentados.

Finalmente, nuestro más sincero agradecimiento al personal de Conservación Internacional quienes apoyaron con gran entusiasmo esta iniciativa: Leeanne Alonso (CI Washington), Franklin Rojas, Analiz Flores, María G. Von Buren, Patricia Bandres, Alejandra Ochoa y Francisco Farfán (CI- Venezuela).

Reporte en Breve

EVALUACIÓN RÁPIDA DE LA BIODIVERSIDAD DE LOS ECOSISTEMAS ACUÁTICOS EN LA CONFLUENCIA DE LOS RÍOS ORINOCO Y VENTUARI, ESTADO AMAZONAS (VENEZUELA)

Fecha Expedición

24 de noviembre – 12 de diciembre del 2003

Descripción del Área

El área seleccionada para la realización del AquaRAP se encuentra en la confluencia (delta interno) de los ríos Orinoco y Ventuari en el Estado Amazonas de Venezuela. Para el estudio se incluyeron tres subregiones o areas focales: 1) Orinoco 1 (OR 1), ubicada en el río Orinoco, aguas arriba de su confluencia con el Ventuari hasta el caño Perro de Agua (03º44´33,4´´N 66º58´29,8´´W); 2) Orinoco 2 (OR 2), ubicada en los alrededores del Campamento Manaka (03° 57´10´´ N – 67° 48´57´´ W); y 3) Río Ventuari (VT), ubicada entre la zona del bajo Ventuari (confluencia del Ventuari con el río Orinoco 03° 59´ 34´´ N – 67° 02´ 29´´W) y el poblado de Arena Blanca en el caño Guapuchí (04º11´35,7´´ N - 66º44´56,7´´W). Toda el área pertenece al Escudo de Guayana (Precámbrico), con depósitos aluvionales cuaternarios en las riberas de los principales ríos. De manera general, se pueden distinguir las siguientes unidades de paisajes: a) llanura aluvial, b) penillanura de erosión-alteración, c) llanura de erosión-acumulación, y d) llanura de erosión exorreica.

Razones y Objetivos de la Expedición

La razón fundamental para la realización de este AquaRAP fue contribuir al conocimiento de la biodiversidad, uso de los recursos y conservación de esta región desconocida del Amazonas venezolano, que a pesar de estar todavía en condiciones casi prístinas, muestra indicios alarmantes de amenazas por la minería ilegal. Los objetivos específicos planteados fueron: 1) Inventariar las especies de aves, reptiles, anfibios, peces, crustáceos, moluscos y otros invertebrados acuáticos (especialmente insectos); 2) Describir los tipos de vegetación presentes en las estaciones de muestreo; 3) Elaborar una lista de las especies de plantas acuáticas y de los bosques ribereños; 4) Determinar los parámetros fisicoquímicos del agua más importantes en los diferentes cuerpos de agua (caños, ríos, lagunas, etc.); 5) Elaborar una lista de las especies endémicas y/o de distribución restringida al área de estudio; 6) Reconocer las especies importantes para planes de conservación (amenazadas, en peligro, etc.) y/o uso sustentable; 7) Evaluar de manera preliminar el uso de los recursos acuáticos, fauna silvestre y productos forestales por parte de la comunidad indígena y criolla del área; 8) Identificar los hábitat o áreas de especial interés (alta diversidad, alta densidad de especies endémicas, etc.) presentes en el área de estudio; 9) Identificar las amenazas presentes y potenciales en el área; 10) Generar información de línea base para planes de manejo del Parque Nacional Yapacana y establecer recomendaciones para la conservación; y 11) Producir información básica para la creación del Corredor Fluvial Orinoco-Ventuari y el posicionamiento de una base operativa para la continuidad de proyectos de investigación y conservación.

Resultados Principales del AquaRAP

Número de especies

Plantas: 357 especies
Macroinvertebrados acuáticos: > 50 especies
Crustáceos decápodos: 14 especies
Peces: 245 especies
Anfibios: 29 especies
Reptiles: 51 especies
Aves: 157 especies

Nuevos registros para el Estado Amazonas

Plantas: 1 especie
Crustáceos decápodos: 3 especies
Peces: 14 especies
Aves: 2 especies

Nuevos registros para Venezuela

Plantas: 1 especie
Crustáceos decápodos: 3 especies (y 3 especies adicionales que solo se conocían previamente en la localidad tipo en el Estado Amazonas, por lo cual se amplían sus límites de distribución)
Peces: 14 especies
Reptiles: 2 especies constituyen el segundo registro para Venezuela

Nuevas Especies para la Ciencia

Crustáceos decápodos: 1 especie
Peces: 13 especies

Resultados Principales de los Estudios Adicionales

Vegetación del bajo Ventuari

Número de especies: 510 especies
Nuevos registros para el Estado Amazonas: 10 especies
Nuevos registros para Venezuela: 7 especies
Nuevas especies para la Ciencia: 2 especies

Peces del bajo Ventuari

Número de especies: 470 especies

Recomendaciones para la Conservación

La confluencia de los ríos Orinoco y Ventuari representa una región que se mantiene en la actualidad en condiciones casi prístinas. Con base a los resultados obtenidos durante este AquaRAP, así como observaciones generales, se proponen las siguientes recomendaciones para la conservación de la biodiversidad y ecosistemas del área:

- Incorporación activa de las comunidades locales, especialmente las indígenas, en actividades de protección y conservación de los ecosistemas. Para ello se puede iniciar actividades formativas como talleres sobre educación ambiental y uso sostenible de los recursos naturales.

- Alertar y pedir mayor presencia gubernamental en la región, especialmente en actividades de vigilancia del Parque Nacional Yapacana.

- Ejecutar programas de estudio y monitoreo de la pesca ornamental de cara a su manejo sustentable.

- Realizar estudios detallados sobre el uso de los recursos faunísticos locales (pesquerías y cacería). Resulta imprescindible iniciar estos estudios con especies en categorías especiales de amenaza (p. ej. caimán del Orinoco, tortugas del género *Podocnemis*). Como resultado de nuestro estudio exploratorio, encontramos que existen diversas actividades que deben ser aprovechadas y reguladas, con la finalidad de permitir un uso sostenible de los ecosistemas acuáticos y terrestres.

- Realizar estudios detallados sobre la contaminación mercurial en la cadena trófica acuática, incluyendo muestras de sedimentos y de la población rural e indígena, para su análisis comparativo.

- Apoyar e incentivar actividades dirigidas al desarrollo de programas para el uso sostenible y manejo racional de los recursos de la zona.

- Apoyar y fomentar actividades de turismo ecológico o ecoturismo con participación local a través de cooperativas indígenas y/o empresas de trayectoria conservacionista.

- Promover una nueva actividad de pesca sostenible y ecoturismo ecológico especializado: la pesca ornamental.

- Complementar los resultados de este AquaRAP con otras dos exploraciones en épocas climáticas contrastantes (época de máxima sequía para el estudio más completo de peces y reptiles y en época de lluvia para anfibios, aves y peces).

Report at a Glance

RAPID EVALUATION OF THE AQUATIC ECOSYSTEM BIODIVERSITY IN THE CONFLUENCE OF THE ORINOCO AND VENTUARI RIVERS, AMAZONAS STATE (VENEZUELA)

Expedition Date

November 24 – December 12, 2003

Description of the Area

The area selected for undertaking this AquaRAP is the confluence (internal delta) of the Orinoco and Ventuari Rivers in Amazonas State, Venezuela. For the study, three sub-regions, or focal areas, were included: Orinoco 1 (OR 1), located in the Orinoco River, up river from its confluence with the Ventuari until the Perro de Agua channel (*caño*) (03º44´33.4´´N 66º58´29.8´´W); 2) Orinoco 2 (OR 2), located in the area surrounding the Manaka encampment (03° 57´10´´ N – 67° 48´57´´ W); and 3) the Ventuari River (VT), located between the zone of the Lower Ventuari (confluence of the Ventuari with the Orinoco, 03° 59´ 34´´ N – 67° 02´ 29´´ W) and the village of Arena Blanca in the Guapuchi channel (04º11´35.7´´N - 66º44´56.7´´W). The entire area belongs to the Guayana Shield (Pre-Cambrian), with Quaternary alluvial deposits along the banks of the main rivers. In general, the following landscape units can be distinguished: a) Alluvial plains, b) Peneplains of erosion-alteration, c) Plains of accumulated erosion, d) Plains of exorreic erosion.

Reasons and Objectives for the Expedition

The fundamental reason for undertaking this AquaRAP was to contribute to the knowledge of biodiversity, resource use and conservation of this unknown region of the Venzuelan Amazon, which in spite of still being in almost pristine conditions, shows alarming signs of threats from illegal mining. The specific stated objectives were: 1) Inventory the species of birds, reptiles, amphibians, crustaceans, mollusks and other aquatic invertebrates (especially insects); 2) Describe the vegetation types present in the sampling stations; 3) Produce a list of aquatic and riparian plant species; 4) Determine the most important physicochemical water parameters of the different bodies of water (channels, rivers, lagoons, etc.); 5) Produce a list of endemic species and/or species with restricted distribution in the area of study; 6) Recognize important species for conservation plans (threatened, endangered, etc.) and/or sustainable use; 7) Preliminarily evaluate resource use (aquatic resources, wildlife and forest products) by the indigenous and Creole (*criollos*) communities in the area; 8) Identify the habitats or areas of special interest (high diversity, high density of endemic species, etc.) present in the area of study; 9) Identify present and potential threats in the area; 10) Generate base line information for management plans for the Yapacana National Part and establish conservation recommendations; and 11) Produce basic information for the creation of the Orinoco-Ventuari fluvial corridor and the positioning of a base of operations for the continuation of investigative and conservation projects.

Principal Results of the AquaRAP

Number of species
Plants: 357 species
Aquatic macroinvertebrates: > 50 species
Decapod crustaceans: 14 species
Fishes: 245 species
Amphibians: 29 species
Reptiles: 51 species
Birds: 15 species

New records for Amazonas State
Plants: 1 species
Decapod crustaceans: 3 species
Fishes: 14 species
Birds: 2 species

New Records for Venezuela
Plants: 1 species
Decapod crustaceans: 3 species (and 3 additional species previously known only from their type locality in Amazonas State)
Fishes: 14 species
Reptiles: 2 species constituting the second records for Venezuela

Species New to Science
Decapod crustaceans: 1 species
Fishes: 13 species

Principal Results from the Additional Studies

Vegetation of the lower Ventuari
Number of species: 510 species
New records for Amazonas State: 10 species

New records for Venezuela: 7 species
Species New to Science: 2 species

Fishes of the Lower Ventuari
Number of species: 470 species

Recommendations for Conservation

The confluence of the Orinoco and Ventuari Rivers represents a region that at the present time (2004) is in almost pristine conditions. Based on the results obtained during this AquaRAP survey, as well as from general observations, the following recommendations are proponed for conservation of the biodiversity and ecosystems found in the area:

- Active incorporation of local communities, especially indigenous ones, in activities to protect and conserve the area's ecosystems. To begin this process, initial activities can be workshops on environmental education and sustainable use of natural resources.

- Alert authorities and request greater governmental presence in the region, especially with regards to increased vigilance activities in the Yapacana National Park.

- Execute study and monitor programs for ornamental fishes to promote sustainable management.

- Complete detailed studies on the use of local wildlife resources (fishing and hunting). It is essential to initiate these studies with species in special threatened categories (for example, the Orinoco caiman and turtles of the genus *Podocnemis*). As a result of our exploratory study, we find that diverse activities exist that ought to be used and regulated in order to permit sustainable use of aquatic and terrestrial resources.

- Complete detailed studies on mercury contamination in the aquatic trophic chain, including sampling of sediments and rural and indigenous populations for a comparative analysis.

- Support and create incentives for activities directed at the development of programs for the sustainable and rational management of the region's resources

- Support and promote ecological tourism, or ecotourism, activities with local participation through indigenous cooperatives and/or conservation-oriented enterprises.

- Promote a new activity of sustainable fishing and specialized ecotourism: ornamental fishing.

- Complement the results of this AquaRAP with two additional studies in contrasting climatic seasons (the season of maximum drought for a more complete study of fishes and reptiles and in the raining season for amphibians, birds and fishes.

Resumen Ejecutivo

Carlos A. Lasso y Josefa C. Señaris

EL PROGRAMA AQUARAP

El Programa de Evaluaciones Rápidas de Ecosistemas Acuáticos (Rapid Assessment of Freshwater Aquatic Ecosystems Program), conocido por las siglas AquaRAP y desarrollado por Conservation International (CI), fue creado en 1990 con el objeto de disponer rápidamente de información biológica necesaria para acelerar acciones de conservación y protección de la biodiversidad. Grupos de investigadores, tanto internacionales como locales, con especialidad en biología de las aguas dulces y biología terrestre, desarrollan en un área determinada por un período de tiempo (2 a 4 semanas), trabajo de campo, con el objeto de evaluar dicha diversidad. Estos equipos proveen de recomendaciones para la conservación, basadas en el conocimiento de la diversidad biológica del área, el nivel de endemismo, la unicidad de los ecosistemas y el riesgo de extinción de algunas especies, tanto a escala nacional como global.

Los científicos que conforman estos equipos RAP, evalúan la diversidad de grupos de organismos seleccionados como indicadores y analizan esta información, en conjunto con los datos sociales, medioambientales, y cualquier otro tipo de información apropiada, con el objeto de aportar recomendaciones realistas y prácticas, para las instituciones, gestores y personas responsables en la toma de decisiones.

Dentro del Programa de Evaluaciones Rápidas (RAP), el AquaRAP se creó en asociación con el Chicago Field Museum, como un programa multinacional y multidisciplinario, dirigido a identificar prioridades para la conservación y oportunidades de manejo sostenible de los ecosistemas dulceacuícolas en Latinoamérica.

La misión del AquaRAP es evaluar la diversidad biológica y su conservación en ecosistemas tropicales dulceacuícolas mediante la realización de inventarios rápidos. Los equipos del Programa AquaRAP han evaluado la biodiversidad acuática en diferentes cuencas de Bolivia, Brasil, Paraguay, Perú, Ecuador, Venezuela, Guyana y recientemente, Surinam. Adicionalmente, el Programa AquaRAP de CI también ha desarrollado prospecciones de la biodiversidad acuática en África (Okavango Delta, Bostwana, 2000) y Centroamérica (Petén, Guatemala, 1999).

Los resultados del AquaRAP han servido como soporte científico para el establecimiento de parques nacionales en Bolivia y Perú, dotando de información biológica de línea base en ecosistemas tropicales pobremente explorados. También ha identificado las amenazas y propuesto recomendaciones para la conservación de los ambientes dulceacuícolas y estuarinos. Los resultados de las prospecciones del AquaRAP están disponibles de manera prácticamente inmediata, para todas aquellas partes interesadas en la planificación de la conservación.

Objetivos específicos del AquaRAP Orinoco-Ventuari 2003

- Inventariar las especies de aves, reptiles, anfibios, peces, crustáceos, moluscos y otros invertebrados acuáticos (especialmente insectos).
- Describir los tipos de vegetación presentes en las estaciones de muestreo.
- Elaborar una lista de las especies de plantas acuáticas y de los bosques ribereños.
- Determinar los parámetros fisicoquímicos del agua más importantes, en los diferentes cuerpos de agua (caños, ríos, lagunas, etc.).

- Elaborar una lista de las especies endémicas y/o de distribución restringida al área de estudio.
- Reconocer las especies importantes para planes de conservación (amenazadas, en peligro, etc.) y/o uso sustentable.
- Evaluar de manera preliminar el uso de los recursos acuáticos, fauna silvestre y productos forestales por parte de la comunidad indígena y criolla del área.
- Identificar los hábitat o áreas de especial interés (alta diversidad, alta densidad de especies endémicas, etc.) presentes en el área de estudio.
- Identificar las amenazas presentes y potenciales en el área.
- Generar información de línea base para planes de manejo del Parque Nacional Yapacana y establecer recomendaciones para la conservación.
- Producir información básica para la creación del Corredor Fluvial Orinoco-Ventuari y el posicionamiento de una base operativa para la continuidad de proyectos de investigación y conservación.

Antecedentes

Venezuela se ubica entre los diez primeros países con mayor diversidad biológica del planeta, condición que se expresa en la existencia de diez bioregiones, muchas de ellas características y únicas del norte del continente suramericano. En este sentido las tierras al sur del río Orinoco albergan más de la mitad de la biodiversidad venezolana, debido en buena medida a la historia geológica de la región Guayana, la elevada riqueza de especies de la región Amazónica, así como los aportes individuales de ecosistemas únicos que se encuentran en esta zona.

En este marco, el Estado Amazonas en Venezuela, es probablemente la región menos explorada desde punto de vista de la biodiversidad, debido fundamentalmente a las dificultades logísticas de acceso, movilización y permanencia. En el caso particular del área de confluencia entre el río Orinoco y el Ventuari, se suman buena parte de los ecosistemas característicos de este estado, los cuales abarcan desde las tierras altas de la Guayana (complejos tepuyanos del Duida-Marahuaca, Cerro Yapacana), las tierras bajas amazónicas con sus planicies inundables adyacentes, hasta las tierras de altitud intermedia de las serranías del Sipapo, Cuao, etc. Además de los anteriores, se desarrollan ambientes únicos como el delta interno e islas fluviales de la desembocadura del Ventuari en el río Orinoco. Este mosaico de ecosistemas alberga, en conjunto, una elevada riqueza de formas de vida que son el resultado de interesantes patrones biogeográficos, así como procesos propios de especiación y endemismo. En el área también habitan importantes comunidades indígenas (Piaroas, Yabarana, Ye´kuana, Baniva) que conviven en armonía con el medio.

Debido a esta elevada riqueza de especies y a la particularidad de estos ambientes únicos, parte del área comprendida entre el río Orinoco y el Ventuari está protegida bajo la figura de Parque Nacional Yapacana (PNY), sin contar con otras zonas adyacentes que también se encuentran resguardadas como área bajo régimen especial de administración (Parque Nacional Duida-Marahuaka, Monumentos Naturales Los Tepuyes). A pesar de estas iniciativas, en la región existen áreas que están bajo presiones directas de explotación minera y degradación ambiental, e indirectamente por contaminación mercurial e incremento de carga de sedimentos a los ríos.

Conservación Internacional Venezuela (CI), Fundación la Salle de Ciencias Naturales (FLASA) y la Fundación Terra Parima tienen objetivos en común, tanto en lo relativo a la conservación y manejo sustentable de los ecosistemas y sus recursos naturales como en lo referente a los estudios de biodiversidad. En este sentido, estas instituciones unen sus esfuerzos en la ejecución de una "Evaluación Biológica Rápida" (RAP) en el área de confluencia del río Orinoco y el Ventuari, con la finalidad de recoger la mayor cantidad de información sobre la biodiversidad de la región en corto tiempo y con el menor costo posible, pero manteniendo un nivel y calidad científica elevada. Para esto hemos integrado en esta propuesta estudios de la biodiversidad acuática (AquaRAP) y su interfase con el medio terrestre o "aquatic terrestrial transition zone" (ATTZ) contando con un equipo de especialistas nacionales e internacionales altamente cualificados en cada una de las diferentes disciplinas consideradas (invertebrados acuáticos, anfibios y reptiles, peces, avifauna, uso de los recursos acuáticos, limnología y vegetación ribereña y acuática).

Por todo lo anterior se considera que los resultados obtenidos en este RAP incrementaron notablemente el conocimiento sobre la diversidad y biogeografía de la zona, y en general la de Venezuela, así como el aporte de información de línea base para la propuesta de planes de conservación y uso sustentable, tanto para especies individuales como para todo este ecosistema único.

Durante los días 24 de noviembre al 9 de diciembre del 2003, la evaluación se realizó en la confluencia de dos grandes ríos, el Orinoco y el Ventuari, donde se forma un delta interno único, con hábitat muy particulares, incluyendo parte del Parque Nacional Yapacana. Así, se consideraron tres subregiones o areas focales o (ver Mapa 1):

Subregión 1- Subregión Orinoco 1, que abarca el río Orinoco desde el caño Perro de Agua hasta su confluencia con el río Ventuari.

Subregión 2- Subregión Orinoco 2, sector del río Orinoco, después de su confluencia con el Ventuari, entre el caño Cangrejo y el caño Winare.

Subregión 3- Subregión Ventuari, que corresponde al bajo río Ventuari, desde el caño Guapuchi hasta su confluencia con el Orinoco.

RESULTADOS RELATIVOS A LAS CONSIDERACIONES PARA LA CONSERVACIÓN

Criterios para la conservación

Criterios primarios

Heterogeneidad y unicidad de hábitat

La zona estudiada durante este AquaRAP se encuentra dentro del delta interno Orinoco-Ventuari e incluye tanto la parte baja del río Ventuari como las dos secciones del río Orinoco previo y después de la confluencia con el Ventuari. Hay cuatro unidades paisajísticas, pero el factor más resaltante es la existencia de dos tipos de aguas: claras y negras, las cuales condicionan la biota existente. En general predominan los caños de porte mediano y pequeño, que afluyen tanto al Orinoco como al Ventuari. Estos pueden ser de ambos tipos de aguas e incluso mezclarse. Forman pequeñas playas arenosas o fangosas con numerosa hojarasca, de gran importancia para la microfauna acuática.

Otros hábitat dominantes son los bosques inundables, en especial los bosques ribereños asociados a los caños y ríos que permanecen inundados gran parte del año. También son frecuentes, aunque menos accesibles, las lagunas de inundación de las islas fluviales del delta interno y algunos charcos temporales de superficie variable.

Por último, aunque no menos importante, hay que señalar la existencia de algunos morichales y la presencia de rápidos (raudales) en los cauces principales del Orinoco y Ventuari, donde existe una ictiofauna particular asociada a las plantas acuáticas (Podostemaceae).

Nivel actual de amenaza

En comparación con otras áreas del alto y medio Orinoco, la confluencia de los ríos Orinoco y Ventuari presentan un nivel bajo de amenaza. Sin embargo, hay problemas evidentes con la contaminación mercurial en la cadena trófica, probablemente asociada con la existencia de la minería ilegal en la región que se extiende inclusive dentro del Parque Nacional Yapacana. Las determinaciones de mercurio en tejido de algunas especies de importancia en la dieta regional, así lo demuestran. En nueve de las 17 especies examinadas, encontramos valores superiores a los 0,5 ug/g que es el máximo permitido por la Organización Mundial de la Salud. Hay al menos tres minas ilegales conocidas en la región, entre las que destacan por su impacto las de caño Maraya y caño Yagua.

Asociado a esta extracción ilegal de oro y contaminación mercurial, existe una amenaza adicional muy importante que es la demanda constante de alimento por parte de los mineros ilegales. Ellos requieren una gran cantidad de pescado, especialmente de pavón (*Cichla* spp), además de carne de monte (cacería). También existe un problema grave con la exportación ilegal de peces ornamentales, sin ningún tipo de control o permiso hacia Colombia.

Potencial y oportunidades para la conservación

La situación geográfica remota de la región, aunado a la ausencia de vías de comunicación -salvo por vía fluvial-, genera situaciones y oportunidades interesantes para la conservación. Tampoco hay ciudades importantes cerca, salvo San Fernando de Atabapo que está a más de dos horas con lancha rápida desde el Campamento Manaka, punto focal, en nuestra opinión, de futuros planes y oportunidades de conservación. En ese sentido, la Fundación Terra Parima ha desarrollado en la región proyectos piloto de conservación y desarrollo comunitario, que persiguen el establecimiento del Corredor Fluvial Orinoco-Ventuari. Con la participación de Fundación La Salle, UNELLEZ-Biocentro y el Departamento INFOGEO del Programa Andes Tropicales este proyecto integra la investigación, la conservación y el apoyo a las comunidades indígenas como una manera de protección efectiva y el manejo de los ecosistemas acuáticos y ribereños de la región Orinoco-bajo Ventuari (Molinillo y Lesenfants 2001). La presencia en el área de un campamento, como lo es Manaka Jungle Lodge, cuya gerencia siempre ha apoyado las actividades de investigación y conservación, es una excelente oportunidad para desarrollar planes futuros conjuntos.

Por otro lado, es importante resaltar el hecho de la existencia dentro del área del Parque Nacional Yapacana, el cual se extiende a lo largo de la margen derecha del río Orinoco (Área Focal ORI 2) y en la margen izquierda del río Ventuari (Área Focal 3 o bajo Ventuari - VT). Así mismo, en esta región se encuentran dos de las cuatro áreas recomendadas para su inclusión en la categoría de áreas protegidas para el Estado Amazonas: los herbazales de arena blanca del caño Guapuchí y las planicies inundables del río Parucito (Huber 1995, Molinillo y Lesenfants 2001).

Nivel de fragilidad

El Corredor Fluvial Orinoco-Ventuari puede verse afectado fundamentalmente por las actividades mineras en la región y las consecuencias de esta: contaminación mercurial (ya existente), deforestación, tala y quema.

Otros significados biológicos (procesos ecológicos)

En esta región se conjuga el encuentro de dos grandes ríos sin parangón en otra zona de la cuenca. Esta confluencia de los ríos Orinoco y Ventuari determina la formación de un delta interno único, con hábitat muy particulares y punto de encuentro de dos faunas, una del Ventuari (aguas claras) y otra del Orinoco (aguas más bien negras). Estas zonas inundables actúan también como lugares para la reproducción y refugio de muchas especies, tanto de peces como de otros vertebrados.

Criterios secundarios

Endemismos

Todavía no estamos -restan muestras por identificar o están a nivel preliminar de identificación-, de conocer la proporción o número de especies restringidas a esta región. Sin embargo, algunos avances son bastante elocuentes en este sentido, ya que es probable de que entre las especies nuevas para la ciencia, alguna sea endémica o que al menos tenga una distribución restringida al delta interno Orinoco-Ventuari. Por ejemplo, dos de las especies de camarones del género *Pseudopalaemon* pudieran estar restringidas a está región. En el caso de los peces probablemente alguna de las especies sean también características o propias del alto Orinoco, y en particular algunas de ellas estarán restringidas al Ventuari (caso de los loricáridos). Entre los reptiles, hay un lagarto (*Uracentron azureum werneri*) típicamente amazónico, cuya presencia en el área representa el punto más al norte de la distribución conocida de la subespecie. Hay una rana que aunque no fue colectada en la expedición, es endémica del lugar, el sapito del Yapacana (*Myniobates steyermarki*). De las aves, el perico cara sucia (*Aratinga pertinax chrysogenys*) y el periquito oscuro (*Forpus sclateri sclateri*) son nuevos registros para el país y representan unas extensión de su distribución en la Amazonia. Aunque no lo encontramos durante el AquaRAP, en la región hay una especie endémica que es el hormiguero del cerro Yapacana (*Myrmeciza disjuncta*). De las 357 especies de plantas vasculares identificadas, 14 de ellas sólo se distribuyen en Venezuela en el Estado Amazonas.

Productividad
Las características fisicoquímicas del río Orinoco en esta sección de la cuenca sugieren que las aguas deben de ser poco productivas en relación al medio y bajo Orinoco. Las conductividades fueron muy bajas, al igual que los sólidos suspendidos. Este hecho fue mucho más marcado en el río Ventuari que en el Orinoco. Sin embargo, esto no aparenta tener mayor efecto -disminución- de la diversidad de especies, tanto animales como vegetales.

Diversidad
Sin duda alguna, la confluencia de los ríos Orinoco y Ventuari representa un área de elevada diversidad. De manera preliminar encontramos hasta el momento: más de 350 especies de plantas en la confluencia Orinoco-Ventuari (Capítulo 2) y más de 500 en el bajo Ventuari (Capítulo 3); más de 50 especies de macroinvertebrados acuáticos; 17 especies de crustáceos; 245 especies de peces en la confluencia Orinoco-Ventuari (Capítulo 7) y 470 en el bajo Ventuari (Capítulo 8); 29 especies de anfibios y 51 de reptiles; y 157 especies de aves, y aún así estamos muy lejos de haber completado un listado relativamente completo. En el caso de los crustáceos se observó la mayor riqueza de especies en comparación con cualquier otro estudio AquaRAP realizado en aguas continentales dulceacuícolas de Suramérica y la riqueza ictiológica del bajo Ventuari es la mayor conocida hasta el momento para la Orinoquia.

Significado humano
Toda la región es de vital importancia para la supervivencia de los indígenas. De las 13 etnias que habitan en el Estado Amazonas, cuatro de ellas viven en la confluencia de los ríos Orinoco y Ventuari. Nos referimos a los Baniva, Curripaco, Piaroa y Maco. Cada uno de estos grupos ha desarrollado de manera diferente su adaptación al medio y particular forma de aprovechar los recursos. No obstante, todos dependen en primer lugar de la pesca, en segundo término de la caza y en tercer lugar de la agricultura tradicional y recolección de productos del bosque.

Nivel de integridad
Toda la región tiene un elevado grado de integridad, entendida esta como la extensión del área libre de la perturbación humana. De esta forma podemos aseverar que más del 75% del área estudiada se encuentra en estas condiciones, y donde esta perturbación existe -salvo en los focos mineros- es mínima.

Criterios terciarios
Habilidad o capacidad para generalizar
Este tipo de estudio (AquaRAP) es pionero en la Amazonía Venezolana. Otros AquaRAP´s se han realizado en la parte media (río Caura) y baja de la cuenca (delta del Orinoco). Los muestreos realizados en los caños afluentes del Orinoco y el Ventuari nos permiten tener una idea bastante aproximada de la composición de la biota acuática en estos sistemas que se extienden desde los Raudales de Atures en Puerto Ayacucho hasta el alto Orinoco. Si bien incluimos solo dos localidades de muestreo dentro de los límites del Parque Nacional Yapacana, el resto de la información generada a partir de los muestreos en otras localidades aledañas es extrapolable al conocimiento biológico del Parque. El nivel de replicabilidad es entonces elevado.

Nivel de conocimiento
Previo a este estudio sólo teníamos información parcial de la avifauna y algunas colecciones de peces (no publicadas). Ahora podemos decir con mayor certeza que tenemos un buen nivel de conocimiento de la vegetación, limnología, cartografía y fisiografía, bentos, crustáceos y peces y en menor grado de anfibios, reptiles y aves. Dado que el AquaRAP se realizó en un momento de transición (paso de aguas bajas a sequía), sería oportuno repetirlo en sequía plena para peces y reptiles y en lluvias para anfibios y aves.

RESUMEN DE LOS RESULTADOS DEL AQUARAP

Descripción del área de estudio

El área seleccionada para la realización del AquaRAP incluyó tres subregiones o areas focales. La primera (ORI 1) está ubicada en el río Orinoco, aguas arriba de su confluencia con el Ventuari hasta el caño Perro de Agua (03º44`33,4``N 66º58`29,8``W). La segunda (ORI 2) está ubicada en los alrededores del Campamento Manaka (03° 57′10′′ N – 67° 48′57′′ W). La tercera y última subregión (VT) está ubicada entre la zona del bajo Ventuari (confluencia del Ventuari con el río Orinoco 03° 59′ 34′′ N – 67° 02′ 29′′ W) y el poblado de Arena Blanca en el caño Guapuchí

(04º11`35,7``N - 66º44`56,7``W). En general toda el área presenta una elevación entre los 100 y 120 m s. n. m. El río Orinoco es el río más importante de la región, junto con el Ventuari. Presenta un régimen contrastado. Los máximos niveles se observan durante los meses de junio, julio y agosto, y los menores caudales entre enero y abril. El río Ventuari, con una cuenca de drenaje de aproximadamente 40. 000 km^2 y un cauce principal de 450 km de longitud, es el principal afluente del Orinoco por su margen derecha en el Estado Amazonas. El río Ventuari vierte sus aguas en el río Orinoco en las inmediaciones de la población de Santa Bárbara a través de una serie de brazos o canales separados entre sí por afloramientos rocosos. Esta forma de desagüe tiende a parecerse a una formación deltaica, y es de allí de donde se ha basado la denominación de esta desembocadura con el nombre del delta interno del Orinoco-Ventuari.

Geológicamente, el área de confluencia de los ríos Orinoco-Ventuari pertenece al Escudo de Guayana (Precámbrico), con depósitos aluvionales cuaternarios en las riberas de los principales ríos. Desde el punto de vista geomorfológico el área presenta una heterogeneidad de paisajes debido, entre otros elementos, a la diversidad de su relieve, suelos y vegetación. De manera general, se pueden distinguir las siguientes unidades de paisajes: a) llanura aluvial, b) penillanura de erosión-alteración, c) llanura de erosión-acumulación, y d) llanura de erosión exorreica. El clima es macrotérmico ombrofilo, con temperatura promedio mayor a 24º C, precipitación anual promedio mayor a 2000 mm y un número de meses secos (menor a 75 mm de precipitación) menor a dos (enero y febrero). La precipitación promedio aumenta en un gradiente de norte a sur.

Flora y vegetación

Con la finalidad de conocer la composición florística de los ambientes inundables de la confluencia de los ríos Orinoco y Ventuari se establecieron 17 estaciones de muestreo en las que se realizaron observaciones generales de la fisonomía y composición florística.

Entre los ambientes encontrados se pueden señalar bosques ribereños, bosques de galería, comunidades arbustivas sobre arena blanca, sabanas y vegetación acuática. Predominan los bosques ribereños bajos y medios con dos estratos. Se colectaron 475 muestras botánicas y se elaboró una lista de 357 especies de plantas vasculares, de las cuales 16 sólo se distribuyen en el Estado Amazonas. Se reporta por primera vez para Venezuela la especie *Mourera alcicornis* (Podostemaceae). Las familias con mayor número de especies fueron Cyperaceae, Rubiaceae, Caesalpiniaceae y Fabaceae. Las especies ribereñas más abundantes fueron la palma *Leopoldinia pulchra* y los árboles *Aldina latifolia, Swartzia argentea, Heterostemom mimosoides* y *Marlierea spruceana*.

Limnología

Se midieron algunos parámetros fisicoquímicos del agua en 54 estaciones de muestreo en la confluencia de los ríos Orinoco y Ventuari, correspondientes a diferentes hábitat: caños, lagunas, esteros y cauces principales. Se observaron diferencias entre la composición fisicoquímica de los caños provenientes de la serranía ubicada a la margen derecha del río Ventuari y los demás cuerpos de agua provenientes de las planicies inundables. Las aguas provenientes de la serranía presentan una coloración verde claro, son más oxigenadas, más frías y con menor conductividad que las aguas provenientes de las planicies, las cuales presentan una coloración oscura y gran cantidad de materia orgánica en estado de descomposición. Las aguas de toda la región estudiada son claras y negras, entre ácidas y moderadamente ácidas, con bajos contenidos de fósforo total y bajas concentraciones de oxígeno disuelto. Se observaron indicios de perturbación en algunos caños producto de la actividad minera que se desarrolla en la zona, la cual podría alterar la fisicoquímica de las aguas e influir en la composición de las comunidades biológicas presentes en estos ecosistemas acuáticos.

Macroinvertebrados acuáticos

Se evaluó la comunidad de macroinvertebrados bénticos en la confluencia de los ríos Orinoco y Ventuari. Los principales hábitat y biotopos muestreados incluyeron: bancos laterales de caños y ríos con abundante hojarasca; vegetación acuática enraizada y raíces sumergidas de árboles; troncos sumergidos; playas arenosas con y sin hojarasca; y pozos formados entre las rocas expuestas de los caños y ríos (lajas).

En 26 estaciones de muestreo se colectaron un total de 99 muestras y se cuantificaron 2323 organismos asignados a 42 familias. Se estima que la riqueza total -a nivel específico- podría sobrepasar ampliamente las 50 especies. Esta está constituida principalmente por insectos acuáticos, moluscos gasterópodos y bivalvos, anélidos oligoquetos e hirudíneos, planarias y crustáceos branquiópodos conchostráceos. La mayor riqueza -a nivel de familias- se observó en la subregión 2 (río Ventuari) con 34 taxa identificados, seguida por la subregión 1 (Orinoco 1) con 31 y por último la subregión 3 (Orinoco 2) con 24 taxa reconocidos. La extracción minera y el abundante tráfico de embarcaciones río arriba podrían ser la causa de la disminución de la biodiversidad de macroinvertebrados aguas abajo en la subregión Orinoco 2. En general los ambientes acuáticos de la zona muestran poca o ninguna intervención humana y parecería que el peligro más inminente para el bentos fuera la minería sin control.

Crustáceos decápodos

Se evaluaron las especies de camarones y cangrejos en la confluencia de los ríos Orinoco y Ventuari y se aportan datos taxonómicos, poblacionales y estado de la conservación de las especies y ambientes acuáticos de la región.

En 20 estaciones de muestreo se colectaron un total de 58 muestras y se identificaron 14 especies de decápodos, dos especies de isópodos parásitos y una especie de conchostráceo y otra de copépodo ciclopoideo, como representante del zooplancton. Respecto a los crustáceos decápodos, la confluencia de ambos ríos mostró una riqueza elevada de especies (14 sp.), una cifra muy superior a la registrada en otros AquaRAP's realizados previamente en aguas interiores de Suramérica. En general los ambientes acuáticos de la zona muestran poca o ninguna intervención humana, y parecería que el peligro más inminente lo constituye la minería sin control.

Peces

Se estudió la biodiversidad ictiológica en tres subregiones y 16 estaciones de muestreo en la confluencia de los ríos Orinoco y Ventuari: Subregión Orinoco 1 (ORI 1), aguas arriba de su confluencia con el Ventuari hasta el caño Perro de Agua; subregión Orinoco 2 (ORI 2), entre caño Cangrejo y caño Winare; y subregión Ventuari (VT), bajo Ventuari (confluencia del Ventuari con el río Orinoco). La riqueza ictiológica estimada fue de 245 especies, de las cuales 158 estuvieron presentes en ORI 1; 107 en ORI 2 (186 especies en ORI 1 + ORI 2), y 152 especies en la subregión 3 (Ventuari). El orden Characiformes fue el grupo dominante con 147 especies (60%), seguido por Siluriformes con 50 especies (20,4%) y Perciformes (30 especies, 12,2%). Los siete órdenes restantes contribuyeron con 18 especies (7,3%). Fueron identificadas 36 familias, de las cuales Characidae registró la mayor diversidad dentro del estudio con 65 especies (26,5 %), seguida de Cichlidae con 27 especies (11%). Con el presente estudio, se agregan 48 especies más a la ictiofauna conocida para el bajo río Ventuari, de las cuales al menos 13 son nuevas para la ciencia. Las subregiones Orinoco 1 y Orinoco 2 fueron muy similares entre sí (S = 66 %) en relación a la subregión del Ventuari (62%), lo que indica que desde el punto de vista ictiofaunístico ambas subregiones pueden ser consideradas como una misma entidad biogeográfica. Con relación a los hábitat, los caños de aguas negras y los morichales mostraron la mayor similitud (90%), mientras los rápidos o raudales de los cauces principales de los ríos Orinoco y Ventuari fueron el hábitat que presentó la mayor separación con respecto a los demás hábitat estudiados. La curva de frecuencia acumulada de especies en función de los días de muestreo permitió concluir que en ninguna de las tres zonas subregiones fueron registradas la totalidad de las especies presentes, ya que la tendencia de la curva continúa siendo ascendente, por lo cual se recomiendan muestreos adicionales para tener un conocimiento más preciso de la riqueza ictiológica de la confluencia Orinoco-Ventuari.

Anfibios y Reptiles

La herpetofauna registrada para el área de confluencia entre los ríos Orinoco y Ventuari incluye 29 especies de anfibios y 51 reptiles. Los anfibios corresponden a los órdenes Gymnophiona (cécilidos, con dos representantes) y Anura (sapos y ranas), de los cuales los sapos terrestres de la familia Leptodactylidae (12 sp.) y ranas arborícolas de la familia Hylidae (8 sp.) aportan el mayor número de taxa. Le siguen en importancia numérica los sapos de la familia Bufonidae (4 sp.), los dendrobátidos (2 sp.) y finalmente, con una especie, la familia Pipidae. En cuanto la Clase Reptilia se registraron 38 especies del orden Squamata, tres del orden Crocodylia y diez del orden Testudines. De forma detallada el orden Squamata incluye a 20 especies de lagartos y lagartijas, donde la familia Teiidae es la más diversa (6 sp.), seguida por las familias Gymnophthalmidae y Tropiduridae (con 4 sp. cada una), Gekkonidae (3 sp.) y por último las familias Iguanidae, Polychrotidae y Scincidae con un representante cada una. Se cuenta con registros de 15 especies de serpientes de la diversa familia Colubridae y tres de la familia Boidae. Para el orden Crocodylia se recolectaron y/o observaron dos especies de la familia Alligatoridae (géneros *Paleosuchus* y *Caiman*) y se obtuvieron registros orales de la presencia de caimán del Orinoco (*Crocodylus intermedius*, familia Crocodylidae). Finalmente, el orden Testudines está representado por una extraordinaria riqueza, con diez especies distribuidos en cinco representantes de la familia Pelomedusidae, dos de la familia Chelidae y con una especie cada una las familias Bataguridae, Kinosternidae y Testudinidae.

De los resultados del AquaRAP son notables los registros de las lagartijas *Leposoma parietale* - ya que representa el segundo registro para Venezuela - y *Uracentron azureum werneri*, cuya distribución se extiende a la confluencia de los ríos Orinoco y Ventuari, reafirmando la importante presencia de taxa amazónicos en el área. Así mismo, la información obtenida sobre la presencia del caimán del Orinoco (*Crocodylus intermedius*) y la tortuga arrau (*Podocnemis expansa*) es sumamente importante en términos de conservación, ya que se tratan de especies en peligro de extinción. La elevada riqueza tortugas dulceacuícolas y terrestres encontradas y la elevada explotación de estos recursos por parte de las comunidades indígenas y criollas del área revisten especial importancia por cuando debe ser regulada de cara a su uso sostenible y conservación.

Aves

Se registraron 157 especies de aves, de las cuales dos de ellas, el perico cara sucia (*Aratinga pertinax chrysogenys*) y el periquito obscuro (*Forpus sclateri sclateri*), son nuevos registros para el país, y representan importantes extensiones de distribución de la Amazonia. Se visitaron 12 localidades y se colocaron redes en seis de ellas, lo que representó un esfuerzo de captura de 270 horas/red. Los hábitat muestreados incluyeron bosques ribereños, arbustales y sabanas aledañas al Campamento Manaka. Se tomaron registros de algunas especies y datos morfométricos, además de observaciones sobre la alimentación de algunas especies. Los resultados preliminares indican que el río Orinoco es una barrera bastante importante para la distribución de muchas especies de aves, debido a que existe una notoria diferencia en la composición y número de especies registrados en la zona del río Ventuari respecto a las especies registradas en el río Orinoco.

Uso de recursos

Se realizaron 31 encuestas con el objeto de evaluar

preliminarmente el uso de los recursos acuáticos, la fauna y los productos forestales no maderables más importantes por parte de las étnias Baniwa, Curripaco, Maco, Piaroa y poblaciones criollas establecidas en las comunidades de Macuruco, Guachapana, Arena Blanca, Chipiro, Cejal y Winare en la confluencia de los ríos Orinoco y Ventuari. En ésta área existen numerosas especies de plantas y animales que son utilizados en los sistemas productivos locales. El pavón (*Cichla temensis*) representó el 87% de la pesca para consumo local indígena y venta a los campamentos de la minería ilegal de oro. Le siguen otras especies de menor importancia como el bocón (*Brycon* spp), caribe (*Serrasalmus manueli*), payaras (*Hydrolycus* spp), saltones (*Argonectes longiceps, Hemiodus* spp), güabina (*Hoplias malabaricus*), palometas (*Mylossoma* spp), bagre rayao (*Pseudoplatystoma* spp) y sardinatas (*Pellona* spp). Se evaluó también el aprovechamiento de peces ornamentales, entre los que destacan los corronchos o cuchas (Loricariidae) que representaron el 89% del total de las capturas para la venta. Hay muchas otras especies que también se comercializan hacia Puerto Inírida en Colombia, entre ellos tenemos escalar (*Pterophyllum altum*), cardenal (*Paracheirodon axelrodi*), rayas (*Potamotrygon* spp), hachitas (*Carnegiella strigata*), cucha Atabapo (*Peckoltia vittata*), palometa gancho rojo (*Myleus rubripinnis*) y el hemiodo (*Hemiodus semitaeniatus*).

Las poblaciones indígenas encuestadas también se dedican a la agricultura. Entre los cultivos más desarrollados se encuentran algunos tubérculos, bromeliáceas y solanáceas. El 90% de la producción doméstica proviene de la alta variedad de recursos que existen dentro de los ecosistemas inundables, como: la extracción de tablas para construcciones de embarcaciones y viviendas; hierbas medicinales (para el control de la diarrea); extracción de fibras de chiqui-chiqui (*Leopoldinia piassaba*); artesanías; y el procesamiento de la yuca amarga (*Manijot* spp) para la preparación del casabe, catara, almidón y mañoco. La cacería constituye la segunda fuente de alimentación. Se cazan venados (*Mazama* spp, *Odocoileus virginianus*), lapas y picures (*Agouti paca, Dasyprocta* spp), cachicamos (Dasypodidae), cháчaros (*Pecari tajacu, Tayassu pecari*), monos (Cebidae), chigüire (*Hydrochaeris hydrochaeris*), baba blanca (*Caiman crocodilus*), baba negra (*Paleosuchus* spp), tortuga chipiro (*Podocnemis erythrocephala*) y tortuga cabezona (*Peltocephalus dumerilianus*), los cuales representan en conjunto el 67% del consumo de la vida doméstica y económica de todas las comunidades indígenas.

RESUMEN DE ESTUDIOS ADICIONALES

Vegetación y suelos del bajo y medio Ventuari

Se establecieron ocho transectos de 0,1 ha en bosques no inundados por desborde de ríos, situados en un paisaje de peniplanicie en las cuencas baja y media del río Ventuari, de los cuales se obtuvo información cuantitativa para comparar y relacionar la composición florística y la estructura de los bosques con los suelos, drenaje y geomorfología. Se utilizó técnicas de clasificación (análisis de agrupamiento y TWINSPAN) para correlacionar las variables mencionadas con la vegetación y elaborar la clasificación de las comunidades de vegetación. Se presentan los siguientes resultados: 285 morfoespecies, 166 géneros, 61 familias, 2285 individuos medidos con un diámetro ≥ 2,5 cm y la clasificación local de cuatro comunidades boscosas: (V1;V2): bosques bajos a medios, ralos, dominados por *Actinostemon amazonicus, Peltogyne paniculata, Gustavia acuminata* y *Sagotia racemosa* sobre suelos Inceptisoles y Ultisoles de llanura aluvial; (V3): bosques de mediana altura, muy intervenidos dominados por *Attalea maripa* ("palma cucurito"), *Guatteria ovalifolia* y *Simarouba amara* sobre Entisoles en sedimentos eólicos sobre lomas; (V5): bosques altos, dominados por *Chaetocarpus schomburgkianus, Ruizterania retusa* y *Couma utilis* ("pendare hoja fina") en Ultisoles asociados con afloramientos de gneis; y (V4; V6; V7;V8): bosques mixtos de mediana altura dominados por *Oenocarpus bacaba* ("seje pequeño"), *Rudgea* sp nov., *Qualea paraensis* y *Bocageopsis multiflora* en Entisoles e Histosoles asociados con afloramientos de arenisca, en Ultisoles de lomas muy bajas sobre gneis y granito e Inceptisoles al pie de vertientes sobre meta-arenisca.

Los bosques ubicados en los transectos V2 y V5 representan nuevas comunidades para la región de la Amazonía venezolana. Los suelos son oligotróficos, con pH inferior a 4,6 en el horizonte superficial, y tienen drenaje moderado a rápido, excepto en los suelos de los transectos V1 y V2 donde el drenaje es muy lento y presentan valores significativos de toxicidad de aluminio. Se presenta información acerca de la riqueza y diversidad de las comunidades descritas y acerca de la fitogeografía de las especies registradas en relación a la flora de áreas adyacentes a la Amazonía y la Guayana venezolana. Se incluye un listado florístico de 510 especies registradas en la región del río Ventuari, especificando el lugar en la cuenca en donde se encuentran, su estatus fitogeográfico y los nuevos registros para la flora de la región.

Peces del bajo río Ventuari

Desde el año 1989 hasta el presente se han colectado muestras de peces en este río, explorando diferentes ecosistemas acuáticos que incluyen lagunas, caños, playas arenosas, bosques y sabanas inundadas. Este esfuerzo por conocer la íctiofauna del río Ventuari ha permitido reconocer hasta el momento 470 especies de peces repartidas en 10 órdenes, 44 familias y 225 géneros. Los órdenes con mayor número de familias fueron los Characiformes (14), Siluriformes (11) Gymnotiformes (6) y Perciformes (4). El orden Characiformes tuvo la mayor representación de géneros (93) y especies (254) con 54 % del registro total de especies. El mayor número de especies registradas para este orden correspondió a la familia Characidae (149 sp.) seguidos por trece familias. El orden Siluriformes registró 82 géneros y 131 especies (27,87 % del total). Se destacan las familias Loricariidae con 40 especies, seguida por Heptapteridae (20 sp.), Auchenipteridae (19 sp.), Doradidae (13 sp.) y Pimelodidae (13 sp.). Otras cinco familias estuvieron presentes con un menor número de especies. Los Perciformes representaron el 10,2 % del total, destacando las familias Cichlidae (43 sp.) y en menor grado Sciaenidae (3 sp.), Nandidae y Gobiidae con una especie cada una. Los peces cuchillos o Gymnotiformes estuvieron representados por 14 familias y 19 especies (4%). Los otros órdenes presentes estuvieron conformados por un número menor de familias y especies.

El río Ventuari constituye en la actualidad la cuenca con la mayor riqueza ictiológica de Venezuela.

Ecología, pesca y conservación del pavón

El río Ventuari es un destino muy importante para muchos pescadores deportivos y turistas nacionales e internacionales. Con el objetivo de determinar el estatus de la pesca deportiva de los pavones (*Cichla* spp) en la zona, realizamos durante los meses de febrero y marzo de 2002 el seguimiento de esta actividad. Se registraron las tallas y los pesos de cada ejemplar y el esfuerzo de captura. En 141 horas de pesca efectiva se capturaron 760 ejemplares de las especies *C. temensis*, *C. orinocensis* y *C. intermedia*. El esfuerzo de captura estimado fue 3 pavones/hora/hombre. Las tallas más grandes correspondieron a *C. temensis* con máximo de 783 mm de LE y 7100 g (promedio de 400 mm y 1535 g); *C. orinocensis* con 480 mm LE y 2500 g máximos (promedio 301 mm y 654 g) y finalmente, *C. intermedia* con 510 mm LE y 1800 g respectivamente (promedio 332 mm y 833 g). Estas tallas registradas se convierten en dato de interés para la pesca deportiva, debido a que la existencia de pavones "trofeo" atrae un mayor número de pescadores y, por consiguiente, se genera mayores ingresos económicos que ayudan a mejorar la calidad de vida de los habitantes de la zona.

AMENAZAS

En el área de estudio están establecidas poblaciones de las etnias Baniwa, Curipaco, Maco y Piaoa, así como poblaciones criollas. En estas comunidades humanas la pesca de subsistencia constituye la principal fuente de proteína, seguida por la cacería. Igualmente la pesca ornamental y su salida ilegal hacia Colombia, destaca como una actividad muy importante en el uso de los recursos naturales de esta región. Finalmente, la agricultura tradicional y la recolección de productos del bosque completan la lista.

En general el área de confluencia de los ríos Orinoco y Ventuari presenta un nivel bajo de amenaza. A continuación se indican las más importantes:

- Contaminación mercurial, con su presencia en sedimentos e incorporación a la cadena trófica.
- Alta demanda de recursos naturales, especialmente peces y carne de cacería (mamíferos y reptiles) para suplir las necesidades de campamentos mineros ilegales (extracción de oro).
- Extracción no controlada y sin carácter legal de peces ornamentales para ser vendidos en Colombia.
- Deforestación, tala y quema del bosque a consecuencia de la actividad minera. Hay que recordar que en esta región la vegetación se desarrolla sobre suelos muy pobres y la capacidad de recuperación es muy baja en este tipo de suelos.

RECOMENDACIONES PARA LA CONSERVACIÓN

Con base a los resultados obtenidos durante este AquaRAP, así como observaciones generales, se proponen las siguientes recomendaciones para la conservación de la biodiversidad y ecosistemas del área:

- Incorporación activa de las comunidades locales, especialmente las indígenas, en actividades de protección y conservación de los ecosistemas. Para ello se puede iniciar actividades formativas como talleres sobre educación ambiental y uso sostenible de los recursos naturales.
- Alertar y pedir mayor presencia gubernamental en la región, especialmente en actividades de vigilancia del Parque Nacional Yapacana.
- Ejecutar programas de estudio y monitoreo de la pesca ornamental de cara a su manejo sustentable.
- Realizar estudios detallados sobre el uso de los recursos faunísticos locales (pesquerías y cacería). Resulta imprescindible iniciar estos estudios con especies en categorías especiales de amenaza (p.ej. caimán del Orinoco, tortugas del género *Podocnemis*). Como resultado de nuestro estudio exploratorio, encontramos que existen diversas actividades que deben ser aprovechadas y reguladas, con la finalidad de permitir un uso sostenible de los ecosistemas acuáticos y terrestres.
- Realizar estudios detallados sobre la contaminación mercurial en la cadena trófica acuática, incluyendo muestras de sedimentos y de la población rural e indígena, para su análisis comparativo.
- Apoyar e incentivar actividades dirigidas al desarrollo de programas para el uso sostenible y manejo racional de los recursos de la zona.
- Apoyar y fomentar actividades de turismo ecológico o ecoturismo con participación local a través de cooperativas indígenas y/o empresas de trayectoria conservacionista.
- Promover una nueva actividad de pesca sostenible y ecoturismo ecológico especializado: la pesca ornamental.
- Complementar los resultados de este AquaRAP con otras dos exploraciones en épocas climáticas contrastantes (época de máxima sequía para el

estudio más completo de peces y reptiles y en época de lluvia para anfibios, aves y peces).

BIBLIOGRAFÍA

Huber, O. 1995b. Conservation of Venezuelan Guayana. *En:* Berry, P. E. , B. K. Holst y K. Yatskievich (eds.). Flora of the Venezuelan Guayana Vol. 1. Introduction. Missouri Botanical Garden, St. Louis. Portland: Timber Press. Pp. 193-217.

Molinillo, M. e Y. Lessenfants. 2001. Manaka paraíso de pesca y puerta de entrada a la región natural de Duida-Ventuari. Revista de Divulgación Científica Fundación Cisneros. 8-29.

Executive Summary

Carlos A. Lasso and Josefa C. Señaris

THE AQUARAP PROGRAM

The Rapid Assessment of Freshwater Aquatic Ecosystems Program (AquaRAP) was created in 1990 by Conservation International (CI) with the objective of rapidly collecting the biological information necessary to accelerate conservation actions and protection of biodiversity. Groups of researchers, international as well as local, with specialty in fresh water and terrestrial biology undertake field work for 2-4 weeks) with the objective of evaluating said biodiversity. These teams provide recommendations for conservation based on the biological diversity of the area, the level of endemism, the uniqueness of the ecosystems and the risk of extinction for some species at the national to the global scale.

The scientists that make up the RAP teams evaluate the diversity of the groups of organisms selected as indicators, analyzing this information together with social, environmental and other appropriate data sources, with the objective of contributing realistic and practical recommendations for institutions and individuals responsible for making decisions. Within the Rapid Assessment Program (RAP), AquaRAP was created in association with the Chicago Field Museum as a multinational and multidisciplinary program, directed at identifying priorities for conservation and opportunities for sustainable management of freshwater ecosystems in Latin America.

The mission of AquaRAP is to evaluate the biological diversity and its conservation in tropical freshwater ecosystems through undertaking rapid inventories. AquaRAP teams have evaluated the aquatic biodiversity of different watersheds in Bolivia, Brasil, Paraguay, Peru, Ecuador, Venezuela, Guyana and recently, Suriname. Moreover, CI's AquaRAP Program has undertaken surveys of aquatic biodiversity in Africa (Okavango Delta, Bostwana, 2000) and Central America (Petén, Guatemala, 1999).

The results of AquaRAP have served as scientific support for the establishment of national parks in Bolivia and Peru, providing the biological baseline information of little explored tropical ecosystems. Furthermore, the AquaRAP program has identified threats and proposed recommendations for conservation of freshwater and estuary ecosystems. The results of AquaRAP surveys are practically immediately available for all parties interested in conservation planning.

Specific objectives of the 2003 Orinoco-Ventuari AquaRAP

- Inventory species of birds, reptiles, amphibians, fishes, crustaceans, mollusks and other aquatic invertebrates (especially insects).
- Describe the vegetation types present in the sampling areas.
- Produce a list of aquatic plant and riparian forest species.
- Determine the most important physiochemical parameters for water in different bodies (channels, rivers, lagoons, etc.).
- Produce a list of endemic species and/or species with restricted distribution in the area of study.
- Recognize the most important species for conservation plans (threatened, endangered, etc.) and/or sustainable use.

- Preliminarily evaluate the use of aquatic, wildlife and forest products by indigenous and Creole (*criollo*) communities in the area.
- Identify the habitats or areas of special interest (high diversity, high endemic species density, etc.) present in the area of study.
- Identify present and potential threats in the area.
- Generate baseline information for management plans for the Yapacana National Park and establish recommendations for conservation.
- Produce basic information for the creation of an Orinoco-Ventuari fluvial corridor and the positioning of a base of operations for continuing research and conservation projects.

Antecedents

Venezuela is one of the 10 countries with the most biodiversity on the planet. It has 10 bioregions, many of which are characteristic of or unique to the northern part of the South American continent. The region to the south of the Orinoco River alone houses more than half of Venezuela's biodiversity. This is due in large measure to the geological history of the Guayana region, the elevated species richness of the Amazon region and individual contributions from unique ecosystems only found in this zone.

In this area, Venezuela's Amazonas State is probably the least explored region from a biodiversity point of view. This is due fundamentally to the logistical difficulties of access, movement and duration of stays. In the particular case of the area of confluence between the Orinoco and Ventuari Rivers, one finds many of the ecosystems characteristic of this state, from the highlands of Guayana (Tepuis complexes of the Duida-Marahuaca, Cerro Yapacana) to the Amazonian lowlands with their adjacent inundated plains to the lands of intermediate altitude in the mountain chains of the Sipapo, Cuao, etc. In addition to the aforementioned areas, unique environments have developed in the internal delta and fluvial islands where the Ventuari empties into the Orinoco. This mosaic of ecosystems collectively houses an elevated richness in life forms that are the result of interesting biogeographic patterns as well as their own processes of speciation and endemism. In the area are also indigenous communities (Piaroas, Yabarana, Ye´kuana, Baniva) that live in harmony with the environment.

Owing to this elevated species richness and the particularity of these unique environments, part of the area between the Orinoco and Ventuari is protected as the Yapacana National Park (YNP). Other adjacent areas are also protected under special administrative regimes (Duida-Marahuaka National Park, Los Tepuyes National Monuments). In spite of these initiatives, there are areas in the region that are under direct pressures from mining exploration and environmental degradation, and indirectly from mercury contamination and discharge of sediments into the rivers.

Conservation International Venezuela (CI), Fundación la Salle de Ciencias Naturales (FLASA) and Fundación Terra Parima have many objectives in common, from conservation and sustainable management of natural resources to biodiversity studies. To promote these objectives, these institutions have joined forces in the implementation of a Rapid Biological Evaluation (RAP) in the area of confluence of the Orinoco and Ventuari Rivers. The goal of the RAP is to collect the most information on the region's biodiversity in a short time and at the least cost possible, while maintaining high scientific standards. For this, we have integrated in this proposal studies of aquatic biodiversity (AquaRAP) and their interface with the terrestrial environment or the "aquatic terrestrial transition zone" (ATTZ), relying on a team of national and international specialists highly qualified in each one of the different disciplines considered (aquatic invertebrates, amphibians, reptiles, fishes, avifauna, use of aquatic resources, limnology and riparian and aquatic vegetation).

The RAP results of the aforementioned team have notably increased the diversity and knowledge of the zone and, in general, of Venezuela. Moreover, the results will support baseline information for the proposed conservation and sustainable use plans for both individual species as well as for this entire unique ecosystem.

From November 24 to December 9, 2003, the survey took place at the confluence of the Orinoco and Ventuari Rivers where an internal, unique delta has formed with many particular habitats, including part of the Yapacana National Park. This larger area was divided into the following three sub-regions, or focal areas, for the survey:

Sub-region 1 – sub-region Orinoco 1, which includes the Orinoco River from the Perro de Agua lowland stream to its confluence with the Ventuari River.

Sub-region 2 – sub-region Orinoco 2, the section of the Orinoco River after its confluence with the Ventuari, between the Cangrejo and Winare lowland streams.

Sub-region 3 – sub-region Ventuari, which comprises the Lower Ventuari, from the Guapuchi lowland stream to its confluence with the Orinoco.

RELEVANT RESULTS FOR CONSERVATION-RELATED CONSIDERATIONS

Criteria for conservation

Primary Criteria

Heterogeneity and uniqueness of habitat

The zone studied during this AquaRAP is located in the internal delta of the Orinoco-Ventuari, including part of the Ventuari as well as two sections of the Orinoco before and after its confluence with the Ventuari. There are four landscape units, but the most notable factor is the existence of two types of waters: clear waters and black waters, which influence the existing biota. In general, channels of medium and small size predominate, flowing into both the Orinoco as well as the Ventuari. These can include both types of water, as well as mixtures of the two. They form small sandy or muddy beaches with abundant leaf litter, which is of great importance for aquatic microfauna.

Other dominant habitats are inundated forests, especially the riparian forest associated with the channels and rivers that remain inundated for most of the year. Also frequent, though less accessible, are the inundated lagoons of the fluvial islands in the internal delta and some seasonal pools with variable surface areas.

Finally, though no less important, it is necessary to point out the existence of some areas populated by flooded palms swamps (*morichales*) and the presence of rapids in the main river beds of the Orinoco and Ventuari where a particular ichthyofauna associated with aquatic plans exists (Podostemaceae).

Present level of threat
In comparison with other areas of the upper and middle Orinoco, the confluence of the Orinoco and Ventuari presents a low level of threats to local ecosystems. However, there are evident problems with mercury contamination in the trophic chain, probably associated with the existence of illegal gold mining in the region, which extends into the Yapacana National Park. The detection of mercury in the tissue of some species important for regional diets demonstrates this. In nine of the 17 species examined, we found levels greater than 0.5 ug/g, which is the maximum level allowed by the World Health Organization. There are at least three illegal gold mines known in this region, with the operations in the Maraya and Yagua channels causing particularly notable impacts.

Associated with this illegal gold extraction and mercury contamination is the additional important threat of constant demand for food on the part of the miners. They require a large quantity of fish, especially *pavón* (*Cichla* spp) (South American Peacock bass), as well as bushmeat, usually obtained through hunting. Moreover, there exists the grave problem of the illegal exportation of ornamental fishes to Colombia with no form of control or permitting

Potential and Opportunities for Conservation
The remote geographic situation of the region, exacerbated by the absence of communication lines except by river, generates interesting possibilities and opportunities for conservation. In addition, there are few important cities nearby, except for San Fernando de Atabapo, which is more than two hours away by rapid motor boat from the Manaka encampment, a focal point, in our opinion, of future plans and opportunities for conservation. In this spirit, the Fundación Terra Parima has developed in the region pilot conservation and community development projects that seek to establish an Orinoco-Ventuari fluvial corridor. With the participation of Fundación La Salle, UNELLEZ-Biocentro and the Departamento INFOGEO del Programa Andes Tropicales, this project integrates research, conservation and support for indigenous communities as a means of effective protection and management of aquatic and riparian ecosystems in the Orinoco-Lower Ventuari region (Molinillo and Lesenfants 2001). The presence in the area of a camp, like the Manaka Jungle Lodge whose management has always supported research and conservation activities, provides an excellent opportunity for joint development of future plans.

At the same time, it is important to point out the fact of the existence of the Yapacana National Park within the area. The YNP extends along the right bank of the Orinoco (Focal Area ORI 2) and the left bank of the Ventuari (Focal Area 3, or the lower Ventuari - VT). Furthermore, in this region are two of the four areas recommended for inclusion in the category of protected areas for Amazonas State: the white sand grassy plains (*herbazales*) of the Guapuchí channel and the inundated plains of the Parucito River (Huber 1995, Molinillo and Lesenfants 2001).

Level of fragility
The Orinoco-Ventuari fluvial corridor can be seen as fundamentally affected by mining activities in the region and the consequences of this activity: mercury contamination (already present), deforestation and slash and burn removal of forest cover.

Other significant biological factors (ecological processes)
In this region, two large rivers come together, creating an area without precedent in any other zone of the watershed. This confluence of the Orinoco and Ventuari determines the formation of a unique internal delta, with very particular habitats and a point of contact for two types of fauna, one from the Ventuari (clear waters) and another from the Orinoco (very black waters). These inundated zones also act as areas for reproduction and refuge of many species, such as fishes and other vertebrates.

Secondary Criteria
Endemism
We still do not know the proportion or number of restricted range species in this region, as there are still samples left to identify or they are in the preliminary stages of identification. However, there are some sufficiently eloquent advances on this front, so it is probable that among the new species to science some may be endemic or at least have a distribution restricted to the internal delta of the Orinoco-Ventuari. For example, two shrimp species of the genus *Pseudopalaemon* could be restricted to this region. In the case of fishes, there are probably some species that may characteristic of or belonging to the Upper Orinoco, and in particular, some of them will be restricted to the Ventuari (as in the case of the armored catfishes of the Family Loricariidae). Among reptiles, there is a typically Amazonian lizard (*Uracentron azureum werneri*) whose presence in the area represents the northern most point of the known distribution of the sub-species. There is a frog that, while not collected on during this survey, is endemic to the region, the Yapacana frog (*Myniobates steyermarki*). Of the bird species, the Brown-throated Parakeet (*Aratinga pertinax chrysogenys*) and the Dusky-Billed Parrotlet (*Forpus sclateri sclateri*) are new records for the country and represent extensions in their dis-

tribution in the Amazon. Although we did not encounter it during the AquaRAP, there is an mammal species endemic to the region, the Ant deer of Yapacana Mountain (*Myrmeciza disjuncta*). Of the 357 vascular plant species identified, 14 of them are only found in the Amazonas State in Venezuela.

Productivity
The physiochemical characteristics of the Orinoco River in this section of the watershed suggest that the waters should be relatively unproductive in relation to the Middle and Lower Orinoco. Conductivity of these waters was very low, as were suspended solids. This fact was much more marked in the Ventuari River than in the Orinoco. However, this does not appear to have the greatest affect – diminished levels of species diversity for animals as well as plants.

Diversity
Without a doubt, the confluence of the Orinoco and Ventuari Rivers represents an area of elevated diversity. Preliminary results at the present moment show us the following: more than 350 species of plants at the confluence of the Orinoco-Ventuari (Chapter 2) and more than 500 at the lower Ventuari (Chapter 3); more than 50 species of aquatic macroinvertebrates; 17 species of crustaceans; 245 species of fishes in the confluence of the Orinoco-Ventuari (Chapter 7) and 470 in the Lower Ventuari (Chapter 8); 29 species of amphibians and 51 of reptiles; and 157 species of birds, and we are still very far from having finished a relatively complete list. In the case of crustaceans, greater species richness was observed than in any other AquaRAP survey carried out in the continental freshwater ecosystems of South America, and the ichthyological richness of the lower Ventuari is the highest known at the present time for the Orinoco region.

Human significance
The entire region is of vital importance for the survival of local indigenous groups. Of the 13 ethnic groups that inhabit Amazonas State, four of them live in the area of confluence of the Orinoco and Ventuari Rivers. We are referring to the Baniva, Curripaco, Piaroa and Maco indigenous groups. Each one of these groups has developed a different method of adaptation to the environment and a particular form of utilizing resources. Nevertheless, all of them depend primarily on fishing, secondarily on hunting and thirdly on traditional agriculture and collection of forest products for their diets and livelihoods.

Level of integrity
The entire region has an elevated level of integrity, defined as the extension of area free from human disturbance. With this definition we can assert that more than 75% area studied is in this condition, and where disturbance does exist, it is minimal, except for areas of mining activity.

Tertiary Criteria
Ability or capacity to generalize
This type of study (AquaRAP) is a pioneering one for the Venezuelan Amazon. Other AquaRAP's have been undertaken in the middle (Caura River) and lower (Orinoco Delta) sections of the watershed. The sampling undertaken in the tributary channels of the Orinoco and Ventuari allows us to have a very approximate idea of the composition of the aquatic biota in the systems that extend from the Atures Rapids in Puerto Ayacucho to the upper Orinoco. If we include as well only the two sampling locations within the limits of Yapacana National Park, the rest of the information generated from the at the beginning of sampling in the other sites can be extrapolated to the biological knowledge of the Park. The level of replicability is therefore high.

Level of knowledge
Before this study we only had partial information on the avifauna and a few collections of fishes (not published). Now we can say with great certainty that we have a good level of knowledge on the vegetation, limnology, benthos, crustacean, fishes, cartography and physiography, and a lesser degree on amphibians, reptiles and birds. Given that the AquaRAP was undertaken during a transition period (from low waters to the dry period), it would be opportune to repeat the survey for fishes and reptiles during in the middle of the dry season and for amphibians and birds during the rainy season.

SUMMARY OF AQUARAP RESULTS

Description of the area of study

The area selected for the AquaRAP survey includes three sub-regions of focal areas. The first (ORI 1) is located on the Orinoco River, upriver from its confluence with the Ventuari to the Perro de Agua lowland stream (03º44`33,4``N 66º58`29,8``W). The second (ORI 2) is located in the area around the Manaka Encampment (03° 57′10′′ N – 67° 48′57′′ W). The third and last Sub-region (VT) is located in the zone of the lower Ventuari (confluence of the Ventuari with the Orinoco 03° 59′ 34′′ N – 67° 02′ 29′′ W) and the village of Arena Blanca on the Guapuchí lowland stream (04º11`35,7``N - 66º44`56,7``W). In general, the entire area has an elevation of between 100 y 120 meters above sea level. The Orinoco is the most important river in the region, along with the Ventuari. It presents a contrasting regime. The maximum water levels are observed during the months of June, July and August, while the lowest are from January to April. The Ventuari, with a watershed of approximately 40,000 km^2 and a main river bed extending 450 km in length, is the principal tributary of the Orinoco along its right bank in Amazonas State. The Ventuari empties its waters into the Orinoco in the immediate are of the village of Santa Bárbara through a series of arms or canals separated from one another by rocky outcroppings. This form of water discharge tends to resemble a deltaic formation, and it is from this area that the label of "internal delta of the Orinoco-Ventuari" for the river mouth originates.

Geologically, the area of the confluence of the Orinoco and Ventuari Rivers belongs to the Guayana Shield (Precambrian), with Quaternary alluvial deposits along the banks of the principal rivers. From a geomorphologic point of view, the area presents a heterogeneity of landscapes owing to, among other elements, the diversity of its relieve, soils and vegetation. In general, the following landscape units can be distinguished a) Alluvial plains, b) Peneplains of erosion-alteration, c) Plains of accumulated erosion, d) Plains of exorreic erosion. The climate is macrothermic ombrofilous, with an average temperature greater than 24º C, annual precipitation greater than 2000 mm and fewer than two dry months (January and February) with less than 75 mm of precipitation. The average precipitation increases along a gradient from north to south.

Flora and vegetation

To determine the floristic composition of the inundated environments of the confluence of the Orinoco and Ventuari Rivers, 17 sampling stations were established. In these stations, general observations were undertaken on physionamy and floristic composition.

Among the environments encountered, one can highlight the riparian forests, gallery forests, shrubby communities over white sand, savannas and aquatic vegetation. Short and mid-height riparian forests with two stratums predominate. Four-hundred and seventy-five (475) botanical samples were collected and a list of 357 vascular plant species was created. Of these plant species, 16 are only found in Amazonas State. The species *Mourera alcicornis* (Podostemaceae) is reported for the first time in Venezuela. The families with the greatest number of species were Cyperaceae, Rubiaceae, Caesalpiniaceae and Fabaceae. The most abundant riparian species were the palm *Leopoldinia pulchra* and the trees *Aldina latifolia*, *Swartzia argentea*, *Heterostemom mimosoides* and *Marlierea spruceana*.

Limnology

Some physiochemical parameters for water were measured in 54 sampling stations at the confluence of the Orinoco and Ventuari Rivers, corresponding to different habitats: channels, lagoons, estuaries and main river beds. Differences in physiochemical composition were observed between the channels near the range located on the right bank of the Ventuari and the other bodies of water next to the inundated plains. The waters near the ridge were clear green, more oxygenated, colder and had less conductivity than the waters from the plains, which were dark and had large quantities of organic material in a state of decomposition. The waters of the entire region studied are clear and black, between acidic and moderately acidic, with low levels of total phosphorus and low concentrations of dissolved oxygen. Indications of disturbance were observed in some channels, the product of mining activities that have developed in the region. Such activities could alter the physiochemistry of the waters and influence the composition of the biological communities present in these aquatic ecosystems.

Aquatic macroinvertebrates

The community of benthic macroinvertebrates was evaluated at the confluence of the Orinoco and Ventuari. The principal habitats and biotopes sampled included: the lateral banks of the channels and rivers with abundant leaf litter; rooted aquatic vegetation and submerged tree roots; submerged tree trunks; sandy beaches with and without leaf litter; and pools formed between the exposed rocks of the channels and rivers (*lajas*).

In the 26 sampling stations, a total of 99 samples were collected and 2323 organisms assigned to 42 families were quantified. It is estimated that the total richness, at a specific level, could amply surpass 50 species. This richness is comprised principally of aquatic insects, gastropod and bivalve mollusks, Annelida-Oligochaeta, Hirudinea, Plain worms, Brachiopod crustaceans and Conchostracea. The greatest richness at the family level was observed in sub-region 2 (Ventuari River), with con 34 taxa identified, followed by sub-region 1 (Orinoco 1) with 31 and, lastly, sub-region 3 (Orinoco 2) with 24 taxa recognized. Mineral extraction and the abundant boat traffic up river could be the cause of the diminishing biodiversity of macroinvertebrates down river in sub-region Orinoco 2. In general, the aquatic environments of the zone demonstrate little to no human intervention, and it appears that the most imminent danger to the benthos species is uncontrolled mining.

Decapod crustaceans

Species of shrimp and crab were evaluated at the confluence of the Orinoco and Ventuari, and data was gathered on the taxonomic groups, populations and state of conservation for the species and aquatic environments of the region.

In the 20 sampling stations a total of 58 samples were collected, and 14 species of decapods were identified, along with two species of parasitic isopods and one species of Conchostracea and another of Cyclopoid copepod, as a representative of zooplankton. With respect to the decapod crustaceans, the confluence of both rivers demonstrated an elevated species richness (14 sp.), a figure much higher than the registers of other AquaRAPs previously carried out in the interior waters of South America. In general, the aquatic environments of the zone show little or no human intervention, and it would seem that the most imminent threat is uncontrolled mining activities.

Fishes

The ichthyological biodiversity was studied in three Sub-regions and 16 sampling stations at the confluence of the Orinoco and Ventuari Rivers: Sub-region Orinoco 1 (ORI 1), up river from its confluence with the Ventuari to the Perro de Agua channel; sub-region Orinoco 2 (ORI 2), between the Cangrejo and Winare channels; and sub-region Ventuari (VT), the lower Ventuari (confluence of the Ventuari with the Orinoco). The ichthyologic richness was estimated at 245 species, of which 158 were present in ORI 1, 107 in ORI 2 (186 species in ORI 1 + ORI 2) and 152 species in Sub-region 3 (Ventuari). The order Characiformes was the dominant group with 147 species (60%), followed by Siluriformes with 50 species (20.4%) and Perciformes (30 species, 12.2%). The remaining seven orders contributed18 species (7.3%). Thirty-six (36) families were identified, of which Characidae registered the greatest diversity in the study with 65 species (26.5 %), followed by Cichlidae with 27 species (11%). With the present study, 48 additional species have been added to the known ichthyofauna for the lower Ventuari, of which at least 13 are new to science. The Sub-regions Orinoco 1 and Orinoco 2 were very similar to one another (S = 66 %) in relation to the Sub-region of the Ventuari (62%), which indicates that from an ichthyofauna point of view, both Sub-regions can be considered the same biogeographic entity. With relation to the habitats, the black water channels and the *morichales* demonstrated the greatest similarity (90%), while the rapids of the main river beds of the Orinoco and Ventuari were the habitats that presented the greatest separation with respect to the other habitats studied.

The curve of accumulated frequency as a function of the sampling days allowed the conclusion that in none of the three Sub-region's zones were all the species registered present, since the tendency of the curve continues to be ascendant. This suggests that additional sampling must take place in order to have a more precise knowledge of the ichthyological richness of the confluence of the Orinoco-Ventuari.

Amphibians and Reptiles

The herpetofauna registered for the area of the confluence of the Orinoco and Venturi Rivers includes 29 species of amphibians and 51 reptiles. The amphibians correspond to the orders Gymnophiona (Caecilians, with two representatives) and Anura (toads and frogs), of which the terrestrial toads of the family Leptodactylidae (12 sp.) and tree frogs of the family Hylidae (8 sp.) make up the greatest number of taxa. Following in numeric importance are the toads of the family Bufonidae (4 sp.), the Dendrobatids (2 sp.) and finally, with one species, the family Pipidae. As for the Class Reptilia, 38 species of the order Squamata, three of the order Crocodylia and ten of the order Testudines were registered.

Detailing each, the order Squamata includes 20 species of large and small lizards, where the family Teiidae is the most diverse (6 sp.), followed by the families Gymnophthalmidae and Tropiduridae (with 4 sp. each), Gekkonidae (3 sp.) and, finally, the families Iguanidae, Polychrotidae and Scincidae with one representative each. There are registers of 15 species of serpents from the diverse family Colubridae and three from the family Boidae. For the order Crocodylia two species of the family Alligatoridae (genera *Paleosuchus* and *Caiman*) were collected and/or observed and oral registers were obtained for the Orinoco caiman (*Crocodylus intermedius*, family Crocodylidae). Finally, the order Testudines is represented by an extraordinary richness, with ten species distributed in five representatives of the family Pelomedusidae, two of the Chelidae and one species each for the families Bataguridae, Kinosternidae and Testudinidae.

Of the results of the AquaRAP, the records of the small lizards *Leposoma parietale* – since it represents the second register for Venezuela - and *Uracentron azureum werneri*, whose distribution extends to the confluence of the Orinoco and Ventuari Rivers, are notable and reaffirm the important presence of Amazonian taxa in the area. At the same time, the information obtained on the presence of the Orinoco caiman (*Crocodylus intermedius*) and the *tortuga arrau* (*Podocnemis expansa*) is extremely important in terms of conservation, since both of these species are in danger of extinction. The elevated richness of freshwater and terrestrial turtles encountered and the high exploitation levels of these resources on the part of indigenous and Creole communities in the area highlight the special importance of what activities should be regulated to ensure sustainable use and conservation.

Birds

One-hundred and fifty-seven (157) species of birds were registered, of which two, the Brown-Throated Parakeet (*Aratinga pertinax chrysogenys*) and the Dusky-Billed Parrotlet (*Forpus sclateri sclateri*) are new records for the country and represent important extensions of their distribution in the Amazon. Twelve (12) sites were visited, and nets were places in six of them, representing a capture effort of 270 hours/net. The habitats sampled included riparian forests, shrub lands and the savannas around the Manaka encampment. Registers were taken of some species and morphometric data, as well as observations on the feeding habits of a number of species. Preliminary results indicate that the Orinoco River is a very important barrier to the distribution of many bird species, as a notable difference exists between the composition and number of species recorded in the zone of the Ventuari River and the species recorded in the Orinoco.

Resource Use

Thirty-one (31) surveys were carried out with the objective of preliminarily evaluating the use of the most important aquatic, wildlife and non-timber forest product resources on the part of the Baniwa, Curripaco, Maco and Piaroa indigenous groups and Creole populations established in the communities of Macuruco, Guachapana, Arena Blanca, Chipiro, Cejal andWinare at the confluence of the Orinoco and Ventuari Rivers. In this area there are numerous species of plants and animals used in local production systems. The pavón (*Cichla temensis*) represented 87% of the fish consumed by local indigenous peoples and sales to the illegal gold mining camps. Other less important species include the bocón (*Brycon* spp), caribe (*Serrasalmus manueli*), payaras (*Hydrolycus* spp), saltones (*Argonectes longiceps, Hemiodus* spp), güabina (*Hoplias malabaricus*), palometas (*Mylossoma* spp), bagre rayao (*Pseudoplatystoma* spp) and sardinatas (*Pellona* spp). The exploitation of ornamental fishes was also evaluated. Among the most important are the corronchos or cuchas (Loricariidae) which represented 89% of the total capture for sale. There are many other species that are also sold in Puerto Inírida in Colombia. Among them are the escalar (*Pterophyllum altum*), cardenal (*Paracheirodon axelrodi*), rayas (*Potamotrygon* spp), hachitas (*Carnegiella strigata*), cucha Atabapo (*Peckoltia vittata*), palometa gancho rojo (*Myleus rubripinnis*) and the hemiodo (*Hemiodus semitaeniatus*).

The surveyed indigenous populations also practice agriculture. Among the most widely planted crops are tubers, Bromeliaceae and Solanaceae. Ninety percent (90%) of domestic production comes from the great variety of resources that exist in the inundated ecosystems. Among them are: extraction of boards for construction of boats and dwellings; herbal medicines (for control of diarrhea); extraction of chiqui-chiqui (*Leopoldinia piassaba*) fibers; handicrafts; and processing of bitter yucca (*Manijot* spp) for the preparation of cassava, catara, starch and manioc. Hunting constitutes the second source of sustenance. The most commonly hunted species include deer (*Mazama* spp, *Odocoileus virginianus*), pacas and agoutis (*Agouti paca*, *Dasyprocta* spp), armadillos (Dasypodidae), peccaries (*Pecari tajacu*, *Tayassu pecari*), monkeys (Cebidae), capybaras (*Hydrochaeris hydrochaeris*), crocodiles and caimans (*Caiman crocodiles* and *Paleosuchus* spp), red-headed river turtles (*Podocnemis erythrocephala*) and big-headed Amazon River turtles (*Peltocephalus dumerilianus*). These species collectively represent 67% of the daily consumption and income of all the indigenous communities.

SUMMARY OF ADDITIONAL STUDIES

Vegetation and soils of the lower and middle Ventuari River

Eight (8) transects of 0.1 ha were established in the non-inundated forests along the river banks situated in the peneplains landscape in the lower and middle watershed of the Ventuari River, from which quantitative information was obtained to compare and relate the floristic composition and structure of the forests with soils, drainage and geomorphology. Classification techniques were used (cluster analysis) to co-relate the variables mentioned with vegetation and produce a classification of the vegetation communities. The following results were presented: 285 Morphospecies, 166 genera, 61 families, 2285 individuals measured with a diameter ≥ 2,5 cm and a local classification of four forest communities (V1; V2): low to medium forests, thinly distributed forests dominated by *Actinostemon amazonicus, Peltogyne paniculata, Gustavia acuminata* and *Sagotia racemosa* over Inceptisols and Ultisols soils on alluvial plains; (V3): medium height mediana altura, very intervened forests dominated by *Attalea maripa* ("*palma cururito*"), *Guatteria ovalifolia* and *Simarouba amara* on Entisols in eologic sediments over rounded hills; (V5): high forests, dominated by *Chaetocarpus schomburgkianus*, *Ruizterania retusa* and *Couma utilis* (fine leafed "*pendare*") in Ultisols associated with rocky outcroppings of gneiss; and (V4; V6; V7;V8): mixed forests of medium height dominated by *Oenocarpus bacaba* ("*seje pequeño*"), *Rudgea* sp nov., *Qualea paraensis* and *Bocageopsis multiflora* in Entisols and Histosols associated with rocky outcroppings of sandstone, Ultisols of very small hills of gneiss and granite and Inceptisols at the foot of slopes over meta-sandstone.

The forests located in the V2 and V5 transects represent new communities of the Venezuelan Amazon region. The soils are oligotrophic, with a pH under 4.6 on the superficial horizon and have moderate to rapid drainage. The exceptions are the V1 and V2 transects, where the drainage is very slow, with significant levels of aluminum toxicity. Information is presented on the richness and diversity of the communities described and on the phytogeography of the species registered in relation to the flora of areas adjacent to the Venezuelan Amazon and Guayana. Included is a floristic list of 510 species registered in the region of the Ventuari River, specifying the place in the watershed where its phytogeographic status and new flora registers of the region are found.

Fishes of the Lower Ventuari River

From 1989 to the present there have been fish samples collected from this river, exploring different aquatic ecosystems, including lagoons, channels, sandy beaches, forests and inundated savannas. This effort to know the ichthyofauna of the Ventuari River has allowed for the recognition at the present time of 470 species of fishes distributed among 10 orders, 44 families and 225 genera. The orders with the greatest number of families were the Characiformes (14), Siluriformes (11) Gymnotiformes (6) and Perciformes (4). The order Characiformes had the greatest representation of the genera (93) and species (254) with 54 % of the total register of species. The greatest number of species registered for this order corresponded to the family Characidae (149 sp.), followed by thirteen families. The order Siluriformes registered 82 genera and 131 species (27.87 % of the total). Notable families included Loricariidae with 40 species, followed by Heptapteridae (20 sp.), Auchenipteridae (19 sp.), Doradidae (13 sp.) and Pimelodidae (13 sp.). Five (5) other families were present with fewer species. The Perciformes represented 10.2 % of the total, with the family Cichlidae (43 sp.) standing out, and to a lesser degree Sciaenidae (3 sp.) and Nandidae and Gobiidae with one species each. The knife fishes of Gymnotiformes were represented by 14 families and 19 species (4%). The other orders present conformed to a lesser number of families and species.

The Ventuari River constitutes at the present time the watershed with the greatest ichthyological richness in Venezuela.

Sport fishing versus the conservation of the pavón (South American Peacock bass)

The Ventuari River is a very important destination for many sports fishermen and national and international tourists. With the objective of determining the status of sports fishing for pavón (*Cichla* spp) in the zone, we carried out a follow up of this activity in the months of February and March 2002. The size and weight of each example and capture effort were registered. In 141 hours of active fishing, 760 examples were captured from the species *C. temensis*, *C. orinocensis* and *C. intermedia*. The capture effort was estimated at 3 pavones/hour/man. The largest sizes corresponded to *C. temensis* with a maximum standard length of 783 mm and weight of 7100 g (and an average length and weight of 400 mm and 1535 g, respectively); *C. orinocensis* with a maximum length of 480 mm standard length and weight of 2500 g (and an average length of 301 mm and weight of 654 g); and finally, *C. intermedia* with a maximum length of 510 mm standard length and weight of 1800 g (and an average length and weight of 332 mm and 833 g, respectively). These registered sizes are information of interest for sports fishing, as the presence of "trophy" fish attracts a greater number of fishermen to this area. This in turn generates greater incomes that help to improve the quality of life for the inhabitants of the zone.

THREATS

In the area of study are established populations of the Baniwa, Curipaco, Maco and Piaoa indigenous groups, as well as Creole communities. In these communities subsistence fishing constitutes the principal source of protein, followed by hunting. Equally, the illegal sale of ornamental fish through Colombia stands out as an important activity in the use of natural resources in this region. Finally, traditional agriculture and the collection of forest products complete the list.

In general, the area of the confluence of the Orinoco and Ventuari Rivers is under low levels of threat. Below are some of the more important threats currently in this area:

- Mercury contamination, with its presence in sediments and incorporation into the trophic chain.
- High demand for natural resources, especially fishes and bushmeat (mammals and reptiles) to meet the needs to illegal mining camps (gold extraction).
- Uncontrolled and illegal extraction of ornamental fishes for sale in Colombia.
- Deforestation and slash and burn of the forest as a consequence of mining activity. One has to remember that in this region the vegetation develops on very poor soils with low recuperation capacity.

RECOMMENDATIONS FOR CONSERVATION

Using the results obtained during this AquaRAP survey, as well as general observations, the following recommendations are proposed for conservation of the area's biodiversity and ecosystems:

- Active incorporation of local communities, especially indigenous ones, in activities to protect and conserve ecosystems. Towards this end, initial activities, such as workshops on environmental education and sustainable natural resource use, should be held.
- Alert authorities and request greater government presence in the region, especially to better protect and enforce the boundaries of Yapacana National Park.
- Implement research and monitoring programs to promote sustainable management of ornamental fish populations.
- Carry out detailed studies on the use of local fauna (fishing and hunting). It is important to initiate these studies with endangered and threatened species (for example, the Orinoco caiman and turtles of the genus *Podocnemis*). As a result of our exploratory study, we find that there exist diverse activities that should be taken advantage of and regulated in order to allow for sustainable use of the area's aquatic and terrestrial ecosystems.
- Carry out detailed studies on mercury contamination in the aquatic trophic chain, including sampling of sediments and the rural and indigenous population for a comparative analysis.
- Support and create incentives for activities directed at the development of programs for sustainable use and rational management of the region's resources.
- Support and promote ecological tourism activities (ecotourism) with local participation through indigenous cooperatives and conservation-friendly businesses.
- Promote a new sustainable fishing activity and specialized ecological tourism (ecotourism): ornamental fishing.
- Complement the results of this AquaRAP with two other surveys in contrasting climatic periods (high point of the dry season for a more complete study of fish and reptiles and high point of the rainy season for amphibians, birds and fishes.

BIBLIOGRAPHY

Huber, O. 1995b. Conservation of Venezuelan Guayana. *In:* Berry, P. E. , B. K. Holst y K. Yatskievich (eds.). Flora of the Venezuelan Guayana Vol. 1. Introduction. Missouri Botanical Garden, St. Louis. Portland: Timber Press. Pp. 193-217.

Molinillo, M. e Y. Lessenfants. 2001. Manaka paraíso de pesca y puerta de entrada a la región natural de Duida-Ventuari. Revista de Divulgación Científica Fundación Cisneros. 8-29.

Mapa 1

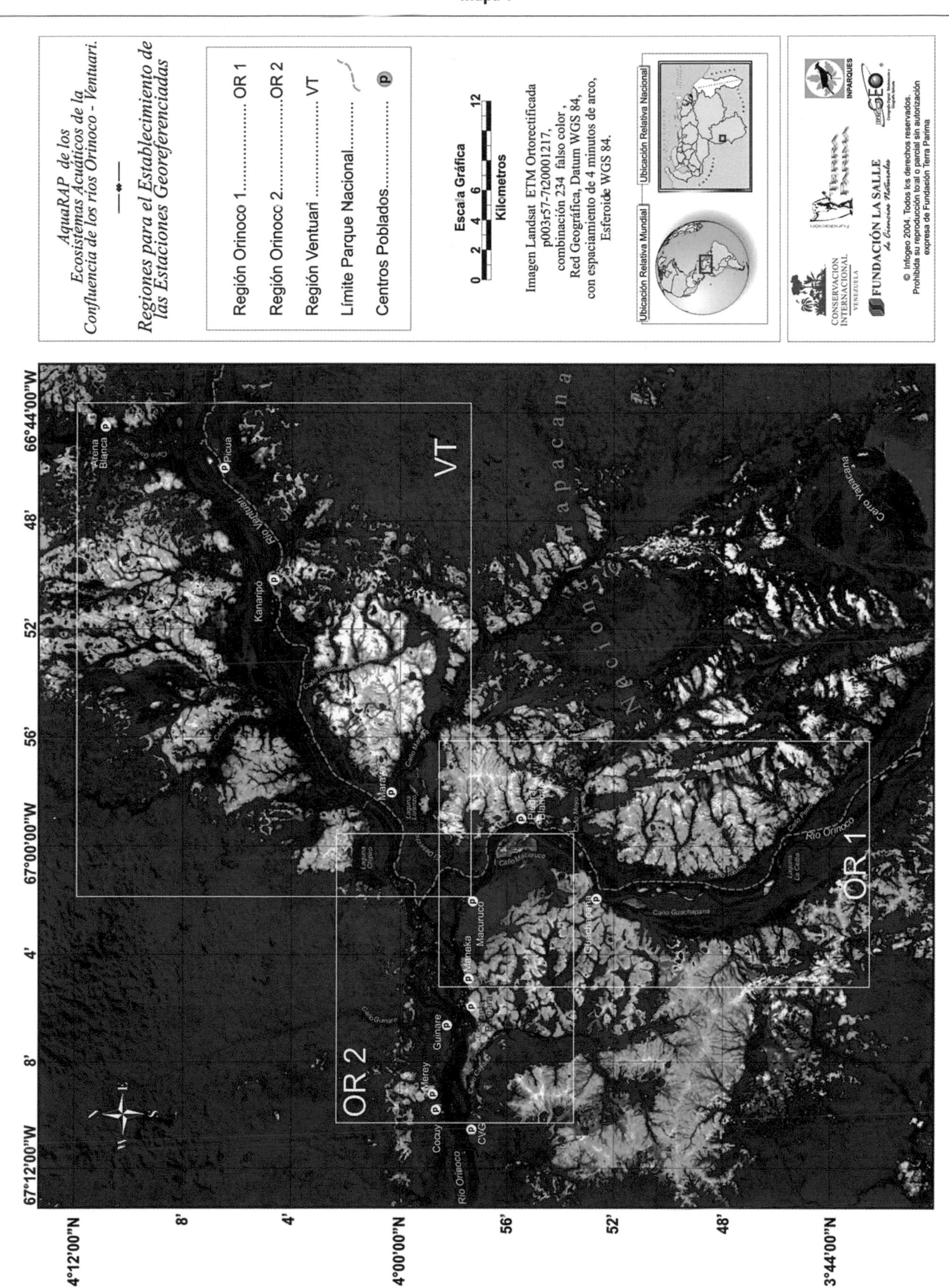
AquaRAP de los Ecosistemas Acuáticos de la Confluencia de los ríos Orinoco - Ventuari.
Regiones para el Establecimiento de las Estaciones Georeferenciadas
Región Orinoco 1 .... OR 1
Región Orinoco 2 ....OR 2
Región Ventuari .... VT
Límite Parque Nacional
Centros Poblados
Escala Gráfica
0 2 4 6 12
Kilómetros
Imagen Landsat ETM Ortorectificada p003r57-7t20001217, combinación 234 falso color, Red Geográfica, Datum WGS 84, con espaciamiento de 4 minutos de arco, Esferoide WGS 84.
Ubicación Relativa Mundial
Ubicación Relativa Nacional
CONSERVACION INTERNACIONAL VENEZUELA
FUNDACIÓN LA SALLE de Ciencias Naturales
INPARQUES
© Infogeo 2004. Todos los derechos reservados. Prohibida su reproducción total o parcial sin autorización expresa de Fundación Terra Parima
67°12'00"W
8'
4'
67°00'00"W
56'
52'
48'
66°44'00"W
4°12'00"N
8'
4'
4°00'00"N
56'
52'
48'
3°44'00"N
VT
OR 1
OR 2
Río Orinoco
Río Ventuari
Picua
Atena Blanca
Kanaripó
Macuruco
Manaka
Guachapana
Guinare
Merey
Cocuy
CVG
Caño Guachapana
Cerro Yapacana

Mapa 2

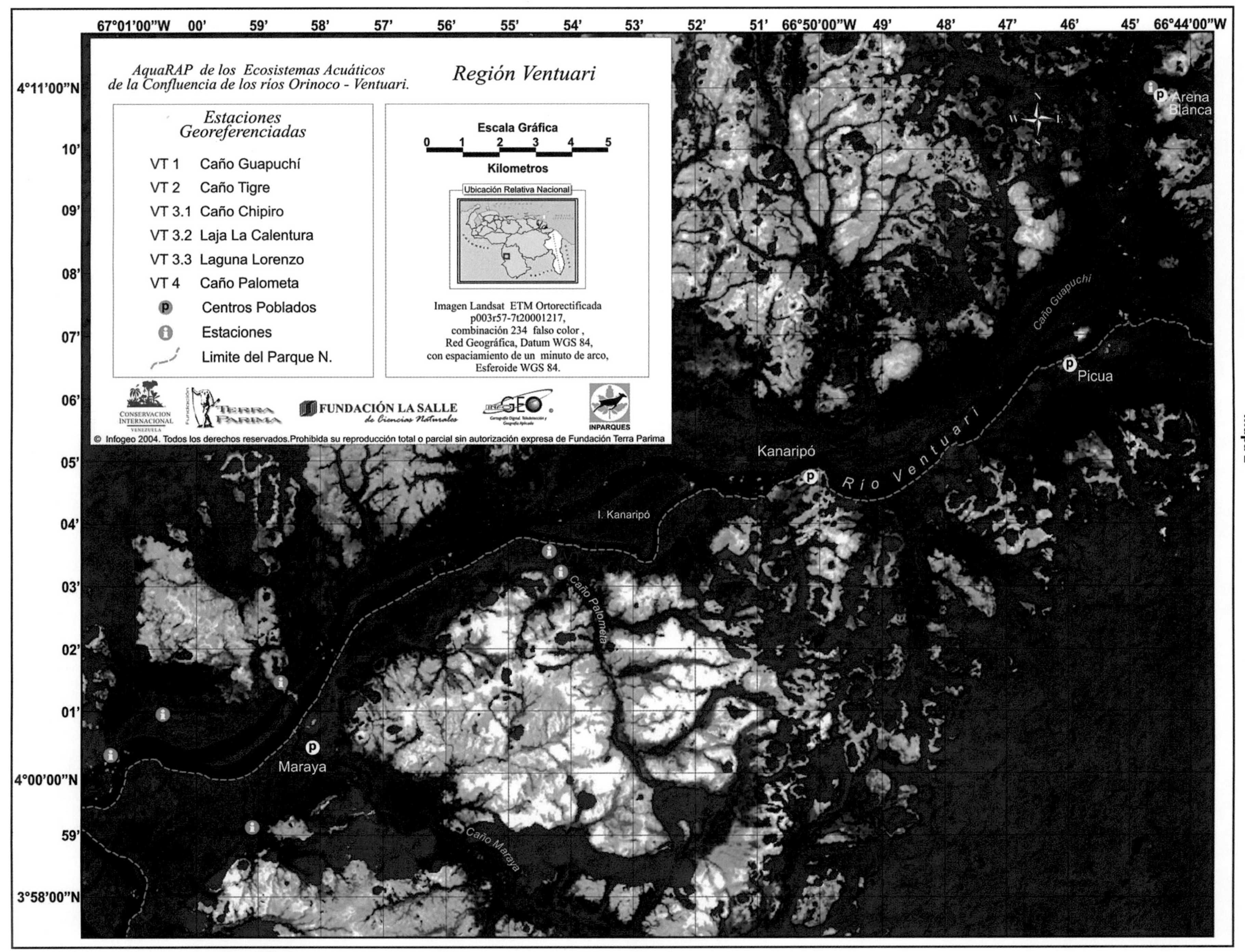
AquaRAP de los Ecosistemas Acuáticos de la Confluencia de los ríos Orinoco - Ventuari.
Región Ventuari
Estaciones Georeferenciadas
VT 1 Caño Guapuchí
VT 2 Caño Tigre
VT 3.1 Caño Chipiro
VT 3.2 Laja La Calentura
VT 3.3 Laguna Lorenzo
VT 4 Caño Palometa
Centros Poblados
Estaciones
Limite del Parque N.
Escala Gráfica
0 1 2 3 4 5
Kilometros
Ubicación Relativa Nacional
Imagen Landsat ETM Ortorectificada p003r57-7t20001217, combinación 234 falso color, Red Geográfica, Datum WGS 84, con espaciamiento de un minuto de arco, Esferoide WGS 84.
CONSERVACION INTERNACIONAL VENEZUELA
TERRA PARIMA
FUNDACIÓN LA SALLE de Ciencias Naturales
INPARQUES
© Infogeo 2004. Todos los derechos reservados.Prohibida su reproducción total o parcial sin autorización expresa de Fundación Terra Parima
Río Ventuari
Caño Guapuchi
Picua
Arena Blanca
Kanaripó
I. Kanaripó
Caño Palometa
Caño Maraya
Maraya
67°01'00"W
00'
59'
58'
57'
56'
55'
54'
53'
52'
51'
66°50'00"W
49'
48'
47'
46'
45'
66°44'00"W
4°11'00"N
10'
09'
08'
07'
06'
05'
04'
03'
02'
01'
4°00'00"N
59'
3°58'00"N

Mapa 3

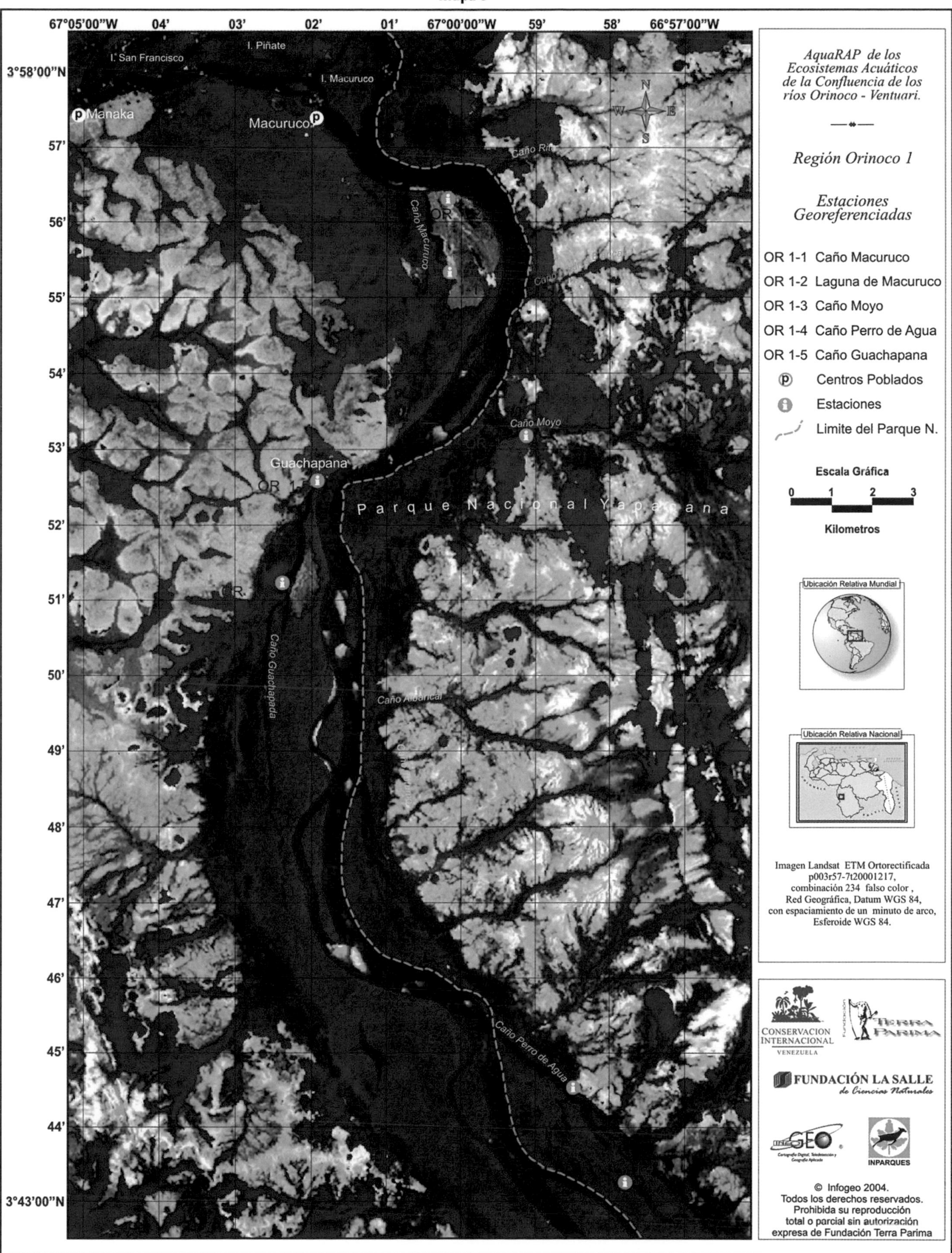

67°05'00"W
04'
03'
02'
01'
67°00'00"W
59'
58'
66°57'00"W
3°58'00"N
57'
56'
55'
54'
53'
52'
51'
50'
49'
48'
47'
46'
45'
44'
3°43'00"N
I. San Francisco
I. Piñate
I. Macuruco
Manaka
Macuruco
Caño Macuruco
Guachapana
Caño Moyo
Parque Nacional Yapacana
Caño Guachapada
Caño Perro de Agua
AquaRAP de los Ecosistemas Acuáticos de la Confluencia de los ríos Orinoco - Ventuari.
Región Orinoco 1
Estaciones Georeferenciadas
OR 1-1 Caño Macuruco
OR 1-2 Laguna de Macuruco
OR 1-3 Caño Moyo
OR 1-4 Caño Perro de Agua
OR 1-5 Caño Guachapana
Centros Poblados
Estaciones
Limite del Parque N.
Escala Gráfica
0 1 2 3
Kilometros
Ubicación Relativa Mundial
Ubicación Relativa Nacional
Imagen Landsat ETM Ortorectificada p003r57-7t20001217, combinación 234 falso color, Red Geográfica, Datum WGS 84, con espaciamiento de un minuto de arco, Esferoide WGS 84.
CONSERVACION INTERNACIONAL VENEZUELA
TERRA PARIMA
FUNDACIÓN LA SALLE de Ciencias Naturales
INPARQUES
© Infogeo 2004.
Todos los derechos reservados.
Prohibida su reproducción total o parcial sin autorización expresa de Fundación Terra Parima

Mapa 4

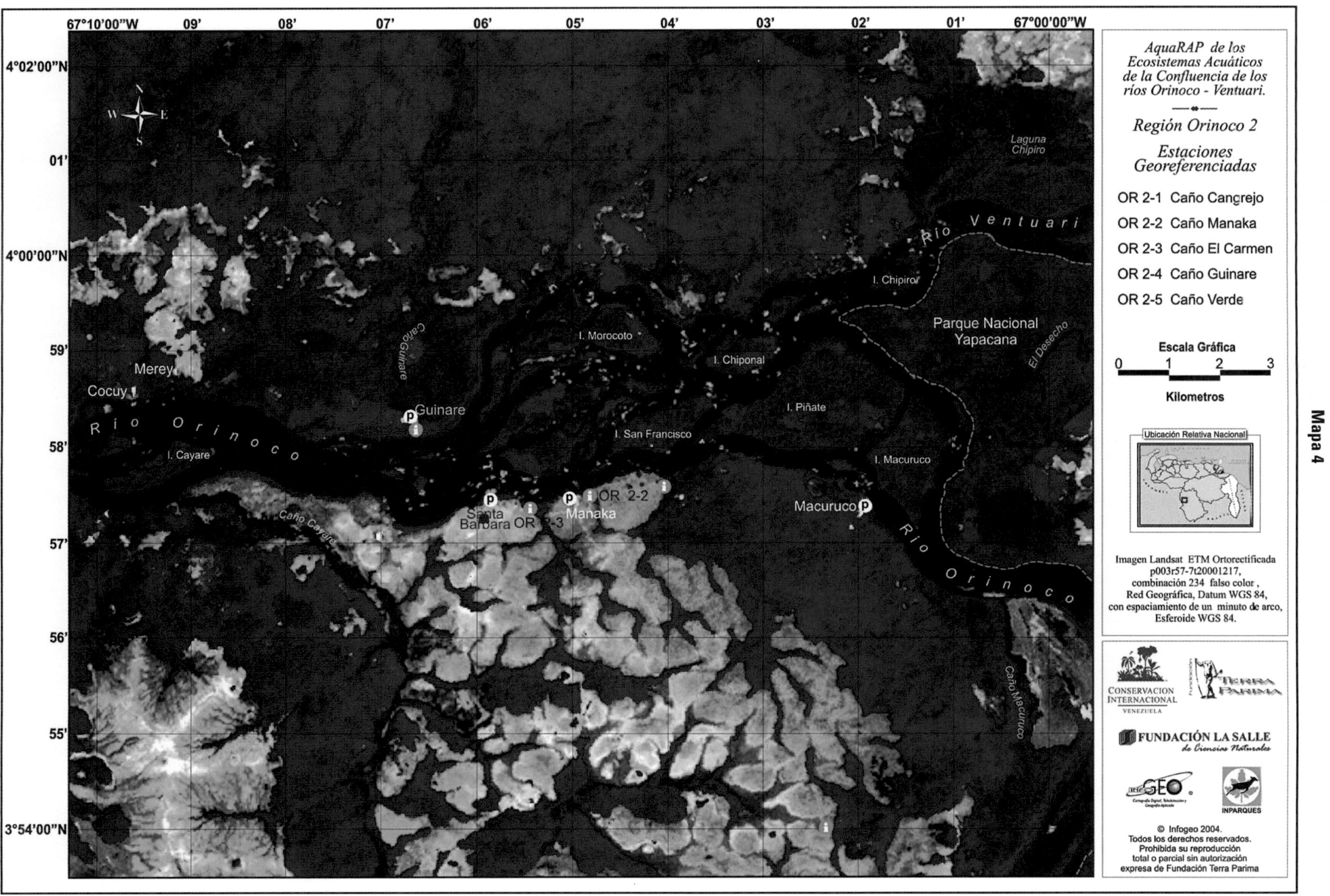
AquaRAP de los Ecosistemas Acuáticos de la Confluencia de los ríos Orinoco - Ventuari.
Región Orinoco 2
Estaciones Georeferenciadas
OR 2-1 Caño Cangrejo
OR 2-2 Caño Manaka
OR 2-3 Caño El Carmen
OR 2-4 Caño Guinare
OR 2-5 Caño Verde
Escala Gráfica
0 1 2 3
Kilometros
Ubicación Relativa Nacional
Imagen Landsat ETM Ortorectificada p003r57-7t20001217, combinación 234 falso color, Red Geográfica, Datum WGS 84, con espaciamiento de un minuto de arco, Esferoide WGS 84.
CONSERVACION INTERNACIONAL VENEZUELA
FUNDACIÓN LA SALLE de Ciencias Naturales
INPARQUES
© Infogeo 2004. Todos los derechos reservados. Prohibida su reproducción total o parcial sin autorización expresa de Fundación Terra Parima
67°10'00"W
09'
08'
07'
06'
05'
04'
03'
02'
01'
67°00'00"W
4°02'00"N
01'
4°00'00"N
59'
58'
57'
56'
55'
3°54'00"N
N
W
E
S
Río Orinoco
Río Ventuari
Parque Nacional Yapacana
Laguna Chipiro
El Desecho
Caño Macuruco
I. Chipiro
I. Macuruco
Macuruco
I. Piñate
I. Chiponal
I. San Francisco
I. Morocoto
OR 2-2
Manaka
Santa Bárbara
OR 2-3
Guinare
Caño Guinare
Caño Cayare
I. Cayare
Merey
Cocuy

Caño de aguas negras, río Ventuari. Foto: J. C. Señaris

Caño Arenas Blancas (caño aguas claras). Foto: J. C. Señaris

Confluencia de los ríos Orinoco y Ventuari, estado Amazonas.
Foto: J. C. Señaris

Raudales del río Ventuari. Foto: J. C. Señaris

Camarón (*Euryrhynchus amazoniensis*).
Foto: J. C. Señaris

Planta acuática (*Mourera alcicornis*). Foto: J. C. Señaris

Carácido de la hojarasca (*Poecilocharax weitzmani*). Foto: Oscar Lasso-Alcalá

Peces lápices (*Nannostomus* sp). Foto: Oscar Lasso-Alcalá

Chipiro (*Podocnemis erythrocephala*). Foto: Leanne Alonso

Tortuga cabezona (*Peltocephalus dumerilianus*). Foto: J. C. Señaris

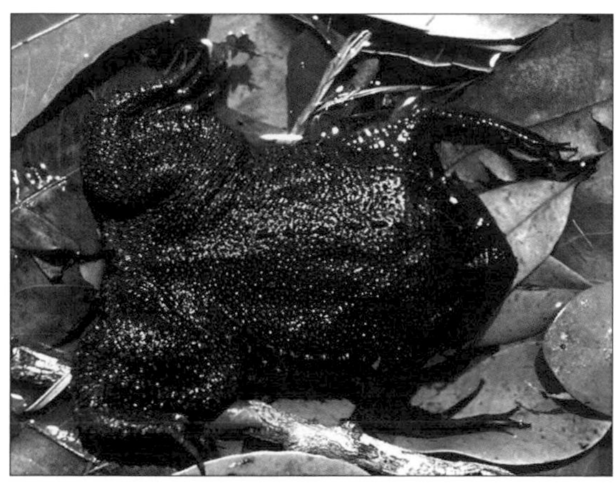

Rana de celdas (*Pipa pipa*). Foto: J. C. Señaris

Pez anual (*Micromoema xiphophora*). Foto. Oscar Lasso-Alcalá

Equipo de investigadores, técnicos y baquianos del AquaRAP Orinoco-Ventuari.

Familia indígena llegando del conuco. Foto: J. C. Señaris

Pájaro león (*Momotus momota*). Foto: Miguel Lentino

Impacto de la minería ilegal en la base del cerro Yapacana. Foto: J. C. Señaris

Capítulo 1

Descripción general del bajo Ventuari y su confluencia con el río Orinoco

Nelson Mattié, Edward Pérez, Maria A. Sampson, Carlos A. Lasso y Oscar M. Lasso-Alcalá

RESUMEN

El área seleccionada para la realización del AquaRAP incluyó tres subregiones o areas Focales. La primera (OR 1) está ubicada en el río Orinoco, aguas arriba de su confluencia con el Ventuari hasta el caño Perro de Agua (03º44′33,4′′N-66º58′29,8′′W). La segunda (OR 2) está ubicada en los alrededores del Campamento Manaka (03°57′10′′N-67° 48′57′′ W). La tercera y última subregión (VT) está ubicada entre la zona del bajo Ventuari (confluencia del Ventuari con el río Orinoco 03°59′34′′ N-67° 02′29′′ W) y el poblado de Arena Blanca en el caño Guapuchí (04º11′35,7′′N - 66º44′56,7′′W). En general toda el área presenta una elevación entre los 100 y 120 m s. n. m. El río Orinoco es el río más importante de la región. Como hecho particular destaca el cambio de rumbo del río Orinoco en el área de estudio, ajustándose de esta manera a los controles que la geología estructural le ha impuesto, a las estructuras fisiográficas dominantes y a las presiones laterales ejercidas por el río Ventuari. Presenta un régimen hidrológico contrastado, así los valores de descarga en el curso principal reflejan claramente el régimen pluvial dominante en toda la región, con un periodo de aguas bajas y el otro de aguas altas. Un solo escurrimiento mayor ocurre en los meses de junio, julio y agosto, y los menores caudales entre enero y abril. El río Ventuari, con una cuenca de drenaje de aproximadamente 40.000 km^2 y un cauce principal de 450 km de longitud, es el principal afluente del Orinoco por su margen derecha en el Estado Amazonas. El río Ventuari vierte sus aguas en el río Orinoco en las inmediaciones de la población de Santa Bárbara a través de una serie de brazos o canales separados entre sí por afloramientos rocosos. Esta forma de desagüe tiende a parecerse a una formación deltaica, y es de allí de donde se ha basado la denominación de esta desembocadura con el nombre del delta del Orinoco-Ventuari.

Geológicamente, el área de confluencia de los ríos Orinoco-Ventuari pertenece al Escudo de Guayana (Precámbrico), con depósitos aluvionales cuaternarios en las riberas de los principales ríos. Desde el punto de vista geomorfológico el área presenta una heterogeneidad de paisajes debido, entre otros elementos, a la diversidad de su relieve, suelos y vegetación. De manera general, se pueden distinguir las siguientes unidades de paisajes: a) llanura aluvial, b) penillanura de erosión-alteración, c) llanura de erosión-acumulación, y d) llanura de erosión exorreica. Por su ubicación geográfica, la confluencia de los ríos Orinoco-Ventuari presenta un clima con características netamente tropicales húmedas, con altas temperaturas y elevada pluviosidad. Particularmente, el área de estudio presenta un clima macrotérmico ombrofilo, con temperatura promedio mayor a 24º C (la temperatura promedio en Santa Bárbara es de 27,3º C) y precipitación anual promedio mayor a 2000 mm (la precipitación en Santa Bárbara en el periodo 1970-1980 fue de 3213 mm) y un número de meses secos (menor a 75 mm de precipitación) menor a dos (enero y febrero). La precipitación promedio aumenta en un gradiente de norte a sur.

INTRODUCCIÓN

Las tierras al sur del Orinoco han sido reconocidas de gran importancia para la biodiversidad mundial, dado que en ellas se localiza más de la mitad de la diversidad biológica presente en Venezuela, país que se encuentra ubicado entre los diez más biodiversos del mundo. La zona no solo es relevante por su riqueza biológica sino por que alberga elementos bióticos y abióticos únicos en el mundo. Esta condición es debida, principalmente, a su historia geológica asociada con el Escudo Guayanés, a patrones biogeográficos y a procesos de especialización y endemismo muy particulares.

La confluencia de los ríos Ventuari y Orinoco presenta ecosistemas que albergan una enorme variedad de especies de plantas y vertebrados. La zona es mundialmente reconocida entre los amantes de la pesca deportiva debido a su excelencia para la práctica de la pesca del pavón (*Cichla* spp). También es paraíso para los observadores de aves que se deleitan con la gran diversidad de avifauna presente en el área (Molinillo y Lessenfants 2001). La vegetación de la zona corresponde a las formaciones vegetales de bosque húmedo tropical, bosque denso y sabanas (Good 1969). Se caracteriza por tener elevadas temperaturas y abundantes precipitaciones y una importante red hidrográfica. En el región habitan importantes comunidades indígenas (Piaroas, Yabarana, Ye'kuana, Baniva) que conviven en armonía con el medio.

En general, el área relacionada con la confluencia de estos dos importantes ríos del Estado Amazonas ha sido poco estudiada, principalmente por su posición geográfica, las dificultades de acceso y permanecia. Gran parte del área se encuentra comprendida dentro del Parque Nacional Yapacana. Son pocos los trabajos en la zona relacionados con la biodiversidad, vegetación, amenazas y requerimientos de conservación. Se conoce que el área está siendo sometida a presiones por explotación minera, deforestación e indirectamente por contaminación con mercurio e incremento de sedimentos a los ríos.

MATERIAL Y MÉTODOS

El material cartográfico preliminar fue elaborado con base en la imagen del satélite Landsat ETM, ortorectificada, Nº p003r57-7t20001217-nn234, combinación 234 en falso color, y las coordenadas de las estaciones preliminares georeferenciadas en campo durante la visita exploratoria de la evaluación biológica rápida.

El levantamiento de la información espacial georeferenciada de los diferentes muestreos biológicos, fisiográficos y limnologicos se llevó a cabo mediante la medición de las coordenadas geográficas en latitud – longitud con el sistema de posicionamiento global (GPS), utilizando un receptor de señal satelital (modelo Garmin III Plus) que empleó como Datum de referencia el sistema WGS 84. Para cada medición de coordenadas se estableció una posición por promedio de más de 30 mediciones en tiempo real, estimándose un error de entre 3 y 10 metros de la posición geográfica exacta.

Igualmente, se registraron las coordenadas de otras posiciones de aspectos resaltantes tales como: ecotonos, afloramientos rocosos, cambios de unidades del relieve y formas del terreno. Por otra parte, para el levantamiento de la información de topónimos de los diferentes centros poblados, cursos de agua, lagunas y accidentes geográficos importantes, se contó con la valiosa colaboración de los residentes de los lugares donde se realizaron los muestreos, así como de los motoristas, guías y baquianos que acompañaron la evaluación.

La generación del material cartográfico final se generó mediante la utilización del programa de manejo de base de datos geográficos Mapinfo. Este programa permite el posicionamiento espacial de las coordenadas previamente registradas en las estaciones de muestreo. A partir del posicionamiento de los puntos de muestreo se diseñan las diferentes bases de datos, las cuales incluyen diferentes campos (columnas) de información. Una vez diseñada y creada, la base de datos se registra toda la información levantada en las estaciones de muestreo. Para el diseño cartográfico final se realiza la composición cartográfica con las bases de datos generadas y la información básica digitalizada como altimetría, hidrografía y centros poblados, entre otros.

Por último, el levantamiento de la información fisiográfica partió de la observación directa en el campo de los diferentes paisajes, unidades de relieve y formas del terreno de las estaciones georeferenciadas y puntos de muestreo. Posteriormente, se realizó una revisión bibliográfica general que sirvió de marco de referencia en la interpretación preliminar de los resultados.

DESCRIPCIÓN GENERAL DEL ÁREA DE ESTUDIO

Ubicación geográfica

Los ecosistemas acuáticos asociados a la confluencia de los ríos Ventuari y Orinoco se ubican en el centro-oeste del Estado Amazonas en el extremo meridional de Venezuela. Se trata de una amplia llanura aluvial en donde se conjuga una compleja variedad de ambientes desarrollados entre los 100 y los 400 m s. n. m. La región que nos ocupa incluye tres subregiones. La primera y la más al sur, denominada subregión Orinoco 1 (OR 1), se ubica desde el caño Perro de Agua (03º45'N y 66º59'O) en el río Orinoco hasta su confluencia con el río Ventuari. La segunda o subregión Ventuari (VT) está situada al noreste de la primera, abarca al río Ventuari y algunos de sus afluentes y se localiza desde el caño Guapuchí, cerca del poblado Arena Blanca (04º12'N - 66º45'O) hasta la zona del bajo Ventuari en la confluencia de los ríos Orinoco y Ventuari (03° 60' N – 67° 03' O). Por último, la tercera subregión o subregión Orinoco 2 (OR 2) se encuentra ubicada aguas abajo de la confluencia de los ríos Ventuari y Orinoco en los alrededores del Campamento Manaka (03° 57'N – 67° 49' O) (Mapa 1).

Clima

Por su ubicación geográfica, la confluencia de los ríos Orinoco-Ventuari presenta un clima "tropical lluvioso", según el sistema de Köopen, ó "megatérmico húmedo" según Thornthwaite, con altas temperaturas y elevada pluviosidad, evapotranspiración y nubosidad. El régimen de humedad es de tipo ombrófilo con una precipitación promedio mayor a los 2000 mm anuales, entre 3000 y 3500 mm y con menos de dos meses relativamente secos (enero y febrero), las lluvias se concentran principalmente entre mayo y agosto. Los promedios anuales de temperatura se caracterizan por ser uniformemente altas, así como los niveles de evapotranspiración, y el régimen térmico es de tipo macrotérmico con una temperatura promedio de 27,4 ºC. En la región, la precipitación aumenta en un gradiente de norte a sur (Boadas 1983, MARNR-ORSTOM 1988, Steyermark et al. 1995). La temporada de más bajas temperaturas coincide con las más altas precipitaciones y los meses más secos corresponden con la época de menor precipitación (Weibezahn 1990). En las figuras 1.1 a 1.4 se ilustran, con base a la información climatológica disponible, los gráficos de precipitación *vs.* evaporación, temperatura, insolación y velocidad del viento.

Suelos

Existe una estrecha relación entre los regímenes de humedad y la geografía del suelo. La zona de confluencia de los ríos Orinoco y Ventuari y sus alrededores se caracteriza por ser una llanura aluvial donde dominan los oxisoles y ultisoles, suelos de baja fertilidad con estructuras muy finas. En su mayoría son suelos relativamente ácidos, muy pobres, extremadamente lavados, alterados y con escasa capacidad de intercambio catiónico, lo que hace que su fertilidad sea muy baja por tanto, no aptos para la agricultura, pues la fragilidad del ecosistema hace riesgosa su intensificación. Los suelos de la zona presentan un régimen de humedad entre aquico (aguas arribas de la confluencia de los dos ríos) y udico en los alrededores de Santa Bárbara y aguas abajo del encuentro entre los dos ríos. La fragilidad de estos suelos es debida a que han sido sometidos a intensos procesos de meteorización y lixiviación, causados por las abundantes lluvias y elevadas temperaturas ambientales.

En el Capítulo 3 de este RAP Bulletin se muestra un estudio más detallado de los suelos del bajo y medio Ventuari.

Hidrografía

El área está comprendida dentro de la cuenca del río Orinoco, que tiene su naciente en la Sierra de Parima en el Cerro Delgado Chalbaud a 1047 m s. n. m. Es el río más largo y caudaloso del norte del continente suramericano, y su cauce en el Estado Amazonas tiene una longitud aproximada de 957 km. En el área de estudio, el río Orinoco cambia de rumbo, ajustándose de esta manera a los controles que la geología le ha impuesto, a las estructuras fisiográficas dominantes y a las presiones laterales ejercidas por el río Ventuari. De manera general puede decirse que, desde su nacimiento y hasta Santa Bárbara del Orinoco (lugar de confluencia con el río Ventuari), el río discurre en sentido ESE-ONO. A partir de este lugar y hasta San Fernando de Atabapo (donde confluyen los ríos Atabapo y Guaviare) se desplaza en sentido E-O y de allí en adelante mantiene un rumbo Norte (Boadas 1983).

El río Ventuari es uno de los principales afluentes del río Orinoco y es el río más importante de la región. Nace en la Sierra de Maigualida a 1200 m s. n. m. y forma la cuenca más grande del Estado Amazonas con más de 40.000 km^2 y aproximadamente 450 km de longitud. El río Ventuari vierte sus aguas en el Orinoco en las inmediaciones de la población de Santa Bárbara a través de una serie de brazos o canales separados entre sí por afloramientos rocosos. Esta forma de desagüe tiende a parecerse a una formación deltaica y de allí es que ha surgido llamar a esta desembocadura con el nombre del delta del Orinoco-Ventuari (Boadas 1983). Este río transporta sustratos pobres en nutrientes y poca materia orgánica, lo que le hace adquirir tonalidades muy claras o transparentes, que lo convierten en un río de aguas claras (Sánchez 1990, Huber 1995). En el Capítulo 2 del RAP Bulletin se incluye una discusión sobre la limnología de los ambientes estudiados tanto en el río Orinoco como en el Ventuari.

A finales de septiembre las aguas de los ríos Orinoco y Ventuari comienzan a disminuir, siendo notorio este descenso en el mes de noviembre. El ascenso de las aguas en el bajo Ventuari se inicia a mediados de abril y llega a su máximo entre mayo y julio (Iribertegui 2000). La información sobre los niveles hidrométricos de ambos ríos es muy escasa y fragmentada en el tiempo, especialmente en el caso del río Ventuari. Una intensa búsqueda de datos en la Dirección General de Cuencas Hidrográficas del Ministerio del Ambiente de Venezuela nos permitió ubicar solamente los datos o niveles completos durante todo un ciclo hidrométrico para el río Orinoco en 1982 en las estaciones de Guachapana y Trapichote (Figuras 1.5 y 1.6). En el caso del río Ventuari, obtuvimos los niveles del mismo año para la estación de Kanaripó (Figura 1.7).

En relación al gasto medio mensual, la información es más completa, al menos en el caso del río Orinoco. La Figura 1.8 muestra los valores de los gastos medios mensuales máximos y mínimos instantáneos para el Orinoco en Guachapana desde 1969 a 1982. El pico del gasto medio mensual se alcanzó en julio, mientras que el mínimo se observó en febrero. Los gastos máximo y mínimo instantáneos mostraron un comportamiento similar.

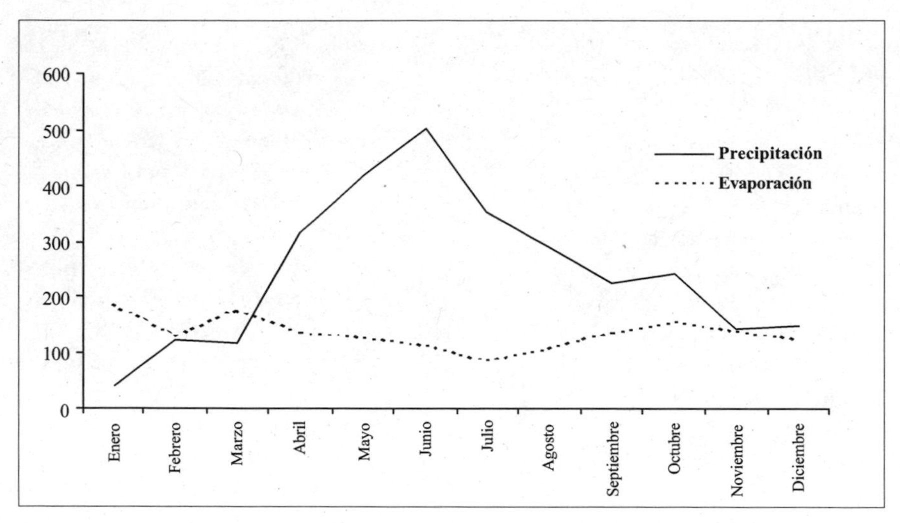

Figura 1.1. Valores mensuales promedios (mm) de precipitación (línea continua) y evaporación (línea segmentada) correspondientes al periodo 1997- 2001. Estación Metereológica Santa Bárbara del Orinoco, Estado Amazonas (03° 56' 07" N - 67° 08' 24" W / 120 m s.n.m.).

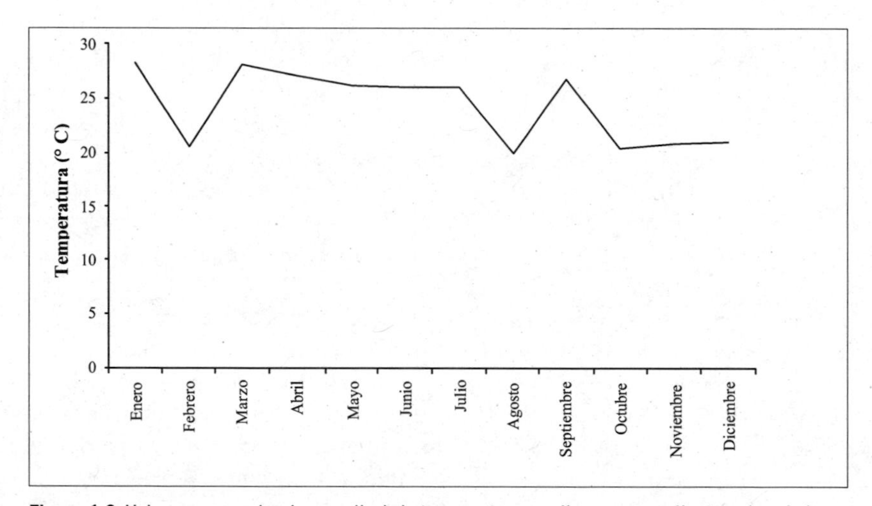

Figura 1.2. Valores mensuales (promedios) de temperatura media correspondientes al periodo 1997-2000. Estación Metereológica Santa Barbara del Orinoco, Estado Amazonas (03° 56' 07" N - 67° 08' 24" W/ 120 m s.n.m.).

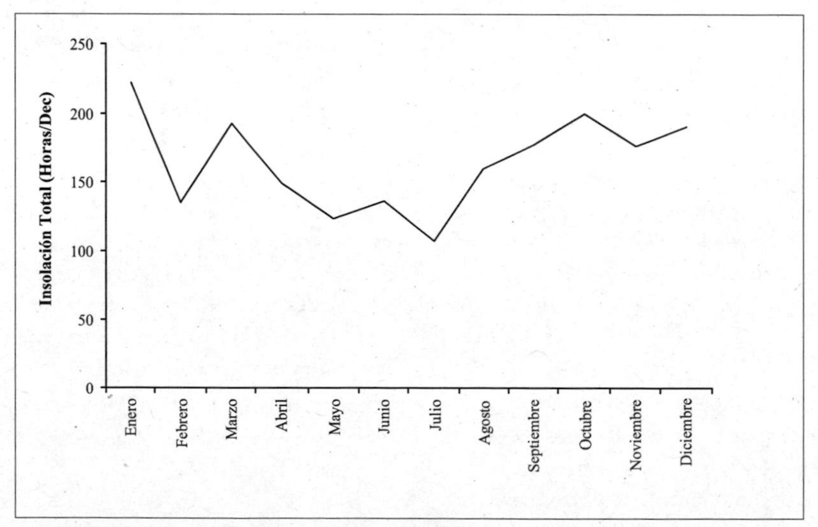

Figura 1.3. Valores mensuales (promedios) de insolación total correspondientes al periodo 1997- 2001. Estación Metereológica Santa Bárbara del Orinoco, Estado Amazonas (03° 56' 07" N - 67° 08' 24" W/ 120 m s.n.m.).

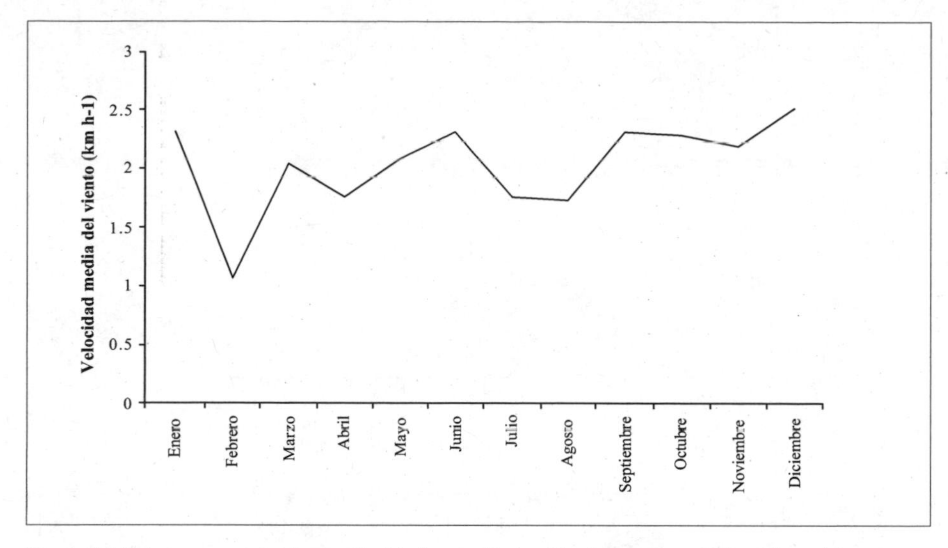

Figura 1.4. Valores mensuales (promedios) de la velocidad media del viento, medida a 65 cm del suelo, correspondientes al periodo 1997- 2001. Estación Metereológica Santa Bárbara del Orinoco, Estado Amazonas (03° 56' 07" N - 67° 08' 24" W/ 120 m s.n.m.).

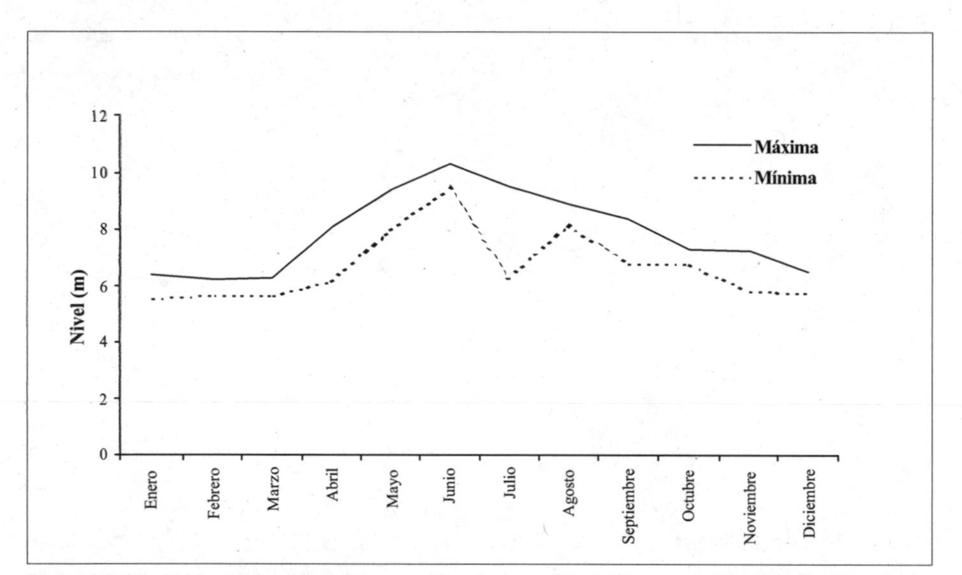

Figura 1.5. Nivel hidrométrico del río Orinoco en Guachapana, Estado Amazonas. Año 1982. Fuente: MARN - División de Información e Investigación Zona 10.

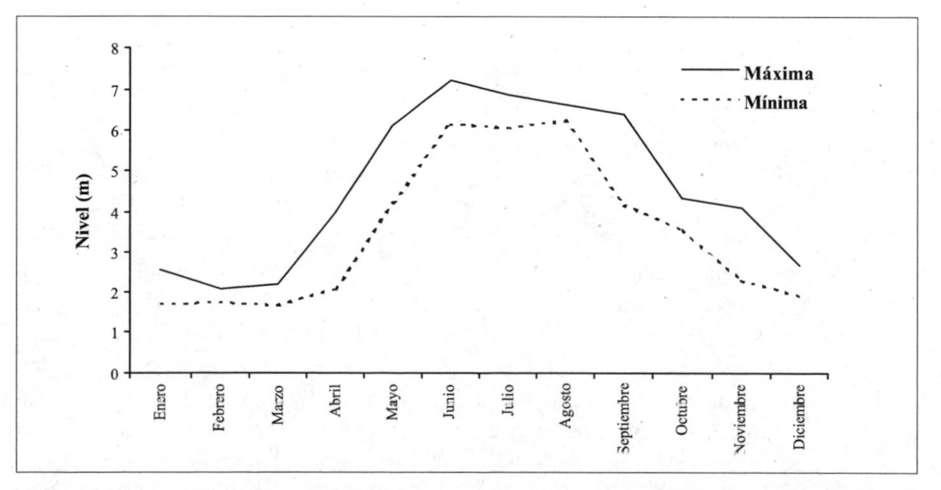

Figura 1.6. Nivel hidrométrico del río Orinoco en Trapichote, Estado Amazonas. Año 1982. Fuente: MARN - División de Información e Investigación Zona 10.

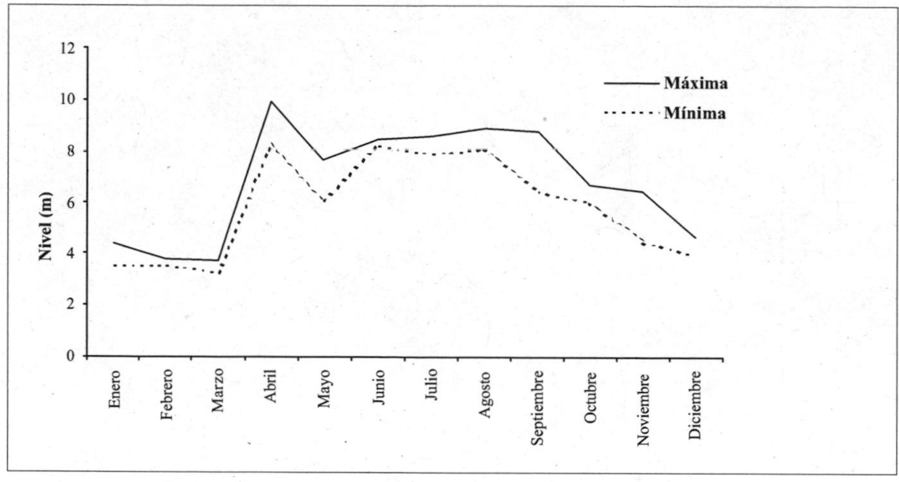

Figura 1.7. Nivel hidrométrico del río Ventuari en Kanaripó, Estado Amazonas. Año 1982. Fuente: MARN - División de Información e Investigación Zona 10.

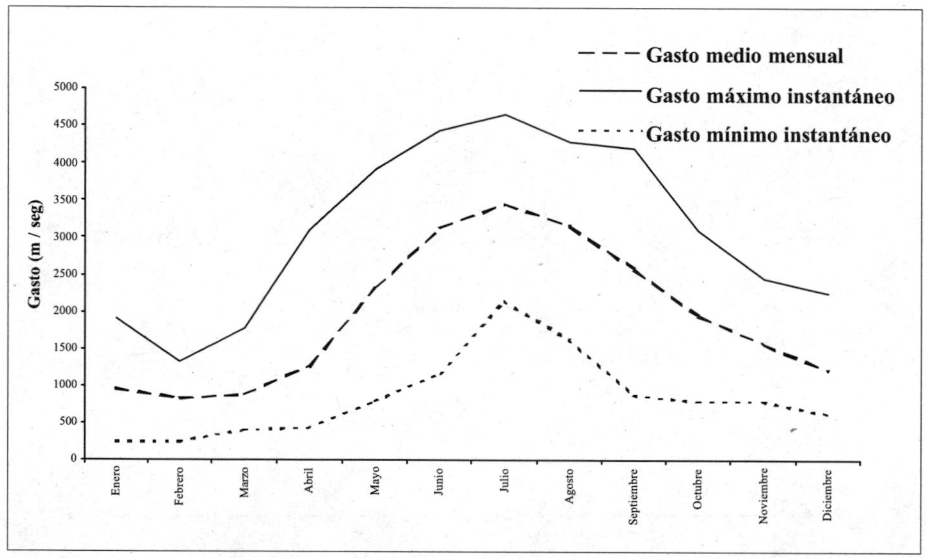

Figura 1.8. Gasto medio mensual (periodo 1969 - 1991), máximo y mínimo instantáneo (periodo 1970 - 1991) del río Orinoco en Guachapana (03° 48' 00" N - 67° 01' 55" W), Estado Amazonas. Fuente: MARN - Dirección de Hidrología y Meteorología.

Geología y geomorfología

El área de confluencia de los ríos Orinoco-Ventuari, como parte del escudo de Guayana, presenta un basamento arqueozoico complejo, con materiales rocosos de los más antiguos de la geocronología venezolana, principalmente de la era Precámbrica y el Período Cámbrico. Las rocas más comunes en los afloramientos son: gneis, granito y riolita del arqueozoico y proterozoico, cuarcitas protorozoicas, diques y mantos de diabasa del Jurásico, más suelo residual y colusión del Holoceno y depósitos aluviónales cuaternarios en las riberas de los principales ríos. Otros materiales los constituyen las rocas graníticas tectonizadas (gneises graníticas del bajo Ventuari), rocas sedimentarias (arenisca y conglomerados areniscosos), granitos del Batolito de Parguaza y rocas sedimentarias (areniscas) de la Formación Roraima, con intrusiones graníticas jóvenes (Cerro Yapacana) (Boadas 1983, MARNR-ORSTOM 1988, Weibezahn 1990, Albrizzio 1995).

La geomorfología de la región es variada, presentando una heterogeneidad de paisajes debido, entre otros elementos, a la diversidad de su relieve, suelos y vegetación. El relieve en su mayoría es plano y bajo, cubierto por sabanas y selvas interrumpidas por los macizos. El Escudo de Guayana ha sido afectado desde su génesis por continuos y notables procesos geológicos internos, especialmente de epirogénesis. Este proceso ha generado una tectónica de basamento y desplazamiento de bloques, en donde los mecanismos estructurales dominantes son las fracturas, las diaclases son abundantes y extensas así como son frecuentes las fallas normales y transcurrentes.

De manera general se pueden distinguir las siguientes unidades de paisajes: a) Llanura aluvial; b) penillanura de erosión-alteración; c) llanura de erosión-acumulación; y d) llanura de erosión exorreica (MARNR-ORSTOM 1988). La llanura aluvial es el paisaje dominante en la zona, presenta un conjunto de formas planas sin desniveles mayores por los ejes fluviales que rellenan las depresiones y los valles poco entallados. Esta forma de paisaje incluye tres unidades de relieve: de orilla, caracterizada por la presencia de aportes limosos y depresiones marginales, levemente encajonados en las llanuras circundantes; de desborde, compuesta por formas aluviales axiales (vegas), laterales (napas de desborde) y marginales (napas y cubetas de decantación). Por último, encontramos las unidades de ahogamiento, que son cubetas endorreicas constituidas por depósitos arcillosos y semi-pantanosos que a veces incluyen lagunas.

DESCRIPCIÓN DE LAS AREAS FOCALES O SUBREGIONES Y ESTACIONES DE MUESTREO

I. AREA FOCAL O SUBREGIÓN ORINOCO 1 (OR 1)

Se corresponde con el río Orinoco aguas arriba de la confluencia con el río Ventuari. Esta región se caracteriza por presentar abundante pluviosidad durante todos los meses del año con un promedio de precipitación entre 3300 mm en los alrededores de caño Moyo y 3400 mm en caño Perro de Agua (MARNR-ORSTOM 1988). Los meses mas secos son diciembre, enero y febrero, y los meses de mayor precipitación son mayo, junio y julio (Boadas 1983). En esta región encontramos cubetas endorreicas que incluyen lagunas, caños laterales a los tributarios y caños tributarios del río Orinoco, de régimen aquico con fuertes inundaciones. El paisaje es dominado por llanuras aluviales y llanura de erosión-acumulación. La primera llanura corresponde a aportes de sedimentos subactuales o más viejos (Pleistoceno), depositados principalmente por el Orinoco, de clase limoso o arenoso fino. Estas llanuras aluviales de orilla, de ahogamiento y de desborde, están ligeramente encajonadas en las llanuras vecinas y presentan sucesiones de formas como vegas, albardones, napas, depresiones marginales y cubetas de ahogamiento. Por su parte la llanura de erosión-acumulación se caracteriza por una formación superficial arenosa llamada "Arena Blanca" que corresponde a la evolución del aplanamiento Pleistoceno por intensa eluviación de los suelos y acumulación del residuo cuarzoso de eluviación. Esta caracterizada por un manto continuo de residuos cuarzosos (MARNR-ORSTOM 1988).

En este sector se ubica parte del Parque Nacional Yapacana con 320.000 ha y altitudes entre los 75 y los 1345 m s. n. m. En este parque emerge el Cerro Yapacana con forma de tepuy, el cual constituye la mayor elevación de la llanura. Su fauna es diversa y abundante y la zona se encuentra habitada por comunidades indígenas Piaroa y Maco (Weidmann et al. 2003). Los linderos del parque corresponden a la margen derecha del río Orinoco y la margen izquierda del río Ventuari, en la cual se establecieron las estaciones de muestreo de caño Perro de Agua y caño Moyo.

Localidad 1 – Laguna de Macuruco (OR 1.1)
Tributario menor de la margen izquierda del río Orinoco. El paisaje de tierra firme predominante es la llanura aluvial de desborde. Los tipos de relieve observados en las estaciones de muestreo incluyen en la margen derecha del caño la sucesión de vega anegada, albardón y napa de desborde de textura limo-arenosa. En la margen izquierda se observó una sucesión de vega, albardón y napa de desborde. En el muestreo ribereño aguas abajo del campamento, se observó en la margen izquierda una serie de terrazas sobre-elevadas (1-2 m) con relación al nivel del caño en la fecha del trabajo de campo.

Localidad 2 - Estero de Macuruco (OR 1.2)
Laguna de aguas transparentes ubicada en la margen izquierda del río Orinoco. Se extiende en un paisaje de llanura aluvial de desborde y la forma del terreno presenta una sucesión de cubeta de inundación (laguna), napa de desborde y albardón de orilla.

Localidad 3 – Caño Moyo (OR 1.3)
Tributario menor de la margen derecha del río Orinoco. Los paisajes de tierra firme observados fueron la llanura aluvial de orilla en contacto en la margen derecha, con la llanura de erosión-acumulación. Las principales formas del terreno en la margen derecha son la sucesión de vega, albardón y llanura ondulada (se caracteriza por un manto continuo de residuos cuarzosos, posiblemente arenisca cuarzosa, de conformación suavemente convexa). En la margen izquierda se observó una sucesión de playa, vega, albardón, y napa de desborde.

Localidad 4 – Caño Perro de Agua (OR 1.4)
Tributario menor de la margen derecha del río Orinoco. Paisaje de llanura aluvial de orilla en contacto en la margen derecha con la llanura de erosión-acumulación. Las formas del terreno predominantes observadas en la margen derecha fueron una sucesión de vega, albardón y napa de desborde de textura limo-arenosa. En la margen izquierda se observó vega y terraza sobre-elevada con relación al nivel del caño en la fecha del trabajo de campo.

Localidad 5 – Caño Güachapana (OR 1.5)
Tributario menor de la margen izquierda del río Orinoco. Paisaje de llanura aluvial de orilla. Las formas del terreno principales en la margen derecha fueron una sucesión de playa, albardón de orilla actual arenosa, albardón sub-actual, napa y llanura ondulada. En la margen izquierda se observó una terraza sobreelevada (1-2 m) con relación al nivel del caño en la fecha del trabajo de campo.

II. ÁREA FOCAL O SUBREGIÓN ORINOCO 2 (OR 2) – RÍO ORINOCO: CONFLUENCIA Y AGUAS ABAJO DEL RÍO VENTUARI

Se corresponde con el río Orinoco en el delta interno con el río Ventuari. Esta región se caracteriza por presentar abundante pluviosidad durante todos los meses del año con un promedio de precipitación de 3300 mm en los alrededores de Santa Bárbara (MARNR-ORSTOM 1988, Boadas 1983). Presenta paisajes de penillanuras de erosión alteración en lomas y llanuras aluviales. La penillanura de erosión-alteración en lomas corresponde a la transición de la penillanura de alteración con la llanura de erosión. Son lomas con restos de alteración ferralítica dentro de extensas llanuras, de 15 a 20 metros de alto, de forma achatada, con cumbres planas, roca madre granítica, depresiones arenosas planas, y afloramientos rocosos. Las llanuras aluviales se refieren a las áreas de aporte de sedimentos subactuales o más viejos de textura limosa o arenosa o en conjunto de ambos.

Localidad 6 – Caño Cangrejo (OR 2.1)
Tributario menor de la margen izquierda del río Orinoco. El paisaje de tierra firme dominante es la penillanura de erosión-alteración en lomas. Las formas del terreno observadas en la margen derecha fueron la sucesión de vega, albardón y napa de desborde. En la margen izquierda se observó una terraza sobre-elevada con relación al nivel del caño en la fecha del trabajo de campo, y luego un relieve plano que se inunda y a continuación, las colinas.

Localidad 7 – Caño Manaka (OR 2.2)
Tributario menor de la margen izquierda del río Orinoco. El paisaje principal es la penillanura de erosión-alteración en lomas, y las formas del terreno principales en la margen derecha encontradas fueron la sucesión de vega y una terraza sobre-elevada con abundantes afloramientos rocosos que continúa en un relieve plano y en colinas. En la margen izquierda, se observó una terraza sobreelevada con relación al nivel del caño en la fecha del trabajo de campo.

Localidad 8 – Caño El Carmen (OR 2.3)
Tributario menor de la margen izquierda del río Orinoco. En el punto de muestreo número 1 ubicado a unos 150 metros aproximadamente de la confluencia con el río Orinoco, se observó un paisaje de tierra firme de penillanura de erosión-alteración en lomas cuyas formas del terreno principales en la margen derecha estaban representadas por la sucesión de vega, terraza sobreelevada, relieve plano y colinas. En la margen izquierda, se observó la vega y una terraza sobre-elevada con relación al nivel del caño en la fecha del trabajo de campo. En el punto de muestreo número 2 ubicado aguas arriba del primer punto y al final de la pista del campamento Manaka, se observó una depresión arenosa anegada, con alta intervención de la vegetación, producto de las quemas en época seca.

Localidad 9 – Caño Winare (OR 2.4)
Tributario menor de la margen derecha del río Orinoco. El paisaje de tierra firme es de llanura aluvial de orilla, y las formas principales del terreno en la margen derecha fueron la sucesión de vega con abundantes afloramientos rocosos, albardón y napa de desborde. En la margen izquierda, se observó la sucesión de vega, albardón y napa de desborde.

Localidad 10 – Morichal Caño Verde (OR 2.5)
Curso de agua con bosque de galería en la sabana de Santa Bárbara a unos 9 km aproximadamente del campamento. Paisaje de lomas de forma aplanada con depresiones planas arenosas anegadas, por donde discurren los cursos de aguas menores. En esta zona también se observaron afloramientos rocosos.

III. ÁREA FOCAL O SUBREGIÓN VENTUARI (VT)- RÍO VENTUARI (VT)

Se corresponde con el río Ventuari aguas arriba de la confluencia con el río Orinoco. Esta región se caracteriza por presentar abundante pluviosidad durante todos los meses del año con un promedio de precipitación de entre 3100 mm en los alrededores de caño Guapuchí y 3300 mm en la laguna Lorenzo (MARNR-ORSTOM 1988). En esta región encontramos cubetas endorreicas que incluyen lagunas, caños laterales a los tributarios y caños tributarios del río Ventuari además de la presencia de afloramientos rocosos. Se observaron paisajes de llanuras aluviales, penillanuras de erosión-alteración, llanura de erosión de acumulación y llanura de erosión exorreicas (MARNR-ORSTOM 1988). Las llanuras aluviales son depósitos subactuales o más antiguos, constituidos por materiales limosos o arenosos. Por su parte, la penillanura de erosión-alteración es la unidad transicional entre la penillanura de alteración, y la llanura de erosión es el resultado del desmantelamiento de la quinta superficie de aplanamiento (Plioceno) con formación de glacis de alteración y de residuos de erosión. La llanura de erosión exorreica es una extensa zona plana, caracterizada por la presencia casi continua de un manto arenoso, producto de la erosión de los macizos montañosos y del lavado de las alteraciones profundas. Particularmente esta unidad es bien drenada y sin testigos de alteración. La pendiente general aunque suave permite la evacuación de los residuos cuarzosos hasta descubrir la roca madre en numerosos afloramientos. Por último, la llanura de erosión de acumulación está constituida por depósitos compuestos de material residual cuarzoso.

Localidad 11 – Caño Guapuchí (VT 1)
Tributario menor de la margen derecha del río Ventuari. El paisaje de tierra firme observado es la penillanura de erosión alteración en lomas en contacto en la margen izquierda con la llanura de erosión exorreica. Las formas del terreno dominantes en la margen derecha del punto de muestreo

fueron la sucesión de playa, albardón de orilla. Aguas abajo en otro punto de muestreo (caño encajonado), se observaron terrazas sobre-elevadas (1–2 m) con relación al nivel del caño en la fecha del trabajo de campo. En la margen izquierda, se observó la sucesión de albardón de orilla actual, albardón arenoso, napa de desborde y la llanura de erosión.

Localidad 12 - Caño Tigre (VT 2)
Tributario menor de la margen derecha del río Ventuari. Paisaje de llanura aluvial de orilla, cuyas principales formas del terreno observado fueron un afloramiento rocoso en contacto con cubetas de decantación en la margen derecha. Mientras que en la margen izquierda se observó la sucesión de albardón de orilla actual y albardón arenoso, aquí se destaca la proximidad de este caño con el río Ventuari por lo que es notoria su influencia en la formación del relieve.

Localidad 13 – Caño y Laguna Chipiro (VT 3.1)
El caño es un tributario menor de la margen derecha del río Ventuari, y la laguna Chipiro es una cubeta de decantación (laguna) que en épocas de aguas altas se conecta con el Ventuari y en épocas de aguas bajas queda aislada de este. El paisaje es de llanura aluvial de orilla y las principales formas del terreno observadas fueron la sucesión de vega, albardón y napa de desborde en la margen derecha. En la margen izquierda la sucesión fue de vega, albardón y napa de desborde.

Localidad 14 – Río Ventuari, Laja La Calentura (VT 3.2)
Afloramiento rocoso en la margen derecha del río Ventuari. Ubicado en la llanura aluvial de orilla. Se observó en la margen derecha el afloramiento rocoso en contacto con una terraza sobre-elevada con relación al nivel del afloramiento. En la margen izquierda, se observó la sucesión de albardón arenoso y napas de desborde limo-arenosas. En este punto de muestreo es notoria la cercanía e influencia que ejerce el río Ventuari.

Localidad 15 – Laguna Lorenzo (VT 3.3)
Canal de desagüe de la margen izquierda del río Ventuari que drena al río Orinoco. El paisaje de tierra firme es la llanura aluvial de orilla, y las formas del terreno principales en la margen derecha son una terraza sobre-elevada (1–2 m) con relación al nivel del caño en la fecha del trabajo de campo. En la margen izquierda, se observó la sucesión de albardón arenoso y napas de desborde limo-arenoso.

Localidad 16 – Caño Palometa (Caño Negro) (VT 4)
Tributario menor de la margen izquierda del río Ventuari. Paisaje de llanura aluvial de orilla en el primer punto de muestreo y de llanura de erosión de acumulación en el segundo punto de muestreo. Las formas del terreno observadas en la margen derecha del primer punto de muestreo fueron una sucesión de vega, albardón de orilla actual, albardón arenoso y napa de desborde. En la margen izquierda, se observó una terraza sobre-elevada con relación al nivel del caño en la fecha del trabajo de campo. Las formas del terreno en el segundo punto de muestreo, específicamente en la margen derecha del caño fueron la vega, seguida de una napa de desborde. En la margen izquierda, se observaron afloramientos rocosos, seguidos de extensas áreas de arenas residuales de conformación suavemente convexa con bordes anegados.

SÍNTESIS Y RECOMENDACIONES PARA LA CONSERVACIÓN

En el área de estudio se reconocen cuatro grandes unidades de paisaje. De acuerdo a su frecuencia de aparición en el medio, se observa que la llanura aluvial -de desborde y de orilla-, es el paisaje de tierra firme más común, ya que se observó en 11 de las 14 localidades muestreadas. El paisaje de penillanura de erosión-alteración se observó en cinco localidades, la llanura de erosión-acumulación en tres localidades y la llanura de erosión exorreica en una sola localidad. Con respecto a las formas de terreno, la sucesión vega, albardón y napa de desborde es la más característica del área de estudio. Se observó una heterogeneidad importante en las formas principales, entre las que destacan las sucesiones de vegas, terrazas sobreelevadas, afloramientos rocosos-terrazas sobreelevadas y vegas terrazas sobreelevadas-superficies planas-colinas.

Las recomendaciones más importantes para la conservación son las siguientes:

- Garantizar la protección del ciclo hidrológico natural, ya que es uno de los agentes modeladores del relieve y formas del terreno. La construcción de obras de aprovechamiento hidráulico podría alterar este ciclo natural de las aguas.
- Los paisajes de penillanuras de erosión-alteración y las llanuras de erosión-acumulación, por su substrato arenoso y la vegetación de sabana entre otros elementos, es la unidad ecológica más frágil a los efectos de la intervención antrópica, por lo que deben protegerse especialmente.
- Los afloramientos rocosos (lajas) observados en algunas estaciones de muestreo y que forman parte de los raudales de Santa Bárbara en el curso del río Orinoco poseen un atractivo visual paisajístico importante, por lo cual deben ser protegidos.

BIBLIOGRAFÍA

Albrizio, C. 1995. Reconocimiento fotogeológico de la cuenca del río Ventuari. Trabajo de ascenso de la categoría de instructor a profesor asistente. PDVSA-INTEVEP. Venezuela.

Boadas, A. 1983. Geografía del Amazonas venezolano. Colección Geografía de Venezuela Nueva. Editorial Ariel-Seix Barral Venezolana. Caracas, Venezuela.

Good, R. 1969. The Geography of the Flowering Plants. Third Edition. Longman. London.

Huber, O. 1995. Geographical and Physical Features. *En:* P. Berry, B. Holst, y K. Yatskievych (eds.). Flora of the Venezuelan Guayana. Volume I. Introduction. Portland, Oregon: The Missouri Botanical Garden. Pp. 1-62.

Iribertegui, R. 2002. En el Jaguey. Crónicas y documentos del Archivo Central del Vicariato de Puerto Ayacucho, Estado Amazonas. Caracas, Venezuela.

MARNR-ORSTOM 1988. Atlas del Inventario de Tierras del Territorio Federal Amazonas. Descripción por Sectores Hojas 19-4, 19-16. Dirección General Sectorial de Información e Investigación del Ambiente. Dirección de Suelos Vegetación y Fauna. Ministerio del Ambiente y de los Recursos Naturales Renovables. Caracas, Venezuela.

Molinillo, M. e Y. Lesenfants. 2001. Manaka paraíso de pesca y puerta de entrada a la región natural de Duida-Ventuari. Revista Divulgación Científica Fundación Cisneros. Ecología y Conservación del Pavón. Caracas, Venezuela.

Sánchez, J. 1990. La calidad de las aguas del río Orinoco. *En:* Weibezahn F. y W. Lewis (eds.). El río Orinoco como ecosistema. Fondo Editorial de Acta Científica Venezolana/EDELCA/USB. Caracas, Venezuela. Pp. 241-268.

Steyermark, J., P. Berry y K. Holst. 1995. Flora of the Venezuelan Guayana. Volume I. Introduction. The Missouri Botanical Garden. Portland, Oregon.

Weibezahn, F. H. 1990. El río Orinoco como ecosistema. Fondo Editorial de Acta Científica Venezolana/EDELCA/USB. Caracas, Venezuela.

Weidmann, K., R. Rangel y F. W. Todtmann. 2003. Parques Nacionales de Venezuela. Oscar Todtmann Editores. Ecograph Proyectos y Ediciones. Círculo de Lectores. Caracas, Venezuela.

Capítulo 2

Descripción y composición florística de la vegetación inundable de la región Ventuari-Orinoco, Estado Amazonas

Leyda Rodríguez, Edward Pérez y Anabel Rial

RESUMEN

Con la finalidad de conocer la composición florística de los ambientes inundables, se establecieron 17 estaciones de muestreo en las que se realizaron observaciones generales de la fisonomía y composición florística de la vegetación, tomándose muestras botánicas de individuos en estado reproductivo. Del conjunto de ambientes observados, destacan los bosques ribereños, bosques de galería, comunidades arbustivas sobre arena blanca, sabanas y vegetación acuática. Predominan los bosques ribereños bajos y medios con dos estratos. Se colectaron 475 muestras botánicas y se elaboró una lista de 357 especies de plantas vasculares, de las cuales 16 son endémicas del Estado Amazonas, y se reporta por primera vez para Venezuela la especie acuática *Mourera alcicornis* (Podostemaceae). Las familias con mayor número de especies fueron Cyperaceae, Rubiaceae, Caesalpiniaceae y Fabaceae. Las especies ribereñas más abundantes fueron la palma *Leopoldinia pulchra* y los árboles *Aldina latifolia, Swartzia argentea, Heterostemom mimosoides* y *Marlierea spruceana*, entre otras. En estos ecosistemas amazónicos, la vegetación del área de estudio y su correspondiente diversidad florística se desarrolla sobre suelos muy pobres y está siendo afectada progresivamente por la intervención humana. Esto debe llamar la atención a las autoridades por cuanto puede ser motivo de un gran impacto ecológico. Asimismo debe promoverse y facilitarse el estudio de la biodiversidad de esta región, ya que es la base para el establecimiento de planes futuros de manejo de estos frágiles ecosistemas en donde la cobertura vegetal juega un papel preponderante en su mantenimiento.

INTRODUCCIÓN

En Venezuela, el Estado Amazonas reúne diferentes formaciones vegetales, estimándose que el 93% está cubierto por diferentes tipos de formaciones boscosas, herbáceas y arbustivas (Huber 1982, 1983, 1995a). Esto le confiere una alta diversidad vegetal, destacando muchas especies endémicas (Berry et al. 1995).

La región de la confluencia Ventuari-Orinoco se caracteriza por ser una llanura aluvial de gran extensión, la cual está cubierta por un complejo mosaico de ambientes que se desarrollan a altitudes muy cercanas a los 100 m snm y bajo condiciones macroclimáticas (Huber 1995a, b). En este sentido, el Mapa de Vegetación de la *Flora of Venezuelan Guayana* (Huber 1995a) hace referencia a la presencia de una variedad de bosques siempreverdes, inundables y de tierra firme, así como sabanas y comunidades herbáceo-arbustivas. En esta zona en particular, los bosques inundables forman un componente principal del paisaje, ya que cubren una gran extensión (Huber 1995b, MARNR-ORSTOM 1988).

Los bosques inundables son frecuentes en el Estado Amazonas y, en general, en la Guayana venezolana, sin embargo han sido mucho menos estudiados que otros ecosistemas similares en Brasil (Huek 1978, Prance 1979, Kuo y Prance 1979, Huber 1995). En la región del río Orinoco se han realizado algunos estudios en bosques ribereños inundables, entre los que se pueden destacar los de Rosales et al. (1993, 1997, 1999) en Río Caura y otros ríos del Estado Bolívar, Colonnello (1990) en el bajo Orinoco, y Camaripano y Castillo (2003) en el Río Sipapo.

Los bosques ribereños, en particular los sometidos a regímenes de inundación estacional durante la época de mayor pluviosidad, son de gran interés como ecosistema. La inundación determina de manera importante la fisionomía de al vegetación así como la composición florística (Prance 1979, Huber 1995a, Junk 1997, Rosales et al. 1999). Estos bosques ribereños inundables son de gran importancia en la conservación de la biodiversidad ya que son fuente de energía y nutrientes para el sostenimiento de la macro y microfauna asociada a estos ellos y, al mismo tiempo, constituyen refugios y corredores de dispersión de especies, de tal manera que los niveles naturales de inundación, así como la heterogeneidad de los hábitat son factores determinantes del mantenimiento y funcionamiento de estos ecosistemas (Rosales et al. 1996, 1999; Huggenberger et al. 1998).

El presente trabajo tiene como finalidad describir los aspectos fisionómicos y la composición florística de la vegetación sometida a inundación presentes en la llanura aluvial Ventuari-Orinoco en el marco de la evaluación ecológica rápida de los ecosistemas acuáticos presentes en esta región. Esta información ayudará a entender mejor la biodiversidad vegetal del país, pudiendo ser utilizada en planes de manejo y conservación de estas zonas del Amazonas venezolano, que aún cuando muchas se mantienen en estado prístino, están siendo amenazadas por un incremento de la intervención humana, ya sea por actividades agrícolas de subsistencia o por minería ilegal.

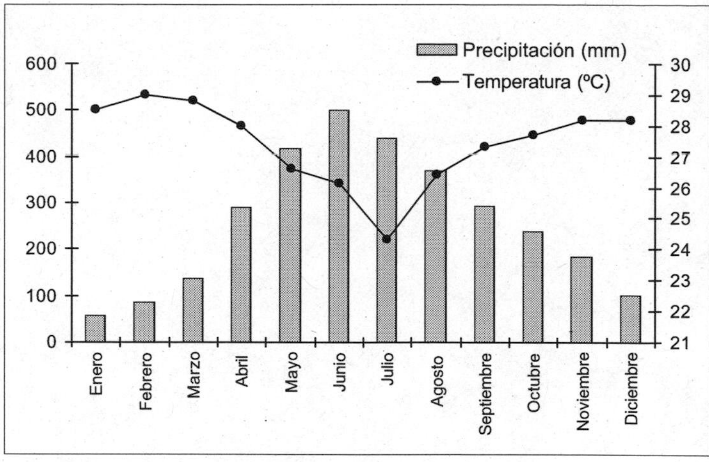

Figura 2.1. Precipitación y temperatura media mensual del área de estudio, según estación climática de Santa Bárbara del Orinoco.

MATERIAL Y MÉTODOS

El área de estudio se localiza al centro oeste del Estado Amazonas en las llanuras del río Ventuari en su desembocadura en el río Orinoco. Estas llanuras se encuentran a bajas altitudes, alrededor de los 100 m s.nm. De acuerdo a Huber (1995b) esta región presenta un clima ombrófilo macrotérmico, con temperaturas superiores a los 24 ºC y una precipitación anual alrededor los 2.500 mm. De acuerdo a la estación climática de Santa Bárbara del Orinoco del Ministerio del Ambiente y los Recursos

Tabla 2.1. Localidades georeferenciadas y estaciones de muestreo AquaRAP Orinoco-Ventuari 2003.

LOCALIDAD	Latitud Norte	Longitud Oeste
SUBREGION ORINOCO 1 (OR 1)		
OR 1.1 Caño Macuruco	03º 55′′ 20′′	67º 00′10′′
OR 1.2 Estero de Macuruco	03º 56′23,3′′	67º 00′10,1′′
OR 1.3 Caño Moyo	03º 53′11,8′′	66º 59′07,7′′
OR 1.4 Caño Perro de Agua	03º 43′18′′	66º 57′48′′
OR 1.5 Caño Guacapana	03º 51′17,6′′	67º 02′25,0′′
SUBREGION VENTUARI (VT)		
VT 1 Caño Guapuchí	04º 11′35,7′′	66º 44′56,7′′
VT 2 Caño Tigre	04º 01′27,1′′	66º 58′37,9′′
VT 3.1 Caño Chipiro	04º 00′08,1′′	67º 00′30,8′′
VT 3.2 Laja La Calentura	04º 00′16,3′′	67º 01′22,1′′
VT 3.3 Laguna Lorenzo	03º 59′22,2′′	66º 58′57,0′′
VT 4 Caño Palometa	04º 03′30,0′′	66º 54′18,5′′
SUBREGION ORINOCO 2 (OR 2)		
OR 2.1 Caño Cangrejo	03º 57′34,5′′	67º 04′01,4′′
OR 2.2 Caño Manaka	03º 57′33,3′′	67º 04′51,5′′
OR 2.3 Caño El Carmen	03º 57′22,3′′	67º 05′25,0′′
OR 2.4 Caño Winare	03º 58′14,6′′	67º 06′39,0′′
OR 2.5 Caño Verde	03º 54′01,0′′	67º 02′20,3′′

Naturales, con un registro continuo de 35 años, en el área de estudio el período de lluvias se encuentra entre abril y noviembre con un máximo en junio y julio. Entre diciembre y marzo se presentan los meses más secos, y corresponden las temperaturas más altas (Figura 2.1). La precipitación anual es de 3.123 mm y la temperatura media anual es de 27.4 °C.

La descripción de la vegetación se realizó por observaciones cualitativas directas en el bosque ribereño, en una transecta de aproximadamente 250 m perpendicular a la ribera de cada uno de los caños muestreados. Asimismo, se hicieron observaciones en la ribera. Las coordenadas geográficas de lugares específicos de muestreo se presentan en la Tabla 2.1. Se tomaron anotaciones de la fisonomía de la vegetación, formas de vida presentes, abundancia de especies, etc. , así como de la geomorfología del lugar y tipo de sustrato de una manera general y apreciativa. Se hicieron identificaciones preliminares en el campo hasta la categoría de familia, género y especie (en algunos casos). Se tomaron muestras botánicas de las especies en estado reproductivo utilizando tijeras y/o una vara descopadora. Las muestras fueron colocadas en bolsas plásticas y luego prensadas y preservadas en alcohol etílico 70%. Posteriormente se secaron en una estufa y se identificaron mediante comparación con especimenes de herbario y con apoyo de la bibliografía disponible. La clasificación de las diferentes familias de angiospermas registradas en este trabajo sigue, de modo tradicional y práctico, la clasificación de Cronquist (1981). Las muestras fueron depositadas en el Herbario Nacional de Venezuela (VEN) y en el Herbario Regional de Puerto Ayacucho (TFAV). En el Herbario CAR de la Fundación La Salle se depositó una colección húmeda de la mayoría de las plantas acuáticas colectadas.

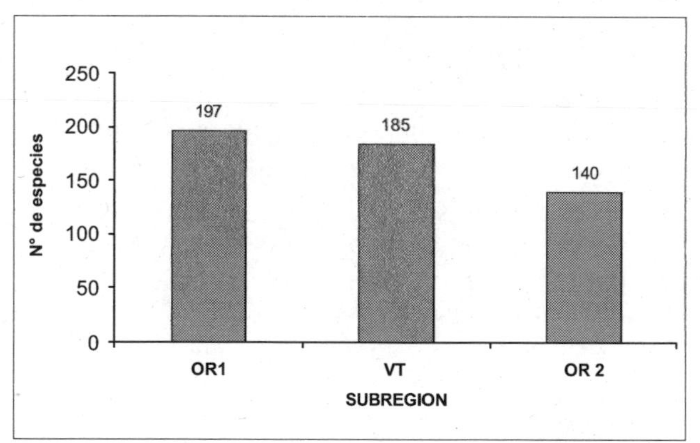

Figura 2.2. Especies de plantas registradas en cada una de las subregiones estudiadas durante el AquaRAP Orinoco-Ventuari 2003.

RESULTADOS

Descripción general de la sub-regiones y lugares de muestreo

Subregión Orinoco 1 (OR 1)

La subregión Orinoco 1 se encuentra aguas arriba de la confluencia con el Río Ventuari. En esta zona se ubican cubetas endorreicas que incluyen lagunas y caños tributarios del Orinoco, observándose paisajes de llanura aluvial y llanura de erosión acumulación (MARNR-ORSTOM 1988). En esta área los diferentes afluentes estudiados presentan aguas ácidas, con pocos sedimentos y de color oscuro (negras). Se encontraron asociados a los bosques ribereños, bosques con palmas y comunidades arbustivas inundables y se registraron 197 especies de plantas vasculares asociadas a estas comunidades (Figura 2.2). En la Tabla 2.2 se muestra el número de especies registradas en cada punto de muestreo, así como los ambientes encontrados. En el Apéndice 1 se presentan las especies registradas y a continuación se describe en detalle cada uno de los puntos de la subregión Orinoco 1.

Caño Macuruco (OR 1.1): Es un tributario menor de la margen izquierda del río Orinoco. Sus aguas son oscuras con pH 4,15. Geomorfológicamente corresponde a una llanura aluvial de desborde, en la cual se pueden diferenciar una sucesión de vega, albardón y napa de desborde con textura limo-arenosa en la margen derecha del cauce.

En esta margen el bosque ribereño es ralo y bajo formado por una franja de árboles de aproximadamente 7 m de altura y que se inundan hasta aproximadamente 2,5 m de alto. Inmediatamente después aparece una sabana también inundable. En la margen izquierda se observó un bosque en el albardón que puede tener dos niveles de deposición en algunos lugares. El más bajo permanece inundado por un lapso mayor de tiempo. En este lado del río el nivel del agua alcanza entre 1,5 y 2 m de alto. Este bosque es denso con árboles que alcanzan los 12 m de alto y los emergentes pueden llegar hasta 15 m. El sotobosque está formado por plántulas de *Aldina latifolia*, arbustos y juveniles de las especies arbóreas.

Tabla 2.2. Número de especies registradas en cada una de los puntos de muestreo de la subregión Orinoco 1.

Estación de muestreo	N° de especies	Ambientes
Caño Macuruco (OR 1)	40	Bosque ribereño
Estero Macuruco (OR 2)	17	Vegetación asociada al cuerpo de agua
Caño Moyo (OR 3)	69	Bosque ribereño, arbustal, bosque con palmas
Caño Perro de Agua (OR 4)	77	Bosque ribereño, arbustal
Caño Guachapana (OR 5)	57	Bosque ribereño, bosque sucesional

Entre los elementos más representativos del bosque ribereño se encuentran las especies arbóreas *Aldina latifolia* (abundante en este lado del caño), *Macrolobium acaciifolium*, *Tachigali odorodatissima*, *Campsiandra nutans*, *Tabebuia* sp, *Licania heteromorpha*, *Pouteria elegans*, *Acosmiun nitens*, *Eschweilera tenuifolia*, *Marlierea spruceana*, *Heterostemon mimosoides* y *Poecilanthe amazonica*, así como la liana *Strychnos guianensis*, la palma *Leopoldinia pulchra*, el helecho trepador *Microgramma megalophylla* y las hierbas *Montrichardia arborescens* (que forma grupos en algunos lugares) y *Scleria tenacissima* que se observó trepando en los árboles.

La sabana inundable presenta como elemento dominante la gramínea *Trachypogon plumosus*, algunas hierbas de la familia Cyperaceae, tales como *Rhynchospora candida*, *Fuirena umbelata* y *Scleria secans*, arbustos como *Melochia arenosa*, *Hibiscus furcellatus* y *Palicourea crocea* y algunas trepadoras como *Mandevilla* sp y *Vigna luteola*.

Estero de Macuruco (OR 1.2): Laguna ubicada en la margen izquierda del río Orinoco en una sucesión de cubeta de inundación, napa de desborde y albardón de orilla. Sus aguas son negras con pH 4,8 y está rodeado por una sabana. Este ambiente se caracteriza por estar bordeado por una franja de árboles la especie *Duroia fusifera* y otras que toleran inundaciones, entre ellas hierbas como *Hymenachne amplexicaule*, *Utricularia* sp, *Cabomba furcata*, *Heteranthera* sp, *Mayaca sellowiana* y *Echinodorus tenellus* y arbustos como *Solanum* sp 1, *Caperonia castaneifolia* y *Melochia arenosa*.

Caño Moyo (OR 1.3): Tributario menor de la margen derecha del río Orinoco. Geomorfológicamente se encuentra ubicado en una llanura aluvial de orilla en contacto en la margen derecha, con una llanura de erosión-acumulación en la que se detectó una sucesión de vega, albardón y llanura ondulada con un manto continuo de arenisca cuarzosa. En la margen izquierda, se observó una sucesión de playa, vega, albardón y napa de desborde.

En la margen derecha el bosque ribereño es bajo, formado por árboles de aproximadamente 4 m de alto, en el cual destaca *Amanoa almerindae* como especie leñosa dominante, acompañada principalmente de otras especies ribereñas como *Marlierea spruceana*, *Terminalia virens*, *Buchenavia* sp., *Stachyarrena reticulata*, *Henriquezia nitida*, *Vochysia catingae*, *Licania heteromorpha*, *Eschweilera tenuifolia*, *Tachigali odorodatissima*, *Acosmium nitens*, *Macairea stylosa* y *Clusia lopezii*. En la parte interna del bosque los elementos leñosos presentan alturas entre 2,5 y 3 m de alto y son sometidos a un nivel de inundación que puede alcanzar los 2 m. Entre las especies que se encuentran en esta comunidad se pueden señalar *Aspidosperma pachypterum*, *Ilex divaricata*, *I. spruceana*, *Parahancornia negroensis*, *Excellodendron coriaceaum*, *Couepia paraensis*, *Byrsonima coniophylla* y *Marlierea uniflora*. A unos 200 m del río la comunidad arbustiva se hace mucho más rala, apareciendo los elementos leñosos dispersos, donde se aprecia un sustrato arenoso expuesto, observándose en algunos lugares agrupaciones de especies herbáceas (*Lagenocarpus sabanensis*, *Eriocaulon tenuifolium* y *Utricularia* sp).

En la margen izquierda el bosque es más alto (aproximadamente 8 m) con un nivel de inundación de 1,5 m. En general está formado por las mismas especies de la margen derecha, además de la palma *Mauritiella* cf. *armata* (escasa) y *Campsiandra guyanensis*. En este lado del río se observaron playas de arena blanca que están seguidas de una vegetación arbustiva y un bosque ralo con abundancia de la palma *Attalea racemosa* y la hierba gigante *Phenakospermum guyannense*. Este bosque es muy iluminado, presenta árboles entre 12 y 15 m de alto y un sustrato con abundante materia orgánica, hojarasca e individuos juveniles. Destacan los elementos leñosos *Protium* sp 1, *Lindackeria paludosa Virola elongata*, *Ruizterania retusa* y la liana *Abuta grandifolia*. Otras especies de palma presente son *Astrocaryum acaule* y *Oenocarpus* sp. En este punto el bosque presenta signos de intervención humana, probablemente como resultado de la extracción de las hojas de *A. racemosa*, las cuales son usadas para fabricar los techos de las viviendas locales.

Caño Perro de Agua (OR 1.4): Afluente de la margen derecha del río Orinoco, de aguas negras y ácidas (pH 4,07). Geomorfológicamente está ubicado en una llanura aluvial de orilla en contacto en la margen derecha con una llanura de erosión-acumulación. En la margen derecha se observó una sucesión de vega, albardón y napa de desborde, con sustrato de textura limo-arenosa. En la margen izquierda predomina una sucesión de vega anegada y terraza sobre-elevada con relación al nivel del río.

En el punto de muestreo el bosque ribereño en la margen derecha forma una franja de árboles de aproximadamente 15 m de ancho y entre 12 y 15 m de alto, en los que se observó una marca de inundación de 1,5 m. Este bosque presenta dos estratos y un sotobosque escaso con arbustos de *Tococa lancifolia* y *Psychotria* sp. e individuos juveniles de *Leopoldinia pulchra* (abundante). Las especies arbóreas más representativas son *Aldina latifolia*, *Qualea* sp, *Terminalia crispialata*, *Mouriri brevipes* y *Virola sebifera*. También se observaron varias especies de epífitas, entre las que destacan tres especies de la familia Bromeliaceae (dos especies de *Tillandsia* y *Pitcairnia* sp) y los helechos *Polypodium triseriale* y *Vittaria* sp. Este bosque está delimitado por la aparición de una comunidad arbustiva sobre arenas blancas.

En general el bosque en la ribera es tupido y sus especies se distribuyen en dos estratos principalmente. Las especies ribereñas más representativas son *Tachigali odorodatissima*, *Acosmium nitens*, *Heterostemon mimosoides*, *Licania heteromorpha*, *Henriettea martiusii*, *Campsiandra implexicaulis*, *C. macrocarpa*, *Buchenavia* sp, *Buchenavia suavolens*, *Eschweilera tenuifolia*, *Stachyarrena penduliflora*, *Burdachia prismatocarpa*, *Schitostemon oblongifolium*, *Tabebuia* sp, y la palma *Leopoldinia pulchra*, entre otras. También se observaron varias especies epífitas, tales como

Epiphyllum sp, *Peperomia* sp y *Tillandsia* sp. Cabe destacar la presencia de abundantes agrupaciones del arbusto *Molongum laxum*, conocidas comúnmente como "paloeboyales".

La comunidad arbustiva es densa y está formada por especies leñosas entre 2,5 y 4 m de alto, cuyo sustrato es arena blanca. En algunos lugares se observaron agrupaciones de especies herbáceas como *Eriocaulon tenuifolium, Singonanthus humboldtii, Panicum orinocanum, Lagenocarpus sabanensis* y sufrútices como *Borreria macrocephala, Comolia lepophylla, Sauvagesia linearifolia* y *Turnera argentea.* Como elementos leñosos abundantes destacan *Marlierea suborbicularis, Ouratea spruceana* y *Pagamea guianensis,* junto con *Pagamea coriacea, Blastemanthus geminiflorus, Hirtella racemosa, Ilex sprucana, Macosamanea simabaifolia, Myrcia clusiifolia, M. grandis, Parahancornia negroensis, Licania savanarum* y *Couepia paraensis,* entre otras. Las trepadoras y epífitas son escasas, observándose solamente individuos de la trepadora *Doliocarpus carnevaliorum* y la parásita *Phthirusa guyanensis.*

Caño Guachapana (OR 1.5): Afluente menor de la margen izquierda del río Orinoco y ubicado en una llanura aluvial de orilla. Sus aguas son negras y ácidas (pH 4,3). En este caño se observó en la margen derecha una sucesión de playa, albardón de orilla actual arenoso, albardón, napa y llanura ondulada y una terraza sobreelevada con relación al nivel del río para la fecha de la visita.

El bosque ribereño es denso con presencia de lianas y epífitas. En la margen derecha del caño la inundación alcanza aproximadamente 1 m de alto, siendo el bosque en su parte interna alto y formado básicamente, por dos estratos con algunos árboles emergentes. En el sotobosque se observaron arbustos de la familia Rubiaceae (*Psychotria* sp), e individuos juveniles de *Heterostemon mimosoides* y de *Leopoldinia pulchra.* Entre las especies arbóreas destacan *Aldina latifolia, Rinorea* sp, *Coccoloba latifolia, Salacia elliptica* y *Psudolmedia laevigata*, entre otras, así como la liana *Hiraea fimbriata.*

En esta parte de la margen derecha, un sector del bosque muy cerca de la ribera ha sido eliminado por acción del fuego, observándose el establecimiento de una comunidad herbácea sucesional dominada por tres especies de Poaceae (*Panicum mertensii, Panicum laxum* y *Paspalum* sp) y *Solanum* sp 2. En el borde se encuentran iniciando la sucesión *Heliotropium indicum, Physalis* sp, varias especies de Cyperaceae y Poaceae y varios individuos juveniles de *Solanum* sp 2.

La vegetación de la ribera está formada por especies leñosas, tales como *Burdachia prismatocarpa, Macrolobium acaciifolium, Macrolobium multijugum, Swartzia argentea, Tachigali odorodatissima, Peltogyne venosa, Mouriri brevipes, Coccoloba excelsa, Buchenavia* sp, *Terminalia virens, Marlierea spruceana, Caliptranthes multiflora, Copaifera* aff. *pubiflora* y *Psidium densicomum*, entre otras. Como especies de lianas y trepadoras se pueden señalar *Bauhinia guianensis, Orthomene schomburgkii, Memora* aff. *bracteosa, Heteropteris orinocensis, Machaerium inundatum, Passiflora securiclata, Scleria* sp y *Desmoncus* sp. Se observaron también abundantes epífitas a lo largo del recorrido por el caño, entre las cuales se mencionan *Philodendron* sp, varias especies de Orchidaceae y Bromeliaceae, *Epiphyllum* sp. y una especie de Gesneriaceae (*Codonanthe*). Cabe destacar las agrupaciones que forma *Byttneria obliqua* en algunos lugares de remanso de la ribera del caño.

Subregión Ventuari (VT)

La subregión Ventuari está ubicada aguas arriba de la confluencia con el río Orinoco. En esta zona se encuentran cubetas endorreicas que incluyen lagunas, caños laterales a los tributarios y tributarios del río Ventuari, además de afloramientos rocosos (MARNR-ORSTOM 1988). Se observaron paisajes de llanura aluvial, penillanuras de erosión-alteración y llanuras exorreicas. En esta región destaca como tipo de vegetación predominante el bosque ribereño inundable, vegetación sobre lajas y comunidades de una especie de Podostemaceae en raudales del río Ventuari. En esta zona se registraron 185 especies de plantas vasculares (Figura 2.2). En la Tabla 2.3 se muestra el número de especies registradas en cada punto, así como los ambientes muestreados. En el Apéndice 1 se presentan las especies registradas y a continuación se describe en detalle cada uno de las estaciones de muestreo de esta subregión.

Tabla 2.3. Número de especies registradas y ambientes de cada una de los puntos de muestreo de la subregión Ventuari.

Estación de muestreo	Nº de especies	Ambientes
Caño Guapuchi (VT 1)	52	Bosque ribereño
Caño Tigre (VT 2)	45	Bosque ribereño, afloramiento rocoso
Caño y Laguna Chipiro (VT 3.1)	38	Bosque ribereño
Río Ventuari, Piedra La Calentura (VT 3.2)	28	Bosque ribereño
Laguna Lorenzo (VT 3.3)	36	Bosque ribereño
Caño Palometa (VT 4)	76	Bosque ribereño

Caño Guapuchi (VT 1): Afluente menor de la margen derecha del río Ventuari. Sus aguas son claras y verdes con pH 4,7. La unidad geomorfológica corresponde a una penillanura de erosión alteración en lomas en contacto en la margen izquierda con una llanura de erosión exorreica. En la margen derecha se observaron las posiciones de playa, albardón de orilla y terrazas sobreelevadas en relación con el nivel del agua. En la margen izquierda, se observaron el albardón de orilla actual, albardón arenoso, napa y llanura de erosión.

El bosque ribereño es alto con tres estratos. En las playas húmedas y sombreadas se observaron agrupaciones de la ciperácea *Diplacrum guianense*, la eriocaulacea *Eriocaulon tenuifoliun* y la loganiácea *Spigelia humilis,* así como juveniles de *Leopoldinia pulchra*. En la ribera del caño predominan las lianas *Passiflora securiclata* y *Dictistella magnoliifolia,* así como las especies arbóreas *Peltogyne venosa, Tachigali odorodatissima, Ficus malacocarpa, Macrolobium acaciifolium, Heterostemon mimosoides, Copaifera* aff. *pubiflora, Tovomita sprucena, Pouteria elegans, Mabea nitida, Mouriri brevipes, Swartzia sericea, Cupania scrobiculata, Licania micrantha, L. hypoleuca, Campsiandra implexicaulis* y *Schitostemon oblongifolium,* y los arbustos *Byrsonima basiliana, Hirtella castillana, Mabea anomala* y *Molongum laxum* (paloeboya). Esta última especie es escasa en este caño y llega a alcanzar tamaños mayores (hasta 3,5 m de alto) a los observados en caño Perro de Agua. El bosque ribereño en su parte interna está sometido a un nivel de inundación entre 0,5 m (en el albardón) y 2 m (en la cubeta). En el sotobosque predominan arbustos de *Psychotria adderleyi, P. amplectens,* la hierba *Monotagma* sp. y juveniles de *Heterostemon mimosoide.* Como elemento dominante del estrato medio se puede destacar la especie *Sagotia racemosa.*

Caño Tigre (VT 2): Afluente menor de la margen izquierda del río Ventuari. Sus aguas son verdes y claras con pH 5,25. La unidad geomorfológica corresponde a una llanura aluvial de orilla. En la margen derecha se observó un afloramiento rocoso en contacto con relieve plano y una sucesión de albardon-napa de desborde. En la margen izquierda se observaron un albardón de orilla y albardón arenoso de textura limo-arenosa.

En su margen izquierda el bosque ribereño alcanza niveles de inundación de aproximadamente 1,5 m de alto y corresponde a un bosque medio formado por árboles entre 10-12 m de alto. El sotobosque está formado por abundantes juveniles de *Heterostemon mimosoides* y *Faramea sessilifolia*, así como elementos arbustivos como *Aphelandra scabra y Tococa lancifolia* y las hierbas *Costus* sp y una especie de Poaceae (sub-familia Bambusoideae). Las especies arbóreas más importantes del bosque ribereño son: *Aldina latifolia* (emergente, alcanza. 15-20 m de alto), *Eschweilera tenuifolia, Buchenavia* sp, *Mollia* sp, *Tachigali cavipes, Maytenus laevis, Calyptranthes multiflora, Campsiandra emonensis, Clusia candelabrum, Swartzia argentea, Pera distichophylla, Ryania angustifolia, Peltogyne venosa,* y *Manilkara bidentata.* También, se observaron lianas como *Heteropsis* sp y *Machaerium inundatum*. En algunos lugares anegados de la ribera se observaron aglomeraciones de la ciperácea *Diplacrum guianense.*

El bosque ribereño es interrumpido por una afloración rocosa, en la cual se disponen especies herbáceas y arbustivas de porte abajo. Entre las especies registradas en este ambiente se pueden señalar agrupaciones herbáceas de *Pitcairnia* sp, *Bulbostylis leucostachya, Coutoubea minor* y *Pterogastra minor,* y arbustos tales como *Tibouchina spruceana, Clusia microstemon* y *Mandevilla lancifolia.*

Caño y Laguna Chipiro (VT 3.1): Afluente menor de la margen derecha del río Ventuari. Sus aguas son claras, de color verde, y con pH 4,5. Este caño está ubicado en una llanura aluvial de ahogamiento y las formas del terreno que se observaron corresponden a la formación de vega, albardón, napa de desborde con sustrato limoso con pendiente suave desde la laguna hasta el caño.

El bosque ribereño es denso y alto, aproximadamente 25 m de alto, con algunos emergentes a 30 m, en el que se diferencian tres estratos. Muchas de las especies de árboles presentan raíces adventicias (tabulares, zancos y aéreas). El sotobosque presenta abundante hojarasca y está formado por plántulas y juveniles de los árboles adultos, además de arbustos de *Faramea sessilifolia, Psychotria subundulata* y *P. lupulina.* Entre las especies arbóreas destacan *Erisma calcaratum* (emergente), *Coussapoa trinervia, Virola elongata, Pseudolmedia laevis* y *Guarea pubescens.* En este sector el bosque se inunda durante dos meses (de acuerdo a la información suministrada por los lugareños), que corresponden a los de máxima caída de lluvias (julio y agosto).

Las especies leñosas ribereñas más importantes son *Swartzia argentea, Molongum laxum, Licania apetala, Leopoldinia pulchra, Ocotea sanariapensis, Heterostemon mimosoides, Macrolobium acaciifolium, Clusia candelabrum, Psidium densicomum, Calyptranthes multiflora, Burdachia prismatocarpa, Marlierea spruceana, Buchenavia* sp. y *Dyospirus guianensis.* Se observaron también lianas de varias especies de la familia Bignoniaceae, así como *Heteropteris orinocensis, Strychnos rondeletioides* y *Orthomene schomburkii.* Cabe destacar las agrupaciones que forman algunas especies, entre ellas *Coccoloba excelsa, Byttneria oblicua, Molongum laxum, Ocotea sanariapensis* y *Psidium densicomum.*

Río Ventuari, Piedra La Calentura (VT 3.2): Afloramiento rocoso en la margen derecha del río Ventuari, de aguas claras con pH entre 4,75 y 4,9, correspondiendo la unidad geomorfológica a una llanura aluvial de orilla. Las formas del terreno que se observaron corresponden al afloramiento y terraza sobre elevada con relación al nivel del río.

En el punto de muestreo el bosque ribereño es bajo con estratos no bien definidos y con árboles de 10 m de alto, destacando *Aldina latifolia* y *Copaifera* aff. *pubiflora* como árboles emergentes. El sotobosque está formado por juveniles de las familias Myrtaceae, Sapotaceae,

Rubiaceae y *Heterostemon mimosoides,* así como por arbustos de *Aphelandra scabra,* la palma *Bactris simplicifrons* y agrupaciones de *Cyperus felipponei.* Entre las especies leñosas se pueden señalar *Coccoloba dugandiana, Amphirrhox longifolia, Zygia latifolia, Micropholis venulosa, Mabea trianae, Cupania scrobiculata, Casearia commersoniana, Ixora acuminatissima* y *Coussarea violacea.* Destaca también la presencia de algunas epífitas como *Aechmea* sp y *Philodendron* sp 2. En el borde del río se observaron principalmente *Dalbergia inundata, Chomelia volubilis, Hyptis laciniata* y *Justicia comata,* estas dos últimas en bancos arenosos. Cabe destacar las agrupaciones que forma adheridas a la roca la especie acuática de la familia Podostemaceae.

Laguna Lorenzo (VT 3.3): Canal de desagüe de la margen izquierda del río Ventuari que drena al río Orinoco, de aguas claras y pH 4,35 en llanura aluvial de orilla. Las formas del terreno corresponden a terrazas sobreelevadas con relación al nivel del agua, albardón arenoso y napas de desborde con sustrato limo-arenoso.

Se observó un bosque bajo en la margen derecha y abundantes "paloeboyales" o aglomeraciones de individuos de *Molongum laxum.* Como elementos predominantes se pueden señalar *Eschweilera tenuifolia, Buchenavia reticulata, Tabebuia* sp, *Macrolobium acaciifolium, Leopoldinia pulchra, Henriettea martiusii, Aldina latifolia, Byrsonima cuprea, Hymatanthus attenuatus, Panopsis rubescens, Duroia kotchubaeoides, Schitostemon oblongifolium, Maytenus laevis, Tachigali cavipes, T. odorodatissima, T. rigida, Erisma calcaratum* y *Caryocar microcarpum.* Cabe destacar la presencia de dos especies de plantas parásitas (*Phoradendron* sp y *Oryctanthus* sp) y las lianas *Heteropteris orinocensis* y *Securidaca longifolia.*

Caño Palometa (VT 4): Afluente menor de la margen izquierda del río Ventuari, con aguas negras y ácidas (pH 3,95) en el que se pudieron detectar llanura aluvial de orilla y llanura de acumulación. El bosque se encuentra en llanura aluvial, observándose en la margen derecha del terreno una sucesión de vega, albardón de orilla, albardón arenoso y napa de desborde. En la margen izquierda existen terrazas sobre-elevadas con relación al nivel del agua.

El bosque ribereño en la margen derecha es alto y denso en el que se observaron dos estratos principales. Como especies arbóreas predominantes se pueden señalar *Swartzia argentea, Peltogyne venosa, Macrolobium acaciifolium, Euterpe* sp, *Laetia suaveolens, Ouratea superba, Nectandra pichurim, Maytenus laevis, Calyptranthes multiflora, Quiina longifolia, Pera bicolor, Malouetia tamaquarina, Mabea nitida, Pouteria gonphiaefolia, Campsiandra implexicaulis, Diospiros poeppigiana, Salacia eliptica, Buchenavia suaveolens, Copaifera* aff. *pubiflora, Tabebuia* sp, *Burdachia prismatocarpa* y *Maprounea guianensis.* Se encontraron también especies de lianas como *Bauhinia guianensis, Machaerium inundatum, Hiraea fimbriata* y *Heteropteris orinocensis.* Cabe destacar las agrupaciones y entramados que forma *Guatteria riparia* en algunos lugares de la ribera.

La parte interna de este bosque es un bosque medio denso, en el cual se observaron marcas de inundación entre 1 y 1,5 m de alto. El sotobosque es abundante en plántulas e individuos juveniles, así como también en hojarasca. Destacan individuos juveniles de *Psychotria* sp, Myrtaceae, *Heterostemon mimosoides,* etc. , individuos de *Heliconia* sp, dos helechos del género *Adiantum,* y la palma *Bactris simplicifroms.* El estrato medio es ralo, destacando *Ouratea ferruginea* como la especie más abundante, así como *Potalia resinifera* y *Picramnia magnifolia* como elementos escasos. Entre otras especies leñosas se observaron *Pseudolmedia laevis, Casearia commersoniana* y *Mouriri brevipes.* También, se observó la presencia de numerosos individuos de bejucos leñosos, tales como *Coccoloba* sp. , *Machaerium* sp. , *Bauhinia guianensis* y una especie de Dilleniaceae.

En otro sector aguas arriba del caño, en la margen izquierda, se observó la aparición de afloramientos rocosos en el sustrato, relieve plano y extensas áreas de arenas residuales de conformación suavemente convexa con bordes anegados. En la margen derecha se diferencia en el terreno una vega y relieve plano. A este nivel del caño, el bosque ribereño se hace más bajo, predominando especies de los géneros *Tachigali, Mouriri, Tabebuia, Amanoa* y *Buchenavia.* En la margen izquierda, el nivel de inundación alcanza aproximadamente los 2,20 m de alto. La vegetación es baja y poco densa, alcanzando unos 4 m, observándose pocos árboles más altos. El sotobosque es escaso y ralo. Las especies leñosas predominantes son *Tachigali* sp, *T. odorodatissima,*

Tabla 2.4. Número de especies registradas y ambientes de cada una de los puntos de muestreo de la subregión Orinoco 2.

Estación de muestreo	Nº de especies	Ambientes
Caño Cangrejo (OR 2.1)	45	Bosque ribereño
Caño Manakca (OR 2.2)	40	Bosque ribereño, afloramiento rocoso
Caño El Carmen (OR 2.3.1; OR 2.3.2)	64	Bosque ribereño
Caño Winare (OR 2.4)	48	Bosque ribereño
Caño Verde (OR 2.5)	19	Bosque ribereño

Tabebuia sp, *Mouriri brevipes, Ocotea sanariapensis, Eschweilera tenuifolia* y la trepadora herbácea *Scleria tenacissima*.

En la parte interna, en zonas de arenas residuales de conformación convexa, la vegetación se hace más densa que la anterior, con evidencia de que la inundación alcanza los 1,5 m de alto. El sotobosque es relativamente escaso, observándose individuos juveniles de las palmas *Astrocaryum acaule* y *Leopoldinia pulchra*. Este bosque está constituido por especies arbóreas de bajo porte y troncos delgados, entre 7 y 10 m de alto, con la presencia de algunos árboles emergentes de aproximadamente 15 m, donde se puede señalar *Qualea* sp. Entre especies importantes de esta comunidad también se incluyen *Maprounea guianensis* y especies de Leguminosae, Sapotaceae y Myrtaceae.

Subregión Orinoco 2

La subregión Orinoco 2 corresponde al delta interno que forma el río Orinoco en la confluencia con el río Ventuari. Esta zona presenta paisajes de llanuras aluviales y penillanuras de erosión-alteración en lomas (MARNR-ORSTROM 1988), destacando bosques ribereños inundables, así como bosques de galería rodeados por sabanas que sufren de inundaciones periódicas en el nivel de contacto con el bosque, además de bosques con palmas y un bosque alto y denso. Se pueden señalar como elementos característicos de esta zona la presencia de varias especies de palmas, así como una gran representación de las familias Caesalpiniaceae y Fabaceae, en particular de *Swartzia cupavenensis* e *Hymenolobium heterocarpum*, especies que no fueron observadas en las otras dos subregiones. En la subregión Orinoco 2 se registraron 140 especies de plantas vasculares asociadas a estas comunidades (Figura 2.2). En la Tabla 2.4 se muestra el número de especies registradas en cada punto, así como cada uno de los ambientes muestreados. En el Apéndice 1 se presentan las especies encontradas y a continuación se describe en detalle cada uno de los puntos de muestreo de la subregión Orinoco 2.

Caño Cangrejo (OR 2.1): Afluente menor de la margen derecha del río Orinoco de aguas claras con pH 4,5. El lugar de muestreo se encuentra en una penillanura de erosión-alteración en lomas. En la margen derecha el terreno se diferencia en vega, albardón y napa de desborde. En la margen izquierda se observó una terraza sobre elevada en relación al nivel del río, relieve plano y colinas.

El bosque ribereño medio inundable es más o menos denso, con abundantes elementos leñosos delgados (1-2 cm de diámetro) y con inundación hasta aproximadamente 1,70 m de alto. En el sotobosque, con abundante hojarasca, se observaron juveniles de *Psychotria subundulata*, y abundantes plántulas de *Aldina latifolia* y *Swartzia cupavenensis* (menos abundantes), así como el helecho *Trichomanes hostmanianum*. Cabe destacar la presencia de arbustos como *Psychotria subundulata, Tococa coronata, Faramea sessilifolia*, así como la hierba *Hypolytrum longifolium*. La mayoría de las especies arbóreas presentes se distribuyen entre los 4 y 10 m de alto, pudiéndose señalar *Heterostemom mimosoides, Poecylanthe amazonica, Pseudolmedia laevigata, Amphirrhox longifolia, Rinorea* sp, *Virola elongata, Coccoloba latifolia* y *Licania licaniiflora*. Como elementos arbóreos emergentes destaca *Aldina latifolia* como especie dominante, *Erisma calcaratum* y *Aspidosperma marcgravianum*. En este bosque las trepadoras leñosas son escasas, y sólo se observó *Strychnos rondeletioides*.

En la margen izquierda el bosque ribereño está delimitado por una sabana en sustrato arenoso que se inunda hasta cierto nivel, el cual se puede evidenciar porque el elemento herbáceo es verde más intenso. En este lado del bosque se observó la presencia de los árboles *Coussapoa trinervia, Pouteria elegans*, entre otros, y de la liana *Clitoria javitensis*.

En la ribera del caño destacan las siguientes especies leñosas: *Swartzia argentea, Macrolobium acaciifolium, Eschweilera tenuifolia, Psidium densicomum, Marlierea spruceana, Swartzia sericea, Calyptranthes multiflora* y *Micropholis venulosa*, así como la herbácea *Montrichardia arborescens* en lugares de remanso. En algunos lugares cerca de la desembocadura se observaron densos entramados de *Byttneria obliqua* y aglomeraciones de *Guatteria riparia*. Cabe destacar que algunos sitios de las riberas el estrato formado por arbustos y árboles pequeños es escaso, de tal manera que el bosque ribereño aparece poco denso, pudiéndose ver entre los troncos de los árboles de porte alto (aproximadamente 10-15 m).

Caño Manaca (OR 2.2): Afluente de la margen izquierda del río Orinoco de aguas marrones cerca de la boca, tornándose transparentes aguas arriba. Este sector está ubicado en una penillanura de erosión-alteración en lomas. Geomorfológicamente en la margen derecha, en el terreno se observó un conjunto de vega, terraza sobreelevada con abundantes afloramientos rocosos, relieve plano y colinas. En la margen izquierda el terreno se diferencia en una terraza sobreelevada con relación al nivel de las aguas.

El bosque es medio ralo y abierto, con entrada de mucha luz y con abundancia de la palma *Attalea racemosa* y la hierba gigante *Phenakospermum guyanensis*. El sotobosque está constituido por individuos juveniles de los árboles adultos, individuos abundantes de *Olyra* sp 2 y *Dipasia karataefolia*, así como también por arbustos como *Aphelandra scabra* e *Ixora acuminatissima* y la palma *Bactris simplicifroms*. Entre las especies arbóreas predominantes se pueden señalar *Copaifera* aff. *pubiflora, Eschweilera parvifolia, Goupia glabra, Siparuna guianensis, Protium unifoliolatum, Protium* sp, *Hirtella elongata, Lindackeria paludosa, Pera distichophylla* y la palma *Oenocarpus* sp. Destacan en este bosque las especies trepadoras *Smilax* sp, *Bauhinia guianensis*, la palma *Desmoncus* sp, *Clitoria javitensis, Doliocarpus* sp, *Strychnos rondeletioides* y *Pleonotoma jasminifolia*. En la ribera del caño se pueden mencionar *Quiina longifolia, Marlierea spruceana, Duroia fusifera* y *Swartzia argentea* como especies representativas.

Caño El Carmen (OR 2. 3.1): Afluente menor de la margen izquierda del río Orinoco, de aguas marrones que se van aclarando aguas arriba del caño con pH 4,6. Este sector se encuentra en una penillanura de erosión-alteración en loma, destacando en el terreno de la margen derecha una sucesión de vega, terraza sobre elevada, relieve plano y colina; en la margen izquierda se presenta una sucesión de vega y terraza sobre-elevada.

En la parte interna del bosque se observó un bosque medio denso, con dos estratos, con los árboles más altos alcanzando entre 12 y 15 m aproximadamente. En el sotobosque, con abundante hojarasca, se observaron abundantes plántulas de *Swartzia cupavenensis* y juveniles *Heterostemon mimosoides*, así como también la palma *Bactris simplicifrons* y muchos individuos de las hierbas *Rhynchospora cephalotes* y *Olyra* sp 2. Entre los elementos arbóreos se observaron *Pseudolmedia laevigata, Amphirrhox longifolia, Licania heteromorpha, Coccoloba latifolia, Swartzia cupavenensis, Hymenolobium heterocarpum, Virola elongata* y *Aspidosperma marcgravianum*. Cabe destacar la presencia de la especie hemiepífita *Clusia candelabrum* con abundantes raíces aéreas colgantes, el helecho epífito *Microgramma megalophylla* y varias trepadoras como *Bauhinia guianensis* y *Pinzona coriacea*.

Este bosque también es limitado por una sabana inundable como en el caso del bosque de caño Cangrejo, señalado anteriormente. En el borde del bosque con la sabana abundan varios individuos de *Licania heteromorpha* y de *Ruizterania retusa*. En este sector, la sabana está constituida por abundantes especies herbáceas de Poaceae y Cyperaceae, así como por algunos arbustos como *Tibouchina spruceana* y *Miconia aplostachya*.

El bosque en su ribera está formado por abundantes individuos de arbustos y árboles pequeños de los géneros *Zigia, Calyptranthes, Psidium, Buchenavia* y *Maytenus*. Entre los elementos de mayor tamaño se pueden mencionar *Hirtella elongata, Copaifera* aff. *pubiflora Swartzia argentea, Heterostemon mimosoides, Cynometra* sp, *Pseudolmedia laevigata* y *Macrolobium acaciifolium,* siendo ésta última la especie que alcanza mayor altura en la ribera. Cabe destacar que en este bosque *Aldina latifolia* es escasa. También, se observaron especies de lianas, entre las que se pueden mencionar a *Heteropteris orinocensis, Strychnos rondeletioides, Smilax* sp, *Bytneria obliqua* y varias especies de la familia Bignoniaceae.

Caño El Carmen, detrás del Campamento Manaka (OR 2. 3.2): A este nivel el caño presenta aguas transparentes y con pH 4,85 y el terreno toma forma de depresiones arenosas anegadas. En este sector el bosque ribereño muestra, en su margen derecha, signos de intervención humana por la acción del fuego, a tal punto que es escaso, observándose algunos árboles dispersos como *Licania heteromorpha, Erisma calcaratum, Dalbergia inundata* y algunas especies herbáceas como *Montrichardia arborescens* y el helecho *Trichomanes hostmannianum* que crece en el borde del cauce, así como pocos individuos de la palma *Leopoldinia pulchra*.

En la margen izquierda se presenta como un bosque bajo denso, con el dosel entre 8-10 m de alto con abundante *Leopoldinia pulchra*. Se observaron dos estratos y algunos árboles emergentes entre 12 y 15 m. En el sotobosque destacan abundantes plántulas de *Swartzia cupavenensis*, individuos juveniles de *L. pulchra,* el helecho *Actynostachys subtrijuga,* arbustos de *Tococa coronata* y la Poaceae *Panicum micranthum*. En este sector el bosque sufre un nivel de inundación de aproximadamente 2,10 m de alto. Entre las especies leñosas se pueden señalar *Hymenolobium heterocarpum, Swartzia cupavenensis, Poecylanthe amazonica, Licania heteromorpha* y *Ocotea sanariapensis*. En el borde del caño se observaron *Quiina longifolia, Thalia* sp, *Swartzia argentea, Duroia fusifera* y *Tovomita spruceana*. Cabe destacar la abundancia de *L. pulchra* en este sector del caño.

Caño Winare (OR 2.4): Afluente menor de la margen derecha del río Orinoco, de aguas verdosas, claras y pH 4,84. En el terreno se observó en ambas márgenes una sucesión de vega, albardón y napa de desborde.

Bosque ribereño con abundancia de la palma *Mauritiella* cf. *armata* como rasgo resaltante. En la margen derecha el bosque es medio denso, en el que se pueden diferenciar dos estratos y con un dosel a aproximadamente 15 m de alto, con *Aldina latifolia* como árbol emergente (20 m). En el sotobosque se observaron abundantes plántulas de *Hymenolobium heterocarpum* y juveniles de *Heterostemon mimosoides*, hierbas de la familia Cyperaceae, arbustos de *Psychotria* sp y *Toccoca* sp y la palma pequeña *Bactris simplicifrons*. Entre los árboles de bajo y mediano porte se pueden mencionar *Virola elongata, Poecylanthe amazonica, Gustavia* sp, *Casearia commersoniana, Amphirrhox longifolia, Rinorea* sp, *Swartzia cupavenensis*, y *Pososqueria williamsii*. Entre los árboles de mayor porte se pueden señalar *Hymenolobium heterocarpum* como especie abundante en este bosque, así como también *Erisma calcaratum, Aspidosperma marcgravianum, Licania licaniiflora* y *Mollia* sp, entre otras.

Figura 2.3. Caño Guachapana: bosque ribereño inundable por aguas negras.

En la ribera del caño el bosque se presenta denso, con abundantes árboles pequeños y arbustos, predominando las siguientes especies: *Mauritiella* aff. *armata, Erisma calcaratum, Peltogyne venosa, Tachigali orododatissima, Maytenus laevis* y *Swartzia argentea.*

En la margen izquierda del caño se encuentra un bosque alto, denso con un sotobosque abundante, en el que se pueden diferenciar tres estratos y un dosel con árboles de aproximadamente 30 m de alto. En este bosque se observaron señales de un nivel de inundación hasta 1 m de alto, y según el maestro de la comunidad Piaroa de Winare, es por poco tiempo (aproximadamente 1-2 meses). En el sotobosque se observaron abundantes plántulas de palmas, la hierba *Olyra* sp 2 y arbustos como *Psychotria lupulina* y *P. subundulata.* Este bosque se caracteriza por presentar árboles gruesos, algunos individuos con raíces adventicias y abundantes lianas. Como elementos leñosos se encuentran *Erisma calcaratum* (abundante), *Caraipa grandifolia, Virola elongata, Gustavia* sp, *Coussapoa trinervia* (con raíces zancos), y la especie hemiepífita *Clusia candelabrum*, entre otras.

Caño Verde (OR 2.5): Riachuelo de aguas transparentes, ubicado en loma de forma aplanada con depresiones planas arenosas. Constituye un bosque de galería cuya característica es la dominancia de la palma *Mauritia flexuosa* (morichal). También, se encuentran elementos arbóreos asociados a inundación como *Mahurea exstipulata, Licania heteromorpha, Casearia commersoniana, Tovomita spruceana* y *Hevea pauciflora*, arbustos tales como *Rhynchanthera* aff. *serrulata, Miconia aplostachya y Tibouchina* sp y varias hierbas tales como *Utricularia* sp, *Urospatha sagitiifolia, Eriocaulon humboldtii, Mayaca longipes, Xyris* sp y varias especies de la familia Cyperaceae.

Figura 2.4. Caño Guapuchi: bosque ribereño inundable por aguas claras.

Aspectos generales de la vegetación

Durante la expedición AquaRAP, se pudieron distinguir los siguientes tipos de vegetación en la región del delta Orinoco-Ventuari:

Bosques ribereños: Son generalmente bajos a medios, inundables con aguas negras (Figura 2.3) o claras (Figura 2.4), en general con dos estratos, en algunos no bien definidos y en pocos se observaron abundantes lianas y epífitas, como en el caso de caño Perro de Agua y caño Guachapana. Como especies importantes de este ambiente se encuentran las leguminosas *Aldina latifolia, Tachigali odorodatissima, Macrolobium acaciifolium, Swartzia argentea, Heterostemon mimosoides* y *Peltogyne venosa,* así como *Amanoa almerindae, Calyptranthes multiflora, Macairea stylosa, Marlierea spruceana* y *Leopoldinia pulchra.* En la ribera de los caños, en bancos y lugares de remanso aparecen las agrupaciones y entramados que forman algunas especies como *Byttneria obliqua, Molongum laxum, Byrsonima basiliana, Schitostemon oblongifolium* y *Guatteria riparia,* así como playas arenosas en las que se observaron especies herbáceas como *Spigelia humilis* y *Diplacrum guianense.*

Bosques ribereños con palmas: Son bosques entre 12-15 m de alto que presentan entrada de mucha luz debido a la presencia de especies de palmas de bajo porte, tales como *Attalea racemosa* y *Astrocaryum acaule* y especies leñosas dispersas. Debido a esto, es notoria la abundancia de juveniles y especies arbustivas y trepadoras. Estos bosques presentan evidencias de intervención humana.

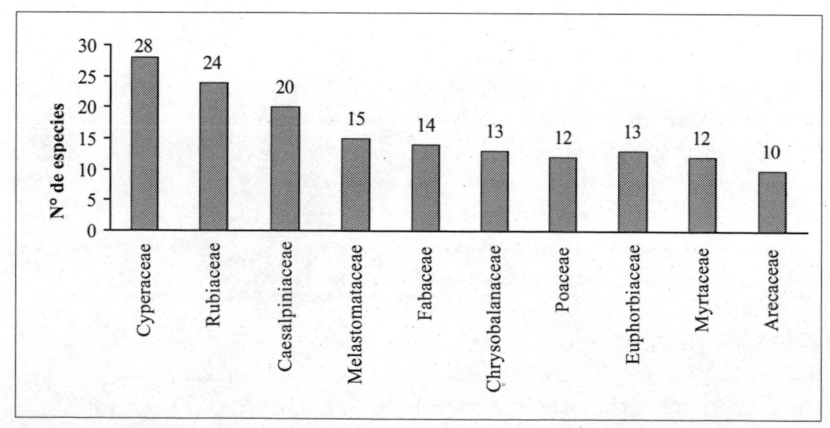

Figura 2.5. Familias con mayor número de especies registradas en el área estudiada AquaRAP Orinoco-Ventuari 2003.

Comunidades arbustivas sobre arena: Este ambiente se caracteriza por presentar una vegetación leñosa de bajo porte y especies herbáceas que, en muchos casos, forman agrupaciones. La altura de los elementos leñosos fue variable. Predominan *Lagenocarpus sabanensis, Aspidosperma pachypterum, Parahancornia negroensis, Ilex divaricarta, Marlierea uniflora, Sauvagesia lineariflia, Comolia leptophylla, Turnera argentea, Ouratea spruceana, Borreria macrocepala* y *Pagamea coriacea.*

Sabanas inundables: Estas sabanas están sometidas a los efectos de inundación de los ríos y caños aledaños y se caracterizan por presentar dominancia de *Trachypogon plumosus*, algunas especies de la familia Cyperaceae y algunos arbustos pequeños como *Tibouchina spruceana, Hibiscus furcellatus, Melochia arenosa* y *Miconia aplostachya.*

Vegetación acuática: Está representada por macrofitas agrupadas en cuatro bioformas de acuerdo a la terminología de Sculthorpe (1967): arraigada emergente, arraigada flotante, flotante libre y sumergida (Tabla 2.5) entre las que destacan especies de las familias Cabombaceae, Podostemaceae y Mayacaceae.

Aspectos florísticos

Durante la salida de campo del AquaRAP se colectaron 475 muestras botánicas registrándose un total de 357 especies para el área estudiada (Apéndice 1). Se identificaron seis familias de Pteridofitas (helechos) y 78 de angiospermas para un total de 84 familias. Dentro de las angiospermas se puede destacar la identificación de un total de 223 géneros y 347 especies (Tabla 2.6). Las familias de plantas más representativas del área, por presentar mayor cantidad de especies, se ilustra en la Figura 2.5, destacandose las Cyperaceae (28), Rubiaceae (24) y Caesalpiniaceae (20). Asimismo, se puede señalar que las familias con mayor heterogeneidad taxonómica, por presentar mayor número de géneros en el área estudiada, son las Rubiaceae (14), seguidas por las Fabaceae y Cyperaceae (11), Arecaceae (10), Caesalpiniaceae y Euphorbiaceae (9). Entre los géneros de Angiospermas con mayor número de especies en el sector se encuentra *Licania* (Chrysobalanaceae) con 8 especies y *Campsiandra* (Caesalpiniaceae) y *Ouratea* (Ochnaceae) con 5. En la Tabla 2.7 se presenta un grupo de especies consideradas hasta el momento como de distribución restringida o endémicas al Estado Amazonas y que fueron colectadas en ambientes particulares del área de estudio.

Con respecto a las plantas acuáticas se identificaron 18 especies pertenecientes a 16 géneros y 13 familias. Una especie permanece sin identificación debido a la ausencia de órganos reproductivos en la única muestra disponible (Tabla 2.5). Destaca la presencia de la familia Podostemaceae en los ambientes torrentosos de los ríos Orinoco y Ventuari, especialmente el nuevo registro de la especie *Mourera alciconis* en Venezuela.

Tabla 2.5. Plantas acuáticas recolectadas durante el AquaRAP Orinoco-Ventuari 2003, indicando las bioformas según Sculthorpe (1967): AF: arraigada flotante, AE: arraigada emergente, S: sumergida, F: flotante libre.

Familia	Género y especie	Bioforma
ALISMATACEAE	*Echinodorus tenellus*	AE
ARACEAE	*Urospatha sagittifolia*	AE
CABOMBACEAE	*Cabomba furcata*	AF
CABOMBACEAE	*Cabomba* sp.	
CYPERACEAE	*Eleocharis* cf. *interstincta* (juv. ecof. sumerg.)	AE
CYPERACEAE	*Websteria* sp.	S
EUPHORBIACEAE	*Caperonia castanaeifolia*	AE
ERIOCAULACEAE	*Eriocaulon humboldtii*	S
LENTIBULARIACEAE	*Utricularia hydrocarpa*	FL
MAYACACEAE	*Mayaca sellowiana*	S
MAYACACEAE	*Mayaca longipes*	S
MELASTOMATACEAE	*Rhynchanthera* aff. *serrulata*	AE
POACEAE	*Hymenachne amplexicaulis*	AE
PODOSTEMACEAE	*Mourera alcicornis*	S
PODOSTEMACEAE	*Weddellina squamulosa*	AF
PONTEDERIACEAE	*Heteranthera* sp.	AE
XYRIDACEAE	*Xyris* sp.	AE
n.i	*n.i.*	S ?

DISCUSIÓN

Los caños estudiados antes de la desembocadura del río Ventuari en el río Orinoco (Subregión OR 1) presentan aguas negras y la mayoría de los tributarios del río Ventuari (VT), así como los caños después de la confluencia de éste en el Orinoco presentan aguas esencialmente claras. En estos últimos el régimen de inundación muy cerca de la desembocadura está influenciado fuertemente por las aguas del río Orinoco. Todos los afluentes muestreados presentan aguas ácidas (pH entre 3,95-5,25). La vegetación asociada a estos caños y ríos está íntimamente relacionada con las características de las aguas y con la duración y magnitud de la inundación durante la época de mayor precipitación, así como por el tipo de sustrato presente. Esto puede señalarse "Vegetación de igapó estacional" de acuerdo con Prance (1979) y Rosales et al. (1999), dado que las aguas del río Orinoco a este nivel son consideradas claras (Weibezahn et al. 1989). Así, se ha señalado que especies como *Virola elongata, Caryocar microcarpum, Leopoldinia pulchra, Aldina*

Tabla 2.6. Número de familias, géneros y especies registradas en la región Ventuari-Orinoco.

Grupo vegetal	Familias	Géneros	Especies
Pteridofitas	6	7	10
Angiospermas	78	223	347
TOTAL	**84**	**230**	**357**

Tabla 2.7. Especies endémicas del estado Amazonas, presentes en el área de estudio.

Especie	Lugar de colecta	Ambiente
Aspidosperma pachypterum	Caño Moyo	Arbustal
Byrsonima basiliana	Caño Guapuchi	Bosque ribereño
Campsiandra emonensis	Caño Tigre	Bosque ribereño
Campsiandra guayanensis	Caño Moyo	Bosque ribereño
Campsiandra macrocarpa var. *macrocarpa*	CañoPerro de agua	Bosque ribereño
Chomelia volubilis	Río Ventuari, Piedra la Calentura	Bosque ribereño
Coutoubea minor	Caño Tigre	Afloramiento rocoso
Hirtella castillana	Caño Guapuchi	Bosque ribereño
Doliocarpus carnevaliorum	Caño Perro de Agua	Arbustal
Ilex spruceana	Caño Moyo	Arbustal
Marlierea suborbicularis	Caño Moyo, Perro de Agua	Arbustal
Ouratea evoluta	Caño Moyo	Bosque ribereño
Sauvagesia linearifolia subsp. *linearifolia*	Caño Perro de Agua	Arbustal
Stachyarrena reticulata	Caño Moyo, palometa	Bosque ribereño
Swartzia cupavenensis	Caño Cangrejo, El Carmen, Winare	Bosque ribereño
Turnera argentea	Caño Perro de Agua	Arbustal

latifolia, *Couepia paraensis* y *Licania apetala* encontradas en los bosques inundables estudiados han sido referidas como especies abundantes de bosque inundables por ríos de aguas claras y negras de la amazonía brasileña (Prance 1979, Rosales et al. 1999). En el Estado Amazonas, estas especies, además de otras como *Swartzia cupavenensis*, han sido mencionadas como elementos característicos del bosque estacionalmente inundable del río Sipapo (Camaripano y Castillo 2003).

Por otro lado, la composición florística de las comunidades arbustivas encontradas asociadas a la vegetación ribereña está influenciada por la presencia de un sustrato arenoso y por el tiempo y el régimen de inundación. Así, en caño Perro de Agua las especies están sometidas a un régimen menor de inundación y muestran de manera general una cobertura vegetal densa y de mayor altura (3 m de alto), si se compara con la comunidad de caño Moyo (2 m de alto). En esta comunidad aparecen lugares extensos con sustrato expuesto y con evidencias de estar inundados, en los que se observaron algunas agrupaciones de ciperáceas y eriocauláceas, así como algunos elementos leñosos dispersos. En este último se pueden mencionar las especies *Couepia paraensis*, *Ilex spruceana* y *Aspidosperma pachypterum*, entre otras, que deben tolerar estas condiciones de inundación. Por otro lado, en la primera comunidad arbustiva destacan otras especies leñosas como *Ouratea spruceana*, *Marlierea suborbicularis*, *Pagamea coriacea* y *P. guianensis*. Es muy probable que elementos aledaños a esta comunidad hayan sido considerados por Huber (1982) como del tipo de sabanas amazónicas, las cuales se desarrollan sobre sustrato arenoso y con elementos subarbustivos. Sin embargo, en este trabajo esta comunidad muestreada ha sido considerada arbustiva por corresponder en mayor proporción al término "arbustal" (Huber 1989, 1995a).

Muchas de las especies encontradas en la zona de estudio han sido referidas en otros estudio florísticos realizados en el Estado Amazonas (Clark et al. 2000, Stauffer 2000, Camaripano y Castillo 2003). A nivel de familia predominantes, los resultados de este estudio concuerdan con otros anteriores donde se señala que las familias más diversas y predominantes en los bosques ribereños de la Guayana son las Fabaceae, Caesalpiniaceae, Rubiaceae y Melastomataceae, entre otras (Castillo1992, Rosales et al. 1997, 1999; Camaripano y Castillo 2003). La alta diversidad de las Cyperaceae encontrada en este trabajo puede ser debida a que las especies de esta familia son elementos característicos de todos los ambientes muestreados, tales como arbustales, sabanas inundables, bancos de ríos y sotobosque, ubicándose las especies en ambientes particulares del área estudiada.

La región estudiada se encuentra asociada a inundaciones periódicas y sustrato arenoso, alta diversidad y presencia de especies endémicas, lo cual parece estar determinado por condiciones extremas de oligotropismo (Huber 1989, Rosales et al. 1999). Así, se puede destacar en este estudio *Aspidosperma pachypterum*, *Ilex spruceana*, *Marlierea suborbicularis* y *Turnera argentea* como especies arbustivas endémicas del sur del Estado Amazonas. Por otro lado, otras se encuentran en bosques ribereños y llama la atención especial el género *Campsiandra*, el cual ha sido señalado como de gran diversificación en bosque inundables del río Orinoco y Estado Amazonas (Stergios 1998, Rosales et al. 1999). En la región muestreada se encontraron cinco especies de este género, de las cuales tres se han señalado como endémicas de los bosques ribereños del sur del Estado Amazonas (Stergios 1998). Cabe destacar las especies endémicas *Byrsonima basiliana* y *Turnera argentea*, de las cuales solo se conocía el reporte de la colección Tipo.

Adicionalmente se puede mencionar que la distribución de las especies de plantas que conforman las comunidades vegetales de la región está íntimamente relacionada e interconectada con las unidades geomorfológicas, el tipo de sustrato donde se encuentran, así como con el nivel y tiempo de inundación que sufren en cada estación lluviosa. Así encontramos especies como *Aldina latifolia*, *Heterostemon mimosoides*, *Swartzia argentea*, *Tachigali odorodatissima*, *Caliptranthes multiflora* y *Buchenavia suaveolens* que se pueden señalar como comunes de toda el área estudiada y por tal razón especies que toleran inundaciones estacionales de igapó. También, es importante la representación de las Leguminosae sp l. , en particular las Caesalpiniaceae y Fabaceae, como familias dominantes de esta región. Cabe destacar la presencia de *Erisma calcaratum* y *Poecylanthe amazonica* como elementos característicos de bosques ribereños inundables en aguas claras.

La escasa riqueza de especies en los ambientes acuáticos se relaciona con las características físicas y químicas de las aguas negras *sensu* Sioli (1975) de estos ríos del sur del país. Las plantas acuáticas suelen ser más abundantes en aguas con un mayor contenido de nutrientes. En el caso de los ambientes amazónicos y guayaneses, esta mayor abundancia se aprecia en los ambientes lénticos (madreviejas y lagunas) en relación a los cauces de ríos principales.

La presencia de *Cabomba furcata* y *Utricularia hydrocarpa* es común en los ambientes de laguna y madreviejas de la Guayana y Amazonas venezolanos (Rial, obs. pers.), igualmente común resulta la arácea *Urospatha sagittifolia,* usualmente presente en suelos arenosos de remansos marginales y aguas someras de ambientes lénticos y lóticos del sur del Orinoco.

El caso más interesante ha resultado el de la familia Podostemaceae, cuyas especies pertenecen al grupo de las angiospermas acuáticas. Estas especies habitan en aguas turbulentas y en raudales cuyas fluctuaciones en el nivel del agua resultan de la alternancia de las estaciones de lluvia y sequía. Estas plantas fuertemente adheridas a las rocas (haptófitas) son un importante recurso de hábitat y alimentación para muchos peces y aves en estos ecosistemas acuáticos. La familia Podostemaceae está integrada por unas 270 especies en todo el mundo, pertenecientes a unos 47 géneros, en su mayoría monoespecíficos (Cook 1996) y con un alto grado de endemismo. En Venezuela se conocen ocho géneros y unas 23 especies, la mayoría del sur del país. El género *Mourera* Aubl. agrupa siete especies (*M. alcicornis, M. aspera, M. elegans, M. fluviatilis, M. grazioviana, M. schwackeana* y *M. weddellina*), de las cuales solo una (*M. fluviatilis*) ha sido incluida en el libro de las plantas acuáticas de Venezuela (Velásquez 1994) y solo dos (*M. fluviatilis, M. aspera*) han sido registradas en los herbarios del país (Anónimo, 1998). La especie *Mourera alcicornis* hallada por primera vez para este AquaRAP constituye un dato de distribución importante para esta especie conocida de las cataratas de Aripecurú en Brasil. Por su parte el género *Weddellina* Tul. es monoespecífico. La especie W. *squamulosa* está representada en los herbarios nacionales con material procedente de los estados Amazonas y Bolívar (Anónino 1998).

En general se puede señalar que en la llanura aluvial de confluencia del río Ventuari y el río Orinoco (área estudiada) se encuentra un conjunto de tipos de vegetación cuya composición florística está determinada en gran medida por los regímenes de inundación y el tipo de sustrato presente, distribuyéndose las especies en un mosaico continuo que tolera aguas ácidas y con bajo contenido de sedimentos.

RECOMENDACIONES PARA LA CONSERVACIÓN

La vegetación de la región deltaica Ventuari-Orinoco merece especial atención de conservación porque agrupa un mosaico continuo de ambientes y especies muy particulares que toleran la acidez de las aguas y suelos extremadamente oligotróficos, predominando los bosques inundables. Estos últimos constituyen refugios para el mantenimiento de la biodiversidad, así como corredores para la dispersión de especies.

En estos ambientes se encuentran una gran diversidad vegetal y muchas especies endémicas particularmente adaptadas a estos ambientes oligotróficos. Estas especies poseen mecanismos altamente efectivos de reciclaje de nutrientes, los cuales les permiten mantenerse en suelos muy pobres determinando que la vegetación sea el mayor reservorio de nutrientes (Herrera et al. 1981). Estos mecanismos son sumamente frágiles frente a la intervención humana de la vegetación, ya sea para la agricultura o para otra actividad.

La región de la llanura aluvial del río Ventuari-Orinoco presenta zonas en estado prístino y protegidas bajo la figura legal del Parque Nacional Yapacana. Sin embargo, existen amenazas por un incremento de la intervención humana, ya sea por actividades agrícolas de subsistencia, quema del bosque o por minería ilegal, sobre todo en áreas no protegidas. Para conservar estos ecosistemas, se recomienda regular estas actividades, ya que pueden ocasionar un gran impacto ecológico con pérdidas irreversibles de la biodiversidad y del ecosistema, lo cual podría ser perjudicial, incluso para las poblaciones locales que se han desarrollado en contacto estrecho con el ambiente. Las entidades gubernamentales y otras instituciones del Estado deben promover mecanismos que faciliten los estudios del conocimiento de la biodiversidad de los ecosistemas en el Amazonas, porque son básicos a la hora de establecer prácticas alternativas de manejo de estos frágiles ecosistemas, en los cuales juega un papel determinante la cobertura vegetal.

REFERENCIAS

Anónimo, 1998. Lista de trabajo para el nuevo catálogo de la flora de Venezuela. Fundación Instituto Botánico de Venezuela. Ministerio del Ambiente y de los Recursos Naturales Renovables. Estrategia Nacional de Diversidad Biológica. Programa de las Naciones Unidas para el Desarrollo Global.

Berry, P. E., O. Huber and B. K. Holst. 1995. Phytogeography of the Guayana region. *In:* P. E. Berry, B. K. Holst & K. Yatskievich (eds.). Flora of the Venezuelan Guayana Vol. 1. Introduction. Missouri Botanical Garden, St. Louis: Timber Press. Pp. 97-192.

Camaripano B. y A. Castillo. 2003. Catálogo de espermatofitas del bosque estacionalmente inundable del río Sipapo, Estado Amazonas. Acta Bot. Venez. 26 (2): 125-229.

Castillo, A. 1992. Catálogo de las especies antofitas del bosque húmedo del río Cataniapo (Territorio Federal Amazonas). Acta Biol. Venez. 14: 7-25.

Clark, H. , R. Liesner, P. E. Berry, A. Fernández, G. Aymard y P. Maquirino. 2000. Catálogo anotado de la Flora del área de San Carlos de Río Negro, Venezuela. *In:* Huber, O. y E. Medina (eds.). Flora y vegetación de San Carlos de Río Negro y alrededores, Estado Amazonas, Venezuela. Sci. Guaianae. 11. Pp. 101-316.

Colonnello, G. 1990. A Venezuelan flood plain study on the Orinoco River. Forest Ecol. and Manag. 33: 2-23.

Cook CDK. 1996. Aquatic plant book. 2nd edn. The Hague: SPB Academic Publishing.

Cronquist, A. 1981. An integrated system of classification of flowering plants. Columbia University Press. New York.

Kuo, S. H. K. y G. T. Prance. 1979. Studies of the vegetation of a white sand black-water igapó (Rio Negro, Brazil). Acta Amazon. : 645-655.

Herrera, R. C. F. Jordan, E. Medina y H. Klinge. 1981. How human activities disturb the nutrient cycles of a tropical rainforest in Amazonia. Ambio. 10: 109-114.

Huek, K. 1978. Los bosques de Sudamérica. Sociedad Alemana de Cooperación Técnica.

Huber, O. 1982. Significance of savanna vegetation in the Amazon Territory of Venezuela. *En:* Prance, G. T. (ed.). Biological diversification in the tropics. New York: Columbia University Press.

Huber O. 1983. Las formaciones vegetales del Territorio Federal Amazonas, Venezuela. Cuadernos D. G. I. I. A. Boletín técnico de la Dirección General de Información e Investigaciones del Ambiente. Caracas.

Huber O. 1989. Shrublands of Venezuelan Guayana. *En:* Holm-Nielsen, L. B., I. C. Nielsen and H. Baslev (eds.). Tropical Forest. Academic Press. New York.

Huber, O. 1995a. Vegetation. *En:* Berry P. E., B. K. Holst y K. Yatskievych (eds.). Flora of the Venezuelan Guayana, Vol. 1. Introduction. Missouri Botanical Garden, St. Louis: Timber Press. Pp. 97-192.

Huber, O. 1995b. Geographical and physical features. *En:* Berry P. E., B. K. Holst y K. Yatskievych (eds.). Flora of the Venezuelan Guayana, Vol. 1. Introduction. Missouri Botanical Garden, St. Lois: Timber Press. Pp. 1-61.

Huggenberger, P., E. Hoehn, R. Beschta and W. Woessner. 1998. Abiotic aspects of channels and floodplains in riparian ecology. Fresh Wat. Biol. 40: 4078-425.

Junk, W. 1997. General aspects of floodplains ecology with special reference to Amazonian floodplains. *In*: Junk W. (ed.). The Amazonian Floodplain: ecology of a pulsing system. Springer, Berlin: Ecological Studies 126. Pp. 3-19.

MARNR-ORSTOM. 1988. Atlas del Inventario de Tierras del Territorio Federal Amazonas. Descripción por Sectores Hojas 19-4, 19-16. Caracas.

Prance, G. T. 1979. Notes on the vegetation of Amazonia III. The terminology of Amazonian forest types subject to inundation. Brittonia. 31: 26-38.

Rosales, J. 1996. Los bosques ribereños. *En*: Rosales, J. y O. Huber (eds.). Ecología de la cuenca del Río Caura. Caracterización General. Sci. Guaianae. 6. Pp. 66-69.

Rosales, J. E. Briceño, B. Ramos y G. Picón. 1993. Los bosques ribereños del área de influencia del Embalse Guri. Pantepui. 5: 3-23.

Rosales, J. ,C. Knap-Vispo y G. Rodríguez. 1997. Los bosques ribereños del bajo Caura entre Salto Pará y los Raudales de La Mura: su clasificación e importancia en la cultura Ye'kwana. *En:* Huber, O. y J. Rosales (eds.). Ecología de la cuenca del Río Caura, II. Estudios específicos. Sci. Guaianae. 7. Pp. 171-213.

Rosales J., G. Petts, y J. Salo. 1999. Riparian flooded forest of the Orinoco and Amazon basins: a comparative review. Biod. Cons. 8: 551-586.

Rosales, J. , M. Bevilacqua, W. Díaz, R. Pérez, D. Rivas y S. Caura. 2003. Comunidades de vegetación ribereña de la Cuenca del Río Caura, Estado Bolívar, Venezuela. *En:* Chernoff, B., A. Machado-Allison, K. Riseng and J. R. Montambault (eds.). Una evaluación rápida de los ecosistemas acuáticos de la Cuenca del Río Caura, Estado Bolívar, Venezuela. Boletín RAP de Evaluación Biológica 28. Conservation International. Washington, DC.

Sculthorpe, C. D. 1967. The biology of Aquatic Vascular Plants. Edward Arnold. London, U. K.

Stauffer, F. 2000. Tratamiento sistemático. *En*: Stauffer F. (Ed.). Contribución al estudio de las palmas (Arecaceae) del Estado Amazonas, Venezuela. Sci. Guaianae. 10. Pp. 35-121.

Sioli, H. 1975. Tropical rivers as expression of their terrestrial environments. *En:* Goley, F. Y E. Medina (eds.). Tropical Ecological Systems. Trends ands Aquatic Research. Springer-Verlag. New York. Inc. Pp. 275-288.

Stergios, B. 1998. *Campsiandra. In:* P. E. Berry, B. K. Holst, and K. Yatskievich (eds.). Flora of the Venezuelan Guayana Vol. 4. Caesalpiniaceae-Ericaceae. Missouri Botanical Garden, St. Louis: Timber Press. Pp. 19-30.

Velásquez, J. 1994. Plantas acuáticas de Venezuela. Universidad Central de Venezuela. Consejo de Desarrollo Científico y Humanístico Caracas.

Weibezahn, F. H., A. Heyvaert y M. A. Lasi. 1989. Lateral mixing of the waters of the Orinoco, Atabapo and Guaviare Rivers, after their confluence, in Southern Venezuela. Acta Cien. Venez. 40: 263-270.

Capítulo 3

Estructura, composición florística y suelos en bosques de "tierra firme" del bajo y medio río Ventuari, Estado Amazonas, Venezuela

Gerardo Aymard, Richard Schargel,
Paul E. Berry, Basil Stergios y Pablo Marvéz

RESUMEN

Se establecieron ocho transectos de 0,1 ha en bosques no inundados por desborde de ríos, situados en un paisaje de peniplanicie en las cuencas baja y media del río Ventuari, de los cuales se obtuvo información cuantitativa para comparar y relacionar la composición florística y la estructura de los bosques con los suelos, drenaje y geomorfología. Se utilizaron técnicas de clasificación (análisis de agrupamiento y TWINSPAN) para correlacionar las variables mencionadas con la vegetación y elaborar la clasificación de las comunidades de vegetación. Se presentan los siguientes resultados: 285 morfoespecies, 166 géneros, 61 familias, 2.285 individuos medidos con un diámetro ≥ 2,5 cm y la clasificación local de cuatro comunidades boscosas: (V1;V2): bosques bajos a medios, ralos, dominados por *Actinostemon amazonicus, Peltogyne paniculata, Gustavia acuminata* y *Sagotia racemosa* sobre Inceptisoles y Ultisoles de llanura aluvial; (V3): bosques de mediana altura, muy intervenidos dominados por *Attalea maripa* ("palma cururito"), *Guatteria ovalifolia* y *Simarouba amara* sobre Entisoles en sedimentos eólicos sobre lomas; (V5): bosques altos, dominados por *Chaetocarpus schomburgkianus, Ruizterania retusa* y *Couma utilis* ("pendare hoja fina") en Ultisoles asociados con afloramientos de gneis; y (V4; V6; V7;V8): bosques mixtos de mediana altura dominados por *Oenocarpus bacaba* ("seje pequeño"), *Rudgea* sp nov., *Qualea paraensis* y *Bocageopsis multiflora* en Entisoles e Histosoles asociados con afloramientos de arenisca, en Ultisoles de lomas muy bajas sobre gneis y granito e Inceptisoles al pie de vertientes sobre meta-arenisca.

Los bosques ubicados en los transectos V2 y V5 representan nuevas comunidades para la región de la Amazonía Venezolana. Los suelos son oligotróficos, con pH inferior a 4,6 en el horizonte superficial. Tienen drenaje moderado a rápido, excepto en los suelos de los transectos V1 y V2 donde el drenaje es muy lento y presentan valores significativos de toxicidad de aluminio. Se presenta información acerca de la riqueza y diversidad de las comunidades descritas y acerca de la fitogeografía de las especies registradas en relación a la flora de áreas adyacentes a la Amazonía y la Guayana venezolana. Se incluye un listado florístico de 510 especies registradas en la región del río Ventuari, especificando el lugar en la cuenca en donde se encuentran, su estatus fitogeográfico y los nuevos registros para la flora de la región.

INTRODUCCIÓN

Información reciente indica que cerca del 23% (29,4 millones de km^2) de la superficie de la tierra se encuentra alterada (Jenkins y Pimm 2003), de la cual más del 10% representa áreas intervenidas que están en la cuenca amazónica. En la medida que continúe la explotación de los bosques bajo la estructura económica acumulativa del capital, seguiremos observando el empobrecimiento acelerado de la población, pérdida de la biodiversidad (Pitmann et al. 2002), del hábitat (Cochrane y Laurence 2002) y la desaparición de muchas tradiciones de manejo, las cuales ayudarían a disminuir el ritmo de sustitución en bosques en la región amazónica por los monocultivos y los pastizales. Este desalentador diagnóstico demuestra que en las últimas tres décadas se han perdido oportunidades para desarrollar y fortalecer la conservación de los recursos naturales renovables por parte de los gobiernos y comunidades de los países amazónicos, regiones que actualmente poseen las mayores superficies de bosques no alterados (Kauffmann-Zeh 1999, Ceccon y Miramontes 1999). Es reconocido que no habrá avances significativos en la solución de algunos de los problemas de conservación en los bosques tropicales si no se cuenta con información acerca de su estructura y composición florística, capacidad de regeneración y conservación natural de los mismos. En este sentido resalta la necesidad de emprender más estudios a mediano y largo plazo que determinen la formación histórica de la vegetación y el paisaje (Colinvaux et al. 2000, Van der Hammen 2000, Van der Hammen y Hoogghiemstra 2000, Bush et al. 2001) y a la vez nos indiquen como se mantiene la diversidad en los bosques tropicales (Burslen et al. 2001, Hubbell 2001).

Con aproximadamente 391.000 km^2 de áreas boscosas, Venezuela posee parte de la mayor extensión de bosques tropicales significativamente no intervenidos que actualmente quedan en el planeta. Estos bosques se encuentran en el Escudo Guayanés y la parte norte-este de la cuenca Amazónica, que comparte con Brasil, Guyana, Suriname y la Guayana Francesa. La Amazonía venezolana cubre cerca de 175. 750 km^2, región en la cual conviven alrededor de diecinueve grupos indígenas, posee cuatro parques nacionales, 17 monumentos nacionales y una reserva de biosfera (Huber 2001). El presente estudio establece una metodología sencilla de muestreo de vegetación y suelos mediante el uso de transectos de 0,1 ha, midiendo individuos con un diámetro ≥ 2,5 cm, con la finalidad de obtener información cuantitativa rápida y confiable para compararla con los suelos, la composición florística y estructura de bosques no inundables de la Amazonía venezolana. Esta información, más los datos sobre patrones fitogeográficos, de distribución y número de especies, ayudará en los planes y estrategias de conservación de la diversidad vegetal en la región, en virtud que la información fitogeográfica y de análisis de vegetación actualmente son ampliamente utilizadas en las pruebas de diferentes teorías y hipótesis acerca de evolución y mantenimiento de la diversidad de especies neotropicales (Hubbell 2001, Toumisto et al. 2003 a, b; Clark et al. 2004).

MATERIAL Y MÉTODOS

Vegetación

La metodología de muestreo utilizada fue el transecto de 0,1 ha, basado en Gentry (1982), con modificaciones realizadas por Boyle (1996), y aplicada por primera vez en Venezuela por Aymard (1997). Esta consiste en el establecimiento de diez subunidades de 50 x 2 m distribuidas en cinco líneas paralelas entre sí y con cada línea constituida por dos subunidades de 50 m cada una (Figura 3.1). De esta manera, cada una de las cinco líneas tiene el mismo tamaño de 2 m de ancho por 100 m de largo y están separadas entre ellas por una distancia de diez metros. La principal diferencia de este método, con la propuesta original de Gentry, es que las subunidades de 50 m están dispuestas en forma paralela y no una después de la otra en una larga fila a través de una dirección predeterminada. Para el estudio de la composición florística se elaboró un listado mediante la colecta de ejemplares botánicos de los individuos medidos y la revisión bibliográfica de los volúmenes publicados de la Flora de la Guayana Venezolana (Apéndice 2).

El material botánico (600 números) fue herborizado y depositado en el Herbario PORT de la UNELLEZ-Guanare, Herbario Nacional (VEN) en Caracas y Herbario MARNR en Puerto Ayacucho. Las identificaciones de los ejemplares fueron realizadas mediante la comparación con muestras depositadas en los herbarios MO, NY, PORT, US y VEN y con la ayuda de la bibliografía actualizada. Sin embargo, varias familias de plantas fueron identificadas por especialistas (ver Agradecimientos).

Taxonomía

Actualmente la información acerca del número de géneros y familias depende mucho de los conceptos taxonómicos utilizados (Jiménez y Grayum 2002, Mori et al. 2002, Valdecasas y Camacho 2003). Las angiospermas representan el primer grupo de organismos que han sido reclasificado a través de numerosos estudios moleculares y análisis filogenéticos basados en secuencias de ADN de varias regiones del núcleo y de los cloroplastos (Angiosperm Phylogeny Group 1998, 2003; Bremer et al. 1998, Savolainen et al. 2000, Stuessy et al. 2001, Judd et al. 2002, Zanis et al. 2003). Recientemente se han sugerido y realizado numerosos cambios a nivel de familia y géneros; sin embargo, en el presente trabajo, se han utilizado los conceptos de Cronquist (1981) y Steyermark et al. (1995) y hemos incorporando solamente los cambios que parecen ser aceptados por la gran mayoría de los botánicos. Por ejemplo: Asclepiadaceae como parte de Apocynaceae, Hippocrateaceae como parte de Celastraceae, Cochlospermaceae como parte de Bixaceae y el género *Potalia* como parte de Gentianaceae (Struwe et al. 1994). En otros casos, hemos optado por los conceptos tradicionales, por ejemplo, *Strychnos* como parte de Loganiaceae (Struwe et al. 1994), Dichapetalaceae separada de Chrysobalanaceae, Erythroxylaceae aparte de Rhizophoraceae, Malvaceae separada de Bombacaceae, Sterculiaceae y Tiliaceae, aunque existen suficientes evidencias moleculares que sugieren que este género y las familias mencionadas conformen grupos similares (Alverson et al. 1998, 1999; Angiosperm Phylogeny Group 2003). Para los aspectos nomenclaturales y sistemáticos en la familia Arecaceae (Palmae) se siguieron los conceptos propuestos por Henderson (1995) y Vormisto (2002), y para familia Araceae los propuestos por Bunting (1995).

Suelos

Los suelos del Estado Amazonas han sido evaluados en los

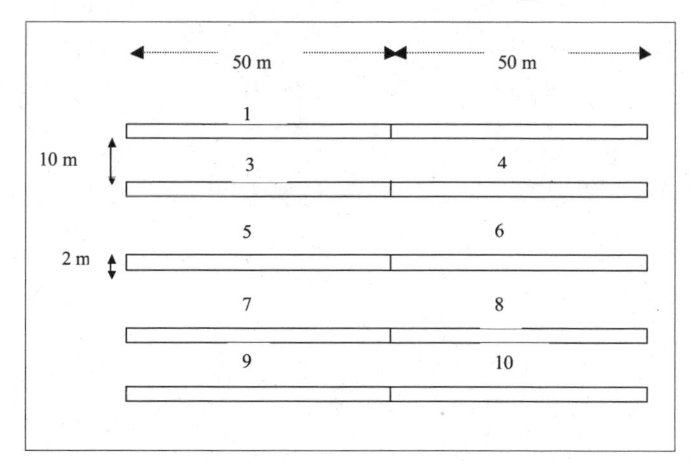

Figura 3.1. Representación gráfica de un transecto 0,1 hectárea modificado de Boyle (1996).

últimos 30 años a nivel gran visión (escalas 1:250. 000 y 1:500. 000) por MARNR (1988) y CVG-TECMIN (1994). La información generada en el presente proyecto acerca de las características morfológicas, físicas y químicas de los suelos permite realizar comparaciones con los estudios previos y hacer recomendaciones de uso racional de este recurso.

Se realizaron observaciones sobre la geología y geomorfología en cada sitio estudiado para entender la distribución de los suelos en el paisaje y facilitar las comparaciones entre las características de los suelos, la vegetación de cada lugar y la información de estudios realizados con anterioridad en la región. Con excepción del transecto V6 (*Carmelitas 1*), cada transecto estaba ubicado sobre una sola posición geomorfológica.

En los transectos de 0,1 ha utilizados para el estudio de la vegetación se efectuaron observaciones con barreno hasta 150 cm de profundidad y una calicata de 100 cm, profundizada hasta 2 m con barreno. La presencia de rocosidad limitó la profundidad de observación en algunos transectos. Los suelos fueron descritos en función de espesor de estratos, color, moteado, textura, consistencia, estructura, raíces, actividad biológica e inclusiones. En cada lote de 0,1 hectárea se tomaron muestras de suelos de las calicatas (3 a 9 de acuerdo a la profundidad) y como mínimo de dos horizontes superficiales de barrenos. Los suelos fueron clasificados taxonómicamente hasta nivel de familia (Soil Survey Staff 1999) y se compararon sus características con las diferencias en la vegetación.

Se realizaron los siguientes análisis en el laboratorio de la UNELLEZ-Guanare: granulometría, materia orgánica, pH y conductividad eléctrica en relación agua – suelo 1:2, calcio, magnesio, potasio y sodio intercambiables con solución de acetato de amonio a pH 7, y acidez intercambiable con solución de cloruro de potasio, fósforo disponible por Bray 1. Para los horizontes orgánicos en el transecto Cerro El Gavilán (V4) se determinó el porcentaje de cenizas, fósforo, calcio, potasio y magnesio.

Análisis de los datos

Estructura y composición florística

Los parámetros estructurales considerados fueron: 1) abundancia o densidad, definido como el número de árboles o individuos encontrados en el área estudiada, y definido por el tamaño de los individuos medidos (diámetro y altura) y por las especies en cada parcela; 2) frecuencia de las especies, definido como el número de subparcelas en las cuales se encuentran las especies; 3) área basal, o el área ocupada por la sección transversal del tallo a la altura del pecho; y 4) los índices de valor de importancia (IVI). Los índices de valor de importancia para las especies (IVI) se calcularon de acuerdo a Curtis y Cottam (1962). Los IVIs representan una medida estandarizada de parámetros estructurales de las especies, los cuales se utilizaron para comparar la representación de las especies en las parcelas en términos de su abundancia, frecuencia y área basal total (Apéndice 3).

Similaridad – análisis de agrupamiento

Se utilizó una medida de similaridad para visualizar los patrones florísticos y comparar el solapamiento en la composición de especies entre los transectos. Para este análisis se utilizó la técnica del "Cluster Analysis" con el índice cuantitativo de Sørensen basado en datos cuantitativos (número de individuos) utilizado por Bray y Curtis (Kent y Cooker 1996). Finalmente, para ayudar a definir la clasificación local de la vegetación boscosa, también se utilizó la técnica de clasificación de especies indicadoras o TWINSPAN (Hill 1979, Kent y Coker 1996).

Área de estudio

El área del estudio está localizada a una altura sobre el nivel del mar entre 100-150 m en la cuenca del bajo y medio río Ventuari (alto río Orinoco) en la región centro-oeste del Estado Amazonas, Venezuela (aprox. 03° 57' - 04° 50' N; 66° 10' - 67° 03' W (Figura 3.2). El río Ventuari es el tributario más importante de la cuenca del Orinoco en el Estado Amazonas y a través de sus planicies de inundación se desarrollan comunidades boscosas siempreverdes, sabanas, arbustales y vegetación de origen antrópico.

Ubicación de los transectos

Se escogieron ocho lugares de muestreo (Figura 3.2); cuatro ubicados en el bajo río Ventuari: **V1:** *Isla Caimán-1*, aprox. 04° 06' N; 66° 38' W; **V2:** *Isla Caimán-2*, aprox. 04° 06' N; 66° 39' W; **V3:** *Bajo Ventuari-1,* aprox. 04° 05' N; 66° 37' W; **V5:** *Los Castillitos*, aprox. 04° 05' N; 66° 43' W y otros cuatro ubicados en la cuenca baja-media: **V4:** *Cerro "El Gavilán"*, aprox. 04° 11 N; 66° 31' W; **V6:** *Carmelitas-1*, aprox. 04° 08' N; 66° 28' W; **V7:** *Carmelitas-2*, aprox. 04° 05' N; 66° 26' W; y **V8:** *"Cerro Moriche"*, aprox. 04° 42' N; 66° 18' W).

Para la selección de los sitios de muestreo de vegetación y de suelos fueron identificadas diferentes posiciones geomorfológicas y suelos bajo bosque, representativos de los paisajes descritos en la región por el proyecto inventario de los Recursos Naturales Renovables de la región Guayana (CVG-TECMIN 1994).

Vegetación

La vegetación de la cuenca del río Ventuari ha sido descrita a gran visión en las últimas cuatro décadas. De acuerdo con Hueck (1960), los bosques estudiados pertenecen a los bosques en parte siempreverdes, mesófilos e hidrófilos en las regiones bajas de la Guayana. Posteriormente, el mismo autor (Hueck 1978) los incluye en los bosques pluviales tropicales, en donde predominan las selvas no inundadas de tierra firme, las cuales son interrumpidas por otros tipos de bosque de menor altura y exuberancia. Según la formulación climática de Holdridge (1967) y adaptada para Venezuela por Ewel et al. (1976) estas formaciones boscosas se encuentran ubicadas dentro de la zona de vida bosque húmedo tropical a muy húmedo tropical, debido al régimen constante de temperaturas altas (media 26 °C) y precipitación media anual mayor de 2.500 mm. De acuerdo con Huber y Alarcón (1988) y Huber (1995 b), esta región forma parte de los bosques de la peniplanicie y las llanuras aluviales del Casiquiare-Ventuari dentro de la provincia alto Orinoco, la cual está compuesta por bosques altos, ombrófilos, siempreverdes inundables y no inundables, entre 100–300 m s. n. m. Sin embargo, los estudios cuantitativos sobre la composición florística y estructura de la vegetación de las tierras bajas del río Ventuari son muy escasos, y actualmente la única información disponible es el informe de campo del proyecto inventario de los R. N. R. de la región Guayana, en las hojas NB-1915 y NB-1916. Este informe, basado en tres parcelas de 0,25 ha, describe los bosques de la región como bosques de altura y cobertura media en asociación con bosques bajos-densos, ubicados en ambas márgenes de la planicie del río Ventuari. Sus individuos tienen alturas que varían entre 19 y 23 m, y emergentes de hasta 30 m, y estructuralmente presentan de dos a tres estratos y un sotobosque de cobertura media (CVG-TECMIN 1994).

Clima

El clima de la región está caracterizado por una estación seca de noviembre hasta marzo y una lluviosa de abril hasta octubre. El promedio de precipitaciones anual de acuerdo a la estación Kanaripó situada en el bajo río Ventuari (CVG-TECMIN 1994) es de 3.013 mm, con máximas durante el período de junio a septiembre (Tabla 3.1). Los valores de precipitación son similares a los de la estación de San Fernando de Atabapo, con una precipitación media anual de 2.866 mm, de la cual se distingue por precipitaciones medias mensuales menores de diciembre a febrero, los cuales conforman un período de marcada sequía. El período lluvioso muestra una gran concentración de lluvia desde mayo a agosto, lapso en el cual precipita casi el 60 % de la media anual.

La estación de San Fernando de Atabapo registra los siguientes datos de temperatura: media anual: 26,7 °C, máxima media anual: 32,8 °C y mínima media anual: 22,1 °C. El período con temperaturas medias mensuales más

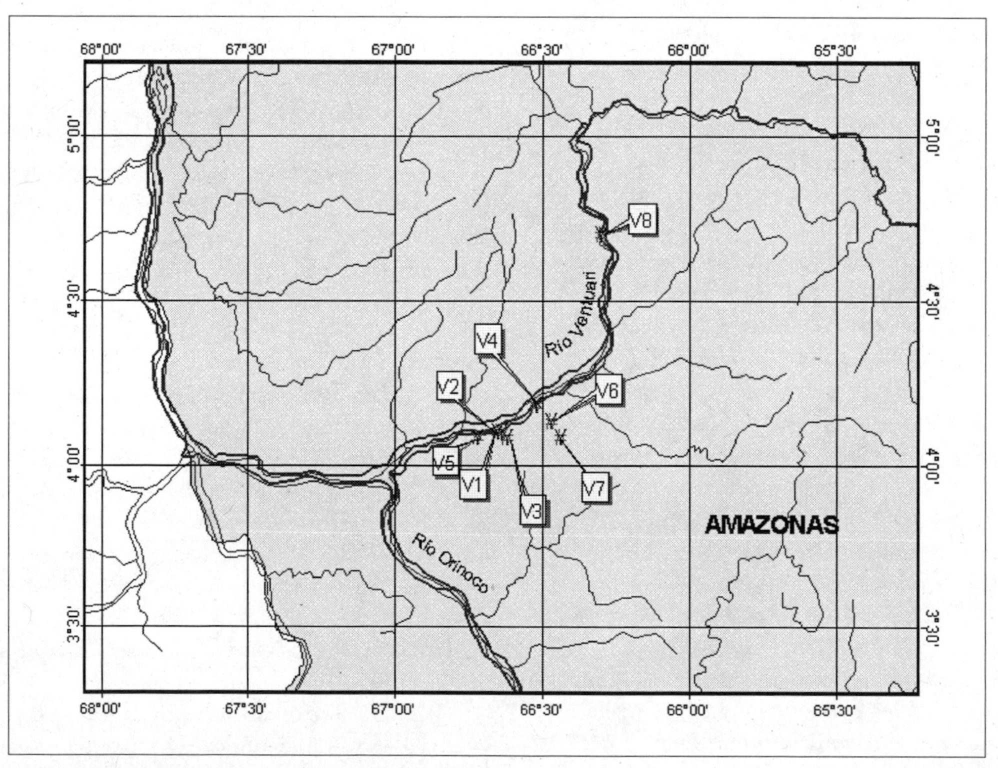

Figura 3.2. Mapa con la ubicación de los lugares de estudio.

Tabla 3.1. Precipitación media, máxima y mínima en mm. Estación de Kanaripó. C. V. = Coeficiente de variación. (Fuente CVG Técnica Minera C. A. 1994).

	E	F	M	A	M	J	J	A	S	O	N	D	Anual
Media	31,2	42,2	142,2	268,6	462,8	480,7	404,6	405,3	278,3	270,3	142,4	85,9	3014,5
Máxima	127,4	119,8	265,9	518,0	701,2	710,1	651,6	580,9	475,9	349,7	271,1	251,7	3708
Mínima	0,9	0,4	45,5	100,0	164,3	329,7	254,6	256,9	205,6	72,8	37,8	8,5	2382
C. V.	1,20	1,04	0,52	0,47	0,35	0,25	0,28	0,25	0,27	0,31	0,49	0,95	0,14

elevadas abarca de noviembre hasta marzo (27,1-27,7 °C) y las más bajas se registran en junio y julio (25,6 y 25,5 °C). Las temperaturas máximas medias mensuales presentan valores mayores de enero a marzo (34,0-34,6 °C) y menores en junio y julio (30,5 y 30,4 °C). Las temperaturas mínimas medias mensuales varían entre 21,7 °C en julio y 22,4 °C en marzo.

Geología, geomorfología y suelos

El sustrato geológico a lo largo del tramo inferior y medio del río Ventuari está constituido principalmente por granito, gneis y en menor proporción por meta-arenisca, arenisca y arenisca conglomerática. Estas rocas afloran a lo largo del cauce. Los paisajes geomorfológicos han sido identificados como penillanuras o peniplanicies y llanuras o planicies (MARNR 1988, CVG-TECMIN 1994). El conjunto de tierras bajas a lo largo del tramo estudiado se define apropiadamente como peniplanicie, constituida por una superficie de erosión casi plana y con relieve bajo, exceptuando algunas lomas o colinas relativamente elevadas ubicadas sobre rocas más resistentes o en interfluvios menos afectados por la erosión. Acumulaciones de aluviones ocurren a lo largo de los principales ríos. También fueron observados por nosotros acumulaciones de arenas eólicas muy localizadas en el borde de algunos tramos de río, formando dunas estabilizadas bajo vegetación de bosque y también bajo sabana de *Trachypogon* en el caserío de Kanaripó. Estas dunas se formaron a partir de arenas derivadas del cauce del río, con un clima más seco que el actual. Schubert (1988) señala que durante el fin del Pleistoceno condiciones climáticas más áridas afectaron gran parte del norte de Suramérica.

Para el área de estudio existe información sobre la distribución y las características de los suelos a nivel gran visión (MARNR-ORSTOM 1988, CVG-TECMIN 1994). En estos estudios fueron descritos suelos similares a los encontrados en los transectos, tales como Entisoles arenosos o esqueléticos e Histosoles muy superficiales sobre arenisca, Ultisoles con texturas medias a finas, algunas veces esqueléticos, sobre granito y gneis, y Ultisoles pobremente drenados sobre aluviones. El estudio de MARNR-ORSTOM (1988) señala el predominio de una franja de suelos pantanosos y de origen aluvial a lo largo del río Ventuari. Sin embargo, nuestra investigación muestra que esta franja aluvial es discontinua y que son comunes las lomas bajas y los afloramientos rocosos adyacentes al cauce.

Dos transectos fueron ubicados en una llanura aluvial, dos sobre lomas muy bajas, dos asociados a afloramientos rocosos, uno en el pie de vertiente de un cerro y otro sobre sedimentos eólicos arenosos acumulados en lomas bajas a la orilla del río Ventuari.

RESULTADOS Y DISCUSIÓN

Suelos de los transectos

La Tabla 3.2 muestra un resumen de los resultados obtenidos en los transectos estudiados para lo cual se consideraron los siguientes parámetros:

1. Geología y geomorfología.
2. Clasificación taxonómica de los suelos a nivel de orden.
3. Drenaje. Se refiere a la rapidez con que se remueven los excesos de agua del perfil y la existencia de inundación. Se establecen las siguientes categorías: rápido, moderado, lento y muy lento.
4. Profundidad del suelo. Muy profundo > 150 cm, profundo 100-150 cm, moderadamente profundo 50-100 cm, superficial 25-50 cm, muy superficial < 25 cm.
5. Textura y fragmentos mayores de 2 mm (esqueleto grueso). Basado en la granulometría predominante en el metro superior del suelo se establecen las siguientes categorías: Fina: arcillosa, arcillo limosa y arcillo arenosa;
   Media: franca, franco arcillo arenosa y franco arcillosa; Moderadamente gruesa: franco arenosa; Gruesa: arenosa y areno francosa; Fina sobre media: texturas finas sobre medias a menos de 1 m de profundidad; Media-esquelética: textura media y más del 35 % del volumen del horizonte ocupado por fragmentos de roca y nódulos ferruginosos mayores de 2 mm; y Fina-esquelética: textura fina y más del 35 % del volumen del horizonte ocupado por fragmentos de roca mayores de 2 mm.
6. Retención de humedad aprovechable. Estimada sobre la base de la textura y los fragmentos de roca y la profundidad del suelo.
7. Suma de calcio (Ca), magnesio (Mg) y potasio (K) intercambiables en el horizonte A. Los valores más bajos indican menor fertilidad.
8. Suma de calcio, magnesio, potasio y sodio sobre acidez intercambiable en el horizonte A. Los valores

más bajos indican mayor estrés por toxicidad del aluminio en la solución del suelo.
9. Reacción del suelo (pH) en los dos primeros horizontes y a 50 cm.
10. Contenido de materia orgánica en el horizonte superficial.
11. Probable influencia humana, principalmente por agricultura migratoria e incendios relacionados a esta.

En general el pH es extremadamente ácido en el horizonte superficial y tiende a incrementar ligeramente con la profundidad. Son suelos oligotróficos con bajos niveles de calcio, magnesio y potasio intercambiables, especialmente en los transectos Los Castillitos, Cerro El Gavilán y Cerro Moriche. La acidez intercambiable supera a la suma de calcio, magnesio y potasio intercambiables en todos los suelos. El fósforo disponible en los horizontes superiores alcanza valores medios (16 – 27 ppm) en los sitios Isla Caimán 1 y 2, bajos (10 – 11 ppm) en Carmelitas 2, Cerro Gavilán y Cerro Moriche y muy bajos (2 – 7 ppm) en Bajo Ventuari, Los Castillitos y Carmelitas 1.

Clasificación local de los bosques de las cuencas baja y media del río Ventuari

Para la clasificación local de las comunidades vegetales se tomaron en cuenta las especies con los mayores valores de abundancia (Número de individuos), los índices de valor de importancia (IVI), una combinación de los resultados de la clasificación del análisis de las especies indicadoras con el *Twinspan* y el análisis de agrupamiento (Figuras 3.3 y 3.4). También, se utilizó información acerca de la geomorfología y las características de los suelos. De acuerdo con los criterios utilizados para la clasificación mencionados anteriormente, en el área del estudio se distinguieron cuatro tipos de comunidades boscosas.

Descripción de las comunidades vegetales

SECTOR V3: *Bajo Ventuari-1,* aprox. 04° 05' N; 66° 37' W, 101 m s. n. m. : Bosques de mediana altura, muy intervenidos dominados por *Attalea maripa* ("cucurito"), *Guatteria ovalifolia* y *Simarouba amara* sobre entisoles ubicados en lomas parcialmente cubiertas por sedimentos eólicos.

Los bosques dominados por la "palma cucurito" (*Attalea maripa*) se encuentran muy intervenidos, y están situados sobre suelos Typic Quartzipsamments (Entisol) excesivamente drenados y de textura arenosa. Estas comunidades presentan muy pocos árboles emergentes, su densidad es densa y según su altura, se caracterizan por presentar una distribución irregular de sus componentes arbóreos entre los 5-25 m. De acuerdo con los datos del levantamiento estructural (DAP > 2,5 cm) para el transecto V3 (Apéndice 3), se encontraron 31 especies en 304 individuos. En este bosque lo que realmente existe es una combinación de las tres clases de grupos de árboles (estratos) mencionadas anteriormente, compuesta por especies remanentes del bosque original (ej. *Emmotum acuminatum, Guatteria ovativolia*) y abundantes árboles y con alturas no mayores de 20 m, los cuales presentaron las características de las especies pioneras (ej. *Tapirira guianensis, Siparuna guianensis, Vismia japurensis*), tales como crecimiento muy rápido y hojas muy grandes, de acuerdo a los criterios establecidos por Gómez-Pompa (1971), Vázquez-Yánez (1980) y Ramos-Prado et al. (1982). Entre las especies más abundantes de esta área se destacan individuos emergentes (20-25 m) de *Himathanthus articulatus, Aspidosperma marcgravianum, Platonia insignis, Goupia glabra* y *Protium heptaphyllum* subsp. *ulei.* El resto de la estructura estuvo compuesta por una combinación abundantes individuos entre 5-18 m mezclados por densas colonias de *Attalea maripa y Phenakospermum guyannense.* Entre las especies más abundantes en los estratos inferior y medio se observaron: *Guateria ovalifolia, Myrcia dichasialis, Talisia dasyclada, Ormosia coccinea, Chionanthus implicatus, Tovomita umbellata, Marliera spruceana, Miconia punctata* y la liana *Connarus ruber* subsp. *sprucei* (información en detalle sobre las especies con mayores valores de IVI se encuentra en el Apéndice 3).

El sotobosque estaba compuesto por una gran cantidad de pequeños sufrútices, hierbas y helechos. Entre las especies más abundantes destacan: *Ischnosiphon arouma, Psychotria poeppigiana, Bactris simplifroms* y varias especies de los géneros *Faramea* y *Palicourea.*

La composición florística de los bosques dominados por la "palma cucurito" (*Attalea maripa*) es diferente a los otros bosques descritos. Este sector estuvo sometido una intensa actividad agrícola ("conucos") probablemente durante la década de los años 40. El área se encuentra sobre lomas bajas, no inundables y con texturas favorables para la siembra de yuca amarga, el principal cultivo de las comunidades nativas. Al igual que otros lugares de la Amazonía (Vormisto 2002), en este sector los pobladores no eliminaron los individuos de la "palma cucurito" (*A. maripa*), por ser esta una especie de gran utilidad para las etnias que se encuentran en la región.

SECTOR V5: *Los Castillitos,* aprox. 04° 05' N; 66° 43' W, 135 m s. n. m: Bosques altos, dominados por *Chaetocarpus schomburgkianus, Ruizterania retusa* y *Couma utilis* ("pendare hoja fina") sobre suelos ultisoles asociados con afloramientos rocosos de gneis.

Este tipo de bosque se encuentra sobre suelos Ombroaquic Kanhaplohumults arcillosos finos (Ultisol), moderadamente bien drenados, con textura franco arcillo arenosa en el horizonte A y franco arcillosa en la parte superior del B. Tienen 5 a 25 % de esqueleto grueso a través del perfil. El suelo se encuentra asociado con numerosos afloramientos rocosos de varios metros de diámetro que ocupan alrededor del 30 % de la superficie del transecto. El dosel posee individuos arbóreos emergentes de hasta 35 m de altura de *Chaetocarpus schomburgkianus, Licania polita* y *Aniba permollis.* Esta última especie representa el primer

Tabla 3.2. Resumen de las características más importantes de los suelos del área del estudio. * En la parcela V6 el drenaje es moderado con una pequeña extensión donde es lento. ** Segundo horizonte, el primero es una capa orgánica de hojarasca descompuesta (72 % de materia orgánica), con 13 cm de grosor. *** Segundo y tercer horizonte.

Características	Isla Caimán-1 (V1)	Isla Caimán-2 (V2)	Bajo Ventuari (V3)	Cerro El Gavilán (V4)	Los Castillitos (V5)	Carmelitas-1 (V6)	Carmelitas-2 (V7)	Cerro Moriche (V8)
Geología	Aluvión	Aluvión	Sedimento eólico	Arenisca conglomerática	Gneis	Gneis	Granito	Meta-arenisca
Geomorfología pendiente	Llanura aluvial <1%	Llanura aluvial <1%	Lomas bajas 5-7%	Afloramientos rocosos 3-10%	Afloramientos rocosos 1-5%	Lomas muy bajas 1-2%	Lomas muy bajas 1-2%	Pie de vertiente 25%
Suelos - Orden	Inceptisol	Ultisol	Entisol	Entisol Histosol	Ultisol	Ultisol Inceptisol	Ultisol	Inceptisol
Drenaje	Muy lento, inundación	Muy lento, inundación	Rápido	Rápido	Moderado	Moderado *	Moderado	Rápido
Profundidad	> 150 cm	> 150 cm	> 150 cm	<25 - 50 cm	100 - 150 cm	> 150 cm	> 150 cm	50 - 100 cm
Textura y frag. >2 mm	Fina sobre media	Media	Gruesa	Media-esquelética	Media	Fina-esquelética	Fina	Moderada-mente gruesa
Humedad aprovechable	Alta	Moderada	Muy baja	Muy baja	Moderada	Baja	Alta	Baja
Ca+Mg+Kcmol (+) kg-1	1,1	0,54	0,74	0.32 **	0,4	0,83	0,81	0,37
Ca+Mg+K/ Acidez interc.	0,24	0,61	0,89	0,16 **	0,25	0,3	0,3	0,12
pH	4,4/4,5 - 4,7	4,2/4,4 - 4,7	4,2/4,8 - 5,0	3,9/4,4 ***	4,5/4,7 - 4,8	4,2/4,4 - 4,5	3,7/3,9 - 4,5	4,4/4,2 - 4,5
Mat. Orgánica %	11,9	2	1	5,0 **	6,1	5,8	4,4	5,3
Influencia humana	No hay	No hay	Muy fuerte	Moderada	Moderada	Fuerte	Muy Fuerte	Moderada

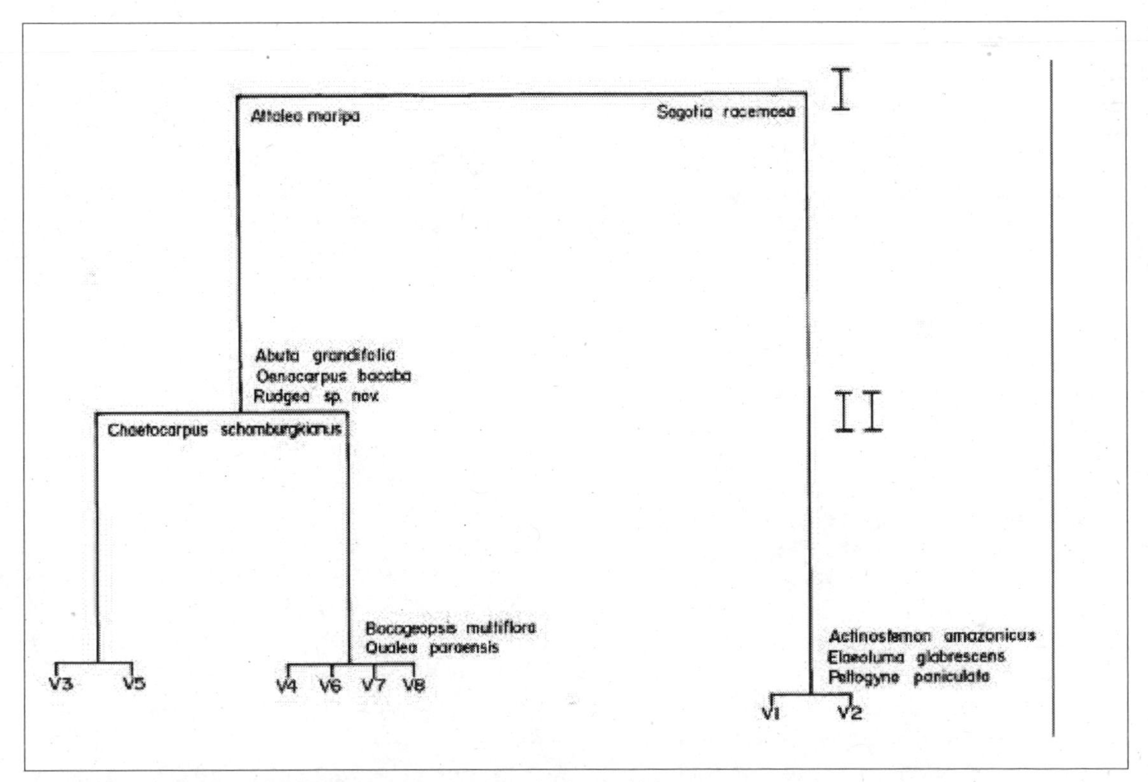

Figura. 3.3. Resultados del TWINSPAN (utilizando los datos de abundancia).

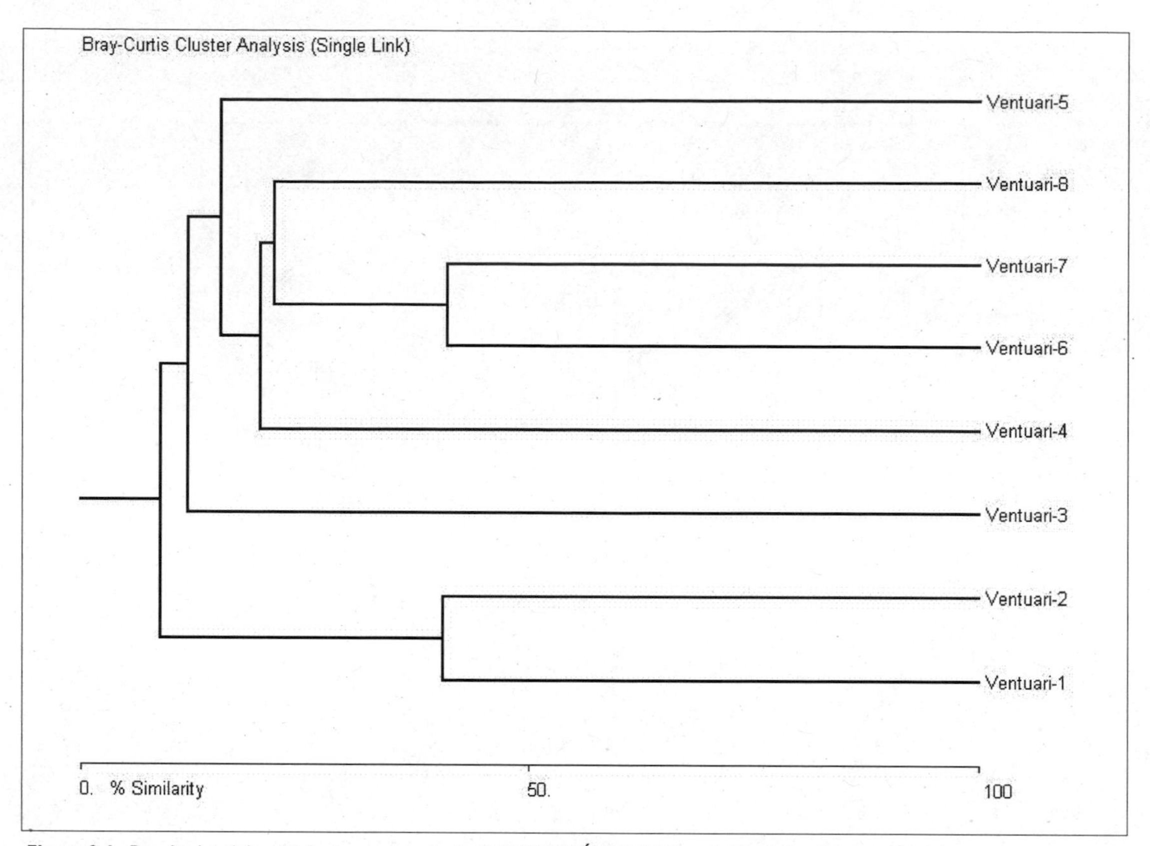

Figura 3.4. Resultados del análisis de agrupamiento CLUSTER ANÁLISIS (utilizando los datos de abundancia).

registro para Venezuela. Los resultados del levantamiento estructural señalan 63 especies, 220 individuos y 10,70 m^2 de área basal para el transecto V5 y diferencias notables en cuanto a su composición florística con otros tipos de bosques de la amazonía venezolana.

En general los bosques de *Chaetocarpus schomburgkianus* están co-dominados por *Ruizterania retusa, Couma utilis, Goupia glabra, Licania sprucei* y una nueva especie del género *Coccoloba.* Otras especies con valores importantes de IVI y con alturas entre 10-20 m fueron: *Erythroxylum impressum, Conceveiba guianensis, Mollia speciosa, Vochysia glaberrima, Sagotia racemosa, Escheweilera laevicarpa, Rudgea sp nov.* y *Protium unifoliolatum.*

También, se observaron en los bosques de *Chaetocarpus schomburgkianus* algunas especies ausentes en los otros bosques descritos. Ejemplos de estas especias son las siguientes: *Potalia resinifera, Poroqueiba sericea, Licania kunthiana, Inga pilosula, Erythroxylum kapplerianum, Annona ambotay, Duroia sprucei, Clathrotropis glaucophylla, Guatteria riparia, Maprounea guianensis, Chaunochiton angustifolium* y *Abarema macrademia* (primer registro para el país). El sotobosque presentó una composición florística diferente de los otros bosques descritos. Entre las especies más abundantes se observaron: *Palicourea triphylla, Psychotria capitata, P. amplectans, Morinda peduncularis, M. tenuifolia, Hirtella racemosa* var. *racemosa,* la hierba rastrera *Coccocypselum guianense,* el helecho *Adiantopsis radiata* y sobre los afloramientos de gneis se observaron densas colonias de *Pitcairnia orchidifolia* (primer registro para el Estado Amazonas).

La presente información representa la primera descripción de un bosque con dominancia (57% del área basal total para el transecto V5) de *Chaetocarpus schomburgkianus* sobre afloramientos de gneis en la Amazonía venezolana. Anteriormente, esta especie de Euphorbiaceae, con árboles de hasta 40 m de altura, era conocida de la regiones de Imataca y Nuria en el estados Bolívar y Delta Amacuro (Steyermark 1968). Información de una parcela de 10 ha con 5775 individuos medidos en la región de "Río Grande" en la Reserva Forestal "Imataca" indican que *C. schomburgkianus,* localmente conocida con el nombre común "cacho", es una especie muy abundante (308 individuos) en bosques altos, en lomas bajas sobre suelos franco-arcillosos y bien drenados, y codominados por *Licania densiflora, Alexa imperatricis, Eschweilera parviflora* y *Protium decandrum* (Veillón et al. 1976).

SECTOR V4: *Cerro "El Gavilán"*, aprox. 04° 11 N; 66° 31' W; SECTOR V6: *Carmelitas-1*, aprox. 04° 08' N; 66° 28' W; SECTOR V7: *Carmelitas-2*, aprox. 04° 05' N; 66° 26' W; y SECTOR V8: *"Cerro Moriche"*, aprox. 04° 42' N; 66° 18' W, entre 100-160 m s. n. m: Bosques mixtos de mediana altura del medio río Ventuari dominados por *Oenocarpus bacaba* ("seje pequeño"), *Rudgea* sp nov. , *Qualea paraensis* y *Bocageopsis multiflora* sobre entisoles e histosoles asociados con afloramientos de arenisca conglomeratica

(V4), ultisoles de lomas muy bajas sobre gneis y granito (V6,V7), y inceptisoles al pie de vertientes sobre meta-arenisca (V8).

Estos bosques ocupan diversos suelos. Alrededor del 40 % de la superficie del sector V4 se encuentra ocupada por afloramientos de roca con varios metros de diámetro entre los cuales se encuentran suelos Typic y Lithic Udorthents francosos-esqueléticos (Entisoles) y Lithic Udifolists (Histosol). Los Entisoles tienen un horizonte superficial orgánico de hojarasca descompuesta ocupada por una alfombra de raíces de menos de 18 cm, sobre horizontes dominados por materia mineral, formados por roca descompuesta, con textura franco arcillosa y franco arcillo arenosa y alrededor de 50 % del volumen ocupado por esqueleto grueso. En los Histosoles la capa orgánica descansa directamente sobre la roca dura y poco alterada. Son suelos algo excesivamente drenados. La capa orgánica promedia 27,62 % de cenizas, 0,13 % de fósforo, 0,03 % de potasio, <0,01 % de calcio y 0,05 % de magnesio. El sector V6 ocupa un suelo Typic Kandihumult arcilloso-esquelético (Ultisol) y bien drenado. Una esquina del lote alcanza la llanura aluvial con un suelo Fluvaquentic Epiaquept arcilloso fino (Inceptisol), pobremente drenado. El sector V7 ocupa un suelo Typic Kandihumult arcilloso fino (Ultisol), bien drenado. El sector V8 ocupa un suelo Humic Dystrudept francoso grueso (Inceptisol), algo excesivamente drenado. Piedras con 25 cm o más de diámetro abundan sobre la superficie del suelo y ocupan alrededor del 10 % de su volumen. Estas comunidades boscosas conforman una amplio mosaico de bosques que se caracterizan por presentar una gran diversidad de especies arbóreas, estructura vertical (estratificación) compuesta por cuatro categorías de árboles según su altura alcanzada, por poseer un apreciable número de especies presentes solamente en estos bosques (ej. *Brosimum rubescens, Licania hypoleuca, Buchenavia parvifolia, Bocageopsis multiflora, Inga bourgonii, I. heterophylla, Abarema jupumba, Abuta grandifolia, Adelobotrys adscendens, Aspidosperma excelsum, Minquartia guianensis, Mouriri nigra, Ouratea angulata, Parkia pendula, Piper arboreum* y *Qualea para ensis*) y por presentar densas colonias de *Sorocea muriculata* subsp. *uaupensis, Phenakospermum guyannense, Astrocaryum mumbaca, Oenocarpus bacaba, O. bataua* y *Attalea maripa.*

Los bosques situados en este sector de la cuenca presentaron una densidad de media a la densa, y los resultados del transecto V4 fueron 55 especies, 251 individuos y 6,08 m^2 de área basal, el transecto V6 con 99 especies y 338 especies y 3,44 m^2 de área basal, el transecto V7 con 69 especie, 285 individuos 2,68 m^2 de área basal y el transecto V8 con 71 especies, 302 individuos y 3,68 m^2 de área basal. Información en detalle de las especies más abundantes de estos bosques se encuentra en el Apéndice 3.

Los estratos inferiores y el sotobosque en los cuatro lugares estudiados en esta sección del río Ventuari estaban constituidos por muchas especies de pequeños árboles y arbustos. Entre las más abundantes se encontraron una nueva especie del género *Rudgea, Piper arboreum, Posoqueria williamsii, Iryanthera laevis, Sorocea muriculata* subsp *uaupensis, Pera decidens, Faramea capillipes, Coussapoa trinervia, Tovomita carinata, T. eggersii, Palicourea corymbifera, Bauhinia longicuspis, Aegiphila laxiflora, Diospyros arthantifolia, Garcinia mavrophylla* y *Prunus amplifolia.* Esta última especie representa un nuevo registro para la flora de Venezuela. La unidad de vegetación de CVG-TECMIN (1994) describió una muestra de bosque situado en el medio Ventuari, los cuales fueron clasificados como bosques de altura y cobertura media en asociación con bosques bajos-densos y arbustales. Entre las especies arbóreas más abundantes mencionan *Goupia glabra, Pseudolmedia laevigata* y *Iryanthera hostmanii.* De acuerdo con la información de los mapas de vegetación de Venezuela (Huber y Alarcón 1988), se consideran a los bosques del área del estudio como bosques ombrófilos siempreverdes, densos, altos en terrenos periódicamente inundables, dominados por *Lecointea amazonica, Erisma uncinatum* y *Pouteria venosa*, entre otras. Con respecto a esta información, se pudo constatar, en el campo y con el estudio del material botánico recolectado, apreciables diferencias en lo referente al tipo de bosque y a las especies dominantes.

Este amplio mosaico de vegetación boscosa observado a lo largo del río Ventuari fue el mismo al observado a lo largo del río Casiquiare (Aymard et al. 2001) y claramente indica que estas variaciones pueden ser continuas. Algunas veces es posible encontrar áreas extensas aparentemente homogéneas, las cuales limitan con zonas donde las características florísticas y ambientales cambian rápidamente en distancias muy cortas (Tuomisto et al. 2003 a,b). En el sector estudiado, se observó que los cambios a veces son graduales y sin límites evidentes y los tipos definidos de bosques no son más que secciones de un gradiente continuo y, por lo tanto, las comunidades boscosas son difíciles de clasificar. Todo esto evidencia que una de las futuras tareas es estudiar con más detalle si las variaciones en la flora y en el medio ambiente son graduales, para así determinar hasta que punto será útil continuar clasificando comunidades boscosas utilizando solamente la variación detectada en los extremos o simplemente en los mayores valores de IVI.

SECTOR V1: *Isla Caimán-1*, aprox. 04° 06' N; 66° 38' W y SECTOR V2: *Isla Caimán-2*, aprox. 04° 06' N; 66° 39' W, entre 100-117 m s. n. m: Bosques bajos a medios, ralos, dominados por *Actinostemon amazonicus, Peltogyne paniculata, Gustavia acuminata* y *Sagotia racemosa* sobre ultisoles (V2) e inceptisoles (V1) en llanura aluvial.

Estos bosques bajos a medios y ralos de la cuenca baja del río Ventuari ocupan llanuras aluviales inundadas por acumulación de aguas de lluvia y de escorrentía local, represadas por las aguas altas en los ríos. Se encuentran protegidos de las inundaciones directas del río en el sector estudiado por lomas que se extienden a lo largo del cauce, por lo cual no se encuentran afectados por una sedimentación actual importante. Los suelos son muy pobremente drenados. El sector V1 ocupa un Typic Epiaquept arcilloso sobre francoso (Inceptisol) y el sector V2 un Typic Kanhaplaquult francoso fino (Ultisol) con texturas superficiales franco arenosas sobre franco arcillo arenosas y franco arcillosas. Estas comunidades presentan árboles emergentes, su densidad es de media (V1) a rala (V2) y, según su altura, están conformadas por tres clases de grupos de árboles (estratos). Una primera clase está constituida por individuos emergentes, cuyas alturas oscilan entre 20–25 m. La segunda clase está compuesta por individuos entre 12-18 m, y la tercera con individuos de 5-10 m de altura. De acuerdo con los datos del levantamiento estructural (DAP ≥ 2,5 cm), en el transecto V1 se encontraron 56 especies en 280 individuos, con un área basal de 6,48 m^2. En el transecto V2 se midieron 335 individuos, 64 especies y 3,68 m^2 de área basal. Cinco especies, *Sagotia racemosa* (128), *Actinostemon amazonicus* (115), *Gustavia acuminata* (54), *Marliera* spruceana (22) y *Pseudolmedia laevigata* (16), representan el 55% de los individuos medidos (615) para estos dos transectos. La primera clase en estas comunidades boscosas estuvo constituida por muy pocos individuos emergentes, de copas estrechas entre 20–35 m de altura y DAP nunca mayores de 60 cm en sector V1 y 40 cm en el sector V2, respectivamente. Entre las especies más abundantes se observaron *Peltogyne venosa, Marliera spruceana, Cynometra martiana* y *Roucheria calophylla* en V1 y en el transecto V2 las especies emergentes dominantes fueron *Elaeoluma grabrescens, Campsiandra guyanensis, Licania polita* y *Naucleopsis glabra.* Esta última especie representa un nuevo registro del género para la flora de Venezuela.

En los estratos inferior y medio (5-10 y 15-18 m de altura) del transecto V1, se observó que la densidad no es muy alta, y los individuos se encuentran muy dispersos y no superan los 30 cm de DAP. Especies medidas en estos dos estratos fueron *Sagotia racemosa, Actinostemon amazonicus, Gustavia acuminata, Mouriri acutiflora, Swartzia argentea, S. polyphylla, Amphirrox longifolia, Diospyros arthantifolia, Quiina tinifolia, Inga alba, I. ingoides, I. micradenia, Faramea occidentalis, Vatairea guianensis* y *Pseudolmedia laevigata.*

Entremezclados con los individuos de las especies mencionadas, se observaron comunidades de la especie de palma *Astrocaryum mumbaca.* El sotobosque estuvo compuesto por una gran cantidad de pequeños arbustos, sufrútices y hierbas no observados en los bosques descritos anteriormente. Entre las especies más abundantes destacan *Diplazia karateifolia, Ischnosiphon arouma, Pariana radiciflora, Tabernaemontana undulata, Psychotria lupulina* y *Faramea sessilifolia.*

En el transecto V2 los estratos inferior y medio tuvieron alturas menores (4-8 y 10-15 m de altura). Se observó que la densidad fue más alta que en el transecto V1, y los individuos se encontraron menos dispersos y en su gran mayoría con un DAP entre 2,5-20 cm. Las especies más abundantes medidas en estos dos estratos fueron *Tachigali odoratissima, Tovomita spruceana, Drypetes variabilis, Machaerium quinata, Roupala obtusata, Mouriri acutiflora, Parahancornia oblonga, Licania longistila, Aniba guianensis, Virola elongata, Diplotropis purpurea, Cupania scrobiculata, Protium aracouchini, Escheweilera tenuifolia, Swartzia cupavenensis, Amanoa almerindae, Myrcia grandis* y una nueva especie del género *Coccoloba.* Entremezclados con los individuos de las especies mencionadas, se observaron comunidades de palmas de *Euperpe precatoria* y individuos aislados de *Leopoldinia pulchra* y *Oenocarpus balickii.* El sotobosque estuvo compuesto por pequeños arbustos, sufrútices, hierbas, palmas y helechos, aunque destacó en el sector las densas colonias de *Tococa coronata.*

Fisionómicamente y estructuralmente, la comunidad boscosa descrita para el transecto V2 es muy similar a los bosques de Caatinga Amazonica, los cuales han sido estudiados por Brünig y Heuveldop (1976), Klinge et al. (1977), Klinge (1978), Brünig et al. (1979), Klinge y Medina (1979), Klinge y Herrera (1983) y Dezzeo et al. (2000) para el área de San Carlos de Río Negro; por Aymard (1997) y Aymard et al. (2000, en prep.) para la región de Maroa-Yavita; por Coomes y Grubb (1996) para el área de la Esmeralda; y por Takeuchi (1961a,b) y Boubli (2002) en Brasil. Ambas descripciones presentan similitudes en el aspecto estructural; sin embargo, la composición florística y los suelos de los bosques descritos en el presente trabajo son distintos a los bosques de Caatinga Amazonica, teniendo en común el drenaje muy pobre, el pH extremadamente ácido y los bajos niveles de calcio, magnesio y potasio intercambiables. Los bosques de Caatinga Amazónica solamente se encuentran en la región del alto río Negro (Prance 2001). Estos bosques se caracterizan por sus suelos Spodosoles arenosos, oligotróficos y periódicamente inundados, con individuos con alturas no mayores de 25 m y dominados por un grupo de especies solamente conocidas de estos ambientes (Ej. *Eperua leucantha, Micrandra sprucei, Couma catinga* y *Caraipa longipedicellata*, entre otras). En cambio, los bosques del transecto V2 se encuentran sobre suelos Ultisoles, con texturas medias, oligotróficos y periódicamente inundados, con profundidades mayores que en la Caatinga y con especies propias de bosques inundables. Estos bosques presentan una mezcla de elementos florísticos muy particular, con un grupo de especies de amplia distribución neotropical (Ej. *Cupania scrobiculata, Aniba guianensis, Faramea occidentalis*). Hay otro grupo de especies típico de las tierras bajas de la Amazonía (Ej. *Allantoma lineata, Cynometra marginata, Naucleopsis glabra, Diplotropis purpurea* y *Xylopia amazonica*) y otro grupo de la región del alto río Negro (Ej. *Leopoldinia pulcra, Elaeoluma glabrescens* y *Parahancornia oblonga*).

Desafortunadamente, no se pudieron estudiar en detalle estos bosques dominados por una, dos o hasta cinco especies, los cuales se denominan "bosques oligárquicos" (Peters 1992, Campbell 1994, Nascimento y Proctor 1997a,b; Nascimento et al. 1997). Estos autores consideran que los bosques con dominancia de muy pocas especies son producto de condiciones extremas (suelos oligotróficos, inundaciones prolongadas) o únicas (suelos ricos en magnesio, calcio) del medio ambiente. Sin embargo, Hart et al. (1989) y Hart (1990) argumentan que bosques dominados por pocas especies son el resultado de una larga historia evolutiva natural a que estuvo sometida la comunidad vegetal. Por lo tanto, especies "oligárquicas" son aquellas que probablemente posean rasgos similares en su historia evolutiva natural (sistema de dispersión, polinización y reproducción).

Consideraciones sobre la composición florística, estructura, diversidad, aspectos florísticos y fitogeográficos.

Diversidad de familias, especies (diversidad alpha), composición florística y la diversidad beta (β)

La diversidad florística local en la cuenca del río Ventuari es alta. A través de la revisión de herbarios, la literatura actualizada y la colección botánica realizada en marzo-2002, se logró recopilar un listado de 510 especies (Apéndice 2). Por otra parte, los resultados de la colección botánica en los ocho transectos fueron de 285 especies pertenecientes a 166 géneros agrupados en 61 familias. Solamente cinco morfo-especies no fueron identificadas y el número de especies por transecto fue muy variable, entre 31 y 99 especies.

El menor número de especies fue en la comunidad más intervenida, dominada por la "palma cucurito" (*Attalea maripa*) en el transecto V3, y el mayor número en el bosque mixto dominado por *Sorocea muriculata* subsp. *uaupensis* en el transecto V6.

Considerando a las Leguminosae como tres diferentes familias, las diez principales familias según el número de especies en los ocho transectos fueron las siguientes: Melastomataceae (15 especies), Chrysobalanaceae, Fabaceae y Euphorbiaceae (14 especies), Rubiaceae y Mimosaceae (13 especies), Caesalpiniaceae y Sapotaceae (12 especies), Clusiaceae (11 especies) y Myrtaceae (10 especies). Estas diez familias constituyen aproximadamente el 45 % del total de especies registradas en los transectos establecidos en el presente estudio. Ocho familias estuvieron presentes en todos los transectos (Ej. Arecaceae, Burseraceae, Caesalpinaceae, Chrysobalanaceae, Euphorbiaceae, Lecythidaceae, Melastomataceae y Rubiaceae). Las especies de las familias Arecaceae, Euphorbiaceae y Lecythidaceae fueron muy abundantes en los sectores sobre aluviones con problemas de drenaje, mientras que los representantes de Myrsinaceae solamente se encontraron sobre los afloramientos de granito.

Los resultados coinciden parcialmente con los patrones de composición florística a nivel de familia registradas para los bosques neotropicales (Gentry 1992, Gentry y Ortiz 1993, Ribeiro et al. 1994, Terborgh y Andresen 1998, De Oliveira y Daly 1999, Pitman et al. 1999, 2001; Amaral et al. 2000, De Oliveira 2000, Pires y Paiva Salomão 2000, De Lima-Filho et al. 2001, Laurence 2001, Mori et al. 2001, Marimon et al. 2002, Valencia et al. en prensa). Dichos autores consideran a Leguminosae (*sensu lato*), Moraceae, Sapotaceae, Lecythidaceae, Burseraceae, Chrysobalanaceae y Lauraceae como las familias más diversas en bosques de la Amazonía. Sin embargo, al igual que los transectos establecidos en el alto río Negro (Aymard et al. 2001), se observó que Vochysiaceae resultó ser una de las familias con valores significativos de abundancia y dominancia en sus especies (ver Apéndice 2 y 3), especialmente en los transectos sobre afloramientos de areniscas (Ej. *Qualea paraensis, Q. wurdackii*). Vochysiaceae no ha sido utilizada en la bibliografía especializada para definir patrones de composición florística y de distribución geográfica en la región Amazónica.

Las especies más abundantes en el área de estudio fueron *Sagotia racemosa* (135), *Actinostemon amazonicus* (115), *Attalea maripa* (91), *Sorocea muriculata* subsp. *uaupensis* (58), *Gustavia acuminata* (57) y una nueva especie del género *Rudgea* con 56 individuos. Estas seis especies representan el 23% del total de los individuos medidos (2.285). Por otra parte el 43% (123) de las especies estuvo representado por uno (90 sp) o dos individuos (33 spp). Estas especies consideradas localmente "raras" (Pitmann et al. 1999, Romero-Saltos 2001) es una característica muy común en bosques de tierras bajas de la Amazonía, donde la gran mayoría de las comunidades boscosas tienen la característica de poseer muchas especies representadas por muy pocos individuos (Campbell et al. 1986, 1992; Foster y Hubbell 1990, Hubbell y Foster 1992, Campbell 1994, Aymard 1997). Conocer con detalle cuantas de estas especies "raras" realmente están restringidas a un hábitat requiere de un mayor número de transectos. Sin embargo, el presente estudio demuestra que las especies representadas por muy pocos individuos tuvieron un efecto significativo para incrementar la diversidad alfa, beta y las diferencias florísticas entre los bosques estudiados dentro de los ocho transectos.

Estructura

Los valores medios de área basal variaron entre 3,68-8,54 (m^2/0,1 ha) para los transectos sobre suelos aluviales con problema de drenaje, 3,68-6,08 (m^2/0,1 ha) para los transectos sobre suelos derivados de arenisca y entre 2,69-10,70 (m^2/0,1 ha) para los transectos sobre suelos derivados de gneis y granitos. Este último tipo de bosque presentó el mayor número de individuos para un transecto, con 338 individuos en el transecto V6. También se observó en este sector que *Chaetocarpus schomburgianus* fue la especie con el mayor valor individual de área basal (6,09 m^2/0,1 ha). El transecto con la menor densidad fue el V5 con 220 individuos y el transecto con la menor área basal el V7 con 2,69 m^2/0,1 ha. El mayor número de palmas se registró en el transecto V3, con 58 individuos de *Attalea maripa* y el menor el transecto V1 con un solo individuo de *Astrocaryum mumbaca*. El 5,6 % de los individuos (128) estuvieron representados por 18 especies de lianas. El mayor número de lianas estuvo sobre suelos derivados de gneis en el transecto V6, con 59 individuos en diez especies. *Adelobotrys adscendens* (Melastomataceae) y *Sparattanthelium tupiniquinorum* (Hernandiaceae) fueron las especies con la mayor cantidad de individuos, 17 y 10 respectivamente.

En síntesis, los bosques de "terra firme" estudiados en

los sectores bajos y medios de la cuenca del río Ventuari son siempreverdes y presentan árboles emergentes con diámetros mayores de 40 cm, su densidad va de media a rala y son relativamente semejantes entre sí a nivel estructural (conformados por tres a cuatro clases de grupos arbóreos según su altura o estratos). El primer estrato está compuesto por especies emergentes entre 20-35 m de altura, lo que le da un aspecto irregular al dosel del bosque. El segundo estrato (20-25 m) fue el más variable en términos de diámetros y alturas de las especies. Al contrario del segundo estrato, el tercero y cuarto (entre los 8-20 m) presentaron gran homogeneidad en sus patrones espaciales en casi todas las especies presentes, lugar en el que se observaron densas colonias de *Phenakospermum guyannense*. El sotobosque era muy denso al momento de los trabajos de campo y estuvo conformado por una gran variedad de especies de arbustos, sufrútices, helechos y herbáceas de hoja ancha. Estas comunidades boscosas son muy ricas en especies, y no se observó una marcada dominancia de una o pocas especies, característica muy común en bosques inundables (Rosales et al. 2001, Parolin et al. 2003) y de Caatinga Amazónica sobre Spodosoles (Dezzeo et al. 2000, Aymard et al. 2001). En este sentido, los bosques de "terra firme" del río Ventuari poseen variaciones florísticas y fisonómicas muy significativas dentro del gran mosaico de los bosques de terra firme, al igual que los resultados de numerosos estudios a lo largo de la Amazonía que han documentado que estos cambios son consecuencia de gradientes edáficos, de drenaje y tiempo de inundación (Gentry y Ortiz 1993, Duivenvoorden 1995, Aymard 1997, Tuomisto 1998, Aymard et al. 2001, Duque et al. 2001, Tuomisto y Ruokolainen, 2001, Tuomisto et al. 2002, 2003a,b).

Clasificación

Los patrones de composición florística de los bosques en las tres unidades fisiográficas se analizaron utilizando los datos de abundancia. Se elaboraron clasificaciones locales de los bosques por intermedio de los resultados del análisis de especies indicadoras-TWINSPAN (Figura 3.3) y la técnica de análisis de agrupamiento utilizando el índice cuantitativo de Sørensen (Tabla 3.3). En este tipo de análisis, la fusión de los datos está basada en la distancia promedio mínima entre los individuos y los grupos definidos (Figura 3.4).

Los resultados de las clasificaciones con el TWINSPAN y el análisis de agrupamiento indican que existe una gran variación en la composición florística (diversidad beta) entre los sitios estudiados. El análisis de las especies indicadoras-TWINSPAN realizó dos niveles de clasificación, y utilizó a las especies *Sagotia racemosa* y *Attalea maripa* como especies indicadoras en el primer nivel y *Abuta grandifolia, Oenocarpus bacaba* y *Rudgea* sp. nov. en el segundo nivel, el cual agrupó los transectos en tres grupos. También, caracterizó a los transectos V4, V6, V7 y V8 de los bosques mixtos de la cuenca baja-media del Ventuari en una sola unidad muy heterogénea y con una composición florística diferente a los otros bosques estudiados. El análisis de agrupamiento demostró una mejor visualización en grupos de bosques aparte de los tres grupos generados por el TWINSPAN. El análisis de agrupamiento separó al bosque dominado por *Attalea maripa* (V3) como una unidad distinta de los bosques V1 y V2 sobre suelos aluviales con problemas de drenaje. Estos resultados indican que el agrupamiento de los grupos de bosques fue muy disperso, y solamente se observó consistencia de agrupamiento en los sectores sobre afloramientos de gneis y granito en los transectos V5 y V7 (Figura 3.4).

Se observó que los bosques poseían un grupo de especies características. Por ejemplo, *Clarisia racemosa, Guarea trunciflora, Annona ambotay, Cybianthus resinosus, C. venezuelanus, Duguetia lucida, Licania lata, Mollia speciosa, Ouratea angulata Roucheria columbiana* y *Sacoglottis mattogrosensis* solamente tuvieron representantes en los bosques sobre suelos derivados de gneis y granito. Por otra parte, *Peltogyne venosa, Elaeoluma glabrescens, Swartzia cupavenensis, Tococa coronata, Roucheria calophylla, Marliera spruceana, Caryocar glabrum, Campsiandra guyanensis, Aniba guiianensis, Amanoa almerindae, Amphirrox longifolia, Henriettea spruceana, Dulacia cyanocarpa, Hevea pauciflora var. coriacea* y las especies de palmas *Leopoldinia pulchra* y *Oenocarpus balickii* representan a un grupo de especies que solamente se encontraron sobre los suelos aluviales con problemas de drenaje. Al igual que en otros sectores de la Amazonía, en el cuenca del río Ventuari se observó un alto porcentaje de especies que son comunes en todos los tipos de suelos descritos. Estas especies llamadas "generalistas o no especialistas edáficas" por Pitman et al. (1999) y De Oliveira y Daly (1999) representan un amplio grupo que se encuentran muy bien distribuidas en todos los hábitat de tierras bajas de la cuenca Amazónica. Estos autores no encontraron en sus estudios especies especialistas. Esto fue el caso de las regiones amazónicas de Manu-Perú (829 sp) y Manaus-Brasil (364 sp), respectivamente. Como ejemplos locales de especies "generalistas" en nuestro estudio tenemos las siguientes: *Bocageopsis multiflora, Chaetocarpus schomburgkianus, Abarema jupumba, Amaioua guianensis, Aspidosperma excelsum, Brosimum guianense, Calophyllum brasiliense, Connarus ruber* subsp. *sprucei,*

Tabla 3.3. Matriz de similaridad del análisis de agrupamiento ("Cluster Analysis") por Bray y Curtis, utilizando el índice cuantitativo de Sørensen para los ocho transectos en la cuenca del río Ventuari.

	V1	V2	V3	V4	V5	V6	V7	V8
V1		40,65	1,36	2,25	4,8	9,06	5,66	5,15
V2			1,87	3,07	8,64	5,05	4,83	3,13
V3				7,56	8,39	5,6	10,52	12,21
V4					14,43	13,24	17,53	20,25
V5						15,41	15,84	13,79
V6							41,09	18,43
V7								21,8
V8								

Endlicheria anomala, Eschweilera laevicarpa, E. micrantha, E. parvifolia, E. tenuifolia, Faramea capillipes, Goupia glabra, Bauhinia outimouta, Attalea maripa, Astrocaryum mumbaca y *Conceveiba guianensis*. Sin embargo, nuestros resultados si registran verdaderas especies con características edáficas únicas (especies especialistas), lo cual quedó demostrado por la presencia de *Calyptranthes multiflora, Qualea wurdackii, Iryanthera laevis, Tabebuia barbata, Ixora acuminatissima, Tovomita eggersii, Xylopia benthamii, Licania leucosepala* y *Dipteryx punctata* solamente sobre suelos con afloramientos de arenisca, con los valores más bajos de fertilidad y mayor estrés por toxicidad del aluminio. Estas diferencias florísticas entre bosques muy cercanos entre sí son muy comunes en la cuenca Amazónica y otras regiones del trópico y han sido ampliamente estudiadas con anterioridad (Campbell et al. 1986, Balslev et al. 1987, Mori et al. 1989, Kørning et al. 1990, 1994; Tuomisto 1993, Tuomisto y Kalle 1993, Tuomisto et al. 1994, 1995, 1998; Ruokolainen et al. 1994, Puhakka y Kalliola 1995, Duivenvoorden y Lips 1995, Duivenvoorden 1995, 1996; Sabatier et al. 1997, Oliveira-Filho et al. 1998, Clark et al. 1999, Dezzeo et al. 2000, Tuomisto y Ruokolainen, 2001). Todos estos autores consideran que estos mosaicos de bosques están estrechamente relacionados con el factor topográfico y las características físicas y químicas de los suelos.

Diversidad

Una comparación directa de la diversidad alfa no es posible de realizar adecuadamente dado la influencia que ejerce sobre los otros valores de diversidad local en los diferentes tamaños, formas y diámetros utilizados en los muestreos de bosques húmedos tropicales (Laurance et al. 1998, Givnish 1999, Ricklefs 2000). La cuenca Amazónica es la región que registra los valores más altos de diversidad del mundo en una hectárea: 473 especies en Ecuador (Valencia et al. 1994), 300 especies en Perú (Gentry 1993) y 285 especies en Manaus (De Oliveira y Mori 1999). En la Amazonía venezolana, los inventarios con parcelas de una hectárea son muy escasos y los valores obtenidos nunca superan las 130 sp. /ha. (Ulm y Murphy 1981, Dezzeo et al. 2000). Si comparamos nuestros resultados con otros estudios en bosques húmedos de tierras bajas que utilizaron la misma área (0,1 ha) y el mismo DAP, la región del estudio posee entre 31 y 99 sp y se encuentra en un nivel intermedio a bajo en riqueza de especies (Gentry 1993, Phillips y Miller 2002). A nivel local, Gentry (1988a) encontró entre 65 y 74 especies en bosques situados en la base de La Neblina. Aymard et al. (1998a) registraron 117 en el río Casiquiare, entre 70 y 100 especies en el área de Maroa-Yavita (Aymard et al. 1998b), 37 y 95 para la región del río Negro (Aymard et al. 2001) y 69 especies en el alto río Carinagua (Aymard y Schargel 2002). Por otra parte, comparaciones a nivel regional en parcelas y transectos utilizando 0,10 ha y 2,5 de DAP muestran cifras similares. Por ejemplo, Duque et al. (2001) encontró 13. 989 individuos en 1.507 especies en 30 parcelas establecidas en el medio río Caquetá-Colombia. Romero-Saltos et al. (2001) registraron 6.906 individuos en 1.056 especies en 25 parcelas en la región de Yasuní-Ecuador. Grandez et al. (2001) midieron 9.032 individuos e identificaron 1.140 especies en 25 parcelas para la región de los ríos Ampiyacu-Yaguasyacu (Amazonía Peruana) y Aymard et al. (datos no publicados) hasta el presente han registrado 11.022 individuos y 1.150 especies en 38 transectos ubicados en bosques de tierra firme del Estado Amazonas. Por otra parte, Gentry (1982, 1986, 1988a,b, 1990, 1993) y Clinebell et al. (1995) consideran que las regiones con altas precipitaciones (3000-6000 mm anuales) poseen los mayores valores de diversidad alfa en el mundo. Recientemente, Steege et al. (2003), utilizando información de 425 parcelas, proponen que la duración entre las temporadas de lluvias determina los valores de diversidad alfa y densidad de individuos en bosques de la cuenca amazónica y el Escudo Guayanés. Sin embargo, antes de hacer correlaciones de este tipo en la región del estudio, se debería tomar en cuenta las variaciones que se desprendieran de su complejidad histórica y geográfica (van der Hammen et al. 1992, van der Hammen y Absy 1994, Colinvaux et al. 1996, 1997, 2000; Marroig y Cerquiera 1997, Behling et al. 1999, van der Hammen, 2000, van der Hammen y Hooghiemstra 2000). Esto se hace más difícil al considerar un amplio grupo de condiciones ecotonales y a la gran cantidad de factores que tienen que incorporarse (pendiente, precipitación, suelos), los cuales no son constantes en toda su extensión geográfica (Toumisto y Roukolainen 1997) e impiden definir patrones locales de diversidad vegetal.

Aspectos florísticos y fitogeográficos

Para establecer posibles relaciones fitogeográficas, se comparó la composición florística de las especies registradas en la cuenca del río Ventuari (510 sp) con otras regiones del Neotropico. Los resultados indican que la gran mayoría de las especies (ca. 60%) pertenecen a un grupo de amplia distribución neotropical (Ej. *Clarisia racemosa, Abarema jupumba, Elaelouma glabrescens, Endlicheria anomala Brosimum lactescens, B. rubescens, Tapirira guianensis, Garcinia macrophylla, Conceveiba guianensis, Amaioua guianensis, Minquartia guianensis, Caryocar glabrum, Couma macrocarpa, Eschweilera micrantha, E. parviflora, E. parvifolia, E. tenuifolia, Parkia pendula, Goupia glabra, Amphirrhox longifolia, Calophyllum brasiliense, Dendrobangia boliviana, Faramea capillipes, F. sessifolia, Bocageopsis multiflora, Ocotea bofo, Protium aracouchini, P. sagotianum, P. tenuifolium, Pseudolmedia laevigata, Piper arboreum, Symphonia globulifera, Viriola elongata* y *V. sebifera*). Otro grupo está representado por especies de marcada afinidad florística con la cuenca Amazónica, específicamente con las regiones fitogeográficas de Manaus y Xingu-Madeira (Prance 1977, 1989, 1990; Rankin-de Mérona et al. 1992, Ribeiro et al. 1994, Milliken 1998, Valle-Ferreira y Rankin-de Mérona 1998, De Oliveira y Daly 1999, De Oliveira y Mori 1999). Algunos ejemplos de estas especies son las siguientes: *Qualea paraensis, Couratari guianensis, Licania lata, L. polita, L. sprucei, Tovomita umbellata, T. eggersii, Henriettea spruceana,*

Cynometra marginata, Mollia speciosa, Iryanthera laevis, Pera decipens, Sagotia racemosa, Actinostemon amazonicus, Xylopia amazonica, Poroqueiba sericea, Annona ambotay, Calytranths macrophylla y *Peltogyne venosa*.

Berry et al. (1995) definen la región del estudio como parte de la provincia occidental de la Guayana, áreas en las cuales incluyen las peniplanicies del Ventuari-Casiquiare con grandes extensiones de diferentes tipos bosques medios y altos sobre "tierra-firme", bosques inundables ubicados a ambas márgenes de la planicie de aluvial y una mezcla de arbustales y sabanas sobre arenas blancas y afloramientos de areniscas. Estas áreas también eran conocidas por poseer los bosques de Caatinga amazonica, bosques de yévaro (*Eperua purpurea*) y una gran cantidad de especies endémicas sólo conocidas de la región del alto río Negro y las cumbres de los "tepuyes", o montañas de arenisca del Escudo Guayanés. Por esta conexión florística con la vegetación de las tierras altas de la Guayana Venezolana, las áreas de las cuencas altas del Río Negro-Casiquiare y el río Ventuari han sido propuestas como una provincia florística diferente dentro de la gran provincia Guayana (Huber 1994, Berry et al. 1995). Sin embargo, nuestros resultados demuestran que el elemento de la provincia florística del alto río Negro (Berry et al. 1995, Lleras 1997) estuvo representado en el bajo y medio Ventuari por muy pocas especies (*Amanoa almerindae, Tovomita spruceana, Leopoldinia pulchra, Campsiadra guyanensis, Swartzia cupavenensis, Gustavia acuminata, Caraipa llanorum* subp. *cordifolia, Marliera spruceana* y *Tabebuia barbata*). Esto aunado a la ausencia de los bosques de Caatinga amazonica y bosques de yévaro claramente demuestran que la región del estudio posee una mezcla de elementos florísticos diferentes que la separan de la provincia florística del alto río Negro.

La colección botánica produjo dos especies nuevas para la ciencia (*Coccoloba sp n.*, Polygonaceae y *Rudgea sp n.* , Rubiaceae) y siete nuevos registros para la flora de Venezuela (*Aniba permollis*-Lauraceae, *Abarema macrademia*-Mimosaceae, *Prunus amplifolia*-Rosaceae, *Cynometra martiana*-Caesalpiniaceae, *Lacmellea obovata*-Apocynaceae, *Naucleopsis glabra*-Moraceae y *Trattinnckia glaziovii*-Burseraceae). El nivel de endemismo es difícil de evaluar por el efecto de artefacto de colección, las colecciones botánicas en las diferentes regiones de tierras bajas en la Amazonía son relativamente pequeñas y, por lo general, la intensidad de muestreo está concentrada en muy pocas localidades (Nelson et al. 1990). Sin embargo, la región de la cuenca del Ventuari posee varias especies endémicas o localmente conocidas. En la Tabla 3.4 se indica el número de especies presentes en la región las cuales son endémicas en tres áreas geográficas: Venezuela (Ej. *Psychotria ventuariana*-Rubiaceae), Estado Amazonas (Ej. *Clidemia ventuarensis*-Melastomataceae), y la cuenca del Ventuari (Ej. *Brocchnia cowanii*-Bromeliaceae). En el Apéndice 2 se encuentra información en detalle acerca de estas especies. Los sectores medio y alto de la cuenca (Ej. Cerro Moriche) sobre afloramientos de areniscas tienen la particularidad de poseer la mayor concentración de especies endémicas de la región. La riqueza de microhábitat único ofrece numerosos nichos para que gran cantidad de especies se adapten a estas condiciones muy particulares (suelos oligotróficos, con problemas de drenaje). Algunos ejemplos de especies solamente conocidas en estas áreas son las siguientes: *Sipaneopsis morichensis, Rudgea morichensis, Rourea foreroi, Plukenekia multiglandolosa, Phyllanthus ventuarii, Ouratea huberii, Navia crispa* y *Marliera ventuarensis*. Finalmente, el presente estudio demuestra que *Chaetocarpus schomburgkianus* no es una especie exclusiva de suelos Ultisoles, ni solamente es dominante en bosques de la Reserva Forestal Imataca.

CONCLUSIONES PARA LA CONSERVACIÓN

Conclusiones

Los resultados del presente trabajo muestran que actualmente apenas comenzamos a tener información detallada de la variación en las características de los suelos y de la composición florística de los bosques amazónicos venezolanos. La falta de información sobre la variación de la vegetación de un lugar a otro representa un obstáculo para la conservación y el uso sostenible de la región. Uno de los factores que ha hecho lenta la acumulación de datos de campo es la riqueza excepcional de especies (Vásquez y Phillips 2000, Phillips et al. 2003). Es posible encontrar más de 300 especies por hectárea (Steege et al. 2000) y, por ejemplo, la flórula de algunas reservas en las zonas de Iquitos registra casi 3. 000 especies en menos de 5.000 ha (Vásquez 1997). Todavía existen muchas especies sin colectar y nuevas para la ciencia. Así mismo, los trabajos de colección de grandes árboles y la identificación de las muestras botánicas requieren de bastante tiempo y dinero. Para evitar estos problemas, varios investigadores han optado por investigar grupos de plantas indicadoras del sotobosque, tales como las especies de la familia Melastomataceae y las Pteridófitas (Tuomisto y Ruokolainen 2001, Tuomisto et al. 2002, 2003 b). Estos autores han obtenido resultados muy interesantes, sin embargo, al no estudiar las especies de árboles, estamos perdiendo la gran oportunidad de colectar las especies nuevas para la flora regional y para la ciencia, así como también las verdaderas especies que definen las comunidades boscosas.

Cada uno de los tres grupos de bosques definidos por las técnicas de clasificación y ordenación presentó una variación importante en la estructura y composición florística que lo caracterizan. La división más importante en todas los

Tabla 3.4. Número de especies endémicas en la cuenca del río Ventuari, Venezuela y Estado Amazonas.

Región fitogeógrafica	Número de especies endémicas por región
Venezuela	6
Estado Amazonas	31
Cuenca del río Ventuari	14

sectores estudiados del río Ventuari fue la separación entre los bosques sobre aluviones mal drenados (V1, V2, V3) de los bosques sobre suelos derivados de gneis y granito (V5, V6, V7) y de arenisca (V4, V8). Esto no es algo nuevo, en virtud que diferencias similares se conocen muy bien en el área de Maroa-Yavita (Aymard 1997, Aymard et al. 1998a) y San Carlos de Río Negro (Aymard et al. 2000, Dezzeo et al. 2000, Aymard et al. 2001, Schargel et al. 2001) en la región del alto río Negro. Otros resultados indican que las áreas sobre aluviones mal drenados poseen menos especies por transecto y una significativa variación que las áreas sobre suelos derivados de gneis y granito. Estudios anteriores han documentado una alta variación de la composición florística y baja diversidad en áreas inundables o con problemas de drenaje. Este hecho lo realcionan con la profundidad, duración y frecuencia de las inundaciones, a las características químicas del agua y a la sucesión vegetal generada por la actividad de los grandes ríos (Kubitzki 1989a, Klinge y Furch 1991, Puhakka y Kalliola 1995, Ferreira 1997, Rosales et al. 2001, Toumisto y Ruokolainen 2001, Parolin et al. 2003). El transecto V2 representó un buen ejemplo de variación dentro de las áreas parcialmente inundables, fisonómica y estructuralmente. Esta comunidad boscosa descrita es muy similar a los bosques de Caatinga Amazonica. Ambas comunidades presentan similitudes en el aspecto estructural, sin embargo la composición florística y los suelos de los bosques descritos en el presente capítulo son distintos. Los bosques de Caatinga Amazonica solamente se encuentran en la región del alto río Negro y se caracterizan por estar sobre suelos Spodosoles arenosos, oligotróficos y periódicamente inundados, con individuos con alturas no mayores de 25 m, y dominados por un grupo de especies solamente conocidas de estos ambientes. En cambio, los bosques del transecto V2 se encuentran sobre suelos Ultisoles con texturas medias, oligotróficos, periódicamente inundables y presentan una mezcla de elementos florísticos muy particulares, con un grupo de especies de amplia distribución neotropical, otro grupo propio de las tierras bajas de la Amazonía central y muy pocas especies comunes en bosques inundables del alto río Negro (Ej. *Amanoa almerindae*).

Al igual que los bosques estudiados en la primera parte del proyecto (Aymard et al. 2001, Schargel et al. 2001) en la región del río Ventuari, también se observó un amplio mosaico de la vegetación boscosa, lo que evidencia que el concepto de "tipo de bosque" es una abstracción humana, utilizada con la finalidad de describir y ayudar a entender la amplia variación en la composición florística y de sus determinantes ambientales, aunque estas variaciones en la realidad puedan ser continuas. A veces es posible encontrar extensas áreas aparentemente homogéneas, las cuales limitan con zonas donde las características florísticas y ambientales cambian rápidamente en distancias muy cortas. En estos ejemplos el concepto de "tipo de bosque" tiene sentido. Sin embargo, a lo largo del río Ventuari se observó que los cambios a veces son graduales y sin límites evidentes, por lo tanto los supuestos tipos de vegetación definidos no son más que secciones de un gradiente continuo. Otro punto importante es que muchas de las veces se escogen los lugares de muestreo en sitios que son intermedios entre los tipos definidos y, por lo tanto, las comunidades boscosas son difíciles de clasificar. Todo esto evidencia que en el futuro se debería estudiar en detalle si las variaciones en la flora y en el medio ambiente fueran graduales, para así determinar hasta qué punto será útil continuar de clasificando comunidades boscosas utilizando solamente la variación detectada en los extremos, o simplemente en los mayores valores de IVI, y sin duda alguna que la metodología de 0,1 ha será de gran ayuda para generar nueva información sobre este interesante tema.

RECOMENDACIONES

Todos los bosques estudiados se encuentran sobre suelos muy pobres y susceptibles a una rápida degradación si son cultivados intensamente, especialmente si se considera la magnitud de las precipitaciones en el área. Hasta la fecha la agricultura migratoria ha permitido largos períodos de recuperación al bosque. Sin embargo, un incremento de esta actividad podría, en un corto plazo, destruir no solo al bosque, sino a los suelos que lo sostienen.

Si se desea proteger la biodiversidad en la Amazonía venezolana, es necesario implementar mecanismos para tratar de detener la colonización y a la vez adaptar la legislación relacionada con las zonas protectoras de verdaderas reservas forestales, de biosfera y terrenos del estado. Se requiere la ejecución de un plan amplio de conservación de lo que todavía existe. Es tan urgente comenzarlo, y debería ser la primera acción de la Estrategia Nacional de Diversidad Biológica antes de pensar en cualquier otra acción o estudio, porque de lo contrario, dentro de pocos años la vegetación natural será muy poca y la biodiversidad se habrá reducido demasiado para ser aprovechada por las sociedades modernas, las cuales son cada vez más dependientes de los servicios que nos prestan los ecosistemas.

REFERENCIAS

Alverson, W. S., B. A. Whitlock, R. Nyffeler, C. Bayer, and D. A. Baum. 1999. Phylogeny of the core Malvales: evidence from *ndhF* sequence data. Amer. J. of Botany. 86: 1474-1486.

Alverson, W. S. , K. G. Karol, D. D. Baum, M. W. Chase, S. M. Swensen, R. McCourt, and K. J. Systma. 1998. Circumscription of the Malvales and relationships to other Rosidae: evidence from *rbcL* sequence data. Amer. J. of Botany. 85: 876-887.

Amaral, do I. L. , F. D. A Matos, and J. Lima 2000. Composicão florística e parâmetros estruturais de um hectare de floresta densa de terra firme no rio Uatamâ, Amazônia, Brasil. Acta Amazonica. 30: 377-392.

Angiosperm Phylogeny Group. 1998. An ordinal classification of the families of flowering plants. Annals of the Missouri Bot. Gard. 85: 531-553.

Angiosperm Phylogeny Group. 2003. An update of the Angiosperm Phylogeny group classification for the orders and families of flowering plants: APG II. Bot. Jour. of the Linnean Society. 141: 399-436.

Aymard, G. 1997. Forest diversity in the interfluvial zone of the Río Negro and Río Orinoco in Southwestern Venezuela. Unpublished MSc. thesis, St. Louis, Missouri: University of Missouri.

Aymard, G., y R. Schargel. 2002. Estudio de la vegetación (estructura, composición florística y diversidad) y su relación con los suelos, drenaje y geomorfología en la cuenca alta del Río Carinagua, Estado Amazonas, Venezuela. (Aprox. utm: 628000 N/ 666000 E; 620000 N/ 655000 E). Informe Técnico. Nuevos Horizontes, Guanare, Venezuela.

Aymard, G. , N. Cuello y R. Schargel. 1998a. Floristic composition, structure and diversity in moist forest communities along the Casiquiare Channel, Amazonas State. Venezuela. *In:* F. Dallmaier y J. Comiskey (eds.). Forest Biodiversity in North, Central and South America and the Caribbean: Research and Monitoring. Man and the Biosphere Series, Vol. 22. Chapter 25. Unesco and the Parthenon Publishing Group. Carnforth, Lancashire, UK. Pp. 495-506.

Aymard, G., P. Berry y R. Schargel. 1998b. Estudio de la composición florística y los suelos en bosques altos del área Maroa-Yavita, Amazonía Venezolana. Revista UNELLEZ de Ciencia y Tecnología. 16(2):115-130.

Aymard, G., P. Berry y R. Schargel. 2000. Diversidad florística y estructura en bosques no inundables de la región del río Negro y río Orinoco, Estado Amazonas, Venezuela. Memorias del IV Congreso LatinoAmericano de Ecología. 20-25 de Octubre, Arequipa, Perú.

Aymard, G., P. Berry, and R. Schargel. (en prep.). Lowland floristic and soils assessment in the interfluvial zone of the Río Negro and Río Orinoco, Amazonas state, Venezuela.

Aymard, G., R. Schargel, P. Berry, B. Stergios y P. Marvéz. 2001a. Estudio de la vegetación (estructura, composición florística y diversidad) y su relación con los suelos, drenaje y geomorfología en bosques no inundables situados al sur del Estado Amazonas, Venezuela. (Aprox. 01° 00'--03° 00' N; 66° 00'--67° 10' W: Región del Alto Río Negro, Bajo Río Guiania, Brazo Casiquiare y sus afluentes). Primer informe de Avance del Proyecto No. 98003436, FONACIT-Agenda Biodiversidad. Caracas, Venezuela.

Aymard, G., R. Schargel, P. Berry, B. Stergios y P. Marvéz. 2001. Estructura y composición florística en bosques de tierra firme del alto Río Orinoco, sector La Esmeralda, Estado Amazonas. Venezuela. Acta Botánica Venezuelica. 23(2): 123-156.

Balslev, H., J. Luteyn, B. Øllgaard y B. Holm-Nielsen. 1987. Composition and structure of adjacent unflooded and floodplain forest in Amazonian Ecuador. Opera Bot. 92:37-97.

Berry, P. E., O. Huber y B. K. Holst. 1995. Floristic analysis and phytogeography. *In:* P. E. Berry y B. Holst (eds.). Flora of the Venezuelan Guayana, Vol. 1. (Introduction). Portland: Timber Press. Pp. 161-192.

Boubli, J. P. 2002. Lowland floristic assessment of Pico da Neblina National Park, Brazil. Plant Ecology. 160: 149-167.

Boyle, B. L. 1996. Changes on altitudinal and latitudinal gradients in neotropical montane forests. Unpublished Ph. D. thesis. St. Louis, Missouri: Washington University.

Bremer, K., M. Chase y P. Stevens. 1998. An ordinal classification for the families of flowering plants. Annals of the Missouri Bot. Gard. 85: 531-553.

Brünig, E. y J. Heuveldop 1976. Structure and functions in natural and manmade forests in the humid tropics. *In*: Proceeding of the XVI IUFRO World Congress, Division 1. Oslo, Norway.

Bunting, G. 1995. Araceae. *In*: P. E. Berry, B. Holst y K. Yatskievych (eds.). Flora of the Venezuelan Guayana, Vol. 2. Portland: Timber Press. Pp. 600-679.

Burslem, D. F., N. C. Garwood y S. C. Thomas. 2001. Tropical forest diversity – The plot thickens. Science. 291: 606-607.

Bush, M. B., E. Moreno, P. E de Oliveira, E. Asanza 7 P. Colinvaux. 2001. The influence of biogeographic ans ecological heterogenety on Amazonian pollen spectra. J. of Trop. Ecology. 17: 729-743.

Campbell, D. G. 1994. Scale and patterns of community structure in Amazonian forests. *In*: P. J. Edwards, R. M. May, and N. R. Webb (eds.). Large-scale Ecology and Conservation Biology. England: Blackwell Science. Pp. 179-197.

Campbell, D. G. , J. L. Stone y A. Rosas. 1992. A comparison of the phytosociology of three floodplain (Várzea) forests of known ages, Río Juruá, western Brazilian Amazon. Botanical Journal of the Linnaen Society. 108: 213-237.

Campbell, D. G. , D. C. Daly, G. T. Prance y U. N. Maciel. 1986. Quantitative ecological inventory of tierra-firme and várzea tropical forest on the Río Xingu, Brazilian Amazon. Brittonia. 38: 369-393.

Cecco, E. y O. Miramontes. 1999. Mecanísmos y actores sociales de la deforestación en la Amazonia Brasileña. Interciencia. 24: 112-119.

Clark, D. B. , M. P. Palmer y D. A. Clark. 1999. Edaphic factors and landscape distributions of tropical rain forests trees. Ecology. 80: 2662-2675.

Clark, D. B., C. Soto C. , L. D. Alfaro A. y J. M. Read. 2004. Quantifying mortality of tropical rain forest trees using high-spatial-resolution satellite data. Ecology Letters. 7: 52-59.

Clinebell, R. R. II, O. L. Phillips, A. H. Gentry, N. Stark and H. Zuurihg. 1995. Prediction of neotropical tree and liana species richness from soil and climatic data. Biodiversity and Conservation. 4: 56-90.

Cochrane, M. A. y W. Laurance. 2002. Fire as a large-cale edge effect in Amazonian forests. J. of Trop. Ecology. 18: 311-325.

Colinvaux, P., P. E. de Oliveira y M. B. Bush. 2000. Amazonian and neotropical plant communities on glacial timescales: the failure of the aridity and refuge hypotheses. Quaternary Science Reviews. 19: 141-169.

Colinvaux, P., M. B. Bush, M. Steinitz-Kannan y M. C. Miller. 1997. Glacial and postglacial pollen records from the Ecuadoriam Andes and Amazon. Quaternary Research. 48: 69-78.

Colinvaux, P., P. E. Oliveira, J. E. Moreno, M. C. Miller y M. B. Bush. 1996. A long pollen record from lowland Amazonia: forest and cooling in glacial times. Science. 274:85-88.

Coomes, D. A. y P. J. Grubb. 1996. Amazonian caatinga and related communities at La Esmeralda, Venezuela: forest structure, physiognomy and floristics, and control by soils factors. Vegetatio. 122: 167-191.

Cronquist, A. 1981. An Integrated System of Classification of Flowering Plants. Columbia University Press. New York, NY.

Curtis, J. T. y G. Cottam. 1962. Plant Ecology Workbook. Burgess, Minneapolis, MN.

CVG-TECMIN. 1994. Informe de Avance hojas NB-19-15 y NB-19-6 (Clima, Geología, Geomorfología, Suelos y Vegetación). CVG-TECMIN. Ciudad Bolívar. Venezuela. Mapas 1: 250. 000.

De Lima-Filho, D. A. , F. D. de Almeida, I. Matos, L. do Amaral, J. Revilla, L. de Souza-Coêlho, J. Ferreira-Ramos y J. L. dos Santos. 2001. Inventário florístico de floresta ombrófila densa de terra firme, na regiâo do rio Urucu, Amazonas, Brazil. Acta Amazonica. 31: 565-579.

De Oliveira, A. A. 2000. Inventários quantitativos de árbores em matas de terra firme: Histórico com enfoque na Amzonia Brasileira. Acta Amazonica. 30: 543-567.

De Oliveira, A. A. y D. Daly. 1999. Geographic distribution of tree species ocurring in the region of Manaus, Brazil: implications for regional diversity and conservation. Biodiversity and Conservation. 8: 1245-1259.

De Oliveira, A. A. y S. Mori. 1999. A central Amazonian terra firme forest. I. High tree species richness on poor soils. Biodiversity and Conservation. 8: 1219-1244.

Dezzeo, N. , P. Maquirino, P. E. Berry y G. Aymard. 2000. Principales tipos de bosques en el área de San Carlos de Río Negro, Venezuela. Scientia Guaianae. 11: 15-36.

Duivenvoorden, F. 1995. Tree species composition and rain forest-environment relationships in the middle Caquetá area, Colombia, NW Amazonia. Vegetatio. 120: 91-113.

Duivenvoorden, F. 1996. Patterns of tree species richness in rain forests of the middle Caquetá area, Colombia, NW Amazonia. Biotropica. 28: 142-158.

Duivenvoorden, F. y H. Lips. 1995. A land-ecological study of soils, vegetation, and plant diversity in Colombia Amazonia. Tropenbos Series 12: 13-438.

Duque, A., M. Sánchez, J. Cavelier, J. F. Duivenvoorden, P. Miraña, J. Miraña y A. Matapí. 2001. Relación bosque-ambiente en el medio Caquetá, Amazonía Colombiana. *En:* J. F. Duivenvoorden et al. (eds.). Evaluación de recursos vegetales no maderables en la Amazonía noroccidental. The Netherlands: IBED, Universiteit van Amsterdam. Pp. 99-130.

Ewel, J. J., A. Madriz y J. A. Tosi, Jr. 1976. Zonas de vida de Venezuela. Memoria explicativa sobre el mapa ecológico. 2ª edición. MAC-FONAIAP. Caracas.

Ferreira, L. V. 1997. Effects of duration of flooding on species richness and floristic composition in three hectares in the Jaú National Park in floodplain forests in Central Amazonia. Biodiversity and Conservation. 6: 1353-1363.

Foster, R. B. y S. P. Hubbell. 1990. The floristic composition of the Barro Colorado Island forest. *In:* A. H. Gentry (ed.). Four Neotropical Rainforests. New Haven: Yale University Press. Pp. 85-98.

Gentry, A. H. 1982. Patterns of neotropical plant species diversity. Evolutionary Biology. 15: 1-84.

Gentry, A. H. 1986. Species richness and floristic composition of Chocó region plant communities. Caldasia. 15: 71-91.

Gentry, A. H. 1988a. Tree species richness of upper Amazonian forests. Proceedings of the National Academy of Sciences. 85: 156-159.

Gentry, A. H. 1988b. Changes in plant community diversity and floristic composition on environmental and geographycal gradients. Annals of the Missouri Bot. Gard. 75: 1-34.

Gentry, A. H. 1990. Floristical similarities and differences between Southern Central America and Upper and Central Amazonia. *In:* A. H. Gentry (ed.). Four Neotropical Rainforests. New Haven: Yale University Press. Pp. 141-160.

Gentry, A. H. 1992. Tropical forest biodiversity: distributional patterns and their conservational significance. Oikos. 63: 19-28.

Gentry, A. H. 1993. Diversity and floristic composition of lowland forest in Africa and South America. *In:* Goldblatt, P. (ed.). Biological Relationships between Africa and South America. New Haven: Yale University Press. Pp. 500-547.

Gentry, A. H. y R. Ortíz 1993. Patrones de composición florística en la Amazonia Peruana. *En*: R. Kalliola, Puhakka y W. Danjoy (eds.). Amazonia Peruana -Vegetación húmeda tropical en el llano subandino. PAUT y ONERN, Jyväskylä. Pp. 155–166.

Givnish, T. J. 1999. On the causes of gradients in tropical tree diversity. Journal of Ecology. 87: 193-210.

Gómez-Pompa, A. 1971. Posible papel de la vegetación secundaria en la evolución de la flora tropical. Biotropica. 3(2): 125-135.

Grandez, C. , A. García, A. Duque, y J. F. Duivenvoorden. 2001. La composición florística de los bosques en las cuencas de los ríos Ampiyacu y Yaguasyacu (Amazonía Peruana). *En*: J. F. Duivenvoorden et al. (eds.), Evaluación de recursos vegetales no maderables en la Amazonía noroccidental. The Netherlands: IBED, Universiteit van Amsterdam. Pp. 163-176.

Hart, T. B. 1990. Monospecific dominance in tropical rain forests. Tree. 5: 6–11.

Hart, T. B., J. A. Hart y P. G. Murphy. 1989. Monodominant and species-rich forests of the humid tropics: causes for their co-ocurrence. Am. Nat. 133: 613–633.

Henderson, A. 1995. The Palms of the Amazon. Oxford University Press. New York. NY.

Hill, M. O. 1979. TWINSPAN – a Fortran program for arranging ultivariate data in an ordered two-way table by classification of individuals and attributes. Cornell University. Ithaca, New York.

Holdridge, L. R. 1967. Life zone ecology. Tropical Science Center. San José, Costa Rica.

Hubbell, S. P. 2001. The unified neutral theory of biodiversity and biogeography. Monographs in population biology 32. Princenton University Press. Princenton, New Jersey.

Hubbell, S. P. y R. B. Foster. 1992. Short-term dynamics of a neotropical forest: why ecological research matters to tropical conservation and management. Oikos. 63: 48-61.

Huber, O. 1994. Recent advances in the phytogeography of the Guyana region, South America. Mémoires de la Societé de Biogéographie. 4: 53-63.

Huber, O. 1995. Vegetation. *In:* P. E. Berry, B. Holst, y K. Yatskievych (eds.). Flora of the Venezuelan Guayana, Vol. 1. (Introduction). Portland: Timber Press. Pp. 97-192.

Huber, O. 2001. Conservation and environmental concerns in the Venezuelan Amazon. Biodiversity and Conservation. 10: 1627-1643.

Huber, O. y C. Alarcón 1988. Mapa de vegetación de Venezuela, con base en criterios fisiográfico-florísticos. 1: 2. 000. 000. MARNR, The Nature Conservancy, Caracas.

Hueck, K. 1960. Mapa de vegetación de la República de Venezuela. Bol. IFLA 7: 1–16.

Hueck, K. 1978. Los bosques de Sudamérica: Ecología, composición e importancia económica. GTZ, Eschborn (Alemania Federal).

Jenkins, C. N. y S. L. Pimm. 2003. How big is the global weed patch? Annals of the Missouri Bot. Gard. 90: 151-171.

Jiménez, Q. y M. Grayum. 2002. Vegetación del Parque Nacional "Carara", Costa Rica. Brenesia. 57-58: 25-66.

Judd, W., C. S. Campbell, E. A. Kellogg y P. E. Stevens. 2002. Plant systematics: A phylogenetic approach. Sinauer Assoc. Second Edition. Sunderland, MA.

Kauffmann-Zeh, A. 1999. Resources lacking to save Amazon biodiversity. Nature. 398: 20-22.

Kent, M. y P. Coker. 1996. Vegetation description and analysis (A practical approach). Third edition. J. Wiles and Sons. New York.

Klinge, H. 1978. Studies on the ecology of Amazon Caatinga forest in Southern Venezuela. Acta Cientifica Venezolana. 29: 258-262.

Klinge, H. y E. Medina. 1979. Río Negro caatingas and campinas, Amazonas states of Venezuela and Brazil. *In:* R. Specht (ed.). Ecosystems of the World, Vol. 9A, Heathlands and related shrublands. Descriptive studies. Elsevier, Amsterdam. Pp. 483-488.

Klinge, H. y R. Herrera. 1983. Phytomass structure of natural plant communities on spodosols in southern Venezuela: the tall Amazon caatinga forest. Vegetatio. 53: 65-84.

Klinge, H. y K. Furch. 1991. Towards the classification of Amazonian floodplains and their forests by means of biogeochemical criteria of river water and forest biomass. Interciencia. 16: 196-201.

Klinge, H., E. Medina y R. Herrera. 1977. Studies on the ecology of Amazon Caatinga forest in southern Venezuela. Acta Cientifica Venezolana. 28: 270-276.

Kørning, J. y B. Øllgaard. 1990. Composition and structure of a species rich Amazonian rain forest obtained by two different sample methods. Nord. J. Bot. 11:103-110.

Kørning, J., K. Thomsen, K. Dalsgaard y P. Nørnberg. 1994. Characters of three Udults and their relevance to the composition and structure of virgin rain forest of Amazonian Ecuador. Geoderma. 63: 145-164.

Kubitzki, K. 1991. Dispersal and distribution in Leopoldinia (Palmae). Nordic Journal of Botany. 11: 429-432.

Laurance, W. F. 1998. A crisis in the making: responses of Amazonin forests to land use climate change. Tree. 13(1): 411-415.

Laurance, W. F. 2001. The hyper-diverse flora of the Central Amazon: An Overview. *In:* Bierregaard, Jr. R. O., C. Gascon, T. E. Lovejoy y R. Mesquita (eds.). Lessons from Amazonia (The ecology and conservation of a fragmented forest). New Haven: Yale University Press. Pp. 47-53.

Lleras, E. 1997. Upper Rio Negro region (Brazil, Colombia, Venezuela). *In*: Davies, S. D., V. H. Heywood, O. Herrera-MacBryde, J. Villa-Lobos, y A. C. Hamilton (eds.). Centres of Plant Biodiversity. Volumen 3: The Americas. Cambridge, U.K.: World Wildlife Fund for Nature y The World Conservation Union. Pp. 333-337.

Marimon, B. S., J. M. Felfili y E. S. Lima. 2002. Floristics and phytosociology of the gallery forest of the bacaba stream, Nova Xavantina, Mato Grosso, Brazil. Edinburgh J. of Bot. 59: 303-318.

MARNR-ORSTOM. 1988. Atlas del inventario de tierras del Territorio Federal Amazonas, Venezuela. Dirección de Cartografía Nacional. Caracas, Venezuela.

Milliken, W. 1998. Structure and composition of One hectare of Central Amazonian terra firme forest. Biotropica. 30:530-537.

Mori, A. S., P. Becker y A. D. Kincaid. 2001. Lecythidaceae of a Central Amazonian lowland forest: Implications for conservation. *In:* Bierregaard, Jr. R. O., C. Gascon, T. E. Lovejoy y R. Mesquita (eds.). Lessons from Amazonia (The ecology and conservation of a fragmented forest). New Haven: Yale University Press. Pp. 54-67.

Mori, A. S., B. V. Rabelo, C. H. Tsou y D. Daly. 1989. Composition and structure of an eastern Amazon forest at Camaipi, Amapá, Brazil. Bol. Mus. Para. Emílio Goeldi (sér. Bot.) 5(1):3-18.

Mori, A. S., G. Cremers, C. A. Gracie, J-J. de Granville, S. V. Heald, M. Of. y J. D. Mitchell. 2002. Guide to the Vascular Plants of Central French Guiana: part 2 (Dicotyledons). Memoirs of the New York Bot. Gard. 76 (2): 7-776.

Nascimento, M. T. y J. Proctor. 1997a. Soils and plant changes across a monodominant rain forest boundary on Maracá Island, Roraima, Brazil. Global Ecology and Biogeography letters. 6: 387-395.

Nascimento, M. T. y J. Proctor. 1997b. Population dynamics of five tree species in a monodominant Peltogyne forest and two other forest types on Maracá Island, Roraima, Brazil. Forest Ecology and Management. 94: 115-128.

Nascimento, M. T., J. Proctor. y D. M. Villela. 1997. Forest structure, floristic composition and soils of an Amazonian monodominant forest on Maracá island, Roraima, Brazil. Edinb. J. Bot. 54: 1-38.

Nelson, W. B., C. A. C. Ferreira, M. F. da Silva y M. L. Kawasaki. 1990. Endemism centres, refugia and botanical collection density in Brazilian Amazonia. Nature. 345: 714-716.

Oliveira-Fihlo, A. T., N. Curi, E. Vilela y D. A. Carvalho. 1998. Effects of canopy gaps, topography, and soils on the distribution of woody species in a Central Brazilian deciduous dry forest. Biotropica. 30: 362-375.

Parolin, P., J. Adis, M. F. Da Silva, I. L. do Amaral, L. Schmidt y M. T. F. Piedade. 2003. Floristic composition of a floodplain forest in the Anavilhanas archipelago, Brazilian Amazonia. Amazoniana. 17 (3/4): 399-411.

Peters, M. C. 1992. The ecology and economics of oligarchic forests. Adv. Econ. Bot. 9: 15–22.

Phillips, O. y J. S. Miller. 2002. Global patterns of plant diversity: the A. H. Gentry's forest transect data set. Monogr. in Syst. Bot. from Missouri Bot. Gard. 89: 2-319.

Phillips, O., R. Vásquez-M. , P. Nuñez, A. L. Monteagudo, M. E. Chuspe-Zans, W. Galeano, A. Peña, M. Timaná, M. Yli-Halla y S. Rose. 2003. Efficient plot-based floristic assessment of tropical forests. J. of Tropical Ecology. 19: 629-645.

Pires, J. M. y G. T. Prance. 1985. The vegetation types of the Brazilian Amazon. Pp. 109-145. *In:* G. T. Prance and T. E. Lovejoy (eds.). Key Environments: Amazonia. Oxford: Pergamon Press.

Pires, J. M. y R. de Paiva S. 2000. Dinâmica da diversidade de arbórea de um fragmento de floresta tropical Primária na Amazonia oriental – Periódo: 1956-92. Bol. Mus. Para. Emílio Goeldi. Sér Bot. 16: 63-101.

Pitman, N. C., M. Silman y P. Nuñez. 1999. Tree species distributions in an upper Amazonian forest. Ecology. 80: 2651-2661.

Pitman, N. C. y P. M. Jørgensen, R. Williams, S. León-Yánez y R. Valencia. 2002. Extinction-rate estimates for a modern Neotropical flora. Conservation Biology. 16: 1427-1431.

Pitman, N. C., J. Terborgh, D. A. Neill, C. E. Cerón, W. A. Palacios y M. Aulestia 2001. Dominance and distribution in an upper Amazonian *terra firme* forests. Ecology. 82: 2101-2117.

Prance, G. T. 1977. The phytogeographic subdivisions of Amazonia and their influence on the selection of biological reserves. *In:* G. T. Prance y T. S. Elias (eds.). Extinction is Forever. Bronx, NY: New York Botanical Garden. Pp. 195-213.

Prance, G. T. 1989. American tropical forests. *In:* H. Leith y M. J. A. Werger (eds.), Elsevier, Amsterdam: Ecosystems of the World 14B. Pp. 99-132.

Prance, G. T. 1990. The floristic composition of the forests of Central Amazonian Brazil. *In:* A. Gentry (ed.) Four Neotropical Rainforests. New Haven: Yale University Press. Pp. 112-140.

Prance, G. T. 2001. Amazon Ecosystems. Encyclopedia of Biodiversity Vol. 1: 145-157. Academic Press. New York, NY.

Puhakka, M. y R. Kalliola. 1995. Floodplain vegetation mosaics in western Amazonia. Biogeographica. 71: 1-14.

Ramos-Prado, J. , M. Delgado, S. del Amo. y E. Fernández 1982. Análisis estructural de un área de vegetación secundaria en Uxpanapa, Veracruz. Biotica. 7(1): 7-29.

Rankin-de Mérona, J. M. , G. T. Prance, R. W. Hutchings, M. Freitas da Silva , W. A Rodrigues y M. E. Uehling. 1992. Preliminary results of a large-scale tree inventory of upland rain forest in the Central Brazil. Acta Amazonica. 22(4):493-534.

Riveiro, J., B. Nelson, M. F. da Silva, L. S. Martins y M. Hopkins. 1994. Reserva Florestal Ducke: Diversidade e composição da flora vascular. Acta Amazonica. 24: 19-39.

Ricklefs, R. 2000. Rarity and diversity in Amazonian forest trees. Tree. 15: 83-84.

Romero-Saltos, H., R. Valencia y M. M. Macía. 2001. Patrones de diversidad, distribución y rareza de plantas leñosas en el Parque Nacional Yasuní y la Reserva étnica Huaorani, Amazonia Ecuatoriana. *En:* J. F. Duivenvoorden et al. (eds.). Evaluación de recursos vegetales no maderables en la Amazonía noroccidental. The Netherlands: IBED, Universiteit van Amsterdam. Pp. 130-162.

Rosales. J., G. Petts y C. Knab-Vispo. 2001. Ecological gradients within the riparian forests of the lower Caura river, Venezuela. Plant Ecology. 151: 101-118.

Ruokolainen, K. y H. Tuomisto, R. Ríos, A. Torres y M. García 1994. Comparación florística de doce parcelas en bosque de tierra firme en la Amazonia Peruana. Acta Amazonica. 24: 31–48.

Sabatier, D., M. Grimaldi, M. F. Prévost, J. Guillaume, M. Godron, M. Dosso y P. Curmi. 1997. The influence of soil cover organization on the floristic and structural heterogeneity of a Guianan rain forest. Plant Ecology. 131: 81-108.

Savolainen, V., M. F. Fay, D. C. Albach, A. Backlund, M. van der Bank, K. M. Cameron, S. A. Johnson, M. D. Lledó, L. C. Pintaud, M. Powell, M. C. Sheahan, D. E. Soltis, P. S. Soltis, P. Weston, W. M. Whitten, K. J. Wurdack y M. W. Chase. 2000. Phylogeny of the euicots: a nearly complete familial analysis based on *rbcL* gene sequences. Kew Bull. 55: 257-309.

Schargel, R., P. Marvez, G. Aymard, B. Stergios y P. Berry 2001. Características de los suelos alrededor de San Carlos de Río Negro, Estado Amazonas, Venezuela. BioLlania (Edic. Esp.) No. 7: 234-264.

Schubert, C. 1988. Climatic changes during the last glacial maximum in northern South America and the Caribbean: A review. Interciencia. 13(3): 128-137.

Soil Survey Staff. 1999. Soil taxonomy. Agiculture handbook Nº 436. U. S. Department of Agriculture. Washington, D. C.

Steege, ter H., D. Sabatier, H. Castellanos, T. van Andel, J. Duivenvoorden, A. A. de Oliveira, R. Ek, R. Lilwah, P. Maas y S. Mori. 2000. An analysis of the floristic composition and diversity of Amazonian forests including those of the Guiana Shield. J. of Tropical Ecology. 16: 801-828.

Steege, ter H., N. Pitman, D. Sabatier, H. Castellanos, P. van der Hout, D. C. Daly, M. Silveira, O. Phyllips, R. Vásquez, T. van Andel, J. Duivenvoorden, A. A. de Oliveira, R. Ek, R. Lilah, R. Thomas, J. van Essen, C. Baider, P. Maas, S. Mori, J. Terborgh, P. Nuñez, H. Mogollón y W. Morawetz. 2003. A spatial model of tree ?-diversity and tr ee density for the Amazon. Biodiversity and Conservation. 12: 2255-2277.

Steyermark, J. 1968. Contribuciones a la Flora de la Sierra de Imataca, Altiplanicie de Nuria Región adyacente del Territorio Federal Delta Amacuro. Acta Bot. Venezuelica. 3(1): 46-166.

Steyermark, J, P. E. Berry y B. K. Holst (eds.). 1995. Flora of the Venezuelan Guayana, Vol. 1. (Introduction). Portland: Timber Press. USA.

Stuessy, T. F., E. Hörandl y V. Mayer. 2001. Plant systematic: A half-century of progress (1950-2000) and future challenges. IAPT. Vienna.

Struwe, L., V. Albert y B. Bremer. 1994. Cladistics and family level classification of the Gentianales. Cladistics. 10: 175-206.

Takeuchi, M. 1961a. The structure of the Amazonian vegetation II. Tropical rain forest. Journal of the Faculty of Sciences, University Tokyo. 3(8): 1-25.

Takeuchi, M. 1961b. The structure of the Amazonian vegetation III. Campina forest in the Río Negro region. Journal of the Faculty of Sciences, University Tokyo. 3(8): 27-35.

Terborgh, J. y E. Andresen. 1998. The composition of Amazonian forests: patterns at local and regional scales. J. of Tropical Ecology. 14:645-664.

Tuomisto, H. 1993. Clasificación de la vegetación en la selva baja peruana. *En*: R. Kalliola, M. Puhakka y W. Danjoy (eds.). Amazonía Peruana: vegetación húmeda en el llano subandino. PAUT y ONERN. Jyvaskyla. Pp. 103–112.

Tuomisto, H. 1998. What satellite imagery and large-scale field studies can tell about biodiversity patters in Amazonian forests. Annals of the Miss. Bot. Garden. 85: 48-62.

Tuomisto, H. 2001. Variación de los bosques naturales en las áreas piloto a lo largo de transectos y en imágenes de satélite. *En*: J. F. Duivenvoorden et al. (eds.). Evaluación de recursos vegetales no maderables en la Amazonía noroccidental. The Netherlands: IBED, Universiteit van Amsterdam. Pp. 63-96.

Tuomisto, H. y P. G. Murphy. 1981. Composition, structure, and regeneration of a tierra firme forest in the Amazon Basin of Venezuela. Tropical Ecology. 22: 219-237.

Tuomisto, H. y R. Kalle 1993. Distribution of Pteridophyta and Melastomataceae along an edaphic gradient in an Amazonian rain forest. Journal of Vegetation Science. 4: 25–34.

Tuomisto, H. y K. Ruokolainen. 1994. Distribution of Pteridophyta and Melastomataceae along an edaphic gradient in an Amazonian rain forest. Journal of Vegetation Science. 4: 25-34.

Tuomisto, H. y K. Ruokolainen. 1997. The role of ecological knowledge in explaining biogeography and biodiversity in Amazonia. Biodiversity and Conservation. 6: 347-357.

Tuomisto, H., K. Roukolainen, R. Kalliola, A. Linna, W. Danjoy y Z. Rodríguez. 1995. Dissecting Amazonian biodiversity. Science. 269: 63-66.

Tuomisto, H., A. D. Poulsen, R. Moran, C. Quintana, G. Cañas y J. Celi. 2002. Distribution and diversity of Pteridophytes and Melastomataceae along edaphic gradients in Yasuní National Park, Ecuadorian Amazonia. Biotropica. 34: 516-533.

Tuomisto, H. , A. D. Poulsen, K. Roukolainen, R. C. Moran, C. Quintana, J. Celi y G. Cañas. 2003a. Linking florististic patterns with soil heterogeneity and satellite imagery in Ecuadorian Amazonia. Ecological Applications. 13: 352-371.

Tuomisto, H., K. Ruokolainen y M. Yli-Halla. 2003b. Dispersal, environment, and floristic variation of western Amazonian forests. Science. 299: 241-244.

Valdecasas, A. G. y A. I. Camacho. 2003. Conservation to the rescue of taxonomy. Biodiversity and Conservation. 12: 1113-1117.

Valencia, R., H. Balslev, y G. Paz y Miño. 1994. High tree alpha-diversity in Amazonian Ecuador. Biodiversity and Conservation. 3: 21-28.

Valencia, R., R. Condit, K. Romeleroux, G. Villa, E. Losos, H. Balslev, J. C. Svenning y E. Magaard. (in press). Patterns of tree species diversity and distribution from a large-scale forest inventory in Yasuni National Park, eastern Ecuador *In*: E. Losos y R. Condit (eds.). The demography of tropical plants. Washington, D. C.: Smithsonian Institution Press.

Valle-Ferreira, L. y J. M. Rankin-Mérona. 1998. Floristic composition and structure of a one-hectare plot in terra firme forest in Central Amazonia. *In:* F. Dallmaier y J. Comiskey (eds.). Forest Biodiversity in North, Central and South America and the Caribbean: Research and Monitoring, Man and the Biosphere. Series, Vol. 22. Chapter 34. Carnforth, Lancashire, UK: Unesco and the Parthenon Publishing Group. Pp. 649-662.

Van der Hammen, T. 2000. Aspectos de Historia y Ecología de la Biodiversidad Norandina y Amazónica. Rev. Acad. Colomb. Cienc. 24(91): 231-245.

Van der Hammen, T. y M. L. Absy. 1994. Amazonia during the last glacial. Palaeogeogr. Palaeoclimatol. y Palaeoecol. 109:247-261.

Van der Hammen, T. y H. Hoogghiemstra. 2000. Neogene and quaternary history of vegetation, climate, and plant diversity in Amazonia. Quaternary Science Reviews. 19: 725-742.

Van der Hammen, T. J. T. Duivenvoorden, J. M. Lips, L. E. Urrego y N. Espejo. 1992. Late quaternary of the middle Caquetá river area (Colombian Amazonia). J. of Quaternary Science. 7: 45-55.

Vásquez, R. 1997. Flórula de las reservas Biológicas de Iquitos. Perú. Monogr. in Syst. Bot. from Missouri Bot. Gard. 63: 1-1046.

Vásquez, R. y O. L. Phillips. 2000. Allpahuayo: floristics, structure, and dynamics of a high-diversity forest in Amazonian Peru. Annals of the Missouri Bot. Gard. 87: 499-527.

Vázquez-Yanes, C. 1980. Notas sobre la autoecología de los árboles pioneros de rápido crecimiento de la Selva Tropical lluviosa. Tropical Ecology. 20(1): 103-112.

Veillón, J. P. , V. Konrad y N. García. 1976. Estudio de la masa forestal y su dinamismo en parcelas de bosques naturales de las tierras bajas Venezolanas. Rev. For. Ven. 26: 73-106.

Vormisto, J. 2002. Palms as rainforest resources: how evenly are they distributed in Peruvian Amazonia?. Biodiversity and Conservation. 11: 1025-1045.

Zanis, M. J., P. S. Soltis, Y. Long-Qiu, E. Zimmer y D. E. Soltis. 2003. Phylogenetic analyses and perianth evolution in basal Angiosperms. Annals of the Missouri Bot. Garden. 90: 129-150.

Capítulo 4

Limnología de los ecosistemas acuáticos de la confluencia de los ríos Orinoco y Ventuari, Estado Amazonas, Venezuela

Abrahan Mora, Luzmila Sánchez, Carlos A. Lasso y César Mac-Quhae

RESUMEN

Se midieron algunos parámetros fisicoquímicos en cincuenta y cuatro sitios correspondientes a caños, lagunas, esteros y cauces principales adyacentes a la zona de confluencia de los ríos Orinoco y Ventuari con el objeto de caracterizar sus aguas. Existen diferencias entre la composición fisicoquímica de los caños provenientes de la serranía ubicada a la margen derecha del río Ventuari y los demás cuerpos de agua provenientes de las planicies inundables. Las aguas provenientes de la serranía presentan una coloración verde claro, son más oxigenadas, más frías y con menores conductividades que las aguas provenientes de las planicies, las cuales presentan una coloración oscura y gran cantidad de materia orgánica en estado de descomposición. Las aguas de toda la región estudiada fueron consideradas entre ácidas y moderadamente ácidas, con bajos contenidos de fósforo total y bajas concentraciones de oxígeno disuelto. Se observaron indicios de perturbación en algunos caños producto de la actividad minera que se desarrolla en la zona, la cual podría alterar la fisicoquímica de las aguas e influir en la composición de las comunidades biológicas presentes en estos ecosistemas acuáticos.

INTRODUCCIÓN

La cuenca del río Orinoco se encuentra compartida geopolíticamente por Venezuela y Colombia. Esta abarca una superficie de 1.080.000 km^2, de los cuales Venezuela posee el 71% y Colombia el 29 %. El río Orinoco ha sido delimitado geográfica e hidrológicamente en alto, medio y bajo Orinoco. El alto Orinoco va desde su nacimiento a 70 metros por debajo de la cúspide del Monte Delgado Chalbaud hasta las proximidades de San Fernando de Atabapo, llevando una dirección norte nor-oeste, con un recorrido de 687 km (Vila 1960). Durante este recorrido el alto Orinoco recibe la mayoría de sus principales afluentes por su margen derecha: Ocamo, Padamo, KunuKunuma y Ventuari, los cuales son estructural y funcionalmente parecidos. Por su parte, el río Ventuari posee una cuenca de 42.000 km^2, y desde su nacimiento en las vertientes del Cerro Vemachu hasta su desembocadura en el río Orinoco en la región de Santa Bárbara lleva un recorrido de 474 km, en los cuales recibe a los ríos Uesete, Yatití, Parú, Asita, Manapiare, Marieta y Guapuchí como principales afluentes (MARNR 1979).

Debido a su ubicación geográfica, la región del alto Orinoco posee un clima que presenta características tropicales húmedas con altas temperaturas y elevada pluviosidad. Los meses de junio, julio y agosto presentan las mayores precipitaciones y la menor temperatura media (26,6 °C en Santa Bárbara), mientras que enero, febrero y marzo corresponden a la época de menor precipitación y mayor valor térmico medio (28,8°C en Santa Bárbara) (Weibezahn 1990). Este sistema climático constituido por una estación seca y una estación lluviosa refleja claramente el régimen pluvial dominante en toda la región, con un período de aguas bajas y otro de aguas altas. El alto Orinoco, antes de la confluencia con el Ventuari, presenta una descarga anual promedio 1.801 m^3/seg. , con una mínima de 396 m^3/seg. y una máxima de 3.304 m^3/seg. Mientras tanto, el Ventuari presenta una descarga anual promedio de 1.680 m^3/seg. , con una mínima de 414 m^3/seg. y una máxima de 4.209 m^3/seg. (Weibezahn 1990).

La zona de confluencia entre los ríos Orinoco y Ventuari, ubicada en Santa Bárbara (Amazonia venezolana), se caracteriza principalmente por poseer un delta interno en el cual se encuentran numerosas islas fluviales. Esta zona deltana, enmarcada por extensas formaciones boscosas sometidas a inundaciones durante gran parte del año, posee una gran cantidad de ecosistemas acuáticos conformados por ríos, caños y lagunas de inundación, los cuales presentan características diferentes en cuanto a tamaño, caudal, coloración y fisicoquímica de las aguas. Se ha descrito que las propiedades fisicoquímicas de dichos ecosistemas están muy influenciadas por la geología y geoquímica de la zona en la cual estas emergen (Gibbs 1967), así como el tipo de suelos y la cobertura vegetal existente en sus alrededores. Aunque la tipología establecida por Sioli (1984) no es aplicable a todos los ríos que atraviesan la geografía venezolana (Vegas-Vilarrúbia et al. 1988a), los ríos y caños provenientes del Escudo Guayanés y la Amazonía venezolana presentan algunos parámetros (pH, coloración de las aguas y conductividad) similares a los ríos que drenan el norte de la cuenca del río Amazonas (Vegas-Vilarrubia et al. 1988b). La tipología de los cuerpos de agua pertenecientes a la cuenca del Amazonas fue establecida por Sioli (1984) de acuerdo a parámetros como la transparencia y el pH de las aguas, mientras que el contenido de iones inorgánicos presentes en los diferentes tipos de aguas fue estudiado anteriormente por Furch (1984).

Los ríos del Amazonas se han clasificado en ríos de aguas blancas (aguas color ocre, con transparencias entre 0,10 y 0,50 m y valores de pH entre 6,2 y 7,2), ríos de aguas claras (aguas de color verde – verde oliva, con transparencias entre 1,10 y 4,30 m y pH entre 4,5 y 7,8) y ríos de aguas negras (aguas de color marrón - oliva a color café, con transparencias entre 1,30 – 2,90 m, con bajos valores de pH que van desde 3,8 a 4,9) (Sioli 1984). Los ríos de aguas negras deben su color a los ácidos húmicos y flúvicos disueltos, y tienen su origen en suelos podsólicos (Klinge 1967), tipo "caatinga amazónica", característicos en la región del alto Orinoco. Estos suelos poseen gran cantidad de materia orgánica en descomposición y debido a su naturaleza geoquímica (granitos y areniscas) contribuyen a la presencia de Al^{3+} y Fe^{2+} como principales cationes de intercambio (Hermoso 1980). Los ríos de aguas blancas que tienen su origen en zonas montañosas deben su color ocre a la cantidad de sólidos suspendidos que transportan y son representativos de las regiones andinas y, en menor grado, del sistema montañoso Sierra Parima, al este del Estado Amazonas (Sioli 1984). Las aguas claras tienen su origen en áreas de relieves lisos y en especial regiones difíciles de meteorizar, las cuales poseen una enorme cobertura vegetal que protege los suelos de la erosión.

Los estudios sobre la fisicoquímica de las aguas de ríos que drenan la cuenca del alto Orinoco fueron realizados fundamentalmente por Weibezahn (1990) y Vegas-Vilarrúbia et al. (1988a, b). Dichos estudios muestran que la mayoría de estos ríos son de aguas "claras" y "negras", con bajos valores de conductividad y pobres en electrolitos, con cargas de sedimentos muy bajas producto de su afluencia por terrenos arcaicos como el Escudo de Guayana, conformado por materiales difíciles de meteorizar y erosionar química o físicamente.

El presente trabajo tiene como objetivo caracterizar la fisicoquímica de algunos cuerpos de agua (ríos, caños y lagunas de inundación) adyacentes a la zona de confluencia de los ríos Orinoco y Ventuari entre los meses de noviembre y diciembre del 2003.

MATERIAL Y MÉTODOS

Área de estudio

El muestreo se realizó durante los meses noviembre y diciembre del 2003. La metodología consistió en la subdivisión de toda la región en tres zonas: río Orinoco 1 (OR 1), río Ventuari (VT) y río Orinoco 2 (OR 2). La zona OR 1 corresponde a los ecosistemas que se encuentran en la cuenca del río Orinoco antes de la confluencia con el Ventuari. En esta zona fueron muestreados una laguna de inundación, un estero y tres caños. La zona VT corresponde a los ecosistemas pertenecientes a la cuenca del río Ventuari antes de la confluencia con el Orinoco. En esta zona se muestrearon una laguna y cinco caños. La zona OR 2 corresponde a tres caños que se encuentran en la zona deltana donde ocurre la confluencia de los dos ríos, y un caño ubicado después de la zona deltana en la margen derecha del río Orinoco una vez unido al Ventuari. El código CPVT corresponde al cauce principal del río Ventuari. CPOR1 corresponde al cauce principal del Orinoco antes de la confluencia con el Ventuari y CPOR2 al río Orinoco después de la confluencia con el Ventuari.

Metodología

Se midieron parámetros fisicoquímicos *in situ* en 54 puntos georeferenciados, correspondientes a 18 estaciones (15 entre caños, lagunas y esteros y 3 cauces principales de los ríos). Se tomaron muestras de agua integradas de tres puntos en cada una de las 18 estaciones. Las muestras para análisis de nutrientes se almacenaron en envases de polietileno y se trasladaron congeladas al laboratorio. Las muestras para análisis de los metales fueron filtradas a través de membranas de celulosa de 0,45 µm de tamaño de poro y se preservaron en envases de polietileno con 0,5 ml de ácido nítrico a 4 ° C (APHA 1995). En el campo se midieron oxígeno disuelto (YSI 85), conductividad (YSI 85), temperatura (YSI 85), pH (pHmetro ORION 210A) y transparencia (disco de Secchi).

En el laboratorio se determinaron los metales sodio, potasio, calcio, magnesio y hierro por espectrofotometría de absorción atómica, utilizando un espectrofotómetro marca GBC Avanta. El nitrógeno total fue determinado por el método de digestión con persulfato y reducción a nitrito con cadmio y el fósforo total fue determinado por el método del ácido ascórbico utilizando un espectrofotómetro UV CECIL 3041. Los sólidos suspendidos de los ríos Orinoco y Ventuari se determinaron por filtrado y secado de las muestras a 103 - 105 °C. Para el análisis de los anteriores parámetros se siguió la metodología descrita en APHA (1995).

RESULTADOS Y DISCUSIÓN

La región de confluencia entre el río Orinoco y el río Ventuari presenta hábitat únicos dentro de la cuenca de ambos ríos. Estos hábitat incluyen lagunas de inundación, esteros y caños con diferentes tipologías de aguas, algunos de aguas claras y otros de aguas negras. En la mayoría de los caños de aguas negras se observaron grandes cantidades de hojarasca en avanzado estado de descomposición, lo cual promueve la formación de ácidos húmicos y fúlvicos responsables de la coloración de estas aguas. Los caños de aguas claras fueron localizados hacia la margen derecha del río Ventuari, provenientes de la serranía. Existe una evidente perturbación de algunos ecosistemas, producto de las comunidades residentes en la zona y de la fuerte actividad minera, la cual es asociada principalmente a la explotación aurífera que se produce de forma clandestina en las adyacencias al Parque Nacional Yapacana.

La mayoría de los ecosistemas estudiados presentaron características muy similares: aguas ácidas, con bajas conductividades, altas transparencias y bajas concentraciones de oxígeno disuelto. Las aguas fueron clasificadas de acuerdo al pH, la transparencia y la coloración visual en aguas "negras" y aguas "claras" (Sioli 1984). Las concentraciones de metales alcalinos, alcalinotérreos y metales pesados fueron consideradas como bajas. Debido a que este estudio se realizó inmediatamente después de haber finalizado el período lluvioso (noviembre – diciembre), se observó dilución en la mayoría de las aguas. Una lista completa de los parámetros fisicoquímicos es mostrada en el Apéndice 4 y resumida en las tablas 4.1 y 4.2.

Los cuerpos de agua de la subregión OR1 se caracterizaron por poseer aguas negras, bajos caudales y gran contenido de material orgánico en descomposición. Las temperaturas variaron entre 26,5 ° C y 32,0 ° C. Las aguas fueron consideradas como ácidas, con valores de pH que variaron entre 3,75 y 4,80. Las transparencias fueron altas, con un máximo de 210 cm para la laguna de Macuruco y un mínimo de 95 cm para el estero de Macuruco. El estero de Macuruco estaba aislado del río en el momento de la toma de muestras, y su baja transparencia (en comparación con los demás cuerpos de agua) podría estar relacionada con el hecho de que este ambiente se nutre de las aguas del río Orinoco durante el período lluvioso, temporada en la cual el Orinoco arrastra una mayor cantidad de material suspendido (Weibezahn 1985). Las conductividades de estos cuerpos de agua fueron extremadamente bajas, con valores que oscilan entre 6,0 y 10,2 µS/cm. Las concentraciones de oxígeno disuelto fueron bajas (a excepción del estero de Macuruco), quizá producto del bajo caudal de las aguas y de la utilización de este elemento por parte de comunidades bacterianas en el proceso de descomposición de la materia orgánica presente.

En la subregión VT fueron muestreados cinco caños y una laguna. Los caños que se encuentran a la margen derecha del río Ventuari (caño Guapuchí, caño Tigre y caño Chipiro) fueron considerados de aguas claras, debido a sus propiedades similares: aguas color verdosas y azules, con valores de pH entre 4,49 y 5,25 y temperaturas entre 26,1 y 28,1 ° C, mostrando aguas más frías y menos ácidas que los caños de la sub región OR1. Se apreció también que la corriente de agua es mayor que en los caños de la región anterior, con aguas más oxigenadas, en donde las concentraciones de oxígeno disuelto variaron entre 2,20 y 5,72 mg/L. Esta diferencia en las propiedades fisicoquímicas es debida a que los caños que se encuentran en la margen derecha del Ventuari proceden de la serranía, en donde la geología y la geoquímica de la zona montañosa es diferente a las de las planicies, y la vegetación, el tipo de suelos y el estancamiento de aguas propician la formación de aguas negras. Las otras dos estaciones que corresponden a esta zona (laguna Lorenzo y caño Negro) se encuentran hacia la margen izquierda del río Ventuari. Estos dos cuerpos de agua presentaron las menores concentraciones de oxígeno disuelto de la zona VT, y fueron considerados de aguas negras debido al color de las mismas y al pH, el cual se encontró por debajo de 4,40.

Los caños de la subregión OR2 presentaron propiedades fisicoquímicas diferentes. El caño Cangrejo y el caño El Carmen poseen aguas color verde oscuro y aguas negras, respectivamente, con altas transparencias, bajos valores de pH y bajas conductividades. El caño Manaka presentó propiedades fisicoquímicas propias del río Orinoco, aguas color ocre, más oxigenadas (4,64 mg/L de O_2), con valores de pH y conductividades mayores a los obtenidos en la mayoría de los caños estudiados. Estas características infieren que durante el período de muestreo (noviembre-diciembre) el caño Manaka, en vez de aportar agua al Orinoco, se alimenta con las aguas de este río. El caño Winare, proveniente de la Serranía y ubicado a la margen derecha del Orinoco una vez unido al río Ventuari, presenta propiedades fisicoquímicas que lo caracterizan como un río de aguas claras. Este caño posee las aguas más frías de toda la región estudiada (25,6° C). Dichas aguas poseen una coloración verde, con valores de pH y oxígeno disuelto típicos de los caños de la región VT. Es importante señalar que, a excepción del caño Tigre, todos los demás caños provenientes de la Serranía muestran conductividades inferiores a los caños y lagunas de aguas negras provenientes de las planicies.

Las concentraciones de metales alcalinos, alcalinotérreos y metales pesados fueron consideradas bajas, lo cual confirma la pobreza de estos elementos en los ambientes acuáticos evaluados. El sodio ocupa la primera posición en el gradiente secuencial como electrolito más abundante en todos estos ecosistemas (en mg/L), seguido por el potasio y el calcio, los cuales ocupan la segunda y tercera posición respectivamente, en nueve de los 15 cuerpos de agua. El hierro ocupa la cuarta posición, por arriba del magnesio, el cual se perfila como el metal menos abundante de todos los medidos.

Tabla 4.1. Promedio de transparencia (Trans.), pH, conductividad (Cond.), temperatura (Temp.), oxígeno disuelto (O.D.) y margen de ubicación con respecto a los cauces principales de los ríos y coloración de las aguas en caños, esteros y lagunas estudiadas.

Código	Estación	N° de sitios muestreados	Trans. (cm)	pH	Cond. (µS/cm)	Temp. (°C)	OD (mg/l)	Margen de ubicación	Color de las aguas
OR1									
OR1.1	Laguna Macuruco	3	210	4,15	6,8	28,3	2,45	Izq.	Negras
OR1.2	Estero de Macuruco	1	95	4,80	6,0	32,0	5,33	Izq.	Negras
OR1.3	Caño Moyo	4	155	4,18	9,6	29,3	2,36	Der.	Negras
OR1.4	Caño Perro de Agua	3	103	4,07	7,3	27,3	1,72	Der.	Negras
OR1.5	Caño Guapachana	4	118	4,19	7,1	27,1	2,03	Izq.	Negras
VT									
VT1	Caño Guapuchi	4	125	4,7	4,6	27,0	5,79	Der.	Verdes
VT1 (AA)	Caño Guapuchi (Aguas Azules)	1	> 90	4,49	4,4	27,1	3,14	Der.	Azules
VT2	Caño Tigre	3	130	5,23	9,2	27,8	3,68	Der.	Verdes
VT3.1	Caño Chipiro	3	170	4,49	4,8	26,2	3,06	Der.	Verdes
VT3.3	Laguna Lorenzo	3	113	4,34	6,3	27,7	1,49	Izq.	Verde Oliva
VT4	Caño Negro	4	162	3,96	6,1	27,6	0,86	Izq.	Negras
OR2									
OR2.1	Caño Cangrejo	4	> 210	4,54	5,2	25,9	3,49	Izq.	Verde Oliva
OR2.2	Caño Manaka	2	> 100	5,35	10,0	28,6	4,64	Izq.	Marrón
OR2.3	Caño El Carmen	3	130	4,63	6,7	27,0	2,09	Izq.	Negras
OR2.4	Caño Winare	3	180	4,80	4,9	25,6	4,66	Der.	Verdes
CAUCES PRINCIPALES DE LOS RÍOS									
CPOR1	Canal Principal Orinoco 1	3	60	5,28	9,2	28,4	6,13	-	Ocre
CPVT	Canal Principal Ventuari	3	102	5,27	9,2	28,6	5,58	-	Ocre
CPOR2	Canal Principal Orinoco 2	3	83	5,30	9,2	29,0	6,11	-	Ocre

Parece no haber diferencias significativas en las concentraciones de nitrógeno total en las aguas de los diferentes hábitat. Estas concentraciones fueron consideradas como altas, con valores que oscilan entre 0,73 y 2,43 mg/L tanto para lagunas y caños de aguas negras como de aguas claras, en los cuales los grados de nitrificación podrían estar asociados a la descomposición de la materia orgánica y/o al drenado del material orgánico acumulado. A excepción de caño Manaka, las concentraciones de fósforo total fueron bajas en toda la región, obteniéndose valores mínimos en caño Moyo y en caño Guapuchi (3,4 µg/L). Esta característica indica la poca disponibilidad del fósforo en estas cuencas. El caño Manaka presenta niveles muy altos de fósforo total (superiores a 1000 µg/L), lo cual podría asociarse a perturbaciones ocasionadas por parte de las comunidades que se encuentran adyacentes a dicho caño.

Los ríos Orinoco y Ventuari presentan ciertas características similares tales como aguas medianamente ácidas, con bajas conductividades y valores de pH que oscilan entre 5,23 y 5,37. La principal diferencia entre estos ríos radica en la cantidad de material suspendido que transporta cada uno. El río Ventuari posee una transparencia promedio de 100 cm y una concentración de sólidos suspendidos de 11 mg/L, lo cual lo califica como un río de aguas claras. El río Orinoco posee una transparencia promedio de 60 cm y una concentración de sólidos suspendidos (19 mg/L) mayor a la del Ventuari, característica que lo califica como un río de aguas blancas. El río Orinoco, después de la confluencia con el río Ventuari, sufre cierta dilución, lo cual produce un aumento en su transparencia y una disminución en la concentración de los sólidos suspendidos. Las concentraciones de metales fueron consideradas bajas, y se observó un dominio de los metales alcalinos (Na y K) sobre los alcalinotérreos, situándose en la primera y segunda posición, respectivamente, en el gradiente secuencial de concentraciones para ambos ríos. El orden secuencial de concentraciones tanto para el río Orinoco como para el río Ventuari viene dado: Na> k > Ca > Fe > Mg. Orden y valores similares de estos elementos han sido reportados por Weibezahn (1985) en sus estudios sobre la química de las aguas en el alto y medio Orinoco.

Tabla 4.2. Concentración de sodio (Na), potasio (K), calcio (Ca), magnesio (Mg), hierro (Fe), nitrógeno total (NT), fósforo total (FT) y sólidos suspendidos (SS) en los ríos, caños, esteros y lagunas estudiadas.

Código	Estación	Na (mg/L)	K (mg/L)	Ca (mg/L)	Mg (mg/L)	Fe (mg/L)	NT (mg/L)	FT (mg/L)	S.S (mg/L)
					OR1				
OR1.1	Laguna Macuruco	0,54	0,28	0,21	0,063	0,15	1,62	19,9	-
OR1.2	Estero de Macuruco	1,25	0,48	0,22	0,072	0,19	2,17	19,1	-
OR1.3	Caño Moyo	0,32	0,05	0,12	0,090	0,08	1,57	3,4	-
OR1.4	Caño Perro de Agua	0,88	0,32	0,26	0,074	0,34	1,79	9,1	-
OR1.5	Caño Guapachana	0,82	0,26	0,49	0,127	0,41	2,43	18,4	-
					VT				
VT1	Caño Guapuchi	0,48	0,46	0,16	0,037	0,07	1,39	3,4	-
VT1 (AA)	Caño Guapuchi (Aguas Azules)	0,42	0,27	0,13	0,025	0,04	1,52	5,6	-
VT2	Caño Tigre	0,85	0,7	0,48	0,168	0,17	1,97	13,4	-
VT3.1	Caño Chipiro	0,45	0,18	0,22	0,044	0,08	0,73	7,7	-
VT3.3	Laguna Lorenzo	0,88	0,29	0,36	0,088	0,26	0,85	7,0	-
VT4	Caño Negro	1,05	0,08	0,17	0,048	0,09	1,79	12,7	-
					OR2				
OR2.1	Caño Cangrejo	0,49	0,34	0,33	0,057	0,07	1,32	8,4	-
OR2.2	Caño Manaka	0,9	0,84	0,53	0,168	0,26	1,76	1040	-
OR2.3	Caño El Carmen	0,58	0,44	0,33	0,024	0,13	1,48	7,0	-
OR2.4	Caño Winare	0,48	0,46	0,23	0,030	0,23	1,46	4,1	-
					CAUCES PRINCIPALES DE LOS RÍOS				
CPOR1	Canal Principal Orinoco 1	0,85	0,68	0,49	0,160	0,18	1,71	18,4	19
CPVT	Canal Principal Venturi	0,83	0,69	0,53	0,187	0,23	1,04	17,7	11
CPOR2	Canal Principal Orinoco 2	0,86	0,64	0,54	0,174	0,21	1,14	18,7	13

CONCLUSIONES Y RECOMENDACIONES PARA LA CONSERVACIÓN

El estudio realizado en la zona de confluencia de los ríos Orinoco y Ventuari evidenció que existen diferencias fisicoquímicas en las aguas de los diversos ecosistemas evaluados. Estas diferencias se atribuyen principalmente a la geología y al tipo de vegetación de la zona por la cual fluyen los caños y ríos de la región. Los caños provenientes de la Serranía poseen propiedades fisicoquímicas diferentes a los demás hábitat estudiados, presentando aguas con color verde claro, más frías y oxigenadas, y con menor concentración de electrolitos disueltos que las aguas provenientes de las planicies.

Se observó cierta perturbación en algunas zonas cercanas a los cuerpos de agua estudiados, ocasionada por la actividad minera que se desarrolla en las proximidades del Parque Nacional Yapacana, la cual produce desertización y a la vez incorpora compuestos químicos altamente tóxicos (como el mercurio) al medio. La deforestación altera los suelos y la fisicoquímica de las aguas de la cuenca del alto Orinoco, causando graves daños a las comunidades biológicas que habitan en estos diversos ecosistemas acuáticos. Se deben realizar esfuerzos para la conservación, tales como evitar la deforestación, controlar la minería y incentivar a las comunidades indígenas al mantenimiento y conservación de toda la zona ribereña, ya que esta es una fuente importante de carbono y nutrientes indispensables para los organismos acuáticos allí existentes.

REFERENCIAS

APHA (American Public Health Association). 1995. Standard methods for the examination of water and wastewater. 19th Edition. Washington, D. C.

Furch, K. 1984. Water Chemistry of the Amazon basin: The distribution of chemical elements among freshwaters. *En:* H. Sioli (ed.). The Amazon. Limnology and landscape ecology of a mighty tropical river and its basin. Boston, Lancaster, Netherlands: Dr. W. Junk Publishers. Pp. 167-199.

Gibbs, R. J. 1967. The geochemistry of the Amazon River system, I: The factors that control the salinity and the composition and concentration of suspended solids. Geol. Soc. Amer. Bull. 78: 1203-1232.

Hermoso, F. 1980. Los principales suelos del Amazonas venezolano. *En:* VII Congreso Latinoamericano de Ciencias de Suelos. Junio – Julio, 1980, San José, Costa Rica.

Klinge, H. 1967. Podsol soils: a source of blackwater rivers in Amazonia. Atas do Simpôsio sôbre a Biota Amazônica 3 (Limnología). Pp. 117-125.

MARNR. 1979. Atlas de Venezuela (2° ed.). Ministerio del Ambiente y los Recursos Naturales Renovables. Caracas.

Sioli, H. 1984. The Amazon and its main affluents: Hydrography, morphology of the river courses, and river types. *En:* H. Sioli (ed.). The Amazon. Limnology and landscape ecology of a mighty tropical river and its basin. Boston, Lancaster, Netherlands: Dr. W. Junk Publishers. Pp. 127-165.

Vegas-Vilarrúbia, T., J. E. Paolini y R. Herrera. 1988a. A physico-chemical survey of blackwater rivers from the Orinoco and the Amazon basins in Venezuela. Arch. Hydrobiol. 111(4): 491-506.

Vegas-Vilarrúbia, T., J. E. Paolini y J. G. Miragaya. 1988b. Differentiation of some Venezuelan blackwater rivers based upon physico-chemical properties of their humic substances. Biogeochemistry. 6: 59-77.

Vila, P. 1960. Geografía de Venezuela. I. El territorio nacional y su ambiente físico. Ministerio de Educación. Dirección de Cultura y Bellas Artes. Caracas.

Weibezahn, F. 1985. Concentraciones de especies químicas disueltas y transporte de sólidos suspendidos en el Alto y Medio Orinoco y sus variaciones estacionales (Febrero 1984-Febrero 1985). Informe de Resultados. Convenio MARNR-PDVSA-USB. Caracas.

Weibezahn, F. 1990. Hidroquímica y sólidos suspendidos en el alto y medio Orinoco. *En:* Weibezahn, F. , Alvarez, H. y L. William Jr. (eds.). El río Orinoco como ecosistema. Caracas: EDELCA, CAVN, Universidad Simón Bolívar y Fondo Editorial Acta Científica Venezolana. Pp. 150-210.

Capítulo 5

Los macroinvertebrados bentónicos de la confluencia de los ríos Orinoco y Ventuari

Guido Pereira, José Vicente García, Alberto Marcano, Oscar M. Lasso-Alcalá y Rafael Martinez-Escarbassiere

RESUMEN

Se evaluó la comunidad de macroinvertebrados bénticos asociados a diferentes cuerpos de agua de la confluencia de los ríos Orinoco y Ventuari. Los principales hábitat muestreados incluyeron: los bancos laterales de caños y ríos con abundante hojarasca; vegetación acuática enraizada y raíces sumergidas de árboles; troncos sumergidos; playas arenosas con y sin hojarasca; y pozos formados entre las rocas expuestas de los caños y ríos (lajas). En 26 estaciones de muestreo, se colectaron un total de 99 muestras y se cuantificaron 2323 organismos asignados a 42 familias. Se estima que la riqueza total –a nivel específico- podría sobrepasar ampliamente las 50 especies. Esta está constituida principalmente por insectos acuáticos, moluscos gasterópodos y bivalvos, anélidos oligoquetos e hirudíneos, planarias y crustáceos branquiópodos conchostráceos. La mayor riqueza -a nivel de familias- se observó en la subregión 2 (río Ventuari) con 34 taxa identificados, seguida por la subregión 1 (Orinoco 1) con 31 y, por último, la subregión 3 (Orinoco 2) con 24 taxa reconocidos. La extracción minera y el abundante tráfico de embarcaciones río arriba podrían ser la causa de la disminución de la biodiversidad de macroinvertebrados aguas abajo en la subregión Orinoco 2. En general los ambientes acuáticos de la zona muestran poca o ninguna intervención humana, y parecería que el peligro más inminente para el bentos fuera la minería sin control.

INTRODUCCIÓN

Los ambientes acuáticos venezolanos representan un componente importante de nuestro territorio, formando una gran red de cauces medianos y grandes de extensión variable, tanto en los llanos como en las vertientes de las cordilleras montañosas. En particular, los ríos del sur del país son en general caudalosos y sus aguas pueden ser turbias debido al sedimento arcilloso que transportan, transparentes y las llamadas aguas negras debido al color café que poseen gracias a la presencia de materia orgánica disuelta. Con respecto al grado de contaminación, en general se puede decir que aquellos ríos del sur del país se encuentran menos contaminados y en algunos casos son ambientes totalmente prístinos con muy poca o ninguna alteración por parte del ser humano. Nuestros ríos albergan una rica biota de peces tropicales e invertebrados entre los cuales se destacan los insectos acuáticos que conforman comunidades importantes en lagos, ríos y presas construidas por el hombre.

Los invertebrados bentónicos son muy importantes en la transferencia de energía a través de los niveles tróficos en sistemas acuáticos. Muchos de ellos incorporan material alóctono y transforman y transfieren material autóctono dentro del sistema (Wallace y Merrit 1980). Algunos grupos como los insectos acuáticos se alimentan de algas unicelulares, bacterias, hongos, plantas vasculares y detrito proveniente de hojas, zooplancton, otros invertebrados y peces pequeños (McCafferty 1981), mientras que otros como las almejas, caracoles y algunos insectos son filtradores de seston. Por otra parte, también constituyen los principales ítem alimenticios de estadios juveniles de peces

(Lowe-McConnell 1975), cangrejos, camarones y aves (Epler 1995). Las comunidades de macroinvertebrados bénticos han sido utilizadas con mucha frecuencia como indicadores de contaminación acuática y se han desarrollado metodologías con este fin, aplicadas con bastante éxito en zonas templadas (Hynes 1970, Barbour et al. 1995, Epler 1995). Desafortunadamente en la región Neotropical nos enfrentamos con el problema de la gran biodiversidad y el poco conocimiento que tenemos de ella. Por esta razón, los estudios en los cuales se utilizan a las comunidades de invertebrados acuáticos para evaluar el estado de intervención de los sistemas acuáticos son escasos. Una primera actividad para progresar en este sentido es acumular conocimientos sobre la biodiversidad de los invertebrados acuáticos y tener una base sólida para realizar estudios de monitoreo ambiental (Roldán 1999). La metodología Aquatic Rapid Assesment (Chernoff y Willink 2000) es una herramienta que ha brindado una gran cantidad de conocimiento en poco tiempo acerca de la diversidad de las comunidades bénticas en Venezuela y en otros países neotropicales como Brasil y Bolivia (Chernoff y Willink 1999, 2000). En Venezuela se ha aplicado con mucho éxito en el río Caura (Chernoff et al. 2003) y en el Delta del Orinoco (Lasso et al. 2004), contribuyendo significativamente a incrementar el conocimiento de la biodiversidad de nuestros sistemas acuáticos. En esta oportunidad aplicamos la metodología AquaRAP para evaluar la zona de confluencia entre el río Orinoco y el río Ventuari. Esta zona presenta una población local relativamente alta, tiene cierta actividad turística relacionada con la pesca deportiva del pavón (*Cichla* spp) y existe una actividad minera ilegal que ha causado daños ambientales en algunas zonas cercanas. Por estas razones es importante adelantar estudios de biodiversidad que provean una línea base para futuras acciones en pro de la conservación.

METODOS

Los métodos de muestreo incluyeron redes de mano de varios tipos (redes de playa, draga Hydrobios de volumen conocido y tamices calibrados de 2 mm de abertura) (Hynes 1970). En el caso de la hojarasca, vegetación acuática y troncos sumergidos, se utilizó la búsqueda por método visual por espacio de 1,5 a 2 horas por localidad georeferenciada. En bancos de arena, utilizamos un tamiz calibrado, búsqueda por método visual y varias clases de redes incluyendo una red de mano y playa (Roldán 1996). Todos los organismos colectados fueron fijados en el campo con una solución de etanol al 70% para insectos acuáticos y una solución de formol al 5 % en el caso de los caracoles.

Para la identificación, se emplearon un microscopio estereoscópico, un microscopio óptico y claves convencionales para asignar el nivel de familia a todos los grupos. Algunas muestras fueron identificadas hasta género y especie, dependiendo del grado de dificultad taxonómica y el tiempo (Needhan y Westfall 1955, Edmonson 1959, Hilsenhoff 1970, Peters 1971, Bryce y Hobart 1972, Benedetto 1974, Flint 1974, Edmunds 1976, Merrit y Cummins 1978, Hulbert et al. 1981 a, b, Daigle 1991, 1992; Roldán 1996, Milligan 1997).

Para describir y comparar la estructura comunitaria, se calcularon la dominancia relativa por taxa, la riqueza (S'), la uniformidad (E) y los índices de diversidad de Shannon-Wiener (H') Margalef (M) (Ludwig y Reynolds 1988), basados en la identificación a nivel de familias para homogeneizar el nivel taxonómico a comparar.

RESULTADOS

Se muestrearon 26 localidades georeferenciadas agrupadas en tres subregiones o áreas focales: 1) Área focal Orinoco 1, aguas arriba del campamento base (Manaka), con nueve muestreos en el río Orinoco y caños aledaños; 2) area focal Orinoco 2, aguas abajo del campamento base, con siete muestreos en el Orinoco y caños aledaños; y 3) area focal Ventuari, aguas arriba del campamento base, diez muestras en el río Ventuari y caños aledaños. El procesamiento de las muestras resultó en 2.323 organismos procesados e identificados. Se identificó un total de 42 familias, siendo la gran mayoría artrópodos de la clase Insecta (32), seguido por los moluscos (4) y crustáceos (3). El resto se repartió entre los oligoquetos, hirudíneos y turbelarios, que sólo fueron colectados ocasionalmente (Tabla 5.1).

Subregión o area focal 1: Orinoco 1

ORI.1 – Laguna y caño Macuruco

Incluye a una laguna de inundación del río Orinoco y un pequeño caño lateral reciente (se seca en algún momento del año), de aguas claras. La fauna bentónica es escasa, siendo los efemerópteros de la familia Polymitarcidae los individuos más abundantes con un 15% de dominancia. Sobre la superficie del agua dominan los hemípteros, representados principalmente por especies nadadoras de superficie de las familias Notonectidae y Gerridae, con un acumulado entre ambas de 56% de dominancia (Tabla 5.2). El caño se comunica con un estero, el cual por ser un ambiente muy diferente se consideró por separado.

ORI 1.2 – Estero de Macuruco

Laguna de aguas transparentes, con abundante vegetación enraizada (*Cabomba* sp y *Chara* sp) y hojarasca en el fondo. La fauna bentónica está representada por odonatos, dípteros, hemípteros, coleópteros, anélidos oligoquetos e hirudíneos, crustáceos conchostráceos (*Cyclestheria hislopi*) y moluscos gastrópodos de la familia Ancylidae. La dominancia es relativamente alta en los hemípteros de la familia Gerridae (28,7%), los crustáceos cyclestéridos (27%) y los dípteros quironómidos (20,2%) (Tabla 5.2).

Tabla 5.1. Lista taxonómica de los macroinvertebrados identificados en las tres subregiones muestreadas del AquaRAP Orinoco – Ventuari 2003.

Clase Insecta
Orden Coleoptera
Familia
Gyrinidae
Hydrophilidae
Elmidae
Dytiscidae
Staphylinidae
Orden Ephemeroptera
Familia
Leptophlebiidae
Polymitarcidae
Siphlonuridae
Tricorythidae
Oligoneuridae
Orden Trichoptera
Familia
Leptoceridae
Polycentropodidae
Hydropsychidae
Orden Odonata
Familia
Libellulidae
Coenagrionidae
Gomphiidae
Aeshnidae
Orden Diptera
Familia
Chironomidae
Culicidae
Tipulidae
Muscidae
Ceratopogonidae
Orden Hemiptera
Familia
Corixidae
Gelastocoridae
Gerridae
Veliidae
Notonectidae

ORI 1. 3 - Caño Moyo

Caño de aguas negras. Los hábitat principales están constituidos por playas arenosas y fondos de hojarasca. La diversidad y la abundancia de organismos bentónicos son bajas. El bentos está representado por coleópteros, odonatos, tricópteros, dípteros y hemípteros. De ellos los hemípteros de la familia Notonectidae son los dominantes con un 55,6% de abundancia relativa, seguido de los Odonata de la familia Libelulidae con 25,9%. A excepción de los quironómidos con un 5,6%, los otros taxa poseen valores menores al 2 % (Tabla 5.2).

ORI 1. 4 - Caño Perro de Agua

Caño de aguas negras. Los principales hábitat están constituidos por fondos de hojarasca y troncos sumergidos. Los organismos bentónicos están representados principalmente por insectos acuáticos y algunos anélidos oligoquetos e hirudíneos (Tabla 5.2). Los insectos acuáticos están representados por efemerópteros, dípteros, odonatos, tricópteros, hemípteros y coleópteros. Con respecto a la abundancia relativa, los odonatos de la familia Libelulidae poseen el más alto valor (31,3 %), seguidos de los tricópteros de la familia Leptoceridae con un 15,4% y luego los efemerópteros de la familia Polymitarcidae con un 12,6%.

ORI 1. 5 - Caño Guapachana

Caño de aguas muy negras. Los hábitat principales están constituidos por playas arenosas sin vegetación acuática enraizada y con abundante hojarasca y troncos sumergidos. El bentos está representado por insectos acuáticos, anélidos oligoquetos e hirudíneos y gusanos turbelarios (Platyhelmintos). Los insectos acuáticos incluyen a los efemerópteros, tricópteros y odonatos. En los fondos de hojarasca son muy abundantes los tricópteros, mientras que en los troncos sumergidos son abundantes los efemerópteros taladradores de la familia Polymitarcidae (Campsurinae). Los quironómidos son los de mayor abundancia con un 36,9%, seguido de los efemerópteros con un valor de 24% acumulado en cuatro familias (Tabla 5.2), de las cuales la familia Tricorythidae es la más abundante con un 12 %. Siguen los tricópteros con un 15 %, de los cuales la familia Leptoceridae posee el mayor valor (10,3 %). Entre los Odonata domina la familia Libelulidae con un 11,1%. Los otros taxa no superan más del 5% de abundancia.

Síntesis

En esta área focal encontramos caños laterales tributarios, lagunas internas de inundación, canales de escorrentía y caños laterales a los tributarios. Los principales hábitat y biotopos muestreados incluyeron bancos laterales de hojarasca, vegetación acuática, raíces sumergidas de plantas, troncos sumergidos y playas arenosas.

Los macroinvertebrados bentónicos están representados principalmente por insectos acuáticos, crustáceos branquiópodos, anélidos oligoquetos e hirudíneos y moluscos gastrópodos de la familia Ampullariidae (*Pomacea* sp) y Ancylidae. Los insectos acuáticos son el grupo

Tabla 5.2. Taxa, número de individuos (n) y abundancia relativa (%) de los macroinvertebrados de la subregión o area focal 1 (Orinoco 1 – ORI 1): ORI 1.1 - Laguna y caño Macuruco; ORI 1.2 – Estero de Macuruco; ORI 1.3 - Caño Moyo; ORI 1.4 - Caño Perro de Agua; ORI 1.5 - Caño Guapachana.

	Estaciones ORI											
TAXA	**ORI 1.1**		**ORI 1.2**		**ORI 1.3**		**ORI 1.4**		**ORI 1.5**		**Total ORI 1**	
COLEOPTERA												
Gyrinidae	6	(7,5)	1	(0,2)			4	(2,2)	5	(1,4)	16	(1,2)
Elmidae	2	(2,5)					5	(2,7)	2	(0,6)	9	(0,7)
Dytiscidae	2	(2,5)			1	(2,0)	4	(2,2)			7	(0,5)
EPHEMEROPTERA												
Leptophlebiidae									12	(3,4)	12	(0,9)
Polymitarcidae	12	(15,0)					23	(12,6)	26	(7,4)	61	(4,7)
Siphlonuridae			2	(0,3)					8	(2,3)	10	(0,8)
Tricorythidae			53	(8,2)			1	(0,5)	42	(12,0)	96	(7,3)
TRICHOPTERA												
Leptoceridae					1	(2,0)	28	(15,4)	36	(10,3)	65	(5,0)
Polycentropodidae?							1	(0,5)	1	(0,3)	2	(0,2)
Hydropsychidae									16	(4,6)	16	(1,2)
ODONATA												
Libellulidae	5	(6,3)	4	(0,6)	14	(28,5)	57	(31,3)	39	(11,1)	119	(9,1)
Coenagrionidae			2	(0,3)			2	(1,1)	1	(0,3)	5	(0,4)
Gomphiidae					2	(4,1)	2	(1,1)	1	(0,3)	5	(0,4)
DIPTERA												
Chironomidae	3	(3,8)	130	(20,2)	3	(6,1)	11	(6,0)	129	(36,9)	276	(21,1)
Tipulidae	1	(1,3)					1	(0,5)			2	(0,2)
Muscidae	1	(1,3)									1	(0,1)
Ceratopogonidae			43	(6,7)							43	(3,3)
HEMIPTERA												
Corixidae			6	(0,9)			1	(0,5)			7	(0,5)
Gelastocoridae					1	(2,0)					1	(0,1)
Gerridae	17	(21,3)	185	(28,7)	1	(2,0)	22	(12,1)			225	(17,2)
Veliidae			1	(0,2)							1	(0,1)
Notonectidae	28	(35,0)			30	(61,1)	7	(3,8)	1	(0,3)	66	(5,0)
Naucoridae					1	(2,0)					1	(0,1)
LEPIDOPTERA	1	(1,3)							1	(0,3)	2	(0,2)
CRUSTACEA												
Cyclestheriidae												
Cyclestheria hislopi			174	(27,0)							174	(13,3)
Palaemonidae							3	(1,6)			3	(0,2)
ANNELIDA												
Oligochaeta			41	(6,4)			9	(4,9)	6	(1,7)	56	(4,3)
Hirudinea 1									5	(1,4)	5	(0,4)
Hirudinea 2							1	(0,5)	1	(0,3)	2	(0,2)
Plathyhelminthes												
Turbellaria									1	(0,3)	1	(0,1)
MOLLUSCA												
GASTROPODA												
Ampullariidae												
Pomacea sp	2	(2,5)										
Ancylidae			3	(0,5)					17	(4,9)	20	(1,5)
Total individuos	80		645		54		182		350		1311	
Riqueza	13		12		9		18		20		31	

predominante. Encontramos coleópteros de las familias Dytiscidae, Hydrophilidae y Gyrinidae. En los bancos de hojarasca son muy conspicuos los ditíscidos del género *Megadytes*. Los efemerópteros están representados por especies de las familias Polymitarcidae, Leptoceridae y Tricorythidae como las más comunes. Entre los tricópteros, la familia Leptoceridae es la más común en la zona, seguida de la familia Hydropsichidae. Las familias de odonatos más abundantes son Libellulidae y Coenagrionidae. De este grupo, las especies de Libellulidae se encuentran mayormente distribuidas y fueron las más abundantes. Los dípteros de la familia Chironomidae fueron los más abundantes en el área (Figura 5.1), especialmente en los bancos de hojarasca. Siguen en orden de abundancia los hemípteros de la familia Gerridae. Se encontró un gran número de crustáceos de la especie *Cyclestheria hislopi* (Cyclestheridae), pero ellos están confinados a la laguna Macuruco. En el caso de los efemerópteros, tenemos tres familias (Leptoceridae, Polymitarcidae y Tricorythidae) que aparecen uniformemente representadas con valores de dominancia entre 5 y 8 %, los cuales no son lo usual en los otros taxa donde por lo general una sola familia es la predominante.

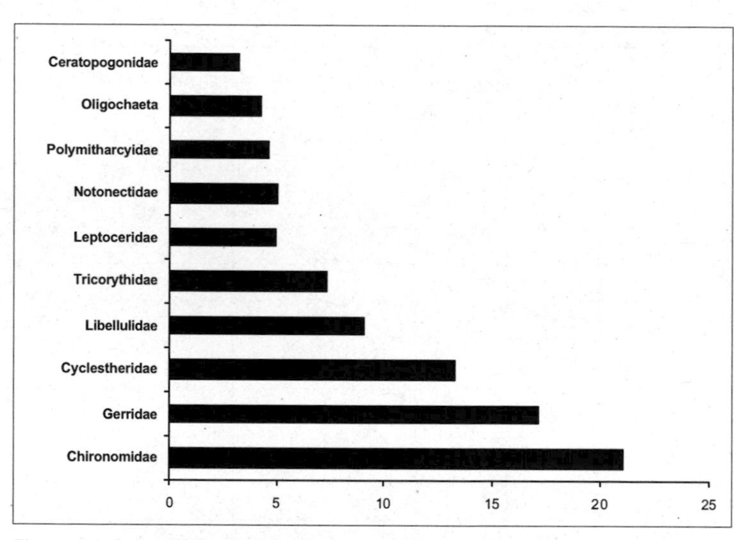

Figura 5.1. Composición relativa (riqueza taxonómica - %) de las diez familias de macroinvertebrados bentónicos más importantes colectados en el área focal Orinoco 1.

La mayoría de los sitios georeferenciados presentan una diversidad y riqueza de especies de moderada a baja (Tabla 5.3). A pesar de que la laguna de Macuruco posee igual riqueza que el caño Guachapana, es este último y el caño Perro de Agua quienes poseen el mayor índice de diversidad debido a que la abundancia de las especies está más uniformemente distribuida, y por lo tanto poseen el mayor índice de uniformidad (E). El caño Moyo presenta la menor diversidad de macroinvertebrados bentónicos. Llama la atención que posee valores muy bajos de riqueza, diversidad y uniformidad, lo cual puede ser indicio de que esta comunidad está alterada por la influencia antropogénica tal como la minería.

Subregión o Área Focal 2: Río Ventuari

VT. 1 - Caño Guapuchi

Caño de aguas claras, de apariencia verdosa. Los hábitat principales incluyen playas arenosas sin vegetación acuática enraizada y con poca hojarasca y troncos sumergidos. El bentos está representado por insectos acuáticos y solamente un molusco bivalvo. Los insectos acuáticos están representados por coleópteros, dípteros y hemípteros. Los hemípteros de la familia Gerridae son el taxón dominante (78%), siendo particularmente abundantes en las playas arenosas. Este caño presenta una baja riqueza de macroinvertebrados (Tabla 5.4).

VT. 2 - Caño Tigre

Caño de aguas claras y color verde oscuro. Los principales hábitat están constituidos por fondos de hojarasca y pozos entre las piedras (lajas). Los organismos bentónicos están representados principalmente por insectos acuáticos y muy escasamente se colectaron un crustáceo anfípodo y algunas sanguijuelas dentro de los anélidos. Entre los insectos, encontramos a los coleópteros de la familia Dytiscidae como los más abundantes (39 %), seguidos de los hemípteros de la familia Gerridae (20,7 %), Odonata - Libelulidae (12,8%) y culícidos (7,4%) que se encuentran en los pequeños pozos aislados que se forman sobre las grandes piedras al margen del caño (Tabla 5.4).

Tabla 5.3. Resumen de indicadores comunitarios de la subregión o area focal 1: Orinoco 1.

Código	Localidad	Riqueza (S')	Diversidad (H')	Margalef	Uniformidad (E)	n
ORI 1.1-1.2	Laguna y Caño Macuruco	20	1,99	2,886	0,664	723
ORI 1.3	Caño Moyo	9	1,328	2,005	0,604	54
ORI 1.4	Caño Perro de agua	18	2,188	3,266	0,757	182
ORI 1.5	Caño Guachapana	20	2,121	3,243	0,708	350
	Total	**31**	**2,485**	**4,18**	**0,723**	**1302**

Tabla 5.4. Familias, número de individuos (n) y abundancia relativa (%) de los macroinvertebrados de la subregión o area focal 2 (Ventuari – VT): VT 1 – Caño Guapuchi; VT 2 – Caño Tigre; VT 3 - Caño Chipiro; VT 4 – Río Ventuari, Laja La Calentura; VT 5 – Laguna Lorenzo; VT 6 Caño Palometa.

	Estaciones VT													
TAXA	VT 1		VT 2		VT 3		VT 4		VT 5		VT 6		Total VT	
COLEOPTERA														
Gyrinidae			1	(0,5)	1	(1,0)	1	(0,3)					2	(0,3)
Hydrophilidae	1	(3,1)	18	(9,6)									19	(2,6)
Elmidae			2	(1,1)	3	(3,1)	9	(3,0)	21	(22,1)	1	(0,8)	33	(4,4)
Dytiscidae			71	(37,8)	7	(7,3)	7	(2,3)			2	(1,6)	80	(10,8)
EPHEMEROPTERA														
Leptophlebiidae							27	(9,0)	1	(1,1)			28	(3,8)
Polymitarcidae							2	(0,7)			7	(5,4)	9	(1,2)
Tricorythidae							1	(0,3)					1	(0,1)
Oligoneuridae							1	(0,3)					1	(0,1)
TRICHOPTERA														
Leptoceridae									14	(14,7)	2	(1,6)	16	(2,2)
Polycentropodidae?					1	(1,0)	134	(44,7)					134	(18,0)
Hydropsychidae							10	(3,3)	16	(16,8)			26	(3,5)
ODONATA														
Libellulidae			24	(12,8)	2	(2,1)	7	(2,3)	15	(15,8)	27	(20,9)	73	(9,8)
Coenagrionidae							1	(0,3)					1	(0,1)
Gomphiidae			1	(0,5)					2	(2,1)			3	(0,4)
Aeshnidae					1	(1,0)	1	(0,3)					1	(0,1)
DIPTERA														
Chironomidae	2	(6,3)			10	(10,4)	18	(6,0)	4	(4,2)	2	(1,6)	26	(3,5)
Culicidae			14	(7,4)	24	(25,0)	24	(8,0)			1	(0,8)	39	(5,2)
Tipulidae					3	(3,1)	3	(1,0)					3	(0,4)
Muscidae					1	(1,0)	1	(0,3)					1	(0,1)
HEMIPTERA														
Corixidae	2	(6,3)	6	(3,2)			2	(0,7)	2	(2,1)			12	(1,6)
Gerridae	25	(78,1)	39	(20,7)	1	(1,0)	1	(0,3)	6	(6,3)	10	(7,8)	81	(10,9)
Veliidae					30	(31,3)	30	(10,0)					30	(4,0)
Notonectidae	1	(3,1)	6	(3,2)	1	(1,0)	1	(0,3)	9	(9,5)	66	(51,2)	83	(11,2)
Belostomatidae					2	(2,1)	2	(0,7)	1	(1,1)			3	(0,4)
Nepidae					5	(5,2)	5	(1,7)	2	(2,1)	1	(0,8)	8	(1,1)
Naucoridae									2	(2,1)			2	(0,3)
NEUROPTERA														
Corydalidae							3	(1,0)					3	(0,4)
Lepidoptera							1	(0,3)					1	(0,1)
CRUSTACEA														
AMPHIPODA			1	(0,5)									1	(0,1)
DECAPODA														
Palaemonidae											6	(4,7)	6	(0,8)
ANNELIDA														
OLIGOCHAETA					1	(1,0)	2	(0,7)					2	(0,3)
HIRUDINEA 1			5	(2,7)									5	(0,7)
MOLLUSCA														
GASTROPODA														
Ampullariidae														
Pomacea sp					3	(3,1)	5	(1,7)			4	(3,1)	9	(1,2)
Melanidae														
BIVALVIA														
Mycetopodidae														
Anodontites sp	1	(3,1)					1	(0,3)					2	(0,3)
Total individuos	32		188		96		300		95		129		744	
Riqueza	6		12		17		28		13		12		34	

VT 3. 1 - Caño Chipiro
Caño de aguas color verde intenso. Los hábitat principales están constituidos por fondos de hojarasca y troncos sumergidos. Los organismos bentónicos están representados por insectos acuáticos y moluscos gastrópodos de la familia Ampullariidae (*Pomacea* sp). En el caso de los insectos acuáticos encontramos los hemípteros de la familia Velidae como las más abundantes con un 31,3 %. Siguen los dípteros (Culicidae) muy abundantes (25%) en las aguas muy someras entre la hojarasca y cavidades de troncos en las márgenes del caño. Los dípteros quironómidos también son relativamente abundantes con un 10,4 %. El resto de los taxa muestra una baja abundancia (Tabla 5.4).

VT 3. 2 – Río Ventuari, Laja La Calentura
Cauce principal (aguas claras) del río Ventuari. Los hábitat principales incluyen la vegetación acuática arraigada en los rápidos (Podostemonaceae), troncos sumergidos, raíces sumergidas de plantas y hojarasca atrapada entre los troncos sumergidos. Los organismos bentónicos están representados por insectos acuáticos, moluscos gastrópodos de la familia Ampullariidae (*Pomacea* sp) y almejas de la familia Mycetopodidae (*Anodontites* sp). Los insectos acuáticos están representados con mayor abundancia por los tricópteros de la familia Polycentropidae con un 44,7% (Tabla 5.4), seguidos de otros taxa como efemerópteros (Leptophlebidae), dípteros (Culicidae) y hemípteros (Velidae), con una abundancia entre 8 y 10%. El resto de los taxa posee menores valores de abundancia. En este sitio encontramos únicamente a los neurópteros de la familia Corydalidae. Es de notar que a pesar de la poca abundancia de individuos, esta es la localidad donde se colectó el mayor número de taxa (28).

VT 3. 3 – Laguna Lorenzo
Laguna de inundación del río Ventuari con aguas color verde oscuro. Los hábitat principales fueron los fondos de hojarasca y troncos sumergidos. Los organismos bentónicos están representados principalmente por los insectos acuáticos, de los cuales los más abundantes fueron los coleópteros (Elmidae-22,1%), tricópteros (Hydropsichdae-16,8% y Leptoceridae-14,7%), odonatos (Libelulidae-15,8%), hemípteros (Notonectidae-9,5% y Velidae-6,3%) y finalmente, dípteros (Chironomidae-4,2%). Otros taxa aparecen con valores de abundancia menores al 3% (Tabla 5.4).

VT 4 - Caño Palometa (= Caño Negro)
Caño de aguas negras y turbias. Los hábitat principales están constituidos por fondos de hojarasca y troncos sumergidos. Los organismos bentónicos están representados por insectos acuáticos y moluscos gastrópodos de la familia Ampullariidae (*Pomacea* sp). Los insectos acuáticos están representados en primer lugar por hemípteros de las familias Notonectidae (51,2%) y Gerridae (7,8%), odonatas de la familia Libelulidae (20,9%), efemerópteros de la familia Polymitarcidae (5,4%) y otros taxa que aparecen con valores menores (Tabla 5.4).

Síntesis
En esta área encontramos caños laterales tributarios, lagunas internas de inundación, canales de escorrentía y lajas. Los principales hábitat muestreados incluyeron bancos laterales de hojarasca, vegetación acuática, raíces sumergidas de plantas, troncos sumergidos, playas arenosas y pozos formados entre las rocas (lajas).

Los macroinvertebrados bentónicos están representados principalmente por insectos acuáticos, anélidos oligoquetos e hirudíneos, moluscos gasterópodos de la familia Ampullariidae (*Pomacea* sp) y almejas de la familia Mycetopodidae (*Anodontites* sp). Los insectos acuáticos fueron el grupo predominante. Los tricópteros de la familia Polycentropidae poseen la mayor abundancia relativa (18%), seguidos por Dytiscidae, Libelulidae, Gerridae y Notonectidae con una abundancia relativa alrededor del 11%. El resto de las familias posee valores menores al 5% (Figura 5.2). La mayor riqueza de familias corresponde al río Ventuari (Laja La Calentura) con 28 taxa, seguido del caño Chipiro con 17 (Tabla 5.5). De acuerdo al índice de diversidad de Margalef, corresponden a estas localidades la mayor diversidad y uniformidad. Es interesante resaltar que la localidad de La Calentura (laja) en el río Ventuari presentó la mayor riqueza de toda el área con 28 familias de macroinvertebrados. Se debería hacer un seguimiento a esta localidad para ratificar estos resultados e investigar acerca de las características especiales de esta zona. El caño Guapuchi presenta la menor diversidad de todos los caños muestreados, lo que podría estar relacionado con el hecho de que la mayoría de las muestras se tomaron cerca de un caserío cuyas actividades se evidenciaban en la tala en los alrededores.

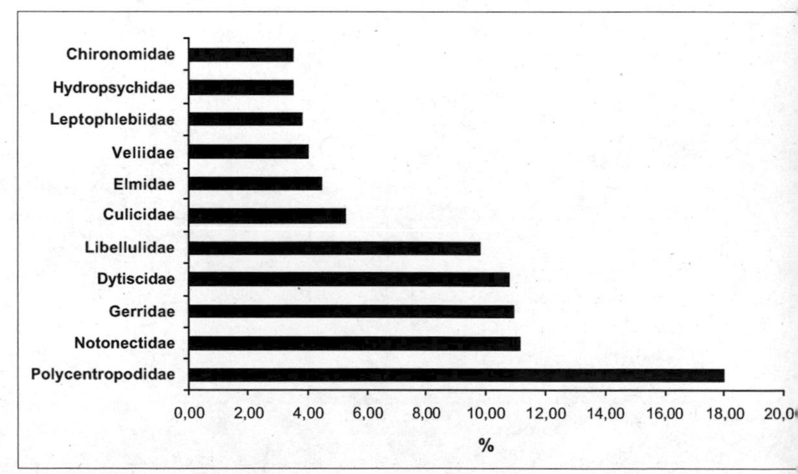

Figura 5.2. Composición relativa (riqueza taxonómica - %) de las 11 familias de macroinvertebrados bentónicos más importantes colectados en el área focal Ventuari.

Tabla 5.5. Resumen de indicadores comunitarios de la subregión o area focal 2: Río Ventuari.

Código	Localidad	Riqueza (S')	Diversidad (H')	Margalef	Uniformidad (E)	n
VT 1	Caño Guapuchi	6	0,864	1,442	0,482	32
VT 2	Caño Tigre	12	1,823	2,1	0,733	188
VT 3	Caño Chipiro	17	2,109	3,505	0,744	96
VT 4	Calentura	28	2,124	4,55	0,644	300
VT 5	Laguna Lorenzo	13	2,159	2,635	0,841	95
VT 6	Caño Palometa	12	1,583	2,263	0,637	129
	Total Ventuari	**33**	**2,703**	**4,845**	**0,773**	**738**

Área focal 3: Orinoco 2

ORI 2.1 Caño Cangrejo

Caño de aguas claras y apariencia verdosa. Los hábitat principales están constituidos por fondos de hojarasca. Los organismos bentónicos incluyeron insectos acuáticos y moluscos gastrópodos de la familia Ampullariidae (*Pomacea* sp - 4,3%.). Los insectos acuáticos estuvieron representados por los coleópteros de la familia Gyrinidae y los dípteros Chironomidae como los más abundantes (23,4%). Siguen los hemípteros de la familia Nepidae (*Ranatra* sp) con un 14,9 %. Otros taxa aparecen con valores de menos del 9% (Tabla 5.6).

ORI 2. 2 Caño Manaka

Caño de aguas claras. En la parte baja existen abundantes troncos sumergidos y una gruesa capa de hojarasca en el fondo. En la parte alta tiene la fisonomía de un morichal de 1,5 m de ancho y poco profundo, de aguas cristalinas con poca hojarasca, algunos troncos sumergidos y raíces sumergidas de palmas y otras plantas. El bentos en este lugar está constituido principalmente insectos acuáticos. Los representantes por orden de abundancia fueron: dípteros (Chironomidae-35,6%); coleópteros (Dytiscidae-17,2%); tricópteros (Leptoceridae-11,5%); odonatos (Libelulidae-6,9%); y efemerópteros (Leptophlebidae-5,7%). Otros taxa poseen valores menores a 4% (Tabla 5.6).

ORI 2. 3 Caño El Carmen

Caño de aguas claras. En la parte baja posee abundantes troncos sumergidos y una gruesa capa de hojarasca en el fondo. El borde del caño es pronunciado con el fondo arenoso. En la parte alta tiene aspecto de morichal de 5 a 10 m de ancho y una profundidad de un poco más de un metro, de aguas cristalinas, con poca hojarasca, algunos troncos sumergidos y raíces sumergidas de palmas y otras plantas. En este caño, todo el margen estuvo afectado por la quema y la tala. Los organismos del bentos incluyeron en orden de abundancia a: efemerópteros (Leptophlebidae-33,8%); odonatas (Libelulidae-29,4%); hemípteros (Gerridae-14,7% y Nepidae-8,8%); y otros taxa con valores menores al 5%. Se capturaron relativamente pocos individuos de todas las especies (Tabla 5.6).

ORI 2. 4 Caño Winare

Caño de aguas claras. Se observaron abundante vegetación acuática (ciperáceas) y poca hojarasca. El bentos estuvo constituido en orden de abundancia relativa por los siguientes grupos: odonatas (Libelulidae-39%); coleópteros (Dytiscidae, probablemente del género *Megadytes*-8,5% y Gyrinidae-8,5%); hemípteros (Gerridae); y dípteros (Chironomidae y Coenagrionidae), todos con 5,1%. El resto de los taxa tienen menos del 4% (Tabla 5.6).

ORI 2. 5 Morichal Caño Verde

Morichal de cinco metros de ancho máximo y una profundidad máxima de un metro, con aguas cristalinas, poca hojarasca y abundante vegetación acuática. Se observan también algunos troncos y raíces sumergidas de palmas y otras plantas. Los organismos del bentos incluyeron principalmente a los hemípteros de la familia Naucoridae con un 47,4%. Le siguen otros hemípteros (Nepidae, Belostomatidae y Gerridae) y coleópteros (Hydrophilidae) con un 10,5% cada uno de ellos. Se capturaron muy pocos individuos de todas las especies (Tabla 5.6).

Síntesis

En esta subregión encontramos caños laterales tributarios del río Orinoco que en la parte baja reflejan una gran influencia de este río, pero que en la alta muestran un aspecto de morichales de aguas cristalinas con poca hojarasca. Los principales hábitat muestreados incluyeron hojarasca retenida en troncos y raíces sumergidas de plantas. Los macroinvertebrados bentónicos están representados principalmente por insectos acuáticos, anélidos oligoquetos e hirudíneos, moluscos gastrópodos de la familia Ampullariidae (*Pomacea* sp) y almejas de la familia Mycetopodidae (*Anodontites* sp).

Los insectos acuáticos fueron el grupo predominante (Figura 5.3). Los Odonata (Libelulidae) y Diptera (Chironomidae) mostraron la mayor abundancia relativa, seguida por los efemerópteros (Leptophlebidae) y coleópteros (Dytiscidae y Gyrinidae). La mayor diversidad y riqueza de especies se observaron en el caño Winare y la menor el Morichal Caño Verde (Tabla 5.7).

En 26 estaciones de muestreo se colectaron un total de 99 muestras y se cuantificaron 2323 organismos asignados a 42 familias. La diversidad de la región es semejante a la región del Caura en donde colectamos 46 familias (García y Pereira, 2003). Una comparación de los indicadores comunitarios por

Tabla 5.6. Familias, número de individuos (n) y abundancia relativa (%) de los macroinvertebrados de la subregión o area focal 3 (Orinoco 2 – ORI 2): ORI 2.1 – Caño Cangrejo; ORI 2.2 – Caño Manaka; ORI 2.3 - Caño El Carmen; ORI 2.4 - Caño Winare; ORI 2.5 – Morichal caño Verde.

	Estaciones ORI 2											
TAXA	**ORI 2.1**		**ORI 2.2**		**ORI 2.3**		**ORI 2.4**		**ORI 2.5**		**TOTAL ORI 2**	
COLEOPTERA												
Gyrinidae	11	(22,4)	2	(2,3)	1	(1,5)	5	(8,5)	1	(5,3)	20	(7,2)
Hydrophilidae	3	(6,1)	1	(1,1)	1	(1,5)	1	(1,7)	2	(10,5)	8	(2,9)
Elmidae			3	(3,4)							3	(1,1)
Dytiscidae			15	(17,2)			6	(10,2)			21	(7,5)
Staphylinidae							1	(1,7)			1	(0,4)
EPHEMEROPTERA												
Leptophlebiidae			5	(5,7)	23	(33,8)	1	(1,7)			29	(10,4)
Tricorythidae			1	(1,1)							1	(0,4)
TRICHOPTERA												
Leptoceridae			10	(11,5)			2	(3,4)			12	(4,3)
Hydropsychidae					1	(1,5)	2	(3,4)			3	(1,1)
ODONATA												
Libellulidae	3	(6,1)	6	(6,9)	20	(29,4)	23	(39,0)			52	(18,6)
Coenagrionidae			2	(2,3)			3	(5,1)	1	(5,3)	6	(2,2)
Gomphiidae	1	(2,0)			1	(1,5)					2	(0,7)
DIPTERA												
Chironomidae	11	(22,4)	31	(35,6)	1	(1,5)	3	(5,1)			46	(16,5)
HEMIPTERA												
Gerridae	3	(6,1)			10	(14,7)	3	(5,1)	2	(10,5)	18	(6,5)
Veliidae							1	(1,7)			1	(0,4)
Notonectidae					1	(1,5)	2	(3,4)			3	(1,1)
Belostomatidae			1	(1,1)					2	(10,5)	3	(1,1)
Nepidae	7	(14,3)			6	(8,8)	2	(3,4)	2	(10,5)	17	(6,1)
Naucoridae	1	(2,0)	5	(5,7)					9	(47,4)	15	(5,4)
CRUSTACEA												
Cyclestheriidae												
Cyclestheria hislopi							1	(1,7)			1	(0,4)
Palaemonidae	1	(2,0)					3	(5,1)			3	(1,1)
ANNELIDA												
OLIGOCHAETA	4	(8,2)									4	(1,4)
HIRUDINEA 1			2	(2,3)	3	(4,4)					5	(1,8)
GASTROPODA												
Ampullariidae	2	(4,1)									2	(0,7)
Pomacea sp	2	(4,1)										
Mycetopodidae											3	(1,1)
Anodontites sp			3	(3,4)								
Total individuos	49		87		68		59		19		279	
Riqueza	12		14		11		16		7		24	

subregión o área focal se especifica en la Figura 5.4. Los menores valores corresponden a la subregión o área focal 2 (Orinoco 2), aguas abajo del Campamento Manaka, tanto en número de individuos, riqueza de taxa, índices de diversidad y uniformidad. En esta subregión, en comparación con las otras dos subregiones, existe una importante actividad de tráfico de botes a motor, comercio local y minería en la zona, además de una mayor población.

Los órdenes de insectos acuáticos más abundantes y comunes fueron los efemerópteros, tricópteros y odonatos.

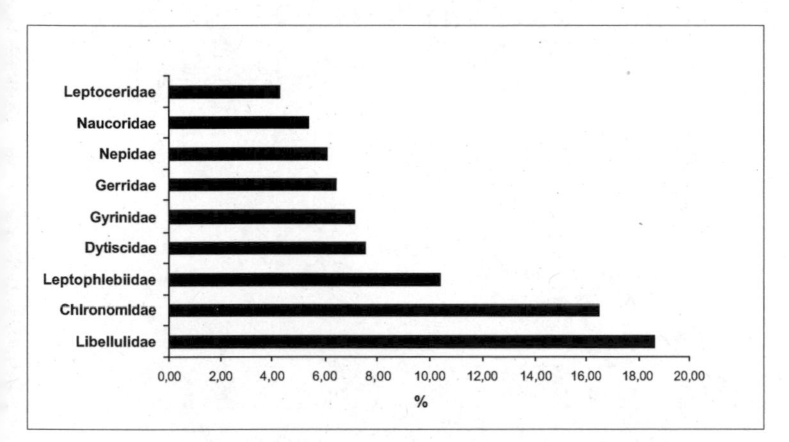

Figura 5.3. Composición relativa (riqueza taxonómica - %) de las nueve familias de macroinvertebrados bentónicos más importantes colectados en el área focal Orinoco 2.

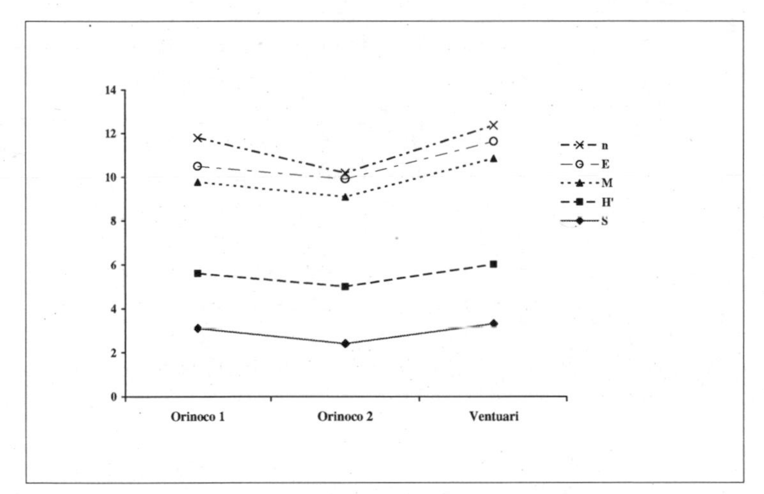

Figura 5.4. Indicadores comunitarios para las tres áreas muestreadas y analizadas, n= número de individuos/100; E= Uniformidad; M = Indice de Margfalef; H'= Indice de Shannon Wienner; S= Riqueza/10

Al igual que en el río Caura, esto es un indicio de aguas poco contaminadas y en general de un ambiente con poco grado de intervención. Sin embargo, es evidente la baja diversidad de la subregión o área focal 3, lo cual debe alertar sobre un posible inicio de deterioro ambiental. Obviamente esto es una hipótesis que no se debe descartar y que requiere de una investigación más detallada a objeto de tomar las medidas pertinentes.

CONCLUSIONES Y RECOMENDACIONES

- En 26 estaciones de muestreo se colectaron un total de 99 muestras y se cuantificaron 2323 organismos asignados a 42 familias.
- La diversidad de la región Orinoco-Ventuari es semejante a la región del río Caura (Guayana Venezolana) en donde se identificaron 46 familias.
- Los órdenes de insectos acuáticos más abundantes y comunes fueron los efemerópteros, tricópteros y odonatos. Al igual que en el caso del río Caura, esto es un indicio de aguas poco contaminadas y en general un ambiente con poco grado de intervención.
- La zona denominada Laja La Calentura en el área focal 2 (río Ventuari) mostró la mayor riqueza bentónica.
- La subregión o área Focal 2 (Orinoco 2), aguas abajo del Campamento base Manaka, mostró los valores más bajos tanto en número de individuos, riqueza de taxa, índices de diversidad y uniformidad.
- Se recomienda monitorear la subregión o área focal 2, con el fin de detectar los posibles agentes que puedan estar perturbando el medio acuático.

BIBLIOGRAFÍA

Barbour, M. T., J. Gerritsen. , B. D. Snyder y J. B. Stribling. 1995. Revision to rapid bioassessment protocols for use in streams and rivers: Peryphiton, Benthic Macroinvertebrates and fish. EPA. 841-D-97-002.

Tabla 5.7. Resumen de indicadores comunitarios en la subregión o area focal 3: Orinoco 2.

Código	Localidad	Riqueza (S')	Diversidad (H')	Margalef	Uniformidad (E)	n
ORI 2.1	Caño Cangrejo	11	2,08	2,597	0,867	47
ORI 2.2	Caño Manaka	14	2,078	2,91	0,787	87
ORI 2.3	Caño El Carmen	11	1,732	2,369	0,722	68
ORI 2.4	Caño Winare	16	2,219	3,678	0,8	59
ORI 2.5	Morichal Caño Verde	7	1,611	2,037	0,828	19
	Total Orinoco 2	**24**	**2,598**	**4,092**	**0,817**	**276**

Benedetto, L. 1974. Clave para la determinación de los plecópteros suramericanos. Studies on the Neotropical Fauna. 9: 141-170.

Bryce, D. y A. Hobart. 1972. The biology and identification of the larvae of the Chironomidae (Diptera). Entomologist's Gazette. 23: 175-215.

Chernoff, B., y P. W. Willink (eds.). 1999. A biological assessment of the aquatic ecosystem of the Upper Río Orthon Basin, Pando, Bolivia. RAP Bulletin of Biological Assessment 15. Conservation International. Washington, DC.

Chernoff, B., y P. W. Willink. 2000. AquaRAP sampling protocol. *En*: Willink, P. W., B. Chernoff, L. E. Alonso, J. R. Montambault y R. Lourival (eds.). A biological assessment of the aquatic ecosystem of the Pantanal , Mato Grosso do Sul, Brasil. RAP Bulletin of Biological Assessment 18. Washington, DC.: Conservation International. Pp. 241-242.

Chernoff, B., A. Machado-Allison. , K. Riseng y J. Montambault (eds.). 2003. A biological assessment of the aquatic ecosystem of the Caura river basin, Bolivar State, Venezuela. RAP Bulletin of Biological Assessment 28. Conservation International. Washington, DC.

Daigle, J. J. 1991. Florida Damselflies (Zygoptera): A species key to the aquatic larval stages. Department of Environmental Regulation. Florida State. Technical Series Vol. 11, No 1.

Daigle, J. J. 1992. Florida Dragonflies (Anisoptera): A species key to the aquatic larval stages. Department of Environmental Regulation. Florida State. Technical Series Vol. 12. No 1.

Edmonson, W. T. (ed.). 1959. Fresh-Water Biology. Second Edition. John Wiley & Sons, Inc . New York.

Edmunds, G. F., S. L. Jensen y L. Berner. 1976. The mayflies of North and Central America. University of Minnesota Press. Minneapolis.

Epler, J. H. 1995. Identification manual for the water beetles of Florida (Coleoptera: Cryopidae, Dytiscidae, Elmidae, Gyrinidae, Haliplidae, Hydraenidae, Hidrophilidae, Noteridae, Psephenidae, Ptilodactyllidae, Scirtidae). Final Report DEP Contract Number WM621. Department of Environmental Protection. Florida State. Tallahassee.

Flint, O. S. 1974. Studies of Neotropical Caddisflies, XVII: The Genus *Smicridea* from North and Central America (Trichoptera: Hydropsichidae). Smithsonian Contributions to Zoology. 167.

García, J. V. y G. Pereira. 2003. Diversity of Benthic macroinvetebrates from the Caura river basin, Bolivar State, Venezuela. *En*: Chernoff, B., A. Machado-Allison, K. Riseng y J. Montambault, (eds.). A biological assessment of the aquatic ecosystem of the Caura river basin, Bolivar state, Venezuela. RAP Bulletin of Biological Assessment 28. Washington, DC.: Conservation International. Pp. 49-55.

Hilsenhoff, W. L. 1970. Key to genera of Wisconsin Plecoptera (stonefly) nymphs Ephemeroptera (mayfly) nymps and Trichoptera (caddisfly) larvae. Research Report 67. Department of Natural Resources. Madison, Wisconsin.

Hurlbert, S. H., Rodríguez, G. y N. W. Dos Santos (eds.). 1981a. Aquatic Biota of Tropical South America. Parte 1. Arthropoda. San Diego University Press. San Diego.

Hurlbert, S. H. , Rodríguez, G. y N. W. Dos Santos (eds.). 1981 b. Aquatic Biota of Tropical South America. Parte 2. Anarthropoda. San Diego University Press. San Diego.

Hynes, H. B. 1970. The ecology of running waters. University of Toronto Press. Toronto.

Lasso, C., L. Alonso, A. Flores y G. Love (eds.). 2004. Rapid assessment of the biodiversity and social aspects of the aquatic ecosystem of the Orinoco Delta and the Gulf of Paria, Venezuela. RAP Bulletin of Biological Assessment 37. Conservation International. Washington, DC.

Lowe-McConnell. 1975. Fish communities in tropical freshwaters . Logman. New York.

Ludwig J. y F. Reynolds. 1988. Statistical Ecology: a primer on methods and computing. John Wiley and Sons. New York.

McCafferty, W. P. 1981. Aquatic Entomology. Jones and Bartlett Publishers. Boston.

Milligan, M. R. 1997. Identification manual for the aquatic Oligochaeta of Florida. Volume 1. Freshwater Oligochaetes. Final Report DEP Contract Number WM550. Department of Environmental Protection. Florida State. Tallahassee.

Merrit, R. W. y K. W. Cummins. 1978. An introduction to the aquatic insects of North America. Kendall-Hunt Publishing Co. Dubuque, Iowa.

Needham, J. G., y M. J. Westfall. 1955. A manual of the Dragonflies of North America, including the Grater Antilles and provinces of Mexican border. University of California Press. Berkeley.

Peters, W. L. 1971. A revision of the Leptophlebiidae of the West Indies (Ephemeroptera). Smithsonian Contributions to Zoology. 62.

Roldán G. P. 1996. Guía para el estudio de los macroinventebrados acuáticos del Departamento de Antioquia. Impreandes Presencia S. A.

Roldán G. P. 1999. Los macroinvertebrados y su valor como indicadores de la calidad del agua. Revista de la Academia Colombiana de Ciencias Exactas, Físicas y Naturales. 23: 375-387.

Wallace, J. B. y W. Merrit. 1980. Filter-feeding ecology of aquatic insects. Annual Review of Entomology. 25: 103-132.

Capítulo 6

Comunidad de crustáceos de la confluencia de los ríos Orinoco y Ventuari, Estado Amazonas, Venezuela

Guido Pereira y José Vicente García

RESUMEN

El presente trabajo forma parte de un AquaRAP realizado en la confluencia entre los ríos Orinoco y Ventuari en el sur de Venezuela, en el cual se evalúan las especies de camarones y cangrejos de agua dulce y se aportan datos taxonómicos, poblacionales y estado de la conservación de las especies y ambientes acuáticos de la zona.

En 20 estaciones de muestreo, se colectaron un total de 58 muestras y se identificaron de manera preliminar 14 especies de decápodos, dos especies de isópodos parásitos, una especie de conchostráceo y copépodo cyclopoide como representantes del zooplancton. Con respecto a los crustáceos decápodos, la zona presenta una diversidad alta. Se encontró un número de especies (14) mayor que en los AquaRAPs previos en aguas interiores de Suramérica. En general, los ambientes acuáticos de la zona muestran poca o ninguna intervención humana, y parecería que el peligro más inminente lo constituyeran la minería sin control y la pesca comercial y deportiva sin reglamentación.

INTRODUCCIÓN

Los crustáceos representan un grupo de artrópodos muy importante cuya mayor diversidad ocurre en los ambientes acuáticos, primariamente en los ambientes marinos, luego en los ambientes dulceacuícolas y, finalmente, pocas familias son terrestres y aún menos han logrado la total independencia de los ambientes acuáticos. A pesar de que el grupo no es particularmente diverso en ambientes dulceacuícolas y terrestres, son un componente muy importante del ecosistema acuático por su abundancia numérica, biomasa y por formar parte esencial de la trama trófica. El estudio de las especies de crustáceos decápodos en Venezuela es muy disperso hasta el siglo 20. Previamente solo se conocen reportes en monografías taxonómicas generales que esporádicamente citan especies de crustáceos colectados en Venezuela, con registros presentes en los grandes museos - Museo de Historia Natural de París, Mueso Nacional de Historia Natural de Estados Unidos y Museo de Historia Natural de Leiden en Holanda, entre otros. Los estudios específicos realizados en el país se inician a mediados del siglo 20 con el trabajo de Davant (1977) quien recopila información sobre las especies de camarones estuarinos y de agua dulce del oriente de la Venezuela. Rodríguez (1980) realiza una recopilación acerca de todas las especies de crustáceos decápodos reportados y presentes en Venezuela para la fecha. Luego se ha sucedido una serie de contribuciones científicas hasta nuestros días, las cuales aportan una información bastante completa sobre la presencia y taxonomía de camarones y cangrejos de agua dulce del país (Rodríguez 1981, 1982a, b, 1992; Pereira 1983, 1985, 1986, 1991; Pereira y Magalhaes 2000, López y Pereira 1994, 1996). Si bien la información taxonómica es bastante completa, los estudios acerca del estatus poblacional, de conservación y amenaza de extinción de estas especies por el desarrollo humano apenas se inician. Rodríguez y Rojas-Suárez (1995) aportan información sobre algunas especies de camarones dulceacuícolas, así como los AquaRAP realizados en años recientes en nuestro país (Magalhaes y Pereira 2000, Pereira et al. 2004). El presente trabajo forma parte de un AquaRAP realizado en la confluencia entre los ríos Orinoco y Ventuari en el sur de Venezuela, en el cual se evalúan las especies de camarones y cangrejos de agua dulce y se aportan datos taxonómicos, poblacionales y estado de la conservación de las especies y ambientes acuáticos de la zona.

MATERIAL Y MÉTODOS

En cada hábitat reconocido (caños, quebradas o morichales, lagunas, cauce principal de los ríos grandes, charcos temporales, etc.), se realizaron colectas en tantos microhábitat como fuese posible identificar. Estos incluyen la vegetación marginal, vegetación flotante, vegetación acuática arraigada (Podostemonaceae), piedras, playas arenosas, hojarasca sumergida, restos de troncos sumergidos y debajo de las piedras en los márgenes de los ríos y quebradas. Los macro-crustáceos se colectaron empleando redes de mano, redes de arrastre de 2 y 5 m de largo, trampas (nasas) y a mano. También se examinaron muestras recolectadas por el equipo de ictiología mediante el empleo de nasas (ver más adelante). El esfuerzo de muestreo en cada estación varió de 1,5 a 3 horas dependiendo de la complejidad de microhábitat presentes.

Para la identificación preliminar en campo se usaron las claves y diagnosis de Rodríguez (1980, 1982), Pereira (1983) y Kensley y Walker (1982).

El material colectado se anestesió en hielo y luego se fijó en alcohol etílico 70% o formol 5% y etiquetó con las informaciones pertinentes, siendo almacenado en bolsas o envases de plásticos. Los cangrejos más grandes fueron almacenados por separado. Los micro-crustáceos fueron colectados con una red de plancton de 180 micras de abertura de poro en hábitat tales como las raíces de plantas flotantes, vegetación flotante y aguas estancadas. Estas muestras fueron guardadas en envases plásticos, etiquetadas y preservadas en etanol 5%. Los crustáceos parásitos (Brachiura e Isopoda) se colectaron mediante un examen cuidadoso de los peces recién capturados, buscando alrededor de las aletas, opérculo, cavidad branquial y boca. Los crustáceos parásitos colectados fueron almacenados en botellas plásticas etiquetadas y preservados en etanol 10% o formalina 5%.

En el laboratorio el material fue debidamente separado, limpiado y almacenado en le Museo de Biología de la Universidad Central de Venezuela (MBUCV). Una colección de referencia adicional será depositada en el Museo de Historia Natural La Salle (MHNLS). Los macro-crustáceos serán identificados hasta nivel específico y los micro-crustáceos hasta familia y género.

RESULTADOS

En 19 estaciones de muestreo se colectaron un total de 58 muestras y se identificaron 15 especies de decápodos, dos especies de isópodos parásitos, una especie de conchostráceo y copépodo cyclopoide como representantes del zooplancton (Tabla 6.1). En total se colectaron 2655 ejemplares de crustáceos decápodos. La curva de especies acumulativa con respecto a los días de muestreo (Figura 6.1) muestra que a partir del noveno día ya se estabiliza la curva y es solo seis días después que aparece una especie adicional. Esto revela que nuestro estudio efectivamente ha colectado la mayoría de las especies de crustáceos decápodos del área.

El listado sistemático de las especies colectadas se muestra en la Tabla 6.1. Las especies *Pseudopalaemon chryseus* y *Ps. gouldingi* representan nuevos registros para el país. Las especies *Macrobrachium atabapensis, M. dyerythrum* y *M. aracamuni* solo se conocían previamente en la localidad tipo en el Estado Amazonas, por lo cual se amplían sus límites de distribución. Finalmente la especie *Macrobrachium* sp, es una nueva especie para la ciencia (Pereira en preparación).

Con respecto a la abundancia y distribución de las especies colectadas (Figura 6.2, Tabla 6.2) tenemos que las especies *Macrobrachium cortezi, M. dyerhytrum, Macrobrachium* sp, *Palaemonetes mercedae, Pseudopalaemon amazoniensis, Ps. chryseus, Ps. gouldingi* y *Euryrhynchus*

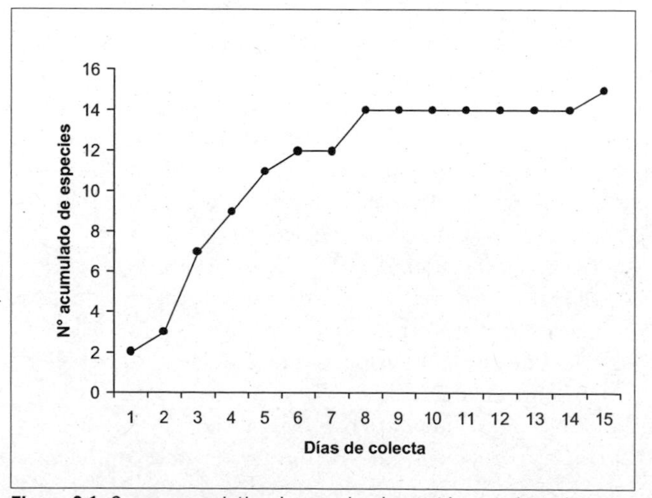

Figura 6.1. Curva acumulativa de especies de crustáceos colectadas con respecto a los días de muestreo durante el AquaRAP Orinoco-Ventuari 2003

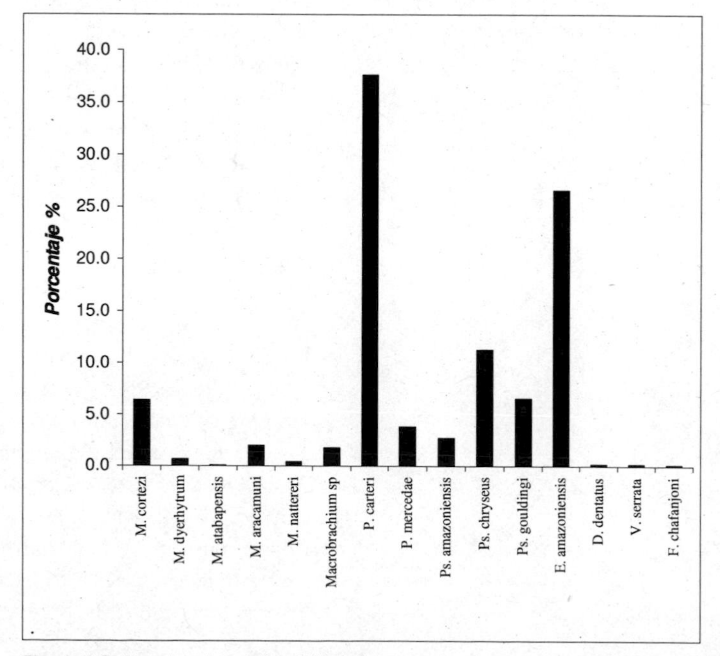

Figura 6.2. Abundancia relativa (%) de las especies de crustáceos decápodos colectada durante el AquaRAP Orinoco-Ventuari 2003.

Tabla 6.1. Listado sistemático de las especies de crustáceos colectadas durante el AquaRAP Orinoco-Ventuari 2003.

SUPER CLASE CRUSTACEA
Clase Malacostraca
Orden Decapoda
Infraórden Caridea
Familia Palemonidae
Género *Macrobrachium*
1. *M. cortezi*
2. *M. dyerhytrum*
3. *M. atabapensis*
4. *M. aracamuni*
5. *M. nattereri*
6. *Macrobrachium* sp
Género *Palaemonetes*
7. *P. carteri*
8. *P. mercedae*
Género *Pseudopalaemon*
9. *Ps. amazoniensis*
10. *Ps. chryseus*
11. *Ps. gouldingi*
Familia Euryrhynchidae
Género *Euryrhynchus*
12. *E. amazoniensis*

Infraorden Brachyura
Familia Psudothelphusidae
Género *Fredius*
13. *F. chafanjoni*
Familia Trichodactylidae
Género *Dilocarcinus*
14. *D. dentatus*
Género *Valdivia*
15. *V. serrata*

Crustáceos parásitos
Orden Isopoda
Familia Cymothoidae
16. Sp1
Familia Aegidae
17. Sp1

Zooplancton
Subclase Copepoda
Orden Cyclopoida
18. *Mesocyclops* sp
Clase Branchiopoda
Orden Diplostraca
Familia Cyclestheridae
Género *Cyclestheria*
19. *Cyclestheria hislopi*

amazoniensis están distribuidas en toda el área estudiada. Sin embargo, es *Palaemonetes carteri* la especie dominante en el área con un 37,6 % de dominancia, seguida de *E. amazoniensis* con un 26,6 %. Las otras especies comunes no sobrepasan el 10 % de dominancia. Las especies *P. carteri, M. nattereri, D. dentatus* y *V. serrata* aparecen en dos áreas focales. De estas como se mencionó anteriormente *P. carteri* es la especie dominante de la comunidad con un valor de 36,6 % de dominancia, mientras que este valor para las otras tres especies es muy bajo (menor a 1%). Finalmente, las especies *Macrobrachium natereri, M. atabapensis, M. aracamuni, Fredius chafanjoni* y *Cyclestheria hislopi* aparecen solo en un área focal y apenas se colectaron de 1 a 3 individuos. De estas *F. chafanjoni*, consultando con los locales, aparentemente es muy común entre las grandes rocas del río Orinoco, y es probable que por encontrarnos en aguas altas sea muy difícil su captura. Por su parte, la especie *C. hislopi* está restringida a un estero con aguas de inundación y en este tipo de ambiente solo se colectó en una oportunidad, de manera que consideramos que solo las especies *M. naterreri, M. atabapensis* y *M. aracamun* constituyen las especies poco comunes.

Especies colectadas por localidad y estructura comunitaria
La distribución de especies por estaciones de muestreo se puede observar en la Tabla 6.3.

Tabla 6.2. Distribución por subregiones de las especies de crustáceos colectados durante el AquaRAP Orinoco Venturi 2003.

	SUBREGION		
Especie	**Orinoco 1**	**Orinoco 2**	**Venturi**
Macrobrachium cortezi	X	X	X
Macrobrachium dyerhytrum	X	X	X
Macrobrachium atabapensis			X
Macrobrachium aracamuni		X	
Macrobrachium nattereri		X	X
Macrobrachium sp.	X	X	X
Palaemonetes carteri	X	X	
Palaemonetes mercedae	X	X	X
Pseudopalaemon amazoniensis	X	X	X
Pseudopalaemon chryseus	X	X	X
Pseudopalaemon gouldingi	X	X	X
Euryrhynchus amazoniensis	X	X	X
Dilocarcinus dentatus	X		X
Valdivia serrata	X	X	
Fredius chafanjoni		X	
Cyclestheria hislopi	X		

SUBREGIÓN ORINOCO 1 (OR 1)

OR 1.1. Laguna Macuruco (03°55´20´´N- 67°00´10´´W)
Caño que forma una gran laguna de aguas negras, de varias hectáreas de extensión, bosque en todo su alrededor, mucha hojarasca y troncos en descomposición. Se muestreó en la zona marginal por 2,5 horas. En tres muestras se colectaron tres especies: *P. carteri, P. mercedae* y *E. amazoniensis*, y un total de 220 individuos.

Macuruco (caño marginal, 03°55´20´´N- 67°00´10´´W)
Caño de aguas transparentes que conecta con el Orinoco muy cercano a la Laguna Macuruco. Es una zona boscosa con 100% sombra y mucha hojarasca. Se muestreó por una hora (1 muestra). Se colectaron dos especies: *P. carteri* y *E. amazoniensis*, y un total de 12 individuos.

OR 1.2. Estero de Macuruco (03°56´23,3´´ N- 67°00´10,1´´W)
Laguna interna, de inundación, de pequeñas dimensiones (aproximadamente una hectárea de superficie) con aguas relativamente claras y somera con una profundidad de 1,70 cm a unos 15 m de la orilla. Tiene una franja de macrofitas de unas 4 m de ancho a su alrededor, el agua es entre 0 y 1 m y se nota especialmente caliente por los rayos solares. El sistema está en proceso rápido de desecación. Se muestreó por 0,5 horas, y se encontraron entre los decápodos *P. carteri* y *E. amazoniensis*. De tres muestras de zooplancton se colectaron el conchostráceo *C. hislopi* y una especie de copépodo *Mesocyclops* sp, con un total de cuatro individuos.

OR 1.3. Caño Moyo (03°53´11,8´´N- 66°59´07,7´´W)
Caño de aguas claras y arenas blancas con una vegetación marginal achaparrada y de sabanas, poca hojarasca en los márgenes y vegetación acuática en las playas. La vegetación

Tabla 6.3. Número de ejemplares de cada una de las especies de crustáceos colectados en las diferentes estaciones de muestreo del AquaRAp Orinoco-Ventuari 2003.

	Subregion Orinoco 1					Subregión Ventuari						Subregión Orinoco 2						
TAXA	OR 1.1	OR 1.2	OR 1.3	OR 1.4	OR 1.5	VT 1	VT 2	VT 3.1	VT 3.2	VT 3.3	VT 4	OR 2.1	OR 2.2	OR 2.3	OR 2.4	OR 2.5	Orinoco	Laguna Chiponal
Macrobrachium cortezi			1		4								9	153	2			
Macrobrachium dyerhytrum					2	10	2		2				1					
Macrobrachium atabapensis						1												
Macrobrachium aracamuni													45		6	1		
Macrobrachium nattereri															10			
Macrobrachium sp.					23	19								4				
Palaemonetes carteri	116	3	29	174	10	1	3	23		372	186	21	40	15	5			
Palaemonetes mercedae	4			14	4							4	43	15	17			
Pseudopalaemon amazoniensis				3		10	9	1	8	26	1		2	5	7			
Pseudopalaemon chryseus			90	64	17	5	16			77	15		1	12	2			
Pseudopalaemon gouldingi			106	9	1	14	8		6	15	12			3				
Euryrhynchus amazoniensis	112	1	8	36	18	11		35		14	29	88	186	116	50			1
Dilocarcinus dentatus				3				1										
Valdivia serrata				1				1	1						1			
Fredius chafanjoni													2				1	
Cyclestheria hislopi																		

no sombrea el río. En esta área se nota bastante la presencia humana y hay actividad minera. Es un sitio de pernocta de viajeros y mineros, y río arriba existe una mina. Se muestreó en playa por 2 horas, luego río arriba por 1 hora en una zona de inundación. Se colectaron cinco especies: *M. cortezi, P. carteri, Ps. chryseus, Ps. gouldingi* y *E. amazoniensis*, y un total de 234 individuos.

OR 1.4. Caño Perro de Agua (03°44´33,4´´N- 66°58´29,8´´W)
Caño de aguas negras, con bastante transparencia. Es principalmente una zona de inundación en bosque con mucha hojarasca en su lecho y 100% sombra. Se muestreó a nivel medio en la margen del caño por 2 horas y en zona de rebalse o laguna marginal al final del caño por 1 hora, 55 minutos. Se colectaron ocho especies: *P. carteri, P. mercedae, Ps. amazoniensis, Ps. chryseus, Ps. gouldingi, E. amazoniensis, D. dentatus* y *V. serrata*, y un total de 304 individuos.

OR 1.5. Caño Guachapana (03°51´17,6´´N- 67°02´25,0´´W)
Caño de aguas negras y alta transparencia, relativamente encajonado poca área de inundación en las márgenes. Se muestreó el caño arriba por 2 horas en el área de inundación en una área somera con hojarasca, troncos en descomposición y 50% sombra. Se muestreó en la boca, detrás del caserío Guachapana en quebrada de aguas transparentes y someras con macrófitas, hojarasca y aguas corrientes. Se colectaron ocho especies: *M. cortezi, M. dierhytrum, Macrobrachium* sp. , *P. carteri, P. mercedae, Ps. chryseus, Ps. gouldingi* y *E. amazoniensis*, y un total de 79 individuos.

Para la subregión Orinoco 1 se colectaron 10 especies y 853 individuos, de las cuales *E. amazoniensis* es la más característica en especial en las zonas de aguas lentas y lechos de hojarasca. Resulta interesante la colecta de tres especies diferentes de *Pseudopalaemon*, lo cual representa una diversidad alta para este grupo en la zona.

Subregión Orinoco 2

OR 2.1. Caño Cangrejo (03°57´34,5´´N- 67°04´01,3´´W)
Caño ubicado aproximadamente 1 km río arriba desde el campamento Manaka. La boca tiene aguas turbias debido ala influencia del Orinoco, y el caño arriba es un bosque inundable con 80% de sombra, aguas transparentes y un fondo con mucha hojarasca. Se muestreó por 2 horas y 20 minutos, y se colectaron tres especies: *P. carteri, P mercedae* y *E. amazoniensis*, y un total de 113 individuos.

OR 2.2. Caño Manaka (03°57´33,3´´N- 67°04´51,5´´W)
Caño al lado derecho del campamento Manaka, a unos 50 m. Es bastante pequeño, a unos 100 m caño arriba de la zona de inundación, con aguas transparentes en bosque con 80 % sombra y un lecho con abundante hojarasca. Se colectó por 1,5 horas. Se colectaron nueve especies: *M. cortezi, M. dyehytrum, M. aracamuni, P. carteri, P. mercedae, Ps. amazoniensis, Ps. chryseus, Ps. gouldingi* y *E. amazoniensis*, y un total de 329 individuos.

OR 2.3. Caño El Carmen (03°57´22,3´´N- 67°05´26,5´´W)
Caño muy parecido al Cangrejo, unos 500 m caño arriba, con una zona de inundación en bosque de 80 % sombra, aguas transparentes y mucha hojarasca. Se muestreó por 1 hora y 20 minutos. Se colectaron siete especies: *M. cortezi, Macrobrachium* sp. , *P. carteri, P. mercedae, Ps. amazoniensis, Ps. chryseus, Ps. amazoniensis* y *E. amazoniensis*, y un total de 323 individuos.

OR 2.4. Caño Winare (03°58´14´´N- 67°06´39´´W)
Caño aguas abajo del campamento Manaka, a unos 15 minutos en lancha en el margen izquierdo. Sus aguas son transparentes y profundas, con una corriente apreciable y un cauce relativamente estrecho con grandes rocas. Su zona de inundación es angosta debido a la pendiente. Tiene 50 % de sombra, con poca hojarasca. Se muestreó por 3 horas. Se colectaron nueve especies: *M. cortezi, M. aracamuni, M. nattereri, P. carteri, P. mercedae, Ps. amazoniensis, Ps. chyseus, E. amazoniensis* y *V. serrata*, y un total de 100 individuos.

OR 2.5. Caño Verde (03°54´01,0´´N-67°02´20,3´´W)
Morichal de poco cauce, con aguas transparentes y una profundidad entre 20 y 1 m. Su cauce es sombreado por vegetación ribereña, y su fondo es de arenas blancas con hojarasca, troncos en descomposición y rocas medianas. Algunas zonas estuvieron descubiertas con vegetación acuática abundante. Se muestreó por 1 hora. Se colectó una especies: *M. aracamuni*, un solo individuo.

OR 2.6 Río Orinoco en Campamento Manaka (03°57´33´´N- 67°05´05´´W)
Río Orinoco, frente al campamento Manaka. Se hicieron muestras nocturnas con linterna. Se colectó una especie y un individuo del cangrejo, *F. chafajoni.*

En esta subregión, se colectaron un total de 13 especies y 868 individuos. Aparecen por primera vez dos especies, el cangrejo *F. chafanjoni* y el camarón *M. nattereri*. La especie *E. amazoniensis* es la más común.

Subregión Ventuari (VT)

VT 1. Caño Guapuchi (04°11´37,3´´N- 66°45´00,8´´W)
Caño grande, con cauce entre 15 y 20 m ancho y aguas verdosas y transparentes. Su fondo es arenoso, con mucha hojarasca en márgenes y la zona de inundación. Se muestreó por 2 horas. Se colectaron ocho especies: *M. dyerhytrum, M. atabapensis, Macrobrachium* sp, *P. carteri, Ps. amazoniensis, Ps. chryseus, Ps. gouldingi* y *E. amazoniensis*, y un total de 71 individuos.

VT 2. Caño Tigre (04°01´30,9´´N-66°58´37,8´´W)
Caño pequeño con un cauce entre 10 y 5 m de ancho. Las aguas son negras. Se muestreó alrededor de una gran laja a unos 50 m de la boca y en la zona de inundación. Tiene mucha hojarasca y sombra de 80%. Se muestreó por 2 horas. Se colectaron cinco especies: *M. dyerhytrum, P. carteri, Ps. amazoniensis, Ps. chryseus, Ps. gouldingi* y *E. amazoniensis*, y un total de 38 individuos.

VT 3.1. Caño Chipiro (04°00´08,1´´N- 67°00´30,8´´W)
Caño de aguas claras y negras. Se colectó en laguna interna, a la cual llegamos por canal de desagüe con 100% sombra. La laguna Chipiro es bastante grande, con márgenes muy sombreados, mucha hojarasca y troncos caídos. Se muestreó por 1 hora. Se colectaron cinco especies: *P. carteri, Ps. amazoniensis, E. amazoniensis D. dentatus* y *F. chafanjoni*, y un total de 61 individuos.

VT 3.2. Laja La Calentura (04°00´16,3´´N- 67°01´22,1´´W)
Laguna de inundación muy cercana a la boca del caño Chipiro en el río Ventuari. La laguna es pequeña pero muestra flujo de agua considerable en el canal de desagüe, el cual es una gran laja. Los márgenes tienen vegetación acuática abundante (Pododstemonaceas), con aguas transparentes, un fondo arenoso y poca hojarasca casi a pleno sol. Se muestreó por 1 hora. Se colectaron cuatro especies: *M. dyerhytrum, Ps. amazoniensis, Ps. gouldingi* y *V. serrata,* y un total de 17 individuos.

VT 3.3. Laguna San Lorenzo (03°59´05´´N- 66°59´09´´W)
Brazo del Ventuari que comunica con el Orinoco. El cauce muy sinuoso y ancho, entre unos 20 y 30 m con aguas profundas y negras. Se colectó en una gran laguna o rebalse marginal, la cual es profunda y pendiente por lo que no es fácil de muestrear. La colecta se realizó en un recodo inundado de unos 40 m², con profundidad entre 0,1 y 1 m, fondo areno-fangoso, hojarasca relativamente abundante, raíces sumergidas y 50 % sombra. Se muestreó por 1 hora. Se colectaron cinco especies: *P. carteri, Ps. amazoniensis, Ps. chryseus, Ps. gouldingi* y *E. amazoniensis,* y un total de 504 individuos.

VT 4. Caño Palometa (Negro, 04°03´31´´N- 66°54´19´´W)
Caño grande, con un cauce entre 10-15 m ancho, escarpado, aguas negras y transparentes. Sus zonas de inundación se encuentran en el caño arriba, y tiene un fondo con mucha hojarasca y algunos troncos caídos. Se muestreó por 3 horas. Se colectaron cinco especies: *P. carteri, Ps. amazoniensis, Ps. chryseus, Ps. goldingi* y *E. amazoniensis*, y un total de 243 individuos.

En esta subregión se encontraron un total de 10 especies y 934 individuos, donde las especies *Ps. amazoniensis* y *E. amazoniensis* se presentan como las más comunes.

CONCLUSIÓN

En general para toda la zona estudiada se presenta una diversidad de crustáceos decápodos relativamente alta. Se encontró un número de especies (14) mayor que en AquaRAPs previos en aguas interiores de Sur América. Tanto en el AquaRAP de Bolivia (Amazonas) como en el del Caura en Venezuela (Orinoco), se encontraron tan solo 10 especies (Magalhaes y Pereira, 2001). La razón podría tener que ver con el hecho de que esta zona representara un área de confluencia, en la cual se juntan representantes de la fauna llanera, guayanesa y amazónica, además de especies autóctonas. Los indicadores comunitarios (Tabla 6.4) en general muestran un valor de 1,77 para los índices de diversidad (Margalef y Shannon) y una uniformidad de 0.65. La subregión Orinoco 2 muestra la mayor riqueza con 13 especies, dos especies más que el la subregión Ventuari, la cual posee el menor con solo 10 especies. Estos resultados se reflejan en los indicadores comunitarios, así la subregión Ventuari posee los menores valores de diversidad, uniformidad y riqueza. Sin embargo, la impresión general es que en toda la zona estudiada no hay diferencias contrastantes entre las áreas respecto a las especies de crustáceos decápodos. En general toda el área se nota muy homogénea con respecto a hábitat, especies colectadas y distribución, ya que probablemente la época de aguas altas permite una mayor homogeneidad de esta comunidad. Las especies más comunes son *E. amazoniensis, P. carteri* y *Ps. chryseus,* mientras que las poco comunes (encontradas en una sola localidad) son *M. nattereri, M. atabapensis* y *M. aracamuni*

Se recomienda muestrear la zona nuevamente en la época de aguas bajas puesto que las especies se encuentran más concentradas en el propio cauce de los ríos y caños, y por lo tanto se aumentará la posibilidad de encontrar taxa adicionales, especialmente cangrejos. Los cangrejos no son particularmente abundantes, pero es probable que su colección se haya dificultado por estar en aguas altas, de manera que no son comunes ni es fácil tener acceso a las grandes rocas que están sumergidas en el cauce y pueden estar muy dispersos en las áreas de inundación y húmedas. Aún así se colectaron las tres especies reportadas para la zona pero en números bajos.

En general la gran mayoría de los ambientes acuáticos estudiados muestra poca o ninguna intervención humana, y parecería que el peligro más inminente lo constituyera la minería sin control, junto a las pesca no reglamentada. En este caso el caño Moyo se nota bastante intervenido y con frecuentes picas y asentamientos de pernoctas a lo largo de su cauce, pero de manera preliminar no parece que esto esté alterando la abundancia y distribución de los camarones.

Tabla 6.4. Riqueza de especies, índices de diversidad y uniformidad para la comunidad de crustáceos encontrada durante el AquaRAP Orinoco-Ventuari 2003.

Indicadores Comunitarios	Todo el Area	Subregión Orinoco 1	Subregión Orinoco 2	Subregión Ventuari
Riqueza de especies	15	11	13	10
Margalef	1.77	1.48	1.77	1.31
Shannon	1.77	1.56	1.53	1.27
Uniformidad (E)	0.65	0.65	0.59	0.55

Implicaciones de este estudio para la conservación de la biodiversidad

El análisis sobre la comunidad de crustáceos decápodos revela que está zona está entre las que poseen más alta diversidad de crustáceos decápodos en la Amazonía-Orinoquía. Es probable que se deba a la heterogeneidad de hábitat, donde confluyen dos ríos de características fisicoquímicas diferentes y pueda representar una zona transicional entre la Amazonía y la Orinoquía. Estos aspectos hacen que la presente contribución sea un aporte significativo al conocimiento de la diversidad en la zona y destacan la importancia de proyectar medidas de conservación en el área para mantener esta diversidad.

BIBLIOGRAFÍA

Davant, P. 1977. Clave para la identificación de los camarones marinos y de río con importancia económica en el Oriente de Venezuela. Universidad de Oriente. Venezuela.

Kensley, B., e I. Walker. 1982. Palaemonid shrimps from the Amazon Basin, Brazil (Crustacea: Decapoda: Natantia). Smithsonian Contributions to Zoology. 362: 1-28.

López, B. y G. Pereira. 1994. Contribución al conocimiento de los crustáceos y moluscos de la Península de Paria Parte I: Crustacea: Decapoda. Mem. Soc. Cienc. Nat. La Salle. 54(141): 51-75.

López, B. y G. Pereira. 1996. Inventario de los crustáceos decápodos de las zonas alta y media del delta del Río Orinoco, Venezuela. Act. Biol. Venez. 16(3): 45-64.

Magalhäes, C y G. Pereira. 2001. Decapod Crustaceans survey in the middle Caura River Basin: Species Richness, habitat, zoogeographical aspects, and conservation implications. *En:* Chernoff B., K. Riseng, and A. Machado-Allison (eds.). A Biological Assessment of the Aquatic Ecosystems of the Caura River Basin, Bolivar State, Venezuela. Pp. 56-63.

Pereira, G. 1983. Los camarones del género *Macrobrachium* de Venezuela. Taxonomía y distribución. Trabajo de Ascenso no publicado. Escuela de Biología, Facultad de Ciencias, Universidad Central de Venezuela. Caracas.

Pereira, G. 1985. Freshwater shrimps from Venezuela III: *Macrobrachium quelchi* De Man and *Euryrhynchus pemoni* n. sp. (Crustacea: Decapoda: Palaemonidae). Proc. Biol. Soc. Wash. 3: 615-621.

Pereira, G. 1986. Freshwater shrimps from Venezuela I: Seven new species of Palaemoninae (Crustacea: Decapoda: Palaemonidae). Proc. Biol. Soc. Wash. 99(2): 198-213.

Pereira, G. 1991. Camarones de agua dulce de Venezuela II: Nuevas adiciones en las familias Atyidae y Palaemonidae (Crustacea, Decapoda, Caridea). Act. Biol. Venez. 13(1-2): 75-88.

Pereira, G. García, J. V. García y J. Capelo 2004. Crustáceos decápodos del bajo delta: Biodiversidad y estructura comunitaria. *En:* Lasso C., L. E. Alonso, A. L. Flores y G. Love (eds.). Evaluación rápida de la biodiversidad y aspectos sociales de los ecosistemas acuáticos del delta del río Orinoco y golfo de Paria. RAP Bulletin of Biological Assessment 37. Washington, D. C.: Conservation International. Pp. 61-69.

Rodríguez, G. 1980. Crustáceos Decápodos de Venezuela. IVIC. Caracas.

Rodríguez, G. 1981. Decapoda. *En*: Hurlbert, S. H., G. Rodríguez and N. D. Santos (eds.). Aquatic Biota of Tropical South America, Part 1: Arthropoda. San Diego, California: San Diego State University. Pp. 41-51.

Rodríguez, G. 1982a. Les crabes d'eau douce d'Amerique. Famille des Pseudothelphusidae. Collection Faune Tropicale, 22. Editions Office de la Recherche Scientifique et Technique Outre-mer (ORSTOM). Paris.

Rodríguez, G. 1982b. Fresh-water shrimps (Crustacea, Decapoda, Natantia) of the Orinoco basin and the Venezuelan Guayana. J. Crust. Biol. 2(3): 378-391.

Rodríguez, G. 1992. The Freshwater Crabs of America. Family Trichodactylidae and Supplement to the Family Pseudothelphusidae. Collection Faune Tropicale. 31. Editions Office de la Recherche Scientifique et Technique Outre-mer (ORSTOM). Paris.

Capítulo 7

Peces de los ecosistemas acuáticos de la confluencia de los ríos Orinoco y Venturi, Estado Amazonas, Venezuela: resultados del AquaRAP 2003

Carlos A. Lasso, Alejandro Giraldo, Oscar M. Lasso-Alcalá, Oscar León-Mata, Carlos DoNascimiento, Nadia Milani, Douglas Rodríguez-Olarte, Josefa C. Señaris y Donald Taphorn

RESUMEN

Durante los días 24 de noviembre al 9 de diciembre de 2003 fue realizada una evaluación rápida de los ecosistemas acuáticos del río Orinoco y su confluencia con el río Ventuari, Estado Amazonas en Venezuela. El área seleccionada comprendió tres subregiones o áreas focales. La primera, denominada Orinoco 1 (ORI 1), estuvo situada en el río Orinoco, aguas arriba de su confluencia con el Ventuari, hasta el caño Perro de Agua. La segunda, denominada Orinoco 2 (ORI 2), estuvo ubicada en los alrededores del Campamento Manaka (Santa Bárbara del Orinoco), entre caño Cangrejo y caño Winare. La tercera y última Subregión, llamada Ventuari (VT), estuvo situada entre la zona del bajo Ventuari (confluencia del Ventuari con el río Orinoco) y el poblado de Arena Blanca en el caño Guapuchí. La riqueza ictiológica estimada fue de 245 especies, de las cuales 158 estuvieron presentes en ORI 1, 107 en ORI 2 (186 especies en ORI 1 + ORI 2), y 152 especies en la Subregión 3 (Ventuari). El orden Characiformes fue el grupo dominante con 147 especies (60%), seguido por Siluriformes con 50 especies (20,4%) y Perciformes (30 especies, 12,2%). Los siete órdenes restantes contribuyeron con 18 especies (7,3%). Fueron identificadas 36 familias, de las cuales Characidae registró la mayor diversidad dentro del estudio con 65 especies (26,5 %), seguida de Cichlidae con 27 especies (11%), Crenuchidae con 15 especies (6,1%), Anostomidae con 13 especies (5,31%) y Auchenipteridae 12 (4,9%) y Loricariidae y Heptapteridae con 11 especies cada una (4,5%). Con el presente estudio, se agregan 48 especies más a la ictiofauna conocida para el bajo río Ventuari, de las cuales, al menos 13 son nuevas para la ciencia. Las subregiones Orinoco 1 y Orinoco 2 fueron muy similares entre sí (S = 66 %) en relación a la subregión del Ventuari (62%), lo que indica que desde el punto de vista ictiofaunístico ambas subregiones pueden ser consideradas como una misma entidad biogeográfica. Con relación a los hábitat, los caños de aguas negras y los morichales mostraron la mayor similitud (90%), mientras los rápidos o raudales de los cauces principales de los ríos Orinoco y Ventuari fueron el hábitat que presentó la mayor separación con respecto a los demás hábitat estudiados. La curva de frecuencia acumulada de especies en función de los días de muestreo permitió concluir que en ninguna de las tres zonas Subregiones fueron registradas la totalidad de las especies presentes, ya que la tendencia de la curva continua siendo ascendente, por lo cual se recomiendan muestreos adicionales para tener un conocimiento más preciso de la riqueza ictiológica de la confluencia Orinoco-Ventuari.

INTRODUCCIÓN

La región Neotropical incluye en la actualidad la fauna más rica de peces dulceacuícolas del mundo. Algunos estimados teóricos consideran que ésta puede alcanzar las 8000 especies, lo cual representa cerca del 25% de toda la diversidad de peces del mundo, incluyendo las formas dulceacuícolas y marinas (Vari y Malabarba 1998).

El río Orinoco y toda su cuenca son compartidos por Venezuela y Colombia e incluyen 1.080.000 km^2, de los cuales 643.000 corresponden a Venezuela (70,5% del territorio nacional) y 437.000 a Colombia (Mago 1970, IGAC 1999). La longitud del río Orinoco es de aproximadamente 2.150 km, con una descarga anual promedio de 36.000 m^3/s, lo cual lo ubica en tercer lugar a nivel mundial (Weibezahn 1990, IGAC 1999). Transporta una cantidad de sólidos suspendidos estimados en $200x10^6$ toneladas/año, la mayoría provenientes de los Andes y tributarios de los Llanos, mientras que los ríos del Escudo Guayanés -principalmente de aguas negras y claras- apenas contribuyen con el 5% (Meade et al. 1990).

Venezuela se ubica entre los diez primeros países con mayor diversidad biológica del planeta, condición que se expresa en la existencia de diez bioregiones, muchas de ellas características y únicas del norte del continente suramericano. En este sentido las tierras al sur del río Orinoco albergan más de la mitad de la biodiversidad venezolana, debido en buena medida a la historia geológica de la región Guayana, la elevada riqueza de especies de la región Amazónica, así como los aportes individuales de ecosistemas únicos que se encuentran en esta zona.

En este marco, el Estado Amazonas en Venezuela es probablemente la región menos explorada desde punto de vista de la biodiversidad, debido fundamentalmente a las dificultades logísticas de acceso, movilización y permanencia. En el caso particular del área de confluencia entre el río Orinoco y el Ventuari, se suma buena parte de los ecosistemas característicos de este estado, los cuales abarcan desde las tierras altas de la Guayana (complejos tepuyanos del Duida-Marahuaca, Cerro Yapacana), las tierras bajas amazónicas con sus planicies inundables adyacentes, hasta las tierras de altitud intermedia de las serranías del Sipapo, Cuao, etc. Además de los anteriores, se desarrollan ambientes únicos como el delta interno e islas fluviales de la desembocadura del Ventuari en el río Orinoco. Este mosaico de ecosistemas alberga, en conjunto, una elevada riqueza de formas de vida que son el resultado de interesantes patrones biogeográficos, así como procesos propios de especiación y endemismo. En el área también habitan importantes comunidades indígenas (Piaroas, Yabarana, Ye´kuana, Baniva) que conviven en armonía con el medio.

Debido a esta elevada riqueza de especies y a la particularidad de estos ambientes únicos, parte del área comprendida entre el río Orinoco y el Ventuari está protegida bajo la figura de Parque Nacional Yapacana (PNY), sin contar con otras zonas adyacentes que también se encuentran resguardadas como área bajo régimen especial de administración (Parque Nacional Duida-Marahuaka y Monumentos Naturales Los Tepuyes). A pesar de estas iniciativas, en la región existen áreas que están bajo presiones directas de explotación minera y degradación ambiental, e indirectamente por contaminación mercurial e incremento de carga de sedimentos a los ríos.

Por todo lo expresado anteriormente, el presente AquaRAP tuvo como objetivo fundamental incrementar el conocimiento sobre la diversidad y biogeografía de la zona, con la inclusión de un listado actualizado de la ictiofauna del sistema del Orinoco-Ventuari, así como el aporte de información de línea base para la propuesta de planes de conservación y uso sostenible, tanto para especies individuales como para las comunidades de los ecosistemas acuáticos.

MATERIALES Y MÉTODOS

Trabajo de campo

Se utilizaron de acuerdo al hábitat muestreado dos sistemas de pesca: métodos activos y métodos pasivos. Estos se emplearon tanto de día como de noche. Adicionalmente, se revisaron las capturas de la pesca de subsistencia en las comunidades indígenas visitadas.

Métodos activos

Incluyeron las redes de playa, atarrayas, redes de mano, pesca con caña, arpón o flecha e inmersiones subacuáticas.

Las redes de playa fueron de longitud, altura y entrenudo variable, dependiendo del cuerpo de agua: 17 x 1,5 m (5 mm entrenudo) y 2,3 x 0,75 m (1 mm entrenudo). Se utilizaron en playas someras, de fondo arenoso y con hojarasca. Las atarrayas de 2 m diámetro (5 mm entrenudo) fueron empleadas tanto en ambientes lénticos como lóticos. Las redes de mano, de diámetro del aro de longitud variable (1 a 5 mm entrenudo), se emplearon durante el día para la captura de peces pequeños asociados a la vegetación y hojarasca en las playas de los caños y lagunas. En la noche se emplearon para la captura de peces pequeños y medianos desde una embarcación. Se intentó usar una red de arrastre (trawl net) adaptada a la embarcación, según Lasso y Castroviejo (1992) y López-Rojas et al. (1984), para la pesca en el fondo del cauce principal de los ríos Ventuari y Orinoco, pero la fuerza y velocidad de la corriente impidieron su adecuada utilización. Sin embargo, en la boca de las lagunas (aguas más tranquilas), se empleó una red experimental de arrastre más pequeña (triángulo de 68 cm de cada lado y saco de red de malla fina de 2,3 m de longitud y copo de 0,5 cm).

Para la pesca en los rápidos o raudales de los ríos Orinoco y Ventuari, donde existen especies de peces asociadas a las macrófitas arraigadas (Podostemonaceae), se diseñó una red enmarcada en una cuadricula de hierro de 80 x 80 cm y abertura de malla de 5 mm en la boca y 2 mm en el copo. La pesca con caña se empleó para la captura de grandes carnívoros (p. e. Cichlidae, Cynodontidae, Ctenoluciidae, Pimelodidae, etc.) en el cauce principal del río Orinoco y Ventuari. El arpón y flecha se usaron para la recolección nocturna de bagres (Siluriformes) y rayas (Potamotrygonidae).

Durante las horas del día, al mismo tiempo que se empleaban estas artes de pesca manuales, se hicieron censos subacuáticos mediante el método de transectas de longitud variable (Dollof et al. 1996, Lasso et al. 2000), a objeto de complementar los listados elaborados a partir de las pesca exploratorias.

Artes pasivos

Incluyeron redes de ahorque (gill net) mono o multifilamento de tamaños y entrenudos variables y nasas metálicas o plásticas plegables (minnow trap). En total se emplearon diez redes de ahorque: a) Monofilamento: 20 x 3 m (2,5 mm) (2 redes); 20 x 2 m (3,5 cm) (3 redes); y b) Multifilamento: 20 x 3 m (7 cm) (2 redes); 20 x 2,5 m (3 cm) (2 redes); 15 x 2,5 m (2,5 cm) (1 red). Estas fueron colocadas en el cauce principal de caños, lagunas y ríos, tanto transversales como paralelas al cauce, durante ciclos de 24 horas. En el caso de las nasas, estas fueron colocadas a lo largo de los márgenes del cuerpo de agua en hábitat y microhábitat particulares, de tal forma de incluir la mayor heterogeneidad de biotopos posibles. En total se colocaron diez nasas diariamente. Estas eran cebadas cada dos días.

Todos los peces, previa anestesia, fueron fijados en formol al 10 %. Los peces de mayor tamaño fueron congelados para la preparación de esqueletos secos o determinaciones de mercurio en tejidos. Se hizo un registro fotográfico de los peces recién capturados o en lo posible en acuario, con el objeto de tener información sobre la coloración en fresco.

Trabajo de laboratorio

Se depositaron dos colecciones de referencia, una en la Sección de Ictiología del Museo de Historia Natural La Salle, Caracas (MHNLS) y otra en el Museo de Ciencias Naturales de Guanare (MCNG).

La similitud ictiológica entre subregiones y hábitat se calculó mediante el coeficiente o índice de similitud de Simpson (RN2 = 100 (s) / N2), donde s: número de especies compartidas entre ambas subregiones o tipos de hábitat, y N2: número de especies de la subregión o hábitat con la menor riqueza.

Para la determinación de mercurio, los peces fueron medidos y pesados en el campo, previo a ser eviscerados o preservados en formol. Se tomó una fracción de la musculatura dorsal de unos 40 g aproximadamente, justo por debajo de la aleta dorsal. Esta muestra se mantuvo congelada en el campo y fue llevada posteriormente al Laboratorio de Mercurio la Estación Hidrobiológica de Guayana de FLASA donde se mantuvo a - 20 °C hasta su análisis. Los análisis se realizaron por espectrofotometría de absorción atómica con vapor frío con un equipo marca LUMEX, el cual trata las muestras previamente pesadas en balanza analítica, mediante pirólisis a 800 °C. Los vapores producidos son succionados a través de la celda cerrada para hacer la medición de absorbancia. Este método evita el proceso de digestión ácida de las muestras habitual de otros métodos, reduciendo los errores asociados a esa etapa.

RESULTADOS Y DISCUSIÓN

Efectividad del muestreo

La Figura 7. 1 muestra la curva acumulada de especies durante la expedición AquaRAP Orinoco-Ventuari. La curva presenta una disminución considerable en su pendiente a partir del día siete (Estaciones VT 3.1, 3.2 y 3.3) hasta el día 12 (Estaciones ORI 2.4 y 2.5), ultimo día de muestreo, en el cual se presenta una adición de tan solo tres especies al total del muestreo. Esto representa el 1,2% del total de especies registradas en el estudio. La curva de frecuencia acumulada de especies en función de los días de muestreo permitió concluir que en ninguna de las tres subregiones fueron registradas la totalidad de las especies presentes, ya que la tendencia de la curva continua siendo ascendente, por lo cual se recomiendan muestreos adicionales para tener un conocimiento más preciso de la riqueza ictiológica de la confluencia Orinoco-Ventuari.

Riqueza e inventario de especies

Un total de 15.742 ejemplares pertenecientes a 245 especies de peces fueron colectados durante la expedición (Apéndice 5). A pesar de que no se alcanzó la asíntota de la curva de acumulación de especies como se mencionó anteriormente, se obtuvo una colección bastante representativa de la ictiofauna del área si consideramos que apenas cuatro especialistas trabajaron en 16 estaciones durante 12 días de muestreo efectivo, con un nivel de las aguas elevado que no facilitaba la recolección de muestras. Si se comparan estos resultados con otros AquaRAP´s realizados previamente en Suramérica, se concluye que la relación número de especies colectadas *versus* esfuerzo de muestreo invertido fue muy alto en el caso del Orinoco-Ventuari (Tabla 7.1).

De las 245 especies listadas, unas 30 sólo fueron identificadas a nivel genérico (sp), tres a nivel de grupo o complejo de especies (gr) y cinco como cercanas a otras especies descritas o conocidas (*cf*), lo cual es un claro indicativo del desconocimiento que persiste todavía sobre la ictiofauna de la cuenca del río Orinoco. Adicionalmente, al menos 13 especies resultaron ser nuevas para la ciencia, incluyendo un género nuevo: *Potamotrygon* sp (raya), *Schizodon* sp (mije), *Brittanichthys* sp (sardinita), *Serrasalmus* sp (caribe o piraña), *Characidium* sp (voladorita), *Hoplias* sp (guabina), *Trachelychthys* sp (bagre), *Hemiancistrus* sp (cucha o corroncho), *Batrachoglanis* sp (bagre sapo), *Paracanthopoma* sp (bagre parásito), Trichomycteridae - género y especie nueva- (bagre miniatura), *Crenicichla* sp (matagüaro) y *Laetacara* sp (viejita). De esta manera, es altamente probable que la zona de la confluencia de ambos ríos (Orinoco-Ventuari) sea la región con mayor riqueza ictiológica de Venezuela, lo cual puede estar determinado por el encuentro de estos dos grandes ríos y la formación de un enorme delta interno con numerosos hábitat y biotopos disponibles para la fauna acuática. Vale la pena mencionar que tan sólo para el bajo Ventuari, se han identificado 470 especies (ver Capítulo 8).

Las especies estuvieron distribuidas dentro de diez ordenes, de los cuales Characiformes con 147 especies (58,8%) fue el que registró la mayor importancia, seguido por Siluriformes y Perciformes, los cuales con 50 y 30 especies, respectivamente, representaron el 20% y el 12% del total del muestreo (Figura 7.2). Los siete ordenes restantes con 18 especies, representan en conjunto el 7,34% del total de especies capturadas.

Se identificaron 36 familias, de las cuales Characidae fue la más importante con 65 especies, lo cual representa el 26,5% del total de especies colectadas (Figura 7.3 - 7.7). Le siguen Cichlidae con 27 especies (11%), Crenuchidae con 15 especies (6,12%), Anostomidae con 13 especies (5,31%), Auchenipteridae con 12 especies (4,9%) y Loricariidae y Heptapteridae con 11 especies cada una (4,5%). Las 91 especies restantes estuvieron distribuidas en 26 familias, lo cual en conjunto representó el 37,14% del total de las especies capturadas.

Además de las 13 especies nuevas para la ciencia, de las 245 especies identificadas en el presente estudio, 48 resultaron ser nuevos registros para la cuenca del bajo Ventuari, razón por la cual fueron incluidas en el Capítulo 8. En conclusión, puede decirse que la zona de confluencia del Orinoco y Ventuari constituye un área de elevada diversidad -probablemente supere las 300 especies- en el contexto regional de la cuenca del Orinoco. Para reforzar esta aseveración, vale la pena mencionar algunos datos de riqueza ictiológica para otros ríos del Escudo Guayanés que muestran valores de 94 especies para el río Aro (Provenzano y Milani en prensa), 119 especies para el bajo río Suapure (Lasso 1992), 172 especies en el río Atabapo (Royero et al. 1992) y 441 especies para toda la cuenca del río Caura (Lasso et al. 2003).

Resultados por subregiones o areas focales

A efectos de comparar la riqueza ictiofaunística dentro de la cuenca del Orinoco y la subcuenca del Ventuari, la zona de muestreo fue dividida en tres subregiones: subregión 1 (Orinoco 1), subregión 2 (Orinoco 2) y subregión 3 (Ventuari), basándose en la ubicación geográfica respecto a la confluencia de los ríos Orinoco y Ventuari. Como resultado de dicha separación, se obtuvo que las subregiones 1 y 3 presentaron una riqueza muy similar con 158 (64,5%) y 154 (62,85%) especies respectivamente, mientras que la Subregión 2 presentó menor riqueza con 107 especies (43,67%) (Tabla 7.2, Figuras 7.3 a 7.7). Es interesante notar que el índice de similitud de Simpson presenta a las subregiones 1 y 2 (Orinoco) como las más similares, con un valor de 0,74 (Tabla 7.3, Figura 7.8). Este resultado determina que las Subregiones ORI 1 y ORI 2 sean consideradas como una sola unidad, ya que de acuerdo a Sánchez y López (1988), valores de similitud superiores al 66% son indicativos de una misma entidad ictiofaunística. Al comparar ORI 1 y ORI 2 en conjunto contra la subregion VT, se obtuvo un valor de S = 0,62, por lo cual no es posible considerar por el momento a los dos sistemas principales (río Orinoco y río Ventuari) como una sola entidad. Sin embargo, es muy probable que de intensificar los muestreos -especialmente en las subregiónes del río Orinoco- los resultados indiquen que no existe diferencia entre ambas. Las tres subregiones comparten un total de 58 especies, lo que representan el 23,67% del total de especies registradas en el presente estudio (Tabla 7.4). Dentro de las especies compartidas, la familia Characidae dominó con 19 especies, seguida de Cichlidae con 7 especies (7,6 % y 2,8% respectivamente).

Al igual que para el total del estudio, la curva de acumulación de especies por subregiones presentó tendencia a la estabilidad hacia el final del muestreo. Ya que en cada una de las tres subregiones se invirtieron cuatro días de muestreo, es posible comparar los resultados de acumulación de especies entre las mismas. En este sentido, se puede evidenciar que en las tres subregiones -aunque la curva tiende en general a la estabilidad- aun se observa pendiente positiva, lo cual indica que pueden tener especies aun no registradas dentro del muestreo realizado, haciendo necesario un mayor esfuerzo de captura y expediciones posteriores con el fin de complementar el conocimiento de la diversidad íctica de la región del Orinoco-Ventuari.

Resultados por tipo de hábitat

Los caños de aguas negras y claras fueron los hábitat con la mayor riqueza de especies, con 164 y 136 especies, respectivamente. Le siguen las lagunas con 92 especies, los rápidos o raudales de los cauces principales de los ríos Orinoco y Ventuari con 76 especies y finalmente, los morichales aislados en la sabana, con tan sólo diez especies (Tabla 7.5).

El índice de similitud de Simpson reveló que los caños de aguas negras y los morichales fueron los hábitat mas similares (S = 0,9) (Tabla 7.6). En orden decreciente de similitud le siguen los caños de aguas claras y las lagunas, mientras los rápidos, o raudales, fueron el hábitat que presentó mayor diferenciación con el resto de los hábitat evaluados. Dicho resultado se ejemplifica en la Figura 7.9 mediante de un análisis de agrupación o "cluster". El número de especies compartidas se muestra en la Tabla 7.7.

Determinaciones de mercurio

Se analizaron en total 17 muestras de diez especies de peces de interés pesquero (comerciales, pesca deportiva y pesca de subsistencia) consumidas frecuentemente en la región y distribuidas de la siguiente manera:

- Bagre rayado (*Pseudoplatystoma fasciatum*) = 1
- Blanco pobre (*Pinirampus pinirampu*) = 1
- Picúa (*Acestrorhynchus heterolepis*) = 1
- Güabina (*Hoplias malabaricus*) = 3
- Payara (*Hydrolicus armatus*) = 4
- Payarín (*Raphiodon vulpinus*) = 1
- Picúa (*Boulengerella lucia*) = 1
- Pavón cinchado (*Cichla temensis*) = 3
- Pavón estrella (*Cichla orinocensis*) = 1
- Pavón real (*Cichla intermedia*) = 1

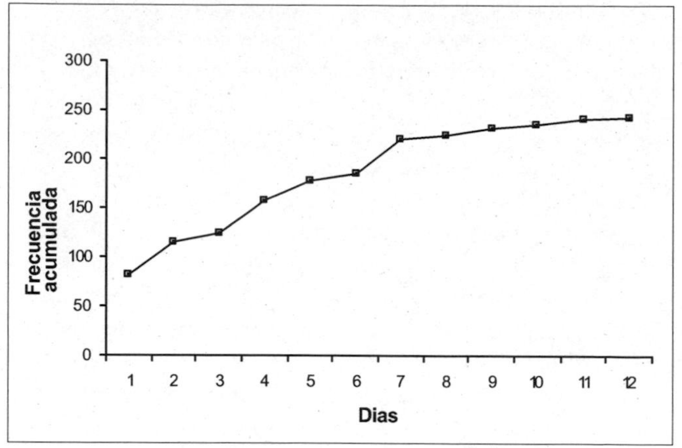

Figura 7.1. Frecuencia acumulada de especies colectadas durante la expedición AquaRAP Orinoco-Ventuari, 2003.

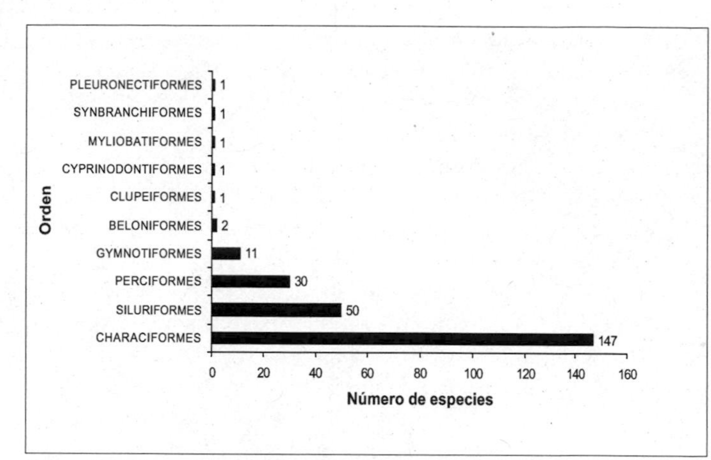

Figura 7.2. Número de especies por orden colectadas durante la expedición AquaRAP Orinoco-Ventuari.

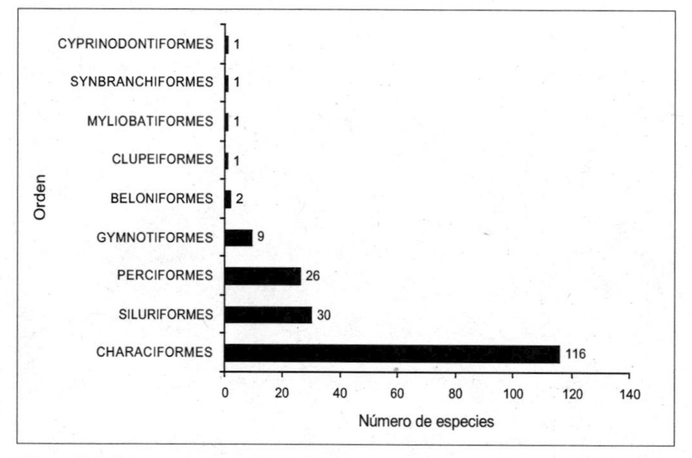

Figura 7.3. Número de especies/orden para las subregiones Orinoco 1 y Orinoco 2.

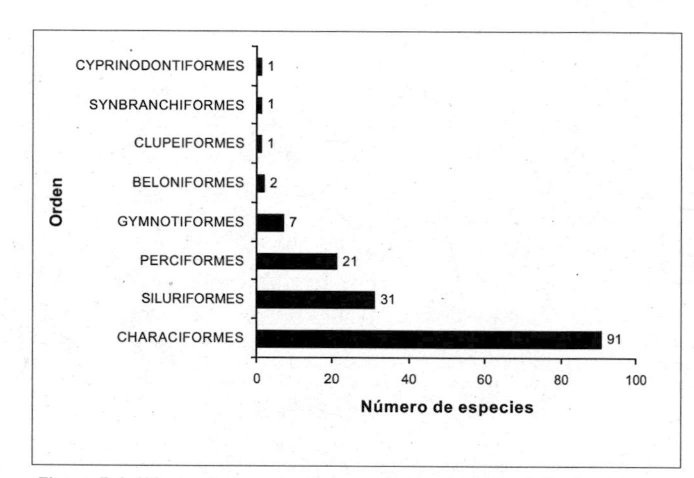

Figura 7.4. Número de especies/orden para la subregión río Ventuari.

Tabla 7.1. Riqueza de especies de peces estimada en varios AquaRAP´s con esfuerzos de muestreo variables.

Localidad	Número de estaciones	Número de días de muestreo	Número de participantes	Riqueza de especies	Fuente
Río Caura (Venezuela)	65	21	7	278	Machado-Allison et al. (2003)
Delta Orinoco (Venezuela)	62	8	3	106	Lasso et al. (2004)
Confluencia Orinoco-Ventuari (Venezuela)	16	12	4	245	Este estudio
Pantanal (Brasil)	77	16	13 (2 grupos)	193	Willink et al. (2000)
Alto río Orthon (Bolivia)	85	15	8	313	Chernoff et al. (1999)
Cordillera de Vilcabamba (Perú)	19	21	2	85	Chang (2001)
Parque Nacional Laguna del Tigre (Guatemala)	48	20	4	41	Willink et al. (2000)

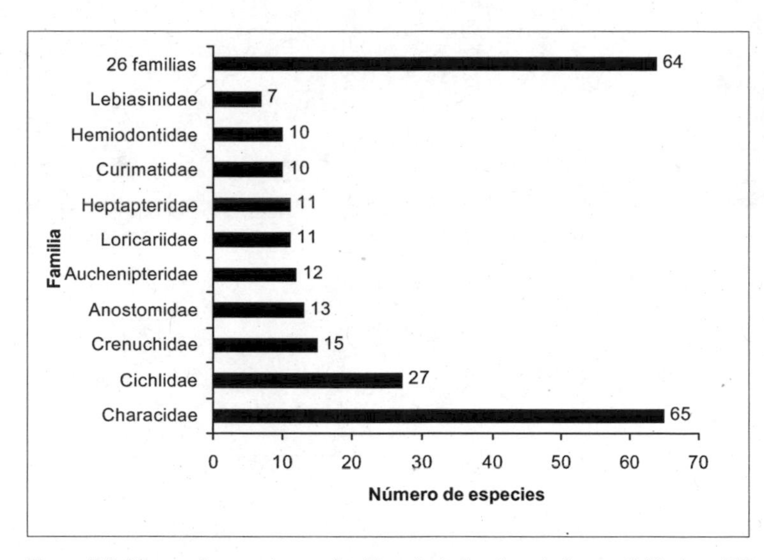

Figura 7.5. Número de especies por familia colectadas durante la expedición AquaRAP Orinoco-Ventuari.

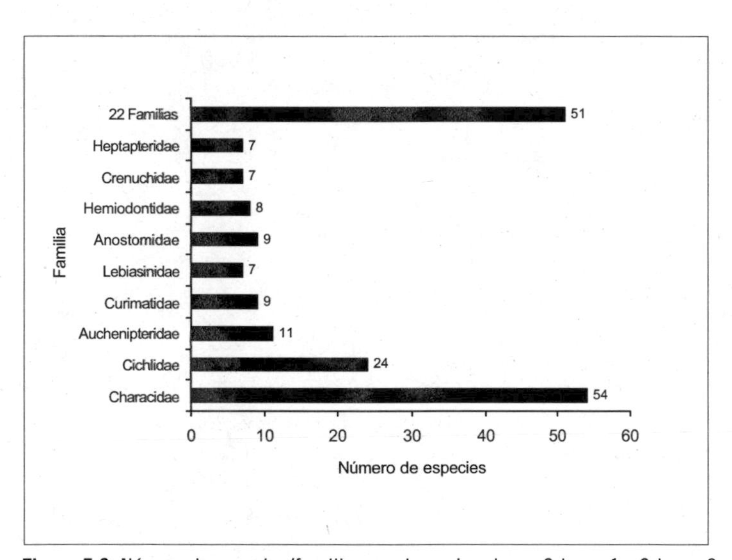

Figura 7.6. Número de especies/familia para las subregiones Orinoco 1 y Orinoco 2.

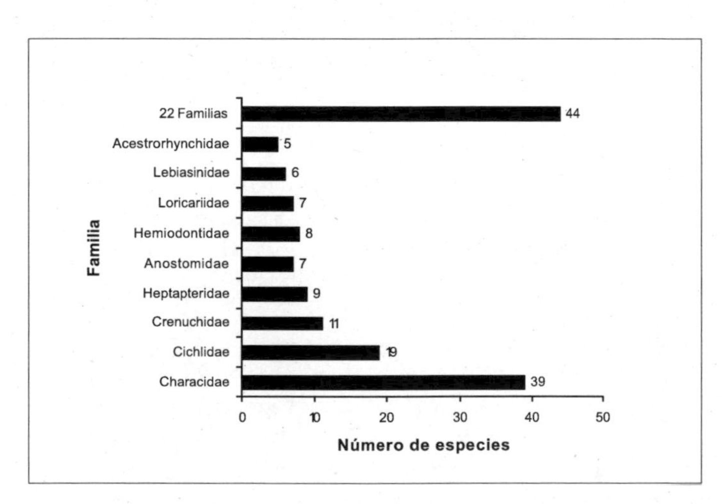

Figura 7.7. Número de especies/familia de la subregión río Ventuari.

Tabla 7.2. Riqueza de especies (S) y % de la riqueza total por subregión y por estación de muestreo durante el AquaRAP Orinoco-Ventuari 2003.

Subregión	Estación de muestreo	S	%
Orinoco 1	OR 1.1	79	32,24
	OR 1.2	19	7,75
	OR 1.3	71	29
	OR 1.4	52	21,22
	OR 1.5	88	35,9
Orinoco 2	OR 2.1	39	15,9
	OR 2.2	35	14,3
	OR 2.3	56	22,85
	OR 2.4	26	10,6
	OR 2.5	10	4,08
Ventuari	VT 1	81	33,06
	VT 2	31	12,65
	VT 3.1	14	5,7
	VT 3.2	75	30,6
	VT 3.3	22	9
	VT 4	57	23,26

Tabla 7.3. Valores del índice de similitud de Simpson entre las subregiones muestreadas en el AquaRAP Orinoco-Ventuari, 2003. Valores superiores a 0.66 indican entidades faunísticas iguales.

	1	2	3
	Orinoco 1	Orinoco 2	Ventuari
1		0,745	0,582
2			0,637

Tabla 7.4. Número de especies de peces compartidas entre las diferentes subregiones durante la expedicion AquaRAP Orinoco-Ventuari, 2003.

	1	2	3
	Orinoco 1	Orinoco 2	Ventuari
1	-	76	91
2	-	-	71
S	**158**	**107**	**154**

Tabla 7.5. Riqueza de especies y % de la riqueza total en los diferentes tipos de hábitat durante el AquaRAP Orinoco-Ventuari, 2003.

Habitat	S	%
Lagunas	92	36,8
Caños aguas negras	164	65,6
Caños aguas claras	136	54,4
Morichales	10	4
Rápidos	76	30,4

Tabla 7.6. Valores del índice de similitud de Simpson entre los hábitat muestreados en el AquaRAP Orinoco-Ventuari, 2003. Valores superiores a 0.66 indican entidades faunísticas iguales.

	1	2	3	4	5
	Lagunas	Caños aguas negras	Caños aguas claras	Morichales	Rápidos
1		0,82609	0,67391	0,2	0,35526
2			0,72059	0,9	0,55263
3				0,7	0,51316
4					0,2

Tabla 7.7. Número de especies de peces compartidas entre los diferentes tipos de hábitat durante la expedicion AquaRAP Orinoco-Ventuari, 2003.

	1	2	3	4	5
	Lagunas	Caños aguas negras	Caños aguas claras	Morichales	Rápidos
1	-	76	62	2	27
2	-	-	98	9	42
3	-	-	-	7	39
4	-	-	-	-	2
S	**92**	**164**	**136**	**10**	**76**

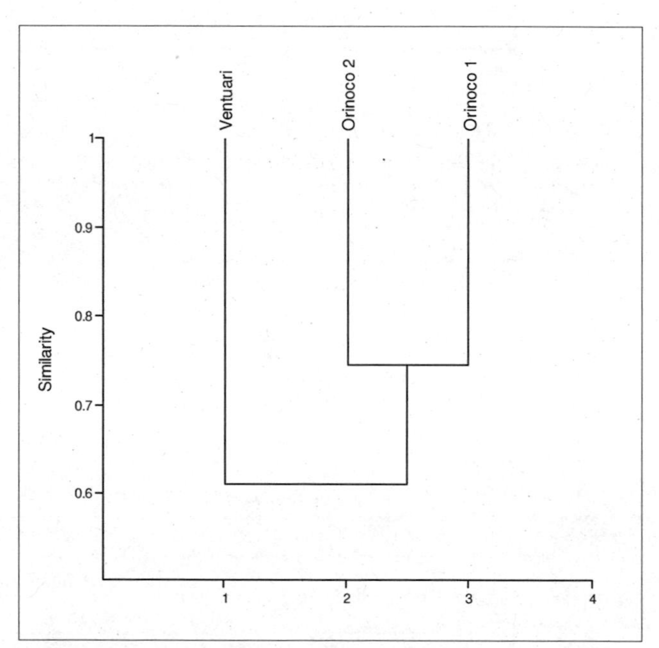

Figura 7.8. Análisis de agrupamiento ("cluster") basado en el índice de similitud de Simpson para las tres subregiones consideradas en el AquaRAP Orinoco-Ventuari 2003.

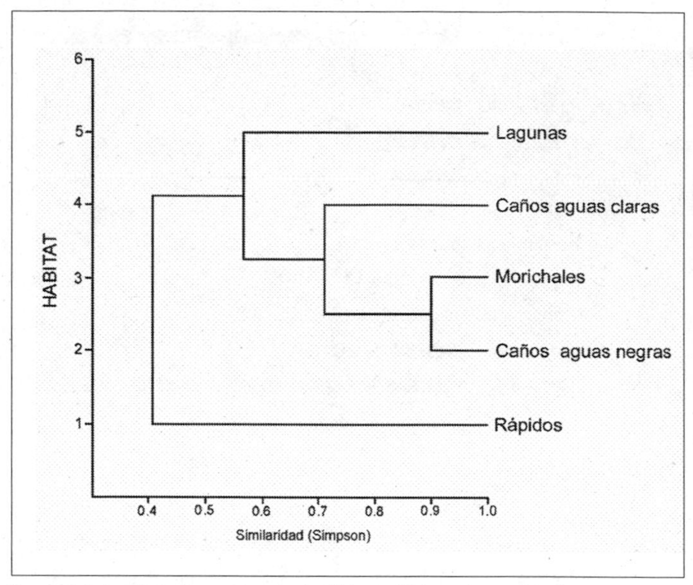

Figura 7.9. Análisis de agrupamiento ("cluster") basado en el índice de similitud de Simpson para los diferentes tipos de hábitat prospectados en el AquaRAP Orinoco-Ventuari 2003.

Aspectos más importantes a resaltar

Los niveles de mercurio total promedios y máximos obtenidos en esta sección del río Orinoco (parte media) y río Ventuari son más altos que los observados en otras zonas del bajo Orinoco (e. g. Puerto La Ceiba, Estado Bolívar). Si bien esta información es preliminar, ya que se requiere ampliar el muestreo a un número mayor de peces, en nueve de las 17 muestras encontramos valores superiores a 0,5 microgramos/gramo (ug/g): (*Hydrolicus armatus*, *Raphiodon vulpinus*, *Hoplias malabaricus*, *Pinirampus pinirampu*, *Acestrorhynchus heterolepis* y *Boulengerella lucia*). Los elevados valores observados en la payara (*H. armatus*) coincide con lo observado en el río Caroní (Embalse de Guri). Es importante señalar que de acuerdo a la Organización Mundial de la Salud (OMS), las concentraciones de mercurio en tejido de peces para consumo humano no deben exceder los 0,5 ug/g. Estos valores tan elevados en el río Ventuari podrían estar relacionados con la existencia de minería ilegal en la parte media y alta del río, así como en la confluencia con el propio Orinoco.

En el Apéndice 6 se muestran los resultados de las concentraciones de mercurio expresadas como ug/g para las especies consideradas, indicando fecha de colección, longitud estándar y peso del pez analizado.

Amenazas

En comparación con otras áreas del alto y medio Orinoco, la confluencia de los ríos Orinoco y Ventuari presenta un nivel bajo de amenaza. Sin embargo, hay un problema evidente con la minería ilegal y las consecuencias directas de esta actividad, que en este caso se hacen patentes con la contaminación mercurial en la región. Gran parte del mercurio utilizado en el proceso de la separación del oro pasa al agua y sedimentos y de ahí a la cadena trófica en un proceso bioacumulativo, es decir, las concentraciones van aumentando a medida que se asciende en la pirámide trófica. De esta manera, los depredadores que están en el tope de dicha pirámide tienen las mayores concentraciones de mercurio. Estas especies son precisamente las más utilizadas por los pobladores locales. Este foco de contaminación mercurial probablemente está asociado con la existencia de la minería ilegal en la región que se extiende inclusive dentro del Parque Nacional Yapacana. Las determinaciones de mercurio en tejido de algunas especies de importancia en la dieta regional, así lo demuestran. En nueve de las 17 especies examinadas, encontramos valores superiores a los 0,5 ug/g, el máximo permitido por la OMS. Hay al menos tres minas ilegales conocidas en la región, entre las que destacan por su impacto las de caño Maraya y caño Yagua.

Asociado a esta extracción ilegal de oro y contaminación mercurial, existe una amenaza adicional muy importante que es la demanda constante de alimento por parte de los mineros ilegales. Ellos requieren una gran cantidad de pescado, especialmente de pavón, además de carne de monte (cacería). Esta afirmación está basada en los resultados que obtuvimos después mediante las encuestas (ver Capítulo 11). No obstante, cabe señalar que en opinión de otros conocedores de la región como es el caso del Ing. Frank Ibarra, gerente del campamento Manaka, esta última amenaza no es tan importante, dado que los mineros ilegales reciben grandes cantidades de provisiones provenientes de San Fernando de Atabapo o Puerto Ayacucho (Venezuela) o directamente de Colombia.

También existe un problema grave con la extracción ilegal de peces ornamentales, sin ningún tipo de control o permiso hacia Colombia. En resumen, es evidente que casi todos los problemas relativos al uso y conservación de los recursos naturales, especialmente de los acuáticos (peces), están asociados a una demanda cada vez mayor de estos. Este aumento viene dado fundamentalmente por la inmigración de mineros ilegales a la región, luego la solución más práctica es la erradicación de esta actividad destructiva.

CONCLUSIONES Y RECOMENDACIONES PARA LA CONSERVACIÓN

- Se identificaron de manera preliminar 245 especies de peces. Sin embargo, un estimado teórico de la riqueza ictiológica del lugar rondaría alrededor de las 300 especies. El área focal 1 (Orinoco 1) fue la más rica (158 sp), mientras que el área focal 2 (Orinoco 2) presentó 107 sp. Para el área focal 3 (río Ventuari), se identificaron 152 sp. La ictiofauna del área tiene un gran potencial ornamental (220 sp) para la pesca de subsistencia (100 sp) y la pesca deportiva (50 sp) y por lo menos diez especies forman parte de las pesquerías comerciales en otras áreas del medio y bajo Orinoco.
- De la totalidad de las especies identificadas en el AquaRAP, 48 fueron nuevos registros para el bajo río Ventuari, 13 resultaron ser nuevas para la ciencia y 38 fueron identificadas de manera preliminar.
- Si bien la pesca ornamental no parece tener por el momento un gran impacto, algunas especies como las cuchas (Loricariidae) y escalares (*Pterophyllum altum*) parecen mostrar declinación en sus poblaciones. Debe de regularse localmente la cuota de extracción de estas especies y al mismo tiempo realizar estudios bioecológicos y poblacionales de las especies en cuestión.
- Desarrollar planes para el uso sostenible como la pesca deportiva (catch and release) del pavón, payaras, etc. y turismo ecológico dirigido a los peces ornamentales de importancia en la acuariofilia.

BIBLIOGRAFÍA

Chang, F. 2001. Fishes from the eastern slope of the Cordillera de Vilcabamba, Peru. *En*: L. E. Alonso, A. Alonso, T. S. Schulenberg y F. Dallmeier (eds.). Biological and social assessments of the Cordillera de Vilcabamba, Peru. RAP Working Papers 12 and SI/MAB Series 6. Washington, D. C.: Conservation International. Pp. 138-139.

Chernoff, B. P. W. Willink, J. Sarmiento, S. Barrera, A. Machado-Allison, N. Menezes, H. Ortega y S. Barrera. 1999. Fishes of the Ríos Tahuamanu, Manuripi and Nereuda, Depto. Pando, Bolivia: Diversity, Distribution, Critical Habitats and Economic Value. *En*: Chernoff, B. y P. W. Willink (eds.). A biological assessment of the aquatic ecosystems of the Upper Río Orthon basin, Pando, Bolivia. Bulletin of Biological Assessment 15. Washington, D. C.: Conservation International. Pp. 39-46.

Dollof, A., J. Kershener y R. Thrurow. 1996. Underwater observations. *En:* R. Murphy y D. Willis (eds.). Fisheries Techniques. Bethesada, Maryland: American Fishery Society. Pp. 533-544.

IGAC (Instituto Geográfico Agustín Codazzi). 1999. Paisajes fisiográficos de Orinoquia – Amazonia (ORAM) Colombia. Análisis Geográficos 27 – 28. Bogotá, D. C. , Colombia.

Lasso, C. A. 1992. Composición y aspectos ecológicos de la ictiofauna del bajo río Suapure, Serranía de Los Pijigüaos (Escudo de Guayana), Venezuela. Mem. Soc. Cienc. Nat. La Salle. 52 (138): 5-56.

Lasso, C. and J. Castroviejo. 1992. Composition, abundance and biomass of the benthic fish fauna from the Guaritico River of a Venezuelan Floodplain. Annls Limnol. 28 (1): 71-84.

Lasso, C. A., A. Machado-Allison, D. Taphorn, D. Rodríguez-Olarte, C. Vispo, B. Chernoff, F. Provenzano, O. Lasso-Alcalá, A. Cervó, K. Nakamura, N. González,

J. Meri, C. Silvera, A. Bonilla, H. López-Rojas y D. Machado-Aranda. 2003. The Fishes of the Caura River Basin, Orinoco Drainage, Venezuela: Annotated Checklist. Scientia Guianae. 12: 223-247.

Lasso,C. A., O. M. Lasso-Alcalá, C. Pombo y M. Smith. 2004. Ictiofauna de las aguas estuarinas del delta del río Orinoco (Caños Pedernales, Mánamo, Manamito) y golfo de Paria (río Guanipa): Diversidad, distribución, amenazas y criterios para su conservación. *En*: Lasso, C. A., L. E. Alonso, A. L. Flores y G. Love (eds.). Evaluación Rápida de la biodiversidad y aspectos sociales de los ecosistemas acuáticos del delta del río Orinoco y golfo de Paria, Venezuela. Boletín RAP de Evaluación Biológica 37. Washington, D. C.: Conservation International. Pp. 70-84.

López-Rojas, H., J. Lundberg y E. Marsh. 1984. Design and operation of a small apparatus for use with dugout canoes. North Amer. J. Fish. Manag. 4: 331-334.

Machado-Allison, A., B. Chernoff, F. Provenzano, P. W. Willink, A. Marcano, P. Petry, B Sidlauskas y T. Jones. 2003. Inventory, Relative Abundance and Importance of Fishes in the Caura River Basin, Bolivar State, Venezuela. *En*: Chernoff, B., A. Machado-Allison, K. Riseng y J. R. Montambault (eds.). Una evaluación rápida de los ecosistemas acuáticos de la Cuenca del Río Caura, Estado Bolívar, Venezuela. Boletín RAP de Evaluación Biológica 28. Washington, D. C.: Conservation International. Pp. 64-74.

Mago, F. (1970). Lista de los peces de Venezuela. Oficina Nacional de Pesca, Ministerio de Agricultura y Cría. Caracas.

Meade, R. H., F. H. Weibezanh, W. M. Lewis Jr. y D. Pérez-Hernández. (1990). Suspended-sediment budget for the Orinoco river. *En*: Weibezanh F. H. , H. Alvarez y W. M. Lewis, Jr. (eds.). El Río Orinoco como Ecosistema. Electrificación del Caroní C. A. , Fondo Editorial Acta Científica Venezolana, C. A. Venezolana de Navegación. Caracas; Universidad Simón Bolívar. Pp: 55-79.

Provenzano, F. y N. Milani. 2005. Los peces del río Aro, Estado Bolívar (Venezuela). Acta Biol. Venez. (en prensa).

Royero, R., A. Machado-Allison, B. Chernoff y D. Machado-Aranda. 1992. peces del río Atabapo. Territorio Federal Amazonas. Venezuela. Acta Biol. Venez. 14 (1): 41-55.

Sánchez, O. y G. López. 1988. A theoretical analysis of some indices of similarity as applied to biogeography. Folia Entomológica Mexicana. 75: 119-145.

Vari, R. y Malabarba, L. R. (1998) Neotropical Ichthyology: An overview. *En*: Malabarba, L. R, Reis, R. E, Vari, R. P, Lucena, Z. M. S. y Lucena C. A. S. (eds.). Phylogeny and classification of Neotropical fishes. Porto Alegre, Brasil: Edipurus. Pp. 1-11.

Willink, P. W., O. Froehlich, A. Machado-Allison, N. Menezes, O Oyakawa, A. Catella, B. Chernoff, F. C. T. Lima, M. Toledo-Piza, H. Ortega, A. M. Zanata y R. Barriga. 2000. Fishes of the Rios Negro, Negrinho, Taboco, Aquidauana, Taquari and Miranda, Pantanal, Brasil: Diversity, Distribution, Critical Habitats and Value. *En*: Willink, P. W., B. Chernoff, L. E. Alonso, J. R. Montambault y R. Lourival (eds.). A biological assessment of the aquatic ecosystems of the Pantanal, Mato Grosso do Sul, Brasil. RAP Bulletin of Biological Assessment 18. Washington, D. C.: Conservation International. Pp. 63-81.

Willink, P. W., C. Barrientos, H. A. Kihn, y B. Chernoff. 2000. An ichthyological survey of Laguna del Tigre National Park, Petén, Guatemala. *En*: Bestelmeyer, B. T. y L. E. Alonso (eds.). A Biological Assessment of Laguna del Tigre National Park, Petén, Guatemala. RAP Bulletin of Biological Assessment 16. Washington, D. C.: Conservation International. Pp. 41-48.

Capítulo 8

Peces del bajo río Ventuari: Resultados del Proyecto de Investigación Biocentro-FLASA-Terra Parima

Carmen Montaña, Donald Taphorn, Leo Nico, Carlos A. Lasso, Oscar León-Mata, Alejandro Giraldo, Oscar M. Lasso-Alcalá, Carlos DoNascimiento y Nadia Milani

RESUMEN

Se presenta una lista de las especies de peces documentadas para el río Ventuari. Desde el año 1989 hasta el presente se han colectado muestras de peces en este río, explorando diferentes ecosistemas acuáticos que incluyen lagunas, caños, playas arenosas, bosques y sabanas inundadas. En este esfuerzo por conocer la íctiofauna del río Ventuari se han reconocido, hasta el momento, 470 especies de peces repartidas en 10 órdenes, 44 familias y 225 géneros. El mayor número de especies estuvo distribuido en los órdenes Characiformes y Siluriformes con 254 y 131 especies, respectivamente.

INTRODUCCIÓN

En Venezuela encontramos ecosistemas acuáticos que contienen una de las faunas de peces más ricas del mundo. Aunque tenemos listas preliminares de las especies de peces presentes en la mayoría los ríos de la Orinoquia (Lasso et al. 2005), no hay datos pesqueros confiables que nos indiquen el estado de las poblaciones de peces comerciales y aún menos datos biológicos o ecológicos de estas especies. Esta información es necesaria para formular las políticas de manejo o evaluar los impactos causados por el hombre sobre dicho recurso. Esta carencia de información básica complica mucho la tarea de evaluar los impactos y amenazas que enfrentan los peces bajo explotación. La íctiofauna continental de Venezuela incluye alrededor de unas 1200 especies (Taphorn et al. 1997, Lasso et al. 2003a) y su estudio se encuentra aún en etapa de reconocimiento, sobre todo lo relativo a estudios taxonómicos de taxa específicos y la exploración de regiones con deficiencias de muestreo. Aún se desconocen ciclos vitales y aspectos fundamentales de muchas poblaciones de peces, tales como tamaños poblacionales, época y áreas de desove, y fluctuaciones anuales, entre otras. Esta situación es mucho más evidente en la íctiofauna asociada a la Región Guayana en Venezuela (estados Bolívar y Amazonas). La misma ha sido estudiada parcialmente y de forma localizada en cuanto a biodiversidad y su distribución. Estudios sobre la íctiofauna venezolana señalan que actualmente se conoce la mayoría de peces de la cuenca del Caroní (Lasso et al. 1989a, b, Taphorn y García 1991), la cuenca del bajo río Caura (Lasso et al. 2003a, b, Rodríguez-Olarte et al. 2003), Suapure (Lasso 1992), Cuyuní (Lasso et al. 2003a), Atabapo (Royero et al. 1992) y Llanos Occidentales (BioCentro 2002).

Los estudios sobre las pesquerías del Estado Amazonas fueron iniciadas a comienzos de 1972 a raíz de los proyectos ejecutados por CODESUR en la zona (Cortéz 1976). El principal interés de este organismo era realizar estudios ictiológicos y de tecnología pesquera necesarios para garantizar el permanente abastecimiento de productos de pesca a la población. En los años 1973 y 1974 el Instituto de Zoología Tropical realizó investigaciones ictiológicas en el río Atabapo, río Orinoco entre Atabapo y Santa Bárbara y el río Ventuari hasta Kanaripó (Cortéz 1976). En 1989 Técnica Minera junto a la Corporación Venezolana de Guayana (CVG-Tecmin) realizan varias expediciones en todo el Estado Amazonas e incorporan al Dr. Leo Nico para llevar a cabo las actividades ictiológicas, llegando a cubrir la mayor parte del río Ventuari. A partir de 1989, los registros ictiológicos en el río Ventuari continúan bajo diferentes proyectos y expediciones, concentrándose el mayor número de muestreos entre los años 2000 y 2004 con estudiantes y científicos de la Universidad Experimental de los Llanos Ezequiel Zamora (UNELLEZ) y Fundación La Salle de Ciencias Naturales (FLASA), a través de su Museo de Historia Natural (MHNLS).

El presente estudio se realiza con el objetivo fundamental de sintetizar en una publicación todo el conocimiento sobre la biodiversidad ictiológica que tenemos hasta la fecha para el río Ventuari. Así mismo, su aporte se orienta también a la actualización de la íctiofauna del Estado Amazonas. En el Capítulo 7, se complementa este estudio con los resultados del AquaRAP Orinoco-Ventuari 2003.

MATERIAL Y MÉTODOS

Área de estudio

El río Ventuari es un afluente del río Orinoco en el Amazonas venezolano y el principal río de esta región. Este río nace en las sierras de Maigualida y Parima entre los 1.800 y 1.200 m s. n. m. y forma la cuenca más grande del Estado Amazonas con más de 40.000 km^2. Como los demás ríos del Escudo de Guayana, el Ventuari drena sustratos pobres, con capas muy delgadas de materia orgánica, por la cual adquiere tonalidades claras o transparentes y el pH del agua es ácido. Las características descritas le confieren al Ventuari ser un típico río de aguas claras (Sánchez 1990). Las colectas de peces en el río Ventuari fueron realizadas a lo largo de un gradiente altitudinal que incluyó desde la cuenca baja hasta el alto Ventuari (Figura 8.1).

Expediciones

Desde 1989 hasta abril de 2004 se tienen registros de expediciones hechas al río Ventuari por científicos nacionales e internacionales. Entre las principales expediciones se destacan:

- **Expedición CVG-Tecmin (1989):** Liderada por el Dr. Leo Nico y un grupo de obreros de Técnica Minera y la Corporación Venezolana Guayana. Los sitios de muestreo en el río Ventuari abarcan desde la confluencia con el río Orinoco hasta el alto Ventuari. Se colectaron peces en los diferentes tributarios incluyendo lagunas, caños y cauces principales de ríos.
- **Expedición de Stuart Reid (1981) y Nathan Lovejoy (1999)**: Las colectas realizadas por los Drs. Reid y Lovejoy en el río Ventuari estuvieron concentradas a la cuenca media de este río, específicamente en las adyacencias del Caño Yutaje hasta el río Manapiare.
- **Expediciones BioCentro (2000-2004)**: Desde el año 2000 se han intensificado las colectas ícticas en el río Ventuari. Citándose los aportes hechos por estudiantes de la UNELLEZ, Guanare (Carmen Montaña y Oscar León-Mata) y la Universidad de Auburn, Estados Unidos (Nathan Lujan). Las actividades de pesca durante estas expediciones a todo el río Ventuari, incluyeron los diferentes tributarios (caños y lagunas).

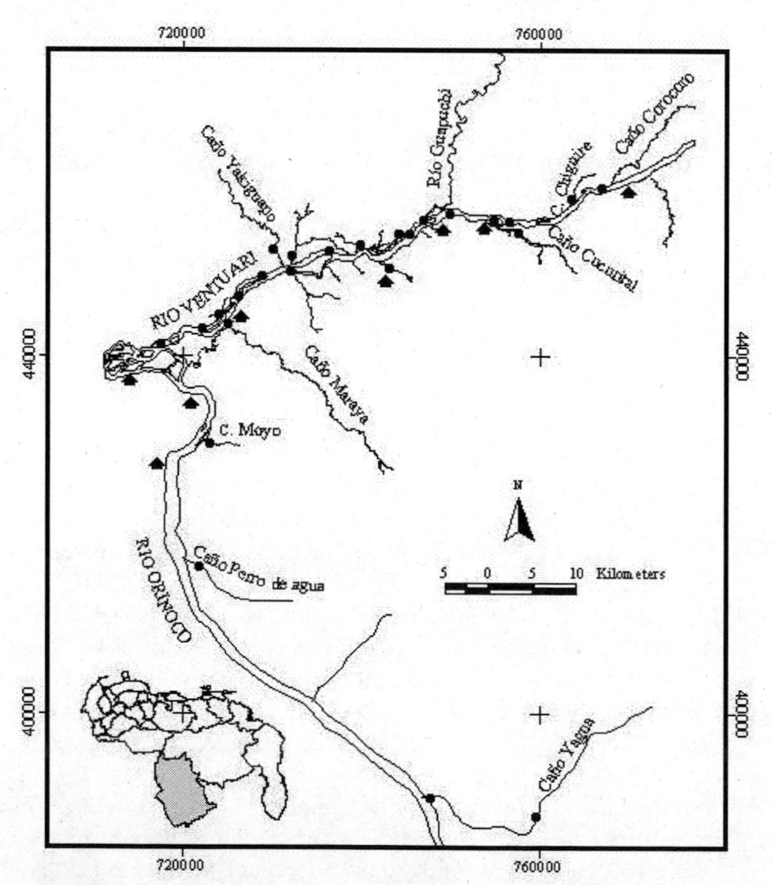

Figura 8.1. Área de estudio: bajo río Ventuari y su confluencia con el río Orinoco, Estado Amazonas, Venezuela.

- **Expedición BioCentro-FLASA-Fundación Terra Parima (2001, 2003)**: Estas colectas se llevaron a cabo en mayo 2001 (MHNLS-Biocentro-Fundación Terra Parima), septiembre 2001 (MHNLS), octubre 2003 (MHNLS) y diciembre de 2003 (Conservación Internacional-AquaRAP Orinoco-Ventuari 2003) en la cuenca del bajo río Ventuari y afluentes del río Orinoco. Esta última expedición estuvo conformada por un equipo multidisciplinario que tenía como objetivo evaluar de manera rápida el estado actual de la biodiversidad y los diferentes ecosistemas naturales que bordean el bajo río Ventuari y su confluencia con el Orinoco (ver Capítulo 7). En el caso particular de este Capítulo (8), solo consideraremos las colectas referidas a peces provenientes del río Ventuari.

Muestreos

Las actividades de pesca fueron realizadas en diferentes ambientes acuáticos. Sin embargo, el mayor esfuerzo de las capturas fue realizado en lagunas, caños y bosques de rebalse. El esfuerzo fue menor en las playas del río Ventuari, quedando por explorar gran parte del caucel principal del río donde podrían emplearse redes de fondo y redes de ahorque entre otros sistemas. Las artes de pesca que fueron utilizados en cada una de las expediciones son muy variadas, e incluyen anzuelos con cordel, redes diferentes aberturas, atarrayas, arpones, redes de mano, nasas (fabricación hecha por locales del Ventuari), etc.

La mayoría de los ambientes muestreados correspondieron a aguas claras, a excepción de algunos sitios ubicados en el Ventuari medio como los ríos Yureba, Marueta, Asisa y Paru con aguas ligeramente negras y el río Manapiare con aguas blancas.

Revisión de las colecciones (museos)-bases de datos

Se revisaron y consultaron las colecciones ícticas presentes en el Museo de Ciencias Naturales Guanare (MCNG), Museo de Historia Natural La Salle (MHNLS) y la colección del Instituto Nacional de Investigaciones Agropecuarias, región Amazonas (INIA). La información obtenida en cada una de las colecciones incluyó la localidad de colecta y la identidad taxonómica de las especies, la cual fue confirmada en caso de duda.

RESULTADOS Y DISCUSIÓN

Composición taxonómica

Las 470 especies de íctiofauna del río Ventuari están agrupadas en 10 órdenes, 44 familias y 225 géneros (Tabla 8.1, Apéndice 8.1). Los órdenes con mayor número de familias fueron los Characiformes (14), Siluriformes (11) Gymnotiformes (6) y Perciformes (4) (Figura 8.2).

El orden Characiformes tuvo la mayor representación de géneros (93) y especies (254) con 54 % del registro total de especies (Figura 8.3). El mayor número de especies registradas para este orden correspondió a la familia Characidae (149 sp), seguidos por las otras trece familias (Figura 8.4). El orden Siluriformes registró 82 géneros y 131 especies (27,87 % del total). Se destacan las familias Loricariidae con 40 especies, seguida por Heptapteridae (20), Auchenipteridae (19), Doradidae (13) y Pimelodidae (13). Otras cinco familias estuvieron presentes con un menor número de especies (Figura 8.3). Los Perciformes representaron el 10,21 % del total, destacando las familias Cichlidae (43 sp) y en menor grado Sciaenidae (3 sp), Nandidae y Gobiidae con una especie cada una. Los peces cuchillos o grupo de los Gymnotiformes estuvieron representados por 14 familias y 19 especies (4%). Los otros órdenes presentes estuvieron conformados por un número menor de familias y especies (Figura 8.2). Previo a la

Tabla 8.1. Composición de la íctiofauna del río Ventuari, Estado Amazonas, Venezuela.

Orden	Familias		Géneros		Especies	
	n	%	n	%	n	%
Characiformes	14	31.81	93	41.33	254	54,04
Siluriformes	11	25	82	36.45	131	27,87
Perciformes	4	9.1	23	10.22	48	10,21
Gymnotiformes	6	13.63	14	6.22	19	4,04
Clupeiformes	2	4.54	4	1.77	6	1,28
Beloniformes	2	4.54	3	1.33	4	0,85
Cyprinodontiformes	2	4.54	3	1.33	4	0,85
Myliobatiformes	1	2.28	1	0.45	2	0,43
Synbranchiformes	1	2.28	1	0.45	1	0,21
Pleuronectiformes	1	2.28	1	0.45	1	0,21
Total	**44**		**225**		**470**	

realización del AquaRAP Orinoco-Ventuari 2003, se habían censado para el río Ventuari 410 especies, y luego dicha evaluación se agregó 60 especies a la lista final (470 sp). En el Apéndice 7 las especies señaladas con asterisco (*) fueron colectadas únicamente durante el AquaRAP.

La composición íctica del río Ventuari resulta consistente con los resultados obtenidos en numerosos ecosistemas de agua dulceacuícolas del Neotrópico que se caracterizan por un predominio de peces caracoideos y siluroideos (Lowe-Mc Connell 1987). Algunos autores (Lasso 1988, 2004; Royero et al. 1992, Machado-Allison et al. 1993, Machado-Allison y Moreno 1993, Rodríguez-Olarte et al. 2003 y Lasso et al. 2004) revelan situaciones similares para afluentes del río Orinoco en ambientes de llanos y el Orinoco medio, destacándose la mayor riqueza de los órdenes Characiformes y Siluriformes, con las familias Characidae, Heptapteridae y Auchenipteridae.

La riqueza de la íctiofauna del río Ventuari representa alrededor del 47,33% de la señalada para el país (Tabla 8.2). Esta extraordinaria diversidad es superior a la conocida para otros grandes afluentes de la Orinoquía, como por ejemplo el río Apure. En la cuenca del río Apure están presentes 390 de las 607 especies de peces identificadas hasta ahora para los Llanos venezolanos. Las otras 217 especies restantes provienen de dos regiones principales: el río Cinaruco, cuyas afinidades ictiofaunísticas lo asocian al alto Orinoco en el Estado Amazonas, y las cuencas de los Llanos occidentales, cuyas faunas tienen mayores afinidades con otras cuencas del bajo y medio Orinoco (ver Lasso 1992, Lasso et al. 1995, Taphorn 1995, BioCentro 2002).

Tabla 8.2. Riqueza (S) de la fauna íctica en algunas subcuencas de la Orinoquía según Lasso et al. (2005).

Subcuenca	S	%
Alto Orinoco	232	23,36
Casiquiare	174	17,52
Ventuari	470	47,33
Atabapo	172	17,32
Inírida	114	11,48
Guaviare	94	9,47
Vichada	52	5,24
Sipapo	50	5,04
Tomo	74	7,45
Cataniapo	191	19,23
Bita	93	9,37
Meta	379	38,17
Parguaza	16	1,61
Cinaruco	238	23,97
Suapure	119	11,98
Capanaparo	178	17,93
Arauca	191	19,23
Apure	390	39,27
Cuchivero	29	2,92
Manapiare	59	5,94
Zuata	8	0,81
Caura	384	38,67
Pao	72	7,25
Aro	94	9,47
Caris	82	8,26
Caroní	257	25,88
Morichal Largo	180	18,13
Delta	394	39,68
Orinoco	780	78,55

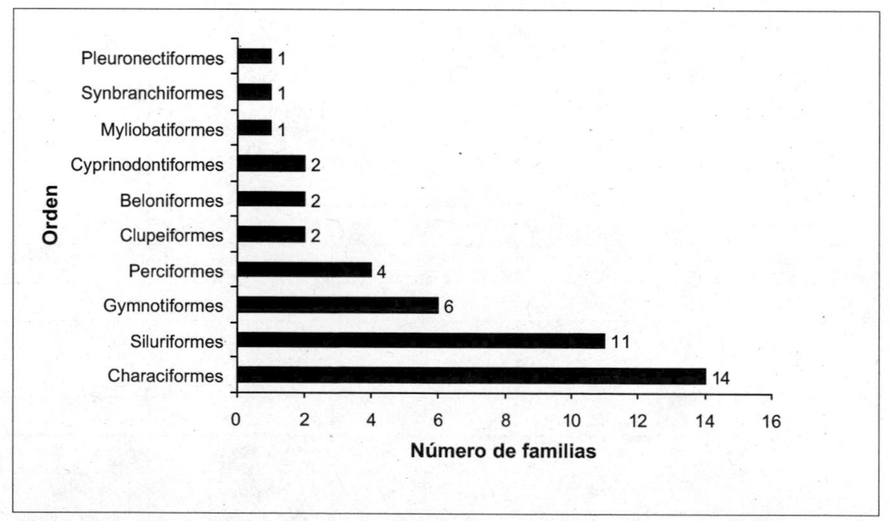

Figura 8.2. Número de familias por orden presentes en el río Ventuari, Estado Amazonas, Venezuela

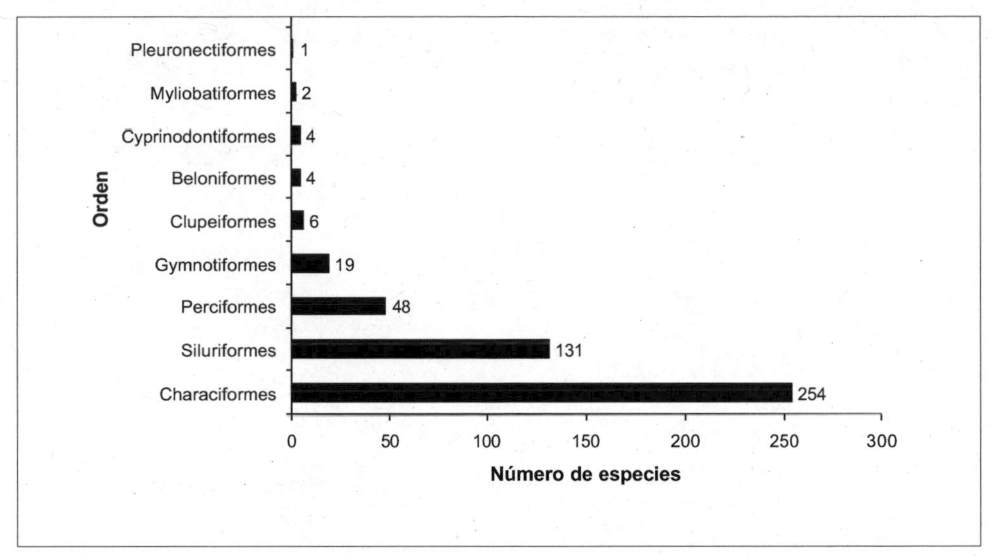

Figura 8.3. Número de especies por orden presentes en el río Ventuari, Estado Amazonas, Venezuela.

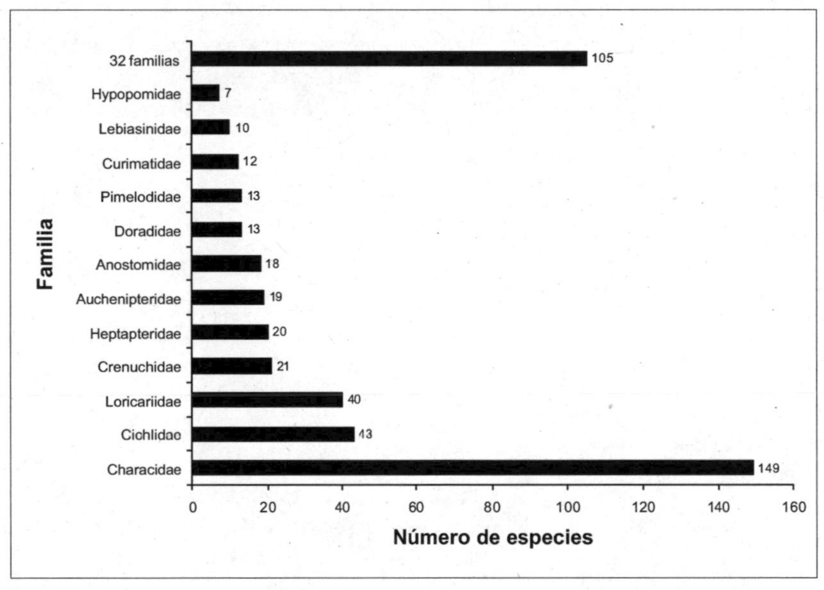

Figura 8.4. Composición numérica de las familias de peces presentes en el río Ventuari, Estado Amazonas, Venezuela.

Importancia del río Ventuari para la biodiversidad de peces y la conservación

El río Ventuari incluye una gran diversidad de especies de peces, entre las cuales aún faltan muchas por identificar. De estas, varias son nuevas para la ciencia, como es el caso de varios miembros de la familia Loricariidae (Armbruster com. pers.). Esto sitúa al río Ventuari como la cuenca con la mayor riqueza de especies de Venezuela, por encima de la cuenca del río Caura, para la cual se han registrado 441 especies (Lasso et al. 2003 b).

Ya se ha discutido en el capítulo anterior las principales amenazas para la región, pero en el caso particular de la cuenca del Ventuari, la explotación del oro en las adyacencias del río es más dramática. Su impacto radica no sólo en la contaminación mercurial durante el proceso de extracción del mineral, sino la demanda cada vez mayor de pescado para los campamentos ilegales.

La importancia de los peces para los habitantes que viven en las riberas del río Ventuari radica en que los peces son fuente directa de proteínas tanto para criollos como para indígenas y llegan a subsanar las necesidades temporales en cuanto a la falta de dinero (comercialización) o alimentos. Se prevé a futuro una intensificación de las pesquerías del río Ventuari, la cual podría traer consigo sobreexplotación del recurso asociada con la contaminación por sustancias mercuriales, degradación de los hábitat por deforestaciones y quema para el establecimiento de campamentos mineros.

Como medida preventiva sobre posibles amenazas anunciadas para la íctiofauna del Ventuari dado al avance de la explotación minera, es recomendable establecer un programa de monitoreo anual de los diferentes tipos de pesquerías que actualmente se desarrollan en este río. Considerando el flujo de turistas que visitan anualmente el Ventuari para actividades recreativas y de pesca deportiva, es necesario incrementar las actividades de vigilancia y control por parte de las propias comunidades, campamentos turísticos y campamentos de pesca deportiva.

REFERENCIAS

BioCentro. 2002. Conservación y uso sostenible de la biodiversidad en la ecorregión de los Llanos de Venezuela. Capitulo I: Subcomponente Fauna Silvestre y Acuática. Guanare. Informe Técnico BioCentro. Guanare.

Cortéz, A. 1976. Peces del Territorio Federal Amazonas, San Fernando de Atabapo. Informe preliminar. CODESUR, Puerto Ayacucho.

Lasso, C. 1988. Inventario de la íctiofauna de nueve lagunas de inundación del bajo Orinoco, Venezuela. Parte II: (Siluriformes-Gymnotiformes)-Acanthopterygii. Mem. Soc. Cienc. Nat. La Salle. 48 (Supl): 355-385.

Lasso, C. 1992. Composición y aspectos ecológicos de la ictiofauna del bajo río Suapure, serranía de los Pijiguaos (Escudo de Guayana), Venezuela. Mem. Soc. Cienc. Nat. La Salle. 52 (138): 5-54.

Lasso, C. 2004. Los Peces de la Estación Biológica El Frío y Caño Guaritíco (Estado Apure), Llanos del Orinoco, Venezuela. Publicaciones del Comité Español del Programa Hombre y Biosfera-Red IberoMaB. UNESCO. Sevilla.

Lasso, C. , A. Machado-Allison y R. Pérez-Hernández. 1989a. Consideraciones zoogeográficas de los peces de la Gran Sabana. (Alto Caroní) Venezuela, y sus relaciones con las cuenca vecinas. Mem. Soc. Cienc. Nat. La Salle. 49-50 (131-134): 109-126.

Lasso, C., D. Novoa y F. Ramos. 1989b. La ictiofauna del Lago de Guri. Composición, abundancia y potencial pesquero. Parte I. Consideraciones generales e inventario de la ictiofauna del lago del Guri con breve descripción de las especies de la pesca deportiva y comercial. Mem. Soc. Cienc. Nat. La Salle. 49-50 (131-134): 141-138.

Lasso, C., C. Señaris, O. Lasso-Alcalá y J. Castroviejo. 1995. Aspectos ecológicos de una comunidad de bagres en los llanos inundables de Venezuela. Acta Biol. Venez. 16 (1):1-31.

Lasso, C., D. Lew, D. Taphorn, C. DoNascimiento, O. Lasso-Alcalá, F. Provenzano y A. Machado-Allison. 2003a. Biodiversidad ictiológica continental de Venezuela. Parte I. Lista de especies y distribución por cuencas. Mem. Fund. La Salle Cienc. Nat. (159-160): 105-195.

Lasso, C., A. Machado-Allison, D. Taphorn, D. Rodríguez-Olarte, C. Vispo, B. Chernoff, F. Provenzano, O. Lasso-Alcalá, A. Cervó, K. Nakamura, N. González,. J. Meri, C. Silvera, A. Bonilla, H. López-Rojas y D. Machado-Aranda. 2003b. The fishes of the Caura River Basin, Orinoco Drainage, Venezuela: Annotated Checklist. Scientia Guaianae. 12: 223-246.

Lasso, C. A., L. E. Alonso, A. L. Flores y G. Love. 2004. Evaluación rapida de la biodiversidad y aspectos sociales de los ecosistemas acuáticos del delta del rio Orinoco y golfo de Paria, Venezuela. Boletín RAP de Evaluación Biológica 37. Conservation International. Washington, D. C.

Lasso C. A., J. I. Mojica, J. S. Usma, J. A. Maldonado-Ocampo, C. DoNascimiento , D. C. Taphorn, F. Provenzano, O. M. Lasso-Alcalá, G. Galvis, L. Vásquez, M. Lugo, A. Machado-Allison, R. , C. Suárez y A. Ortega-Lara. 2005. Peces de la cuenca del río Orinoco. Parte I: Lista de especies y distribución por cuencas. Biota Colombiana (en prensa).

Lowe-McConnell, R. 1987. Ecological studies in tropical fish communities. Cambridge University Press. New York.

Machado-Allison, A. y H. Moreno. 1993. Inventario y aspectos de la comunidad de peces del río Orituco (Estado Guárico). Acta Biol. Venez. 14 (4): 77-94.

Machado-Allison, A. , C. Lasso y R. Royero. 1993 . Inventario preliminar y aspectos ecológicos de los peces de los ríos Aguaro-Guariquito (Parque Nacional), Estado Guarico, Venezuela. Mem. Soc. Cien. La Salle. 53 (139): 55-80.

Rodríguez-Olarte, D. , D. Taphorn, C. Lasso y C. Vispo 2003. Fishes of the Lower Caura River, Orinoco Basin, Venezuela. Scientia Guaianae. 12: 181-221.

Royero, R., A. Machado-Allison, B. Chernoff y D. Machado-Aranda. 1992. Los peces del río Atabapo. Territorio Federal Amazonas, Venezuela. Acta Biol. Venez. 14 (1): 41-55.

Sánchez, J. 1990. La calidad de las aguas del río Orinoco. *En:* Weibezahn F. y Lewie W. (eds.). El río Orinoco como ecosistema. Caracas: Fondo Editorial de Acta Científica Venezolana/EDELCA/USB. Pp. 34-52.

Taphorn, D. 1995. Los peces del Parque Nacional Aguaro-Guariquito. Informe Técnico. Guanare.

Taphorn, D. y J. García. 1991. El río Claro y sus peces, con consideraciones de los impactos ambientales de las presas sobre la ictiofauna del bajo río Carona. Biollania. 8: 23-46.

Taphorn, D., R. Royero, A. Machado-Allison y F. Mago. 1997. Lista actualizada de los peces de agua dulce de Venezuela. *En:* La Marca E. (ed.). Vertebrados actuales y fósiles de Venezuela. Serie Catalogo Zoológico de Venezuela. Vol. 1. Venezuela: Museo de Ciencia y Tecnología Mérida. Pp. 55-100.

Capítulo 9

Herpetofauna de la confluencia de los ríos Orinoco y Ventuari, Estado Amazonas, Venezuela

Josefa C. Señaris y Gilson Rivas

RESUMEN

La herpetofauna registrada para el área de confluencia entre los ríos Orinoco y Ventuari incluye 29 especies de anfibios y 51 reptiles. Los anfibios corresponden a los órdenes Gymnophiona (cecilidos, con dos representantes) y Anura (sapos y ranas), de los cuales los sapos terrestres de la familia Leptodactylidae (12 spp) y ranas arborícolas de la familia Hylidae (8 spp) aportan el mayor número de taxa. Le siguen en importancia numérica los sapos de la familia Bufonidae (4 spp), los dendrobátidos (2 spp) y, finalmente, la familia Pipidae con una especie.

En cuanto a la Clase Reptilia se registraron 38 especies del orden Squamata, tres del orden Crocodylia y diez del orden Testudines. De forma detallada el orden Squamata incluye a 20 especies de lagartos y lagartijas, donde la familia Teiidae es la más diversa (6 sp), seguida por las familias Gymnophthalmidae y Tropiduridae (con 4 spp cada una), Gekkonidae (3 spp) y por último las familias Iguanidae, Polychrotidae y Scincidae con un representante cada una. Se cuenta con registros de 15 especies de serpientes de la diversa familia Colubridae y tres de la familia Boidae. Para el orden Crocodylia se recolectaron y/o observaron dos especies de la familia Alligatoridae (géneros *Paleosuchus* y *Caiman*) y se obtuvieron registros orales de la presencia de caimán del Orinoco (*Crocodylus intermedius*, familia Crocodylidae). Finalmente, el orden Testudines está representado por una extraordinaria riqueza, con diez especies distribuidas en cinco representantes de la familia Podocnemidae, dos de la familia Chelidae y con una especie cada una las familias Geomydidae, Kinosternidae y Testudinidae.

De los resultados del AquaRAP Orinoco-Ventuari 2003 son notables las lagartijas *Leposoma parietale* - ya que representa el segundo registro para Venezuela - y *Uracentron azureum werneri*, cuya distribución se extiende a la confluencia de los ríos Orinoco y Ventuari, reafirmando la importante presencia de taxa amazónicos en el área. Así mismo, la información obtenida sobre la presencia del caimán del Orinoco (*Crocodylus intermedius*) y la tortuga arrau (*Podocnemis expansa*) es sumamente importante en términos de conservación, ya que se tratan de especies En Peligro de Extinción. Así mismo, la elevada riqueza tortugas dulceacuícolas y terrestres encontradas y la elevada explotación de estos recursos por parte de las comunidades indígenas y criollas del área reviste especial importancia por cuando debe ser regulada de cara a su uso sostenible y conservación.

INTRODUCCIÓN

En ecosistemas tropicales los anfibios y reptiles representan grupos muy significativos, ya que pueden alcanzar elevadas densidades poblacionales y/o biomasas y sobrepasar las de otros grupos de vertebrados (Vitt et al. 1990). Así mismo, estos vertebrados muestran gran eficiencia en el flujo de nutrientes, ocupando una posición central en la cadena alimenticia al ser depredadores y reguladores de la fauna de invertebrados y, a su vez, presas básicas de aves, mamíferos y peces. Aunado a las características anteriores, la herpetofauna es funcionalmente importante como indicador biológico de la calidad ambiental, debido a su gran especificidad de hábitat y sus limitadas capacidades de dispersión.

Venezuela ocupa un lugar destacado entre los países con mayor biodiversidad del planeta (Mittermeier et al. 1997, Aguilera et al. 2003). Concretamente, en el caso de los anfibios ocupa la cuarta posición a nivel mundial, con más de 300 taxa, mientras que en reptiles está posicionada en el noveno lugar con unas 350 especies (Aguilera et al. 2003). A pesar de esta gran riqueza, el sur del país ha sido escasamente explorado y la mayoría de la información disponible es fruto de observaciones ocasionales y muy puntuales. Este es también el caso del ecosistema único formado por la confluencia entre el río Ventuari y el Orinoco en el Estado Amazonas. La escasa información que se tiene de esta área apunta hacia una zona de elevada diversidad de especies, dada por la conjunción de taxa amazónicos y guayaneses y, en menor grado, de especies propias del río Orinoco, principalmente reptiles de mediano y gran porte (Gorzula y Cerda 1979, Barrio 1999, Gorzula y Señaris 1999). Así mismo hay evidencias de una importante utilización de algunos de estos recursos, y muy especialmente de las tortugas de agua dulce (Gorzula 1993, 1995; Gorzula y Señaris 1999), lo que adicionalmente le confiere al área gran relevancia en términos de conservación y potencialidad para uso sostenible.

En el marco anterior, las iniciativas para la ejecución de exploraciones que completen los conocimientos sobre esta área de características únicas están plenamente justificadas, no solo desde el punto de vista del conocimiento sobre su diversidad, sino también de cara a su conservación y desarrollo armónico. En este sentido, a continuación se presentan los resultados sobre herpetofauna obtenidos durante el AquaRAP Orinoco-Ventuari 2003, complementados con información bibliográfica y colecciones disponibles.

MATERIAL Y MÉTODOS

La metodología de campo fue diseñada para dar cumplimiento, con la mayor eficiencia posible tanto en tiempo como en personal, a los objetivos propuestos en el AquaRAP Orinoco-Ventuari 2003. Para ello, el primer paso incluyó un reconocimiento general de las localidades de estudio, tratando de identificar los principales tipos de ambientes y/o microambientes asociados a los ríos, caños y/o lagunas, actividad prioritaria en los estudios de inventario con tiempos de muestreo cortos (Scott 1994). Una vez identificados estos hábitat, se aplicó la técnica de encuentro visual "Visual Encounter Survey VES" (Crump y Scott 1994, Doan 2003), tanto de día como de noche, utilizando el curso principal del río o caños como transecta. En algunas localidades se realizaron adicionalmente caminatas al azar en ambientes de transición entre el medio acuático y terrestre (márgenes de los cuerpos de agua). Es así como los muestreos herpetológicos estuvieron básicamente restringidos al cauce principal de los ríos y caños y a la vegetación adyacente a los mismos. La longitud de los recorridos y/o transectas fue variable dependiendo de las características particulares de cada localidad así como aspectos logísticos. Esta situación ha significado esfuerzos de muestreo desiguales entre algunas localidades y, en general, dichos esfuerzos tienen una media de 3,4 horas diurnas/hombre y 2,8 horas nocturnas/hombre por localidad.

Desde octubre de 2003, aprovechando la salida exploratoria del AquaRAP, se estableció una sistema experimental de trampas de caída (pitfall) a lo largo del bosque ribereño del río Orinoco cercano al Campamento Manaka (OR 2.6). En total se colocaron ocho (8) trampas de caída (envases tubulares de 28,7 cm de diámetro y 36,5 cm de profundidad), separados cada 2-2,5 metros. Entre cada una de ellas se colocó una barrera (lámina de plástico) de 80 cm de altura. Este sistema experimental fue trasladado a una isla fluvial en el río Orinoco (OR 2.7) entre los días 3 al 9 de diciembre de 2003.

Durante las actividades de muestreo visual los adultos y/o juveniles de anfibios y reptiles observados fueron capturados manualmente. Los renacuajos fueron recolectados por observación directa y uso de redes de malla fina, así como redes utilizadas por el grupo de Ictiología. En aquellos anuros observados en actividad reproductiva y vocalizando, se grabó el canto mediante un grabador SONY Profesional y un micrófono Sennheiser MS50, anotándose la hora de la grabación y aspectos generales de las condiciones climáticas del momento, además de observaciones ecológicas pertinentes.

A cada ejemplar recolectado se le asignó un número de campo bajo el cual se registró su identificación preliminar, la localidad, fecha y hora de colección, colector y método de captura, sexo, descripción general del hábitat o microhábitat, actividad durante el momento de colección, coloración en vida, medidas corporales (para los reptiles) y cualquier otra información que se considerada pertinente. Al menos un ejemplar de cada especie de anfibios y reptiles fue fotografiado en vida. Después los ejemplares fueron anestesiados, fijados con formol al 10% y preservados en alcohol etílico al 70%. La colección lograda está depositada en la sección de Herpetología del Museo de Historia Natural La Salle (MHNLS), Caracas.

Adicionalmente, y como información complementaria, se realizaron entrevistas no estructuradas a guías de campo y pobladores locales con la finalidad de ampliar los registros de herpetofauna (especialmente de reptiles de mediano y gran porte) y esbozar su importancia para las comunidades locales. Igualmente se realizaron observaciones sobre animales mantenidos en cautiverio y/o restos de ejemplares utilizados por las comunidades visitas.

Finalmente, se realizaron revisiones bibliográficas con la finalidad de reunir la mayor cantidad posible se información sobre la herpetofauna el área de estudio. En este sentido son especialmente notables las siguientes referencias de las cuales proceden registros museísticos y/o observaciones confiables: Rivero (1961, 1971), Gorzula y Cerda (1979), Paolillo y Cerda (1981), Medem (1983), Pritchard y Trebbau (1984), Dixon et al. (1993), Avila-Pires (1995), Heyer (1995) y Gorzula y Señaris (1999).

RESULTADOS

Composición taxonómica y riqueza de especies

En general, la herpetofauna de la confluencia entre los ríos Orinoco y Ventuari está representada por 29 especies de anfibios y 51 reptiles (Apéndice 8). Los anfibios corresponden a los ordenes Anura (sapos y ranas, con 27 taxa) y Gymnophiona (cecilidos, con dos representantes). De los anuros dominan en riqueza de especies los sapos terrestres de la familia Leptodactylidae, con 12 taxa, y las ranas arborícolas de la familia Hylidae con ocho. Le siguen en importancia numérica los sapos de la familia Bufonidae (con cuatro especies), la familia Dendrobatidae con dos representantes y, finalmente, con una especie, la familia Pipidae (Figura 9.1). Durante las exploraciones de campo fueron escuchados cantos aparentemente pertenecientes a ranitas de cristal de la familia Centrolenidae, registro que debe confirmarse. Los géneros más diversos son *Leptodactylus* y *Bufo* – sapos terrestres con siete y cuatro especies respectivamente. El resto está representado por tres o menos especies.

La clase Reptilia cuenta con 38 especies del orden Squamata, tres del orden Crocodylia y diez taxa del orden Testudines. De forma detallada los representantes del orden Squamata corresponden a 20 especies de lagartos y lagartijas, donde la familia Teiidae es la más diversa (6 spp) seguida de las familias Gymnophthalmidae y Tropiduridae, con cuatro taxa cada una, Gekkonidae (3 spp) y, por último, las familias Iguanidae, Polychrotidae y Scincidae con un representante cada una. De las serpientes se tienen registros de 15 especies de la diversa familia Colubridae y tres taxa de la familia Boidae (Figura 9.2).

En cuanto al orden Crocodylia se recolectaron y/o observaron dos especies de la familia Alligatoridae (géneros *Paleosuchus* y *Caiman*) y se obtuvo información oral confiable sobre la presencia de caimán del Orinoco (*Crocodylus intermedius*, familia Crocodylidae). Finalmente, el orden Testudines está representado por una extraordinaria riqueza de especies, con diez taxa distribuidos en cinco representantes de la familia Podocnemidae, dos de la familia Chelidae y con una especie cada una las familias Geomydidae, Kinosternidae y Testudinidae (Figura 9.3).

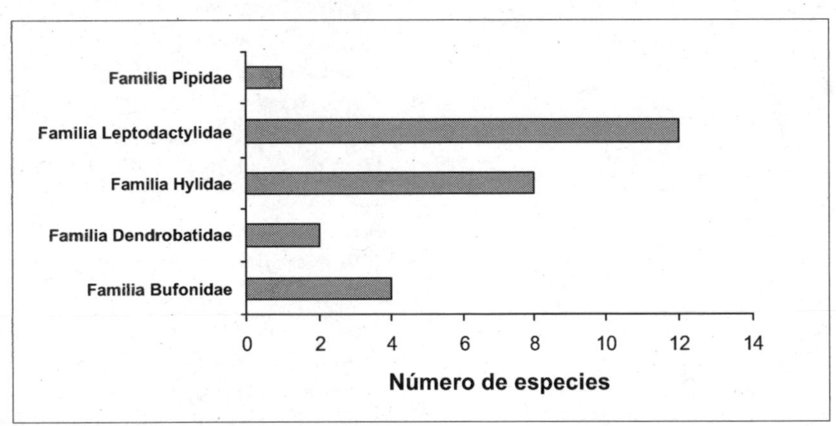

Figura 9.1. Número de anuros por familias registrados para la confluencia entre los ríos Orinoco y Ventuari, Estado Amazonas, Venezuela.

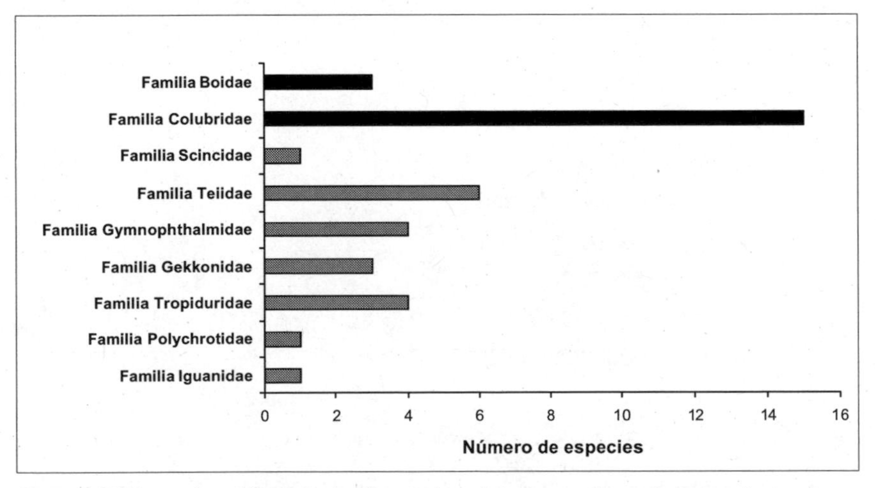

Figura 9.2. Número de reptiles del orden Squamata registrados para la confluencia entre los ríos Orinoco y Ventuari, Estado Amazonas, Venezuela.

Del total de especies obtenidas durante el AquaRAP son notables las lagartijas *Leposoma parietale* - ya que representan el segundo registro para Venezuela - y *Uracentron azureum werneri*, cuya distribución se extiende considerablemente y reafirma la presencia de taxa amazónicos en el área. Así mismo, la información obtenida sobre la presencia inequívoca del caimán del Orinoco (*Crocodylus intermedius*) y la tortuga arrau (*Podocnemis expansa*) es sumamente importante en términos de conservación, ya que se tratan de especies en Peligro Crítico de Extinción (Rodríguez y Rojas-Suarez 1999, Castaño- Mora 2002). Por otra parte, en el área de estudio habitan un número sustancial de especies de tortugas de agua dulce y terrestres (56% del total de especies registradas para Venezuela), muchas de las cuales son intensamente explotadas ya bien para consumo local o para su comercio, y que están consideradas en categorías de "En peligro" o "Vulnerables" en toda o gran parte de su área de distribución. *Podocnemis unifilis* y *Geochelone denticulata* están En Peligro, mientras que *Peltocephalus dumerilianus* y *Podocnemis erythrocephala* están Vulnerables (Rodríguez y Rojas-Suarez 1999, Castaño- Mora 2002). Este último aspecto reviste especial importancia por cuando debe ser regulado de cara a su uso sostenible y conservación

Resultados por Áreas Focales o Subregiones

Cada área focal presenta una riqueza y composición taxonómica particular de anfibios y reptiles que las caracteriza y que serán detalladas posteriormente. A pesar de estas diferencias, un conjunto de especies está ampliamente distribuido en toda el área de estudio. Estas especies incluyen anfibios como: *Bufo guttatus, Bufo* complejo *margaritifera, Bufo marinus, Hypsiboas wavrini, Leptodactylus knudseni, Leptodactylus mystaceus, Leptodactylus pallidirostris, Pseudopaludicolla llanera* y *Pipa pipa;* los lagartijos *Iguana iguana, Uranoscodon superciliosus, Gonatodes humeralis, Neusticurus* sp, *Kentropix altamazonica, Mabuya nigropuntacta*; las culebras *Corallus hortulanus, Chironius fuscus*; y el babo negro *Paleosuchus trigonatus.* En estos casos nuestras observaciones, aunque muy puntuales, apuntan a diferencias en las abundancias relativas de algunas de estas especies en las diferentes subregiones y/o hábitat, información que debe profundizarse para una adecuada caracterización de las áreas consideradas.

Área Focal 1-Subregión Orinoco 1

De toda el área de estudio, esta Subregión es la más diversa con registros de 23 especies de anfibios y 36 de reptiles. La clase Amphibia incluye representantes de los órdenes Anura (22 spp) y Gymnophiona (el cecílido *Nectocaecilia petersi*). De los anuros destaca la mayor riqueza de la familia Leptodactylidae, con seis especies, seguida por las ranas arborícolas de la familia Hylidae (4 spp), los sapos bufónidos (3 spp) y, finalmente, la familia Dendrobatidae (2 spp) y con un representante la familia Pipidae. Para esta área focal son exclusivos los registros las ranas *Minyobates steyermarki* (endémica del Cerro Yapacana,) *Hypsiboas granosa, Scinax boesemani, Scinax* sp, *Eleutherodactylus vilarsi, Leptodactylus lithonaetes, Lithodytes lineatus* y el cecílido *Nectocaecilia petersi.*

En cuanto a la clase Reptilia, se cuenta con información de la presencia de 11 especies de lagartijas, 13 culebras, tres cocodrilos y nueve tortugas. De las lagartijas dominan los representantes de la familia Teiidae, con cuatro taxa, seguida en importancia numérica por la familia Tropiduridae, y con menor representación miembros de las familias Iguanidae, Gekkonidae, Gymnophthalmidae y Scincidae con una especie cada una. Las serpientes abarcan dos especies de boidos y 11 de la diversa familia Colubridae. Por su parte el total de especies del Orden Crocodilia están presentes en esta área focal, con la baba *Caiman crocodrilus* y el babo negro *Paleosuchus palpebrosus* de la familia Alligatoridae y el caimán del Orinoco *Crocodylus intermedius* (familia Crocodylidae). Finalmente, los registros de tortugas incluyen cinco especies de la familia Podocnemidae y con un taxa cada una el resto de las familias. Gran parte de estos registros proviene de observaciones directas sobre ejemplares mantenidos en

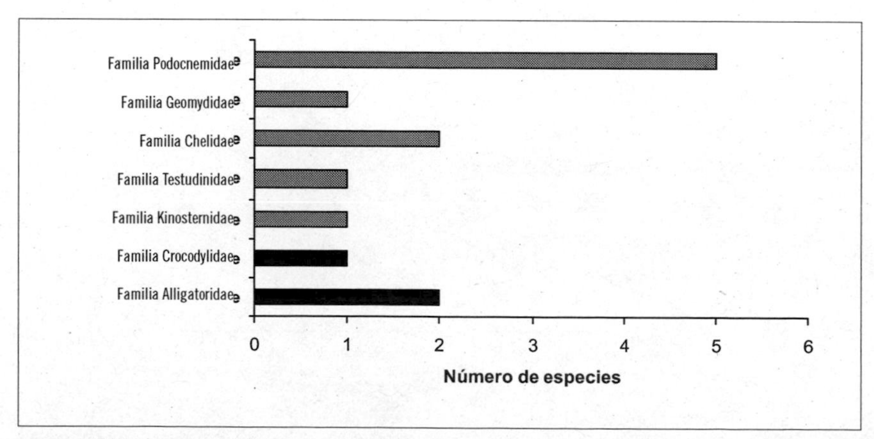

Figura 9.3. Número de reptiles de los órdenes Crocodylia y Testudines para la confluencia entre los ríos Orinoco y Ventuari, Estado Amazonas, Venezuela.

cautiverio en el poblado de Macuruco y/o observaciones directas de desembarco de cacería-pesca. Según sus habitantes estas capturas proceden de áreas cercanas a dicha comunidad como son la Laguna de Macuruco (OR1.1), donde comentan sobre una elevada abundancia de estas especies, y un morichal detrás de la comunidad.

Para la localidad Laguna de Macuruco (OR1.1) se registró la mayor abundancia de babas (*Caiman crocodylus* y *Paleosuchus trigonatus*) con 17 ejemplares en 500 m de recorrido (0,034 individuos/m). Para esta misma localidad se observó un ejemplar de caimán del Orinoco (*Crocodylus intermedius*), registro que se ve reforzado por la información de los pobladores locales. Para el caño Moyo (OR 1.3) se contabilizaron un total de cinco babas en un recorrido de aproximadamente 800 m (0,006 individuos/m), mientras que para el Caño Perro de Agua (OR1.4) se observaron solo tres ejemplares (0,004 ind/m).

Área Focal 2 - Subregión Orinoco 2

Para esta área focal, que se extiende después de la confluencia entre los ríos Orinoco y Ventuari, se tiene una riqueza total de la herpetofauna semejante a la de la Subregión Orinoco 1, aún cuando existen diferencias en la composición de especies. Para la Subregión Orinoco 2 se han registrado 21 especies de anfibios y 32 de reptiles. Los anfibios están representados únicamente por el orden Anura, destacándose nuevamente el predominio de los miembros de la familia Leptodactylidae (9 spp) e Hylidae (6 spp), seguidos por los bufónidos (4 spp) y las familias Dendrobatidae y Pipidae con un representante cada una. Son exclusivos de esta área focal los anuros *Bufo granulosus, Scinax rostratus, S. ruber, Adenomera hylaedactyla* y *Leptodactylus fuscus,* todos ellos provenientes de las sabanas, arbustales y/o ambientes secundarios explorados en esta Subregión.

Los reptiles están representados por 16 especies de lagartijas, diez serpientes, dos cocodrilos y cuatro tortugas. Las lagartijas corresponden a cinco representantes de la familia Teiidae, cuatro Gymnophthalmidae, dos especies de la familia Tropiduridae e igual número para Gekkonidae, y con un taxa cada una las familias Iguanidae, Polychrotidae y Scincidae. Por su parte las serpientes corresponden a una especie de la familia Boidae y el resto a la diversa familia Colubridae (9 spp).

Los registros de cocodrilos corresponden a observaciones del babo negro y a la información de los lugareños sobre la presencia del caimán del Orinoco. Finalmente, fueron recolectadas y/o vistas cuatro especies de tortugas: la pecho quebrado *Kinosternon scorpioides* (familia Kinosternidae), el morrocoy *Geochelone denticulata* (familia Testudinidae), la mata mata *Chelus fimbriatus* (familia Chelidae) y el galápago *Podocnemis vogli.* En el cauce principal del río Orinoco en esta región fueron observadas tortugas del género *Podocnemis* que podrían corresponder a la tortuga arrau (*P. expansa*) o terecay (*P. unifilis*), ambas con registros en el área y comentadas por los lugareños.

Para esta Subregión se tiene un importante número de registros exclusivos entre los que cabe mencionar las lagartijas *Anolis auratus, Uracentron azureum, Hemidactylus palaichthus, Cercosaura ocellata, Gymnophthalmus cryptus, Leposoma parietale, Cnemidophorus lemniscatus, Kentropix striata,* y las culebras *Leptodeira annulata, Liophis lineatus, Mastigodryas boddaerti, Philodryas viridissimus* y *Siphlophis compressus.*

Área Focal 3 - Subregión Ventuari

La Subregión Ventuari cuenta con el menor número de registros del área de estudio que, en general, corresponde así mismo al menor esfuerzo de muestro durante el AquaRAP 2003 y a escasos registros bibliográficos y museísticos. Para esta área se cuenta con una riqueza de 12 anfibios y 12 reptiles. Al igual que en Subregiones anteriores los sapitos terrrestres de la familia Leptodactylidae reúnen el mayor número de taxa (5 spp), seguido por hílidos y bufónidos con tres especies cada grupo. Solo una pequeña rana hílida fue registro exclusivo de la Subregión Ventuari.

Por su parte, los reptiles están representados por ocho especies de lagartijos de las familias Gekkonidae y Teiidae (2 sp c/u) e Iguanidae, Gymnophthalmidae, Tropiduridae y Scincidae con una especie cada una. Solo se tienen registros de dos taxa de serpientes (una de la familia Boidae y otra de Colubridae). Finalmente, las observaciones de reptiles de mediano y gran porte corresponden a las babas de la familia Alligatoridae y a la tortuga *Rhinoclemmys punctularia* (familia Geomydidae).

Para el caño Guapuchí (VT1) se observaron cuatro ejemplares del babo negro (*P. trigonatus)* en un corto recorrido de 800 metros. En la localidad del caño Palometa (VT 4) se contabilizaron tres individuos de *Caiman crocodilus* y dos ejemplares de *Paleosuchus trigonatus* en un recorrido de aproximadamente 1 km.

Se considera que la Subregión Ventuari es la menos conocida de todo el área de estudio, esperándose una riqueza de su fauna de anfibios y reptiles considerablemente superior a la registrada hasta el momento.

DISCUSIÓN

El AquaRAP Orinoco-Ventuari 2003 representa una contribución importante al conocimiento de la diversidad de la fauna de anfibios y reptiles, así como aspectos básicos sobre ecología y biogeografía de estos grupos de vertebrados. Concretamente en el caso de los anfibios se logró un incremento de seis especies (de 23 registros previos a 29), mientras que en los reptiles se elevó la cifra en 12 taxa (de 39 especies a 51) (Apéndice 8). A pesar de este avance, resulta evidente que estos listados son incompletos ya que los muestreos tuvieron un esfuerzo de muestreo limitado y fueron realizados en época seca. Esto último es especialmente importante para un buen inventario de anfibios. Así mismo, se considera que los reptiles de mediano y gran porte están adecuadamente inventariados, mientras que lagartijos y serpientes provienen de registros casuales debido a la ausencia de un patrón de uso de microhábitat predecible, sólo subsanable con la implementación de muestreos a largo plazo (Morales y McDiarmid 1996) que incluyan ambas estaciones climáticas.

A pesar de las limitaciones anteriores, el área de confluencia entre los ríos Orinoco y Ventuari alberga una diversa fauna de anfibios y reptiles como resultado de la conjunción de especies de tierras bajas con diferentes distintos patrones de distribución. En el caso de los anfibios el 64% de los taxa registrados para el área tienen una distribución amazónico-guayanesa (sur del río Orinoco), mientras que los restantes se reparten entre especies de amplia distribución (32%) y aquellas estrechamente asociadas a la cuenca principal del río Orinoco. La composición de anfibios para la zona Orinoco-Ventuari es semejante a la señalada por Lynch y Vargas-Ramirez (2000) para el Departamento de Guainía en Colombia, ya que en ambos casos concurre fauna característica de los bosques amazónicos, taxa de distribución guayanesa y, en menor grado, especies llaneras de ambientes abiertos de sabanas. Solo una especie de anuro es estrictamente endémica de esta zona de estudio y está asociada a tierras de mayor elevación, el sapito rojo *Minyobates steyermarki*, exclusivo de las laderas del Cerro Yapacana. Otra especie endémica del estado Amazonas en Venezuela y en el vecino Departamento de Guainía en Colombia es el hílido *Aparasphenodon venezolanus*, quien alcanza su distribución más septentrional en la zona de estudio y es un habitante característico de los bosques de tierras bajas de esta región.

En cuanto a los reptiles, casi la mitad de las especies registradas para la confluencia Orinoco-Ventuari son de amplia distribución (habitan al norte y sur del río Orinoco), mientras que 39% son amazónico-guayaneses, un 9% son elementos compartidos entre las cuencas principales del Orinoco y Amazonas y el 2% restante están asociados estrictamente a la cuenca principal del Orinoco. Elementos claramente amazónicos que alcanzan su distribución más septentrional en el área de estudio son las lagartijas *Uracentrum azureum, Leposoma parietale* y *Crocodilurus amazonicus*.

Además de la notable riqueza de especies e interés desde el punto de vista biogeográfico de su herpetofauna, la presencia de especies en categorías de amenaza aunado a una importante cacería de subsistencia y/o comercio le confieren a la confluencia Orinoco-Ventuari especial relevancia. Prácticamente todos los reptiles de mediano y gran portes son cazados sistemática y/o ocasionalmente en el Estado Amazonas (Gorzula 1995, Gorzula y Señaris 1999) y, en general, junto con la cacería de mamíferos y aves, representan la segunda fuente de alimentación a las comunidades locales. En el Capítulo 11 se presenta un análisis más detallado del uso de estos recursos.

RECOMENDACIONES PARA LA CONSERVACIÓN

Con base a los resultados obtenidos, así como el reconocimiento de vacíos de información, se recomienda:

- Realizar exploraciones de campo adicionales que contemplen muestreos durante la época de sequía y lluvia, con el fin de caracterizar adecuadamente las comunidades de anfibios y reptiles presentes en el área.
- Realizar estudios de abundancia relativa e intensidad de caza de los reptiles de mediano y gran porte (babas y tortugas terrestres y dulceacuícolas).
- Caracterizar el consumo y/o comercio de reptiles de mediano y gran porte.
- Basándose en la información anterior, desarrollar planes para la conservación y uso sostenible de estos recursos.
- Promover y fortalecer la conservación de los ecosistemas de laderas del Cerro Yapacana actualmente afectados por actividades mineras, donde vive el sapito rojo endémico de esta área.

REFERENCIAS

Aguilera, M., A. Azócar y E. Gonzaléz-Jiménez. 2003. Venezuela: un país megadiverso. *En*: Aguilera, M. , A. Azócar y E. Gonzaléz-Jiménez (eds.). Biodiversidad en Venezuela Tomos I y II. Caracas, Venezuela: Fundación Polar, Ministerio de Ciencia y Tecnología y Fondo Nacional de Ciencia, Tecnología e Innovación,. Pp. 1056-1072.

Avila-Pires, T. C. S. 1995. Lizards of Brazilian Amazonia (Reptilia: Squamata). Zool. Verhandelingen. 299: 1-706.

Barrio, C. 1999. Sistemática y biogeografía de los anfibios (Amphibia) de Venezuela. Acta Biol. Venez. 18(2): 1-93.

Castaño-Mora, O. V. (ed.). 2002. Libro rojo de reptiles de Colombia. Libros rojos de especies amenazadas de Colombia. Instituto de Ciencias Naturales-Universidad Nacional de Colombia, Ministerio del Medio Ambiente, Conservación Internacional-Colombia. Bogotá, Colombia.

Crump, M. L. y N. J. Scott. 1994. Visual Encounter Surveys. *En*: Heyer, W. R. , M. A. Donnelly, R. W. McDiarmid , L. C. Hayerk y M. S. Foster (eds.). Measuring and monitoring Biological Diversity. Standard Methods for Amphibians. Washington, D. C. : Smithsonian Institution Press. Pp. 84-92.

Dixon, J. R., J. A. Wiest y J. M. Cei. 1993. Revision of the Neotropical snake genus Chironius Fitzinger (Serpentes, Colubridae). Museo Regionale di Scienze Naturali Torino. Monografie. XIII: 1-279.

Doan, T. M. 2003. Which Methods are Most effective for surveying Rain Forest Herpetofauna?. J. Herpetol. 37 (1): 72-81.

Gorzula, S. 1993. Una evaluación del estado actual de la fauna silvestre en el Estado Amazonas, Venezuela. Informe de Consultoría para la Deutsche Gesellschaft für Technische Zusammenarbeit (GTZ). Proyecto para la Formación del Centro Amazónico de Investigaciones Ambientales "Alexander von Humboldt" (CAIAH). Caracas.

Gorzula, S. 1995. Diagnóstico faunístico del Estado Amazonas, propuestas para su manejo sustentable. *En*: A. Carrillo y M. A. Perera (eds.). Amazonas, Modernidad y Tradición. Caracas, Venezuela: Deutsche Gesellschaft für Technische Zusammenarbeit (GTZ) y Proyecto para la Formación del Centro Amazónico de Investigaciones Ambientales "Alexander von Humboldt" (CAIAH), Servicio Autónomo para el Desarrollo Ambiental del Territorio Amazonas (SADA-Amazonas). Pp. 247-294.

Gorzula, S. y J. Cerda. 1979. Herpetofauna. *En*: Atlas de la Región Sur. Ministerio del Ambiente y de los Recursos Naturales renovables. Caracas, Venezuela: Dirección General de Información e Investigación del Ambiente. Pp. 22-23.

Gorzula, S. y J. C. Señaris. 1999 ["1998"]. Contribution to the herpetofauna of the Venezuelan Guayana I. A database. Scientia Guaianae. 8: xviii+270+32 pp.

Heyer, W. R. 1995. South American rocky habitat *Leptodactylus* (Amphibian: Anura: Leptodactylidae) with description of two new species. Proc. Biol. Soc. Wash. 108(4): 695-716.

Lynch, J. y M. A. Vargas Ramírez. 2000. Lista preliminar de especies de anuros del Departamento del Guainía, Colombia. Rev. Acad. Colomb. Cienc. 24 (93): 579-589.

Medem, F. 1983. Los Crocodylia de Sur América. Vol II. Ministerio de Educación, Colciencias. Bogotá.

Mittermeier, R., Goestsch-Mittermeier, C. y Robles, P. 1997. Megadiversidad. Agrupación Sierra Madre, sc. México.

Morales, V. R. y R. W. McDiarmid. 1996. Annotated checklist of the amphibians and reptiles of Pakitza, Manu National Park Reserve Zone, with comments on the herpetofauna of Madre de Dios, Peru. *En*: Wilson, D. E. y A. Sandoval (eds.). Manu. The biodiversity of Southeastern Peru. Washington, D. C. : Smithsonian Institution Press. Pp. 503-522.

Paolillo, A. y J. Cerda. 1981. Nuevos hallazgos de *Aparasphenodon venezolanus* (Mertens) (Salientia; Hylidae) en el Territorio Federal Amazonas, Venezuela, con anotaciones sobre su biología. Mem. Soc. Cienc. Nat. La Salle. 41(116): 57-75.

Pritchard, P. y P. Trebbau. 1984. The Turtles of Venezuela. Society for the Study of Amphibians and Reptiles, Contr. Herpet. 2: 1-414.

Rivero, J. A. 1961. Salientia of Venezuela. Bulletin of the Museum of Comparative Zoology. 126: 1-207.

Rivero, J. A. 1971. Un nuevo e interesante *Dendrobates* (Amphibia: Salientia) del Cerro Yapacana de Venezuela. Kasmera. 3 (4): 389-396.

Rodriguez, J. P. y F. Rojas-Suarez. 1999. Libro Rojo de la Fauna Venezolana. Segunda Edición. Provita-Fundación Polar. Caracas, Venezuela.

Scott, N. J. 1994. Complete Species Inventories. *En*: Heyer, W. R., Donnelly, M. A., McDiarmid, R. W., Hayerk L. C. y Foster M. S. (eds.). Measuring and Monitoring Biological Diversity. Standard Methods for Amphibians. Washington, D. C. : Smithsonian Institution Press. Pp. 78-84.

Vitt, L. J., J. P. Caldwell, H. M. Wilbur y D. C. Smith. 1990. Amphibians as harbingers of decay. Bioscience. 40: 418.

Capítulo 10

Avifauna de la confluencia de los ríos Orinoco y Ventuari, Estado Amazonas, Venezuela

Miguel Lentino

RESUMEN

Durante el AquaRAP Orinoco-Ventuari 2003 se registraron 157 especies de aves, de las cuales dos de ellas, el perico cara sucia (*Aratinga pertinax chrysogenys*) y el periquito obscuro (*Forpus sclateri sclateri*) son nuevos registros para el país, y representan importantes extensiones de distribución de la Amazonia. Se visitaron 12 localidades y se colocaron redes en seis de ellas, lo que representó un esfuerzo de captura de 270 horas/red. Los hábitat visitados incluyeron bosques ribereños, arbustales y sabanas aledaña al Campamento Manaka. Se tomaron registros de algunas especies y datos morformétricos, además de observaciones sobre la alimentación de algunas especies. Los resultados preliminares indican que el río Orinoco es una barrera bastante importante para la distribución de muchas especies de aves, debido a que existe una notoria diferencia en la composición y número de especies registrados en la zona del río Ventuari respecto a las especies registradas en el río Orinoco.

INTRODUCCIÓN

Desde el punto de vista ornitológico el delta del Ventuari es un área poco conocida y la información que se posee sobre las aves proviene de colecciones realizadas en unas pocas localidades, tales como el Cerro Yapacana y áreas circundantes (Friedmann 1945, 1948; Phelps y Phelps Jr. 1947, 1959; Schwartz y Rivero 1979) en San Fernando de Atabapo (Phelps 1944) y las Carmelitas en el propio río Ventuari (Hitchcock 1947, Phelps Jr. 1947). En total se han registrado unas 200 especies con base a los ejemplares depositados en la Colección Ornitológica Phelps y el Museo de la Estación Biológica de Rancho Grande.
Para el área de influencia del campamento Manaka, a orillas del río Orinoco, se han registrado 215 especies (Frank Ibarra com pers.), un número relativamente bajo para una zona de supuesta alta biodiversidad. El motivo de esto se debe a que las colecciones realizadas en toda la región nunca fueron exhaustivas, y aún así, estas produjeron una especie endémica para la zona como es el hormiguero de Yapacana (*Myrmeciza disjuncta)*, además de otras especies muy poco conocidas características de ambientes amazónicos, cuyos límites de distribución llegan a la cuenca del Ventuari.

Como el principal objetivo del presente proyecto era estudiar la biodiversidad acuática, nuestro trabajo de campo estuvo supeditado a la logística del AquaRAP y, por lo tanto, estuvimos restringidos a estudiar las comunidades de aves que habitan los bosques ribereños inundables.

MATERIAL Y MÉTODOS

Se hicieron recorridos para detectar la mayor cantidad de especies utilizando, si era posible, picas ya existentes. Además, se colocaron redes de neblina para la captura de las aves, para determinar sus densidades y ciclos biológicos. En este último caso los datos a obtener fueron los siguientes: al capturar las aves, se registró su peso, sexo, medidas externas, estado de plumaje, se observó la existencia de señales de estado reproductivo, grasa acumulada, muda de plumaje, se les colocó anillos metálicos numerados ó plásticos ó algún otro tipo de marca de manera de poderlos identificar posteriormente, y luego fueron liberados inmediatamente. En general este proceso nunca llega a sobrepasar más de cinco minutos por ave, de manera que no es muy traumático para los animales. El esfuerzo de captura es expresado en número de aves capturadas por malla / hora, metodología descrita en detalle por Karr (1979) y que permite poder hacer comparaciones entre distintas comunidades y/o hábitat. En los casos que fueron necesarios para estudios posteriores de identificación, distribución y taxonomía o registro de la especie para la localidad, se tomaron las muestras respectivas. A algunos de estos ejemplares se tomaron muestras del buche para exámenes bacterianos.

RESULTADOS

Durante las actividades de campo del AquaRAP Orinoco-Ventuari se registraron 157 especies de aves. Para el área circundante al Campamento Manaka existía una lista de 215 especies, y con este estudio hemos anexado a dicha lista 47 especies más, aumentado así el número de especies registradas para la zona a 262. Algunas de las especies listadas para Manaka no fueron registradas por nosotros porque son especies vagantes o migratorias, o porque no se visitaron los hábitat apropiados.

Del análisis inicial de la información obtenida podemos indicar que tenemos dos subespecies de aves que no habían sido registradas anteriormente para el país. Estas son el perico cara sucia (*Aratinga pertinax chrysogenys*) y el periquito obscuro (*Forpus sclateri sclateri*). Ambas subespecies son extensiones de distribución de aves de la Amazonia. También, se registra por primera vez el pájaro capuchino (*Perissocephalus tricolor*) para la región de Manaka, lo cual es importante pues amplia la distribución conocida de esta especie en el país.

Otros registros notables obtenidos en este estudio son los de especies cuya distribución es muy mal conocida en Venezuela, como es el caso de halcón de lomo pizarreño (*Micrastur mirandolllei*), o de aves consideradas importantes desde el punto de vista de la conservación, como es el verderón cabecicastaño (*Hylophilus brunneiceps*) debido a que están restringidas a un bioma en particular (Lentino, Esclasans y Medina 2004).

Se registraron tres especies migratorias de Norteamérica: el águila pescadora (*Pandion haliaetus*), la reinita de charcos (*Seiurus noveboracensis*) y la paraulata de cara gris (*Catharus minimus*). Para el momento del año en que se realizó está expedición, las especies migratorias de Norteamérica no son particularmente abundantes en la zona. Solo el águila pescadora mantenía una presencia importante en la región registrándose en varias oportunidades, mientras que de la reinita de charcos y la paraulata de cara gris, se capturó un solo ejemplar. La paraulata de cara gris fue anillada y liberada. La presencia de esta última especie en la zona durante el mes de noviembre nos puede ayudar a entender mejor las rutas migratorias, debido a que es un ave que, por lo general, no reside en Venezuela durante el invierno boreal.

Se colocaron de 2 a 5 redes en seis localidades diferentes, lo que representó un esfuerzo de capturas de 270 horas/red con resultados bastante bajos, pero que es lo característico para este tipo de hábitat, como vemos en la Tabla 10.1. En el Apéndice 9 presentamos el listado de especies registradas para cada uno de los sitios visitados.

Algunas especies presentaban claros indicios de estar en época reproductiva, como el perico cara sucia, quienes ya estaban haciendo nidos en los termiteros y era regular ver parejas más que grupos. Esta observación es interesante porque la temporada reproductiva en Venezuela es, por lo general, a comienzos de la época de lluvia, no al final de esta.

Tabla 10.1. Esfuerzo de captura de aves en el AquaRAP Orinoco-Ventuari, Estado Amazonas, Venezuela.

Localidad	N° de redes	Longitud de la red (m)	Metros de red colocados	Horas abiertas	Horas/ red	N° de capturas	N° aves / hora red	Habitat
Caño Moyo OR 1.3	2	12	24	5	10	8	0.80	Bosque ribereño
Caño Perro de Agua OR 1.4	5	12	60	4	20	10	0.50	Arbustal y bosque ribereño
Caño Manaka OR 2.2	4	12	48	37	148	23	0.16	Palmar y bosque ribereño
Isla frente Manaka OR 2.6	4	12	48	12	48	12	0.25	Palmar y bosque ribereño
Caño Guapuchí VT 1	5	12	60	4	20	10	0.50	Bosque ribereño
Caño Palometa VT 4	4	12	48	6	24	17	0.71	Bosque ribereño
Total y promedio de capturas					270	80	0.30	

El análisis del plumaje para 39 especies capturadas nos indicó que esta época del año no es el pico de muda para las aves de la región y solo en algunas especies los juveniles están cambiando el plumaje hacia adulto, tales como el sangre de toro apagado (*Ramphocelus carbo*) y el saltarín cola de hilo (*Pipra filicauda*).

Resultados por areas focales ó subregiones

Para este estudio se dividió la zona en tres areas focales o subregiones: área focal 1 - subregión Orinoco 1 (OR 1), área focal 2 - subregión Orinoco 2 (OR 2) y área focal 3 - subregión Ventuari (VT). Es interesante señalar que para cada uno de ellas se obtuvieron resultados bien diferentes. Para la subregión Orinoco 1 (OR1) se registraron 63 especies, para subregión Orinoco 2 (OR 2) 119 especies y, finalmente, para la subregión Ventuari (VT) 77 especies. En la subregión Orinoco 2 es donde más trabajo se realizó (mayor esfuerzo de muestreo) debido a que era la zona en que estaba instalado el campamento principal.

Al hacer un análisis comparativo entre estas subregiones, considerando solo las especies terrestres de aves (que son las especies con menor capacidad de desplazamiento), encontramos que hay más semejanza en la composición de especies de la subregión Ventuari con subregión Orinoco 1 que entre la subregión Orinoco 1 respecto a la Subregión Orinoco 2 (un 77% respecto a un 36%). Afinando un poco más este análisis, si consideramos ambas márgenes del río Orinoco y volvemos a considerar solo las especies de aves terrestres, encontramos que las especies del Ventuari (VT) son más semejantes en un 49% a las especies registradas en la margen derecha del Orinoco en la subregión Orinoco 1 (OR 1). Mientras tanto, la similitud cae a un 30% si se considera la margen izquierda del río para la misma zona. La conclusión a estos resultados es que el río Orinoco es una barrera bastante eficiente a la distribución de muchas especies de aves. En este sentido, existe más afinidad entre las aves que habitan en la cuenca del río Ventuari con las aves que habitan en la margen izquierda del río Orinoco hasta el punto de confluencia de ambos ríos que la existente entre las aves del Ventuari con las que habitan en la margen derecha del Orinoco. Esta barrera se hace más notoria aguas abajo del Campamento Manaka, en que especies como hormiguero lomo escamado (*Hylophylax poecilonota*) mantienen una especie diferente en cada margen del río, *H. duidae* en la margen izquierda y *H. poecilonota* en la margen derecha.

Área Focal 1 – Subregión Orinoco 1

Para las localidades de la laguna de Macuruco (OR 1.1) y estero de Macuruco (OR 1.2) se registraron 22 especies. La mayoría de ellas son aves asociadas a arbustales y bosques ribereños.

En caño Moyo (OR 1.3) se registraron 33 especies y es donde se obtuvo la más alta tasa de captura de aves por red (0,80 aves por hora/red), lo que es indicativo de una alta densidad de aves. En esta localidad se capturó la paraulata pico negro (*Turdus ignobilis arthuri*), conocida solo para las laderas del cerro Yapacana y del Duida.

En el caño Perro de Agua (OR 1.4) se hizo el mayor esfuerzo en el arbustal aledaño al bosque ribereño inundable, registrándose 32 especies, algunas de ellas características de los arbustales de arenas blancas, como son el verderón cabecicastaño (*Hylophilus brunneiceps*) y el aguaitacamino negruzco (*Caprimulgus nigrescens*).

Finalmente el caño Güachapana (OR 1.5) fue visitado por unas pocas horas y es donde se obtuvo el registro del garzón soldado (*Jabiru mycteria*), especie que presenta migraciones locales.

Área focal 2 – subregión Orinoco 2

El caño Manaka (OR 2.2) es la localidad en donde más observaciones se realizaron, debido a su cercanía al campamento base. Se trabajó en la sabana, en el bosque ribereño y en los palmares. Se registraron 107 especies, y se hicieron observaciones sobre los movimientos diarios de loros y pericos quienes cruzaban sobre el campamento todos los días en dirección sur – norte en las mañanas y al contrario en las tardes, ubicándose un dormidero en un morichal que se encuentra a pocos kilómetros al sur del Campamento Manaka.

En el caño El Carmen (OR 2.3) se trabajó muy poco (se registraron solo 11 especies), pero puede ser un sitio interesante para trabajar en un futuro debido a la presencia de grandes extensiones de bambú, pero que lamentablemente no estaban en fructificación en este momento.

Para la avifauna, el caño Winare (OR 2.4) es la localidad más diferente a todas las visitadas, debido al desarrollo de un bosque muy alto, semi-inundable, con bastante lianas y sotobosque escaso. Se pudieron observar grandes concentraciones de frugívoros como tucanes y pájaros paraguas. En esta localidad se registraron 24 especies. La localidad de la isla en el río Orinoco frente al Campamento Manaka (OR 2.6) se escogió para comparar la composición de las aves de tierra firme respecto a las que habitan en las islas, sin embargo no se encontraron diferencias apreciables. En esta localidad se registró el atila polimorfo (*Attila spadiceus*) y los tres ejemplares capturados presentaban plumajes totalmente diferentes, lo cual es una característica de esta especie. Para esta localidad se registraron 31 especies.

Área focal 3 – subregión Ventuari

En el caño Guapuchí (VT 1) afluente del río Ventuari se registraron 32 especies, y es una localidad en que hay una mayor presencia de bromelias en el suelo y abundancia de lianas. Las especies registradas en esta localidad son de amplia distribución en Amazonas.

En el caño Chipiro y laguna del mismo nombre (VT 3.1) se registraron solo 14 especies, pero algunas ellas únicas en los registros como es el caso de hormiguero alipunteado (*Schistocichla leucostigma*).

En la laja La Calentura del río Ventuari (VT 3.2) se observaron los periquitos oscuros (*Forpus sclateri*) alimentándose de las semillas y frutos de la planta acuática

Mourera alcicornis (Podostomaceae), la cual queda al descubierto al bajar el nivel del agua del río. Por lo general los periquitos oscuros vuelan a bastante altura y se encuentran en las copas de los árboles más grandes (Juniper y Parr 1998). Pero en esta época del año, en que el nivel del agua de los ríos comienza a bajar, los periquitos se reúnen en pequeños grupos de 4-8 individuos y bajan a las lajas en donde sea accesible esta planta, cortando los tallos de las mismas para alimentarse de las semillas y frutos. Esta fue una zona visitada en varias oportunidades debido al interés de este evento, porque este tipo de dieta no ha sido señalado para este género de periquitos (Juniper y Parr 1998). En está localidad se registraron 30 especies.

El caño Palometa (=caño Negro) (VT 4) es la localidad del Ventuari con mayor número de especies registradas (33), y en la que había una mayor diversidad de especies. Se logró hacer observaciones sobre la alimentación de algunas especies frugívoras como tucanes y loros, los cuales se alimentaban de las frutas del árbol palo pilón (*Goupia glabra*).

Estudio microbiano

A los periquitos oscuros (*Forpus sclateri*) capturados en esta expedición, la Dra. Andreina Pacheco (IVIC) les tomó una muestra del buche para análisis microbiano y de fermentación. La identificación de las muestras las realizó la Dra. María del Carmen Araque de la Facultad de Farmacia de ULA. Un resumen de los resultados es presentado en la Tabla 10.2. Entre los resultados más interesantes de este estudio es que la composición bacteriana presente en el buche del periquito oscuro es muy semejante a la del periquito (*Forpus passerinus*), a pesar de que estas dos especies se encuentran separados geográficamente, ya que el periquito oscuro habita en la Amazonia y Guayana, mientras que el periquito se encuentra en los llanos y otras áreas al norte del río Orinoco. En ambas especies están presente las bacterias *Streptococcus*, las cuales producen amilasa y, por lo tanto, se facilita la digestión de los almidones. La conclusión de este aspecto es que la actividad microbiana en el buche es una adaptación para una dieta basada en semillas, al proveer las enzimas que degradan el almidón de la dieta, lo cual es importante para la fisiología de estos psitácidos (Pacheco et al. 2004).

Tabla 10.2. Bacterias presentes en el buche del periquito oscuro *(Forpus sclateri)* en la zona del río Ventuari, en diciembre del 2003.

Gram Positivos
Enterococcus faecium
Staphylococcus delphini
Staphylococcus coagulasa
Bacillus sp.
Gram Negativos
Escherichia coli
Klebsiella pneumoniae
*Acinetobacter calcoaceticus**
*Xanthomonas campestris**
*Pseudomonas luteola**

* Bacteria no fermentadoras de la glucosa.

DISCUSIÓN

Lo importante de este muestreo es que empezamos a tener una mejor comprensión de la distribución de muchas de las especies. La variedad de localidades visitadas nos permitió ver la sustitución por hábitat de algunas especies. Por ejemplo, la paraulata pico negro (*Turdus ignobilis*), que solo se registró en los arbustales del caño Moyo (OR 1.3) (el punto visitado más cercano al Cerro Yapacana), está siendo sustituida en las otras localidades por otras especies de paraulatas *(T. leucomelas* y *T. fumigatus*) en los bosques ribereños.

La diversidad de la zona es importante comparada con otras áreas del país. El número de especies de aves estimado para la localidad de Manaka es comparable a cualquier otra del Estado Amazonas. Por ejemplo, para San Fernando de Atabapo, se han registrado 219 especies y para el Cerro Yapacana 201 especies.

Por otro lado, es la primera vez que se evidencia, desde el punto de vista ornitológico, la importancia del río Orinoco como barrera biogeográfica, ya que encontramos una mayor semejanza en la composición de especies que habitan en la margen derecha del río Orinoco con la región del Ventuari que con la margen izquierda del río Orinoco. Este aspecto es sumamente notable y debe ser considerado por los planificadores de la conservación cuando se diseñan áreas a ser protegidas o manejadas.

Así mismo este trabajo nos permitió obtener información sobre la dieta de algunas especies. Queremos resaltar el hecho de que el periquito oscuro se alimenta de las semillas de la planta acuática *Mourera alcicornis*, la cual se hace disponible para las aves cuando baja el nivel del agua y las lajas de los ríos se exponen al sol. Este comportamiento de esta ave no había sido registrado anteriormente.

El delta del río Ventuari puede ser muy importante como refugio de muchas especies de aves, ya que en varios ocasiones observamos dormideros de la paloma montañera (*Columba cayennensis*) en las islas, las cuales pueden ser inaccesibles a depredadores terrestres. Igualmente registramos los movimientos diarios de loros, pericos y guacamayas en busca de alimento a las islas del río Ventuari y de descanso en algunas de estas islas o en los morichales cercanos al Campamento Manaka.

La presencia y abundancia de especies consideradas raras o en peligro como el pájaro paragua (*Cephalopterus ornatus*), halcón de lomo pizarreño (*Micrastur mirandolllei*), pájaro capuchino (*Perissocephalus tricolor*) y verderón cabecicastaño (*Hylophilus brunneiceps*), entre muchas otras, son indicativas de la importancia de la zona desde el punto de vista de conservación y como área con un fuerte potencial para el desarrollo de la actividad de la observación de aves.

REFERENCIAS

Friedmann, H. 1945. A new ant-thrush from Venezuela. Proc. Biol. Soc. Wash. 58: 83-84.

Friedmann, H. 1948. Birds collected by the National Geographic Society's expeditions to northern Brazil and southern Venezuela. Proc. U. S. Natl. Mus. 97(3219): 373-570.

Hitchcock, C. B. 1947. The Orinoco-Ventuari region, Venezuela. Geogr. Review. 37(4): 525-566.

Juniper, T. y M. Parr. 1998. Parrots. A guide to the parrots of the world. Pica Press. Sussex.

Karr, J. R. 1979. On the use of mist nets in the study of bird communities. Inland Bird Bandung. 51(1): 1-10.

Lentino, M., D. Esclasans y F. Medina. 2004. Áreas de importancia para las Aves. BirdLife Institute, Conservation International y Sociedad Audubon de Venezuela. Caracas (en prensa).

Pacheco, M. A. , M. A. García, C. Bosque y M. G. Dominguez. 2004. Bacteria in the crop of the see-eating green-rumped parrotlet. Condor. 106:139-143.

Phelps, W. H. 1944. Resumen de las colecciones ornitológicas hechas en Venezuela. Bol. Soc. Venez. Cienc. Nat. 9(61): 325-444.

Phelps, W. H., Jr. 1947. The ornithological collections. *En:* Charles B. Hitchcock (ed.). The Orinoco-Ventuari region, Venezuela. Geogr. Review. 37(4): 525-566.

Phelps, W. H. y W. H. Phelps, Jr. 1947. Ten new subspecies of birds from Venezuela. Proc. Biol. Soc. Wash. 60: 149-163.

Phelps, W. H. y W. H. Phelps, Jr. 1959. Two new subspecies of birds from the San Luis Mountains of Venezuela and distributional notes. Proc. Biol. Soc. Wash. 72: 121-126.

Schwartz, P. y R. Rivero. 1979. Distribución preliminar de la fauna silvestre del Territorio Federal Amazonas. Serie Informes Cientificos DGIIA/IC/03/MARNR. Caracas.

Capítulo 11

Uso de los recursos acuáticos, fauna y productos forestales no maderables en el área de confluencia de los ríos Orinoco y Ventuari, Estado Amazonas, Venezuela.

Oscar J. León-Mata, Donald Taphorn, Carlos A. Lasso y J. Celsa Señaris

RESUMEN

Se realizaron 31 encuestas con el objeto de evaluar preliminarmente el uso de los recursos acuáticos, la fauna y los productos forestales no maderables más importantes por parte de las étnias Baniwa, Curripaco, Maco, Piaroa y poblaciones criollas establecidas en las comunidades de Macuruco, Guachapana, Arena Blanca, Chipiro, Cejal y Güinare en la confluencia de los ríos Orinoco y Venturí en el Estado Amazonas venezolano. En ésta área existen numerosas especies de plantas y animales que son utilizados en los sistemas productivos locales. El pavón (*Cichla temensis*) representó el 87% de la pesca para consumo local indígena y su venta a los campamentos de la minería ilegal de oro. Le siguen otras especies de menor importancia como el bocón (*Brycon* spp), caribe (*Serrasalmus manueli*), payaras (*Hydrolycus* spp), saltones (*Argonectes longiceps, Hemiodus* spp), güabina (*Hoplias malabaricus*), palometas (*Mylossoma* spp), bagre rayao (*Pseudoplatystoma* spp) y sardinatas (*Pellona* spp). Se evaluó también el aprovechamiento de peces ornamentales, entre los que destacan, los corronchos o cuchas (Loricariidae) que representaron el 89% del total de las capturas para la venta. Hay muchas otras especies de peces que también se comercializan hacia Puerto Inírida en Colombia. Entre ellos tenemos el escalar (*Pterophyllum altum*), cardenal (*Paracheirodon axelrodi*), rayas (*Potamotrygon* spp), hachitas (*Carnegiella strigata*), cucha Atabapo (*Peckoltia vittata*), palometa gancho rojo (*Myleus rubripinnis*) y el hemiodo (*Hemiodus semitaeniatus*). Las poblaciones indígenas encuestadas también se dedican a la agricultura. Entre los cultivos más desarrollados están los de algunos tubérculos, bromeliáceas y solanáceas. El 90% de la producción doméstica proviene de la alta variedad de recursos que existen dentro de los ecosistemas inundables: extracción de tablas para construcciones de embarcaciones y viviendas; hierbas medicinales (para el control de la diarrea); extracción de fibras de chiqui-chiqui (*Leopoldinia piassaba*); artesanías; y el procesamiento de la yuca amarga (*Manijot* spp) para la preparación del casabe, catara, almidón y mañoco. La cacería constituye la segunda fuente de alimentación. Se cazan venados (*Mazama* spp, *Odocoileus virginianus*), lapas y picures (*Agouti paca, Dasyprocta* spp), cachicamos (Dasypodidae), cháchAROS (*Pecari tajacu, Tayassu pecari*), monos (Cebidae), chigüire (*Hydrochaeris hydrochaeris*), baba blanca (*Caiman crocodilus*), baba negra (*Paleosuchus* spp), tortuga chipiro (*Podocnemis erythrocephala*) y tortuga cabezona (*Peltocephalus dumerilianus*), los cuales representan el 67% del consumo de la vida doméstica y económica de todas las comunidades indígenas. Como resultado de nuestro estudio exploratorio, encontramos que existen diversas actividades que deben ser aprovechadas y reguladas, con la finalidad de permitir un uso sostenible de los ecosistemas acuáticos y terrestres.

INTRODUCCIÓN

Para los pobladores de los bosques de América tropical, la fauna y flora silvestre son recursos de uso diario y de primordial importancia como fuente de alimento, vivienda, vestido y medicina, además de su significado cultural y religioso. Por lo general, la disponibilidad de caza y pesca es el principal factor limitante de las poblaciones indígenas en selvas tropicales que condicionan el tamaño de los núcleos humanos, sus movimientos y patrones culturales (Gross 1975, Ross 1978 citados en Ojasti et al. 1983). Es poco probable que estos grupos indígenas puedan causar el agotamiento irreversible y extensivo de la fauna silvestre (Bisbal 1994). Sin embargo, dependiendo de las interacciones ocurridas entre diferentes grupos humanos, los patrones o intensidad del uso de los recursos han ido cambiando. En el caso del Amazonas venezolano, el arribo de los españoles no produjo cambios significativos. Fue a partir de la explotación del caucho (*Hevea* spp) cuando se empezó a evidenciar cambios radicales en el uso de la diversidad biológica. La extracción de otros recursos del bosques como por ejemplo el chiquichiqui (*Leopoldinia piassaba*) y otras gomas (chicle y balatá), además de recursos minerales como el oro, determinaron el incremento consecuente en el uso de la fauna (Romero 1998). Además del impacto directo sobre estos recursos, dichas actividades trajeron consigo cambios en los patrones de asentamiento, aspectos sociales, culturales y sanitarios.

Dada la importancia social, económica y de conservación que implica el uso de la diversidad biológica, durante el AquaRAP Orinoco-Ventuari 2003 se evaluó, de manera preliminar, el uso de los diferentes recursos naturales por algunas comunidades asentadas en el área de estudio, cuyos resultados presentamos a continuación.

MATERIAL Y MÉTODOS

Durante el AquaRAP Orinoco-Ventuari 2003 se realizaron encuestas no estructuradas (sin formato establecido) y estructuradas (ver Apéndice 10) a los pescadores artesanales de las comunidades indígenas de Macuruco y Guachapana (area focal Orinoco 1); Güinare (area focal Orinoco 2) y Arenas Blancas, Chipiro y Cejal (area focal Ventuari). Estas encuestas fueron realizadas al azar, en aproximadamente el 30% de los pescadores activos de la zona.

En términos generales la información recopilada incluye aspectos sobre:

- Pesca comercial (especies, nombre indígena, estacionalidad de captura, precio de venta, artes de pesca y esfuerzo de pesca, hábitat de pesca).
- Pesca ornamental (especies, nombre indígena, estacionalidad de captura, precio de venta, hábitat de pesca, número de ejemplares capturados y artes de pesca y movilización).
- Logística de almacenamiento y venta.
- Cacería (especies cazadas, nombre indígena, estacionalidad y sitio de captura, uso - consumo y/o venta-).
- Productos forestales (especie, nombre indígena, estacionalidad y sitio de colecta, uso).
- Otras actividades productivas y/o de subsistencia.
- Caracterización socioeconómica general de las comunidades (servicios sociales, servicios públicos y sistemas productivos).

RESULTADOS

Se realizaron 31 encuestas a pobladores locales de etnias Baniwa, Curripaco, Maco, Piaroa y comunidades criollas, correspondientes a las poblaciones de Macuruco, Guachapana, Arenas Blancas, Chipiro, Cejal y Güinare. A continuación se describen los resultados de estas entrevistas.

Pesca de subsistencia

Si bien las especies de peces utilizadas, artes de pesca, procesado y destino del pescado varían entre las etnias encuestadas (Baniwa, Curripaco, Maco y Piaroa) y están influenciadas por los criollos, podemos generalizar que las especies más utilizadas son: pavón cinchado (*Cichla temensis*), caribe (*Serrasalmus manueli*), bocón (*Brycon* spp), viejas (Cichlidae), payaras (*Hydrolycus* spp), saltón (*Hemiodus* spp), palometas (*Mylossoma* spp), pámpano (*Myleus rubripinnis*), sardinatas (*Pellona* spp), bagre chancleta (*Ageneiosus* spp), bocachico (*Semaprochilodus knerii*) y las güabinas (*Hoplias malabaricus*) (Apéndice 11).

Existen diferencias entre las comunidades en la preferencia de una especie en particular. Por ejemplo, los pescados favoritos y más consumidos por los indígenas de la etnia Maco son el caribe y la güabina, mientras que las otras especies son usadas en muy baja frecuencia. Sin embargo, de forma general las especies más consumidas son *Cichla temensis* (87%), *Hoplias malabaricus* (32%), *Myleus rubripinnis* (26%) y el grupo *Hemiodus* spp - *Semaprochilodus knerii – Argonectes longiceps* (23%).
El 80% de estas especies son capturados en la época seca o aguas bajas (verano) y el 20% restante en lluvias o aguas altas (invierno). En su mayoría son capturadas en las orillas del río (58%), y en menor frecuencia en el bosque inundado (29%), lagunas (19%), morichales (16%) y raudales (13%).

El esfuerzo de pesca está constituido, en un 80% de los casos, por un solo pescador por curiara cuando usan como arte de pesca anzuelos (guarales), sagallas, cacure, arpón o careta, y por dos pescadores/curiara cuando usan chinchorro o red de ahorque. Del total encuestado, en un 97% de los casos señalaron usar anzuelos, 29% sagallas, 13% trampas cacure (sobre todo en aguas altas) y un 10% usaron piya (arco y flecha). El uso de estos artes también varía con el nivel del río. Algunos indígenas Piaroa, Maco y Curripaco nos indicaron que para la pesca también emplean arpón, arco y flecha (piya), veneno (barbasco) y dos tipos de cesta-nasa y anzuelos, pero no logramos que nos dieran una descripción detallada.

Los pescadores entrevistados emplean gran variedad de cebos en función de las especies que se intentan pescar, entre ellos las sardinitas (Characidae) (87%), lombrices de tierra (67%) y granos (maíz, conchas de yuca amarga, fruto de salsáfra) con 35%.

Todas las comunidades realizan la pesca como una actividad extensiva, la cual resulta difícil durante la estación lluviosa dado que el agua se enturbia y los ríos crecidos desbordan en los bosques. Al final de la estación de lluvias, cuando el agua vuelve a su cauce, construyen represas, trampas y colocan en ellos las cestas y nasas cónicas para capturar los peces. A veces cortan los caños o lagunas, con empalizadas de hojas de palmas, y pescan con barbasco. Sin embargo, no abusan del empleo de esta sustancia.

La mayor parte del pescado lo consumen fresco en el momento (93%), pero también pueden conservarlo (almacenamiento) mediante la técnica del "moqueado" (ahumado) y, en menor término, salado. Esto lo hacen especialmente en el caso del pavón, bocón, bagres y saltones. Estas técnicas de almacenamiento permiten mantenerlo de dos a siete meses.

Además de la utilización del pescado como alimento por las poblaciones locales, este recurso también es vendido en las minas ilegales (7%). Sin embargo, todos conocen el precio del pescado en las minas, lo que es un indicativo de que hay una venta mucho mayor a la ofrecida en las encuestas. Los principales puntos de venta son las minas de Maraya, Yapacana y caño Moyo y las especies que más venden son el pavón y los saltones de tamaño mediano y grande. Mensualmente se comercian directamente a los campamentos mineros entre 20 a 40 pescados grandes o medianos por 20 a 40 gramos de oro. También se vende semanalmente de uno a cuatros pescados por mina, lo que se llama "salta", la cual equivale de 1 a 5 gramos de oro.

Pesca ornamental

La pesca ornamental es realizada principalmente por indígenas de los grupos Baniwa, Curripaco, Maco y Piaroa, y por un número reducido de criollos. En el área de estudio se pudo estimar unos 140 pescadores indígenas, distribuidos en 18 comunidades, con edad promedio de 37 años. La mayor actividad de pesca ornamental se desarrolla intensivamente entre los meses de noviembre a mayo, dependiendo de la especies a capturar. Según las encuestas realizadas, el promedio de captura de un pescador ornamental en el área Orinoco-Ventuarí oscila entre 80 a 600 peces/día, llegando hasta 2500 peces/mes, variando de acuerdo con el periodo hidrológico y la especie a capturar. El esfuerzo diario promedio estimado fue de 6 a 12 horas, conformado por un pescador cuando usa red de mano, careta o manualmente, y por dos pescadores cuando utilizan chinchorro y tela mosquitera (plástica o metálica).

Los peces capturados se comercializan en el mercado de Puerto Inírida en Colombia, generando un ingreso económico por familia indígena (promedio mensual) de Bs. 80.000 a 200.000 en el período de verano.

Las diez especies más comercializadas en orden decreciente son: escalares (*Pterophyllum altum*); cuchas o corronchos chéngele (Loricariidae no identificado); rayas (probablemente *Potamotrygon motoro*); cuchas punta de oro (Loricariidae no identificado); cuchas punta de diamante (Loricariidae no identificado); cuchas mariposa (Loricariidae no identificado); palometa gancho rojo (*Myleus rubripinnis*); y mataguaros (*Crenicichla* spp). Si bien estas son las especies más vendidas, los compradores de peces ornamentales solicitan otras cuatro como son todos tipos de cuchas (89%), escalares medianos (67%), cardenales pequeños (*Paracheirodon axelrodi*) (55%) y rayas pequeñas (22%).

En general las especies presentan variedad de precios de compra y venta en el transcurso de los años y en función de la oferta y la demanda. Así, por ejemplo, las rayas cuestan entre Bs. 2000 - 4000 c/u en el campo y los escalares de Bs. 200 - 800 en el campo. En el Apéndice 12 se muestran algunos de los precios de las especies más representativas en 1993, 2000 y 2002.

Uso de la fauna silvestre

Si bien el uso de la fauna silvestre era originalmente de carácter de subsistencia, en algunas comunidades se ha convertido en una actividad comercial para vender carne a los mineros.

Actualmente, la caza se realiza con escopeta (número de cartucho 16 o 20) y ha reemplazado la utilización de las armas tradicionales como la cerbatana, arco, flechas y lanzas. Todavía el territorio de caza es determinado por las mismas comunidades locales y, generalmente, los límites son respetados por otros grupos vecinos. En cuanto a las especies que más se utilizan para el consumo, encontramos que un 67% de los casos se cazan mamíferos como monos (Cebidae), cachicamos (Dasypodidae), picures (*Dasyprocta* spp), chácharos (*Pecari tajacu*, *Tayassu pecari*), lapas (*Agouti paca*) y reptiles acuáticos como las tortugas chipiros (*Podocnemis erythrocephala*) y cabezón (*Peltocephalus dumerilianus*) y babas (*Caiman crocodilus* / *Paleosuchus* spp) durante los meses de mayo hasta noviembre. Le siguen, con un 61%, los paujíes (Cracidae) y gallineta (Tinamidae) durante los meses de abril hasta diciembre. Por último, encontramos con un 35% a las pavas de cuello rojo (*Penelope jacquacu*), dantos (*Tapirus terrestris*), loros (Psittacidae) y tucanes (Ramphastidae), los cuales son cazados entre los meses de mayo a octubre. La intensidad de caza de los diferentes animales varía con la estación climática (Apéndice 13).

Usos de los conucos

La subsistencia de la población indígena del alto Orinoco está basada en la agricultura de corte y quema además de la recolección de frutas, actividades que juegan un papel importante en su economía. Los conucos que preparan los habitantes de cada comunidad indígena son relativamente pequeños y sólo los grupos que tuvieron contacto frecuente con los criollos utilizan terrenos más extensos.

En estos conucos se cosechan principalmente yuca, ñame, plátano, cambur y, algunas veces, maíz, piña y caña de azúcar, entre otros. Inmediatamente después de la estación de lluvias, los hombres empiezan a talar el bosque, usando para ello machetes, hachas e inclusive motosierras. Una característica de sus conucos es que talan los árboles al pie del tronco y suelo. Cortan el tronco donde le parece más fácil, luego dejan secar la leña para finalmente quemarla. Aprovechan las primeras lluvias y entre los meses de abril y mayo para plantar o sembrar en los conucos.

El mantenimiento de los conucos exige poco trabajo. Tanto la cosecha como la siembra corren por cuentan de las mujeres. Normalmente salen en la mañana con su gran cesta y regresan cargadas en la tarde. Los Piaroa practican la agricultura con fuego.

El alimento principal es el casabe y los derivados de la yuca amarga. Esta última es la base de toda la alimentación, aunque también se cultivan en grandes cantidades el maíz, la piña y el plátano. Parte de la producción de yuca amarga se vende a los criollos en forma de harina de casabe que se transporta al mercado en sacos de 50 kg. Otros productos utilizados son las hormigas grandes (bachacos), que se envuelven en hojas verdes y se atan con fibras vegetales.

Uso de los bosques

Se ha identificado más de una veintena de productos forestales que son utilizados con frecuencia por las comunidades indígenas del área de estudio. Entre las diez plantas más importantes utilizadas por la comunidades se encuentran el parature blanco/negro (Lauraceae-identificación por confirmar), utilizado para construir embarcaciones, canaletes, vigas para casas y cabos de hacha y el chigo (*Campsiandra* sp) para el control de la diarrea y la producción de carbón o leña (Apéndice 13). El 77% de las personas encuestadas afirmaron utilizar estas dos especies. Le sigue en orden de importancia (74%) el palo de boya o baré blanco/negro (Apocynaceae), utilizado en la producción de artesanías, boyas, guarales y salvavidas. Un 64% señalaron usar el salzafrá o sasafras (*Ocotea cymbarum*-Lauraceae), la palma manaca (*Euterpe* sp) y el palo cunagüaro (*Aspidosperma* sp-Apocynaceae). El primero se usa para sacar tablas, construir embarcaciones, extraer resinas y tratar dolores musculares. La palma manaca es utilizada para techar viviendas, paredes de casas y como bebida (fruto). Por último, el palo cunagüaro se emplea para hacer canaletes, cabo de hachas y tratar el paludismo. Otras especies utilizadas con mucha frecuencia (61 %) son el laurel para hacer tablas, construir viviendas y embarcaciones y la palma de chiqui-chiqui (*Leopoldinia piassaba*-Arecaceae) para techar casas, hacer escobas y pólvora.

De todas estas las especies citadas algo más de la mitad se recolectan en las orillas de los ríos y caños, y aproximadamente un 40% de ellas en tierra altas o no inundadas.

Diversidad socioeconómica y social

Para la caracterización socioeconómica de las comunidades de estudiadas se elaboró un diagnóstico preliminar de los servicios sociales presentes (educación, salud y vivienda), servicios públicos (agua, energía eléctrica y disposición de basura) y los sistemas productivos empleados (agricultura, pesca y otras actividades).

Con respecto a la educación, alrededor del 37% de las comunidades visitadas cercanas a la confluencia del río Orinoco y Venturí disponen de espacios educativos y el 63% restante no cuentan con escuelas. Estas escuelas ofrecen cursos desde primero a sexto grado de primaria, pero carecen de programas de alimentación escolar.

Desde el punto de vista sanitario los mayores problemas están asociados a las enfermedades diarreicas, paludismo, dolores de cabeza y problemas odontológicos. La comunidad de Macuruco posee un pequeño dispensario pero con una ausencia casi total de medicamentos, razón por la cual las personas deben cubrir largos trayectos de desplazamiento hacia San Fernando de Atabapo o acceder a los servicios de curanderos físicos o espirituales propios de las culturas indígenas.

En cuanto a la vivienda se refiere, se pudo establecer la uniformidad habitacional, caracterizada por techos elaborados con gran variedad de palmas y maderas, los pisos o suelo son de tierra (ocasionalmente de cemento) y las paredes de barro o madera. Por lo general, disponen de uno o tres cuartos y espacios para cocina.

Ninguna de las comunidades visitadas tiene servicio de agua potable ni cloacas. Los pobladores tienen que buscar el agua en los ríos, caños o utilizar el aguas de las lluvia. En lo que respecta a pozos sépticos, solo algunas pocas viviendas disponen de este servicio. El 25% de las comunidades cuenta de energía eléctrica. Las comunidades indígenas no tienen una adecuada disposición de la basura, y en la mayoría de los casos (93%), ésta es arrojada a los ríos y en un (7%) es quemada.

Las mujeres, en la mayoría de las familias, se encargan de la crianza de los hijos y las labores propias del hogar. En algunas comunidades indígenas ellas realizan artesanías (hamacas, canastos, hornillas para cocinas y candeleros). En estas comunidades, los hombres, por lo general, se dedican a las labores de pesca, el cultivo agrícola y la caza de animales. También, realizan labores de agricultura en el conuco en grupo familiar. Las hijas apoyan las actividades desarrolladas por la madre, mientras que los hijos acompañan al padre en las faenas de pesca y cacería, y están pendientes de los artes y embarcaciones de pesca.

En cuanto a los sistemas productivos, además de la pesca, se dedican a la agricultura, cultivando yuca amarga, maíz, caña de azúcar, ají, plátanos y frutos como la piña y el seje. Otra actividad productiva es la extracción de fibra de chiqui-chiqui, como también la fabricación de artesanías y el tratamiento de la yuca amarga para la preparación del casabe, almidón, catara y mañoco.

DISCUSIÓN

La economía de subsistencia y los sistemas productivos de las comunidades humanas establecidas en la zona de la confluencia entre los ríos Orinoco y Ventuari dependen casi exclusivamente de los recursos naturales de la región. La importancia relativa y el uso de los recursos naturales son resultado de las características culturales de cada etnia, así como su grado de contacto con otros grupos humanos. Es así como los sistemas productivos y de subsistencia encontrados en las comunidades visitadas dan cuenta de una mezcla de actividades. La mayoría de ellas está estrechamente relacionada con los ambientes acuáticos, donde se conjugan las tradicionales y otras impuestas por el contacto con otros grupos humanos, además de cambios en los niveles de extracción y herramientas de captura.

La ictiofauna, ya bien para el consumo directo o para la pesca comercial, aparece como el recurso natural más utilizado por las comunidades humanas del eje Orinoco-Ventuari, seguido por vertebrados terrestres y acuáticos - mamíferos y reptiles de mediano y gran porte - aves, productos forestales y agricultura. Localmente, la pesca para consumo y/o venta se desarrolla principalmente con sistemas tradicionales, aún cuando se sospecha un incremento en la explotación del recurso debido a la demanda por parte de los campamentos mineros establecidos en el área y/o el comercio de peces ornamentales.

Royero (1993) estimó para 1989 una exportación de peces ornamentales para el Estado Amazonas cercana a los $150.000, siendo el área de Puerto Ayacucho la más importante en Venezuela en términos de número de ejemplares comercializados. Sin embargo, se considera que las cifras de esta actividad están subestimadas y su cadena de comercialización se sesga hacia el comercio ilegal hacia Colombia, dificultando aún más la clara valoración de esta actividad y sus niveles de extracción. Según Ajiaco-Martínez et al. (2002), la mayoría de los peces de acuario comercializados en Colombia (76%, 110 especies) proviene de la cuenca del Orinoco, y sus mayores centros están en Arauca, Puerto Carreño, San José del Guaviare, Puerto Gaitán, Villavicencia y, muy especialmente, Inírida. Estos autores han estimado exportaciones de hasta $ 4.5 millones anuales (23,5 millones de ejemplares de peces para el año 1999), señalando a la pesca ornamental como una actividad importante a lo largo de los ríos Inírida, Orinoco y Atabapo.

En cuanto a la cacería de subsistencia en el Estado Amazonas, Gorzula (1995) estimó preliminarmente la extracción anual de 200.000 mamíferos y aves y hasta 400.000 tortugas acuáticas. En cuanto a esta última cifra el orden de importancia de las especies de tortugas explotadas es la cabezona (*Peltocephalus dumerilianus*), el chipiro (*Podocnemis erythrocephala*) y el terecay (*P. unifilis*) (Gorzula 1995, Gorzula y Señaris 1999), y en menor grado el resto de las especies tanto acuáticas como terrestres. Para 1993 los adultos de la tortuga cabezona eran vendidos entre $ 2-3.5, mientras que el chipiro era comercializado sobre $0,5. Estos precios están considerablemente elevados en las minas de oro, donde una tortuga cabezona puede alcanzar los $10-30 (Gorzula y Señaris 1999).

A pesar que la minería es ilegal en el Estado Amazonas, esta actividad existe en el Parque Nacional Yapacana (minas del Yapacana), en Maraya y en el Valle del Manapiare (Bevilacqua et al. 2002, observaciones de la Expedición AquaRAP 2002), y ha sido considerada como el problema ambiental más grave del estado (Gorzula 1995). Esta actividad, además de demandar y promover una mayor intensidad de cacería sobre la fauna silvestre, ocasiona destrucción y contaminación al medio ambiente, serios daños en la salud humana y problemas sociales muy graves.

Esta situación es especialmente notable en el área de estudio donde se desarrollan dos de los centros mineros ilegales más importantes del Amazonas venezolano. Nuestras observaciones sobre el uso de los recursos demuestran venta de pescado y carne de monte a mineros ilegales que elevan la demanda y los precios sobre estos recursos. Pero aún más importante es el proceso de "transculturización" que se viene desarrollando y que en general se manifiesta en problemas sociales que involucran un aumento en la violencia, drogadicción, alcoholismo, prostitución, así como la pérdida paulatina de la cultura ancestral de las diferentes etnias.

En este contexto, y reconociendo la importancia de los recursos acuáticos y forestales no maderables para las comunidades humanas no solo en el área de estudio sino también en toda la Guayana y Amazonía (van Andel et al. 2003), resulta prioritario realizar estudios más profundos sobre ellos, su extracción y comercialización. Así mismo su uso sostenible dependerá de la sostenibilidad ecológica, factibilidad económica y aceptación socio-política (Ros-Tonen et al. 1995 citado en van Andel et al. 2003), y hacia aquí deberíamos enfocar nuestros esfuerzos futuros.

RECOMENDACIONES PARA LA CONSERVACIÓN

Con base a los resultados anteriores, se considera pertinente:

- Promover estudios más completos sobre el uso de los recursos naturales de la confluencia entre los ríos Orinoco y Ventuari, en especial de las actividades extractivas más impactantes.
- Es evidente que casi todos los problemas relativos al uso y conservación de los recursos naturales están asociados a una demanda cada vez mayor de estos. Este aumento viene dado por la inmigración de mineros ilegales a la región, luego la solución más práctica es la erradicación de esta actividad destructiva.
- Deben seleccionarse algunas especies claves de vertebrados que están más amenazadas en la actualidad (p. e. cocodrilos, tortugas) y evaluar su extracción, biología básica, manejo, etc. , para establecer planes de uso sustentables.
- Si bien la pesca ornamental no parece tener un gran impacto por el momento, algunas especies como las cuchas (Loricariidae) y escalares (*Pterophyllum altum*) parecen mostrar declinación en sus poblaciones. Debe de regularse localmente la cuota de extracción de estas especies y al mismo tiempo realizar estudios bioecológicos y poblacionales de las especies en cuestión.
- Muchos de los productos alimenticios son de origen foráneo (Puerto Ayacucho, San Fernando de Atabapo, Colombia) y tienen elevados precios o son intercambiados por fauna silvestre y oro. Hay

que buscar mecanismos que interrumpan dicho comercio a través de bodegas populares con precios accesibles. Es una alternativa viable y hay varias experiencias exitosas al respecto. En este sentido, el papel del gobierno local (alcaldías, gobernación) junto con ONGs es imprescindible.

- Desarrollar planes para el uso sostenible como la pesca deportiva (catch and release) del pavón, payaras, etc. y turismo ecológico, entre otros.

REFERENCIAS

Ajiaco-Martínez, R. E. , M. C. Blanco-Castañeda, C. G. Barreto-Reyes y H. Ramírez-Gil. 2002. Las exportaciones de peces ornamentales. *En:* Ramírez-Gil, H y R. E. Ajico-Martínez (ed.). La pesca en la baja Orinoquia Colombiana: Una visión integral. Bogotá: INPA. Pp. 211-215.

Bevilacqua, M. , L. Cárdenas, A. L. Flores, L. Hernández, E. Lares, A. Mansutti, M. Miranda, J. Ochoa, M. Rodríguez, y E. Selig. 2002. The State of Venezuela´s Forests: A Case Study of the Guayana Region. Global Forest Watch Report. World Resources Institute. Caracas.

Bisbal, F. 1994. Consumo de fauna silvestre en la zona de Imataca, estado Bolívar, Venezuela. Interciencia 19(1): 28-33.

Gorzula, S. 1995. Diagnóstico faunístico del Estado Amazonas, propuestas para su manejo sustentable. *En*: A. Carrillo y M. A. Perera (eds.). Amazonas, Modernidad y Tradición. Deutsche Gesellschaft für Technische Zusammenarbeit (GTZ) y Proyecto para la Formación del Centro Amazónico de Investigaciones Ambientales "Alexander von Humboldt" (CAIAH). Caracas: Servicio Autónomo para el Desarrollo Ambiental del Territorio Amazonas (SADA-Amazonas). Pp. 247-294.

Gorzula, S. y J. C. Señaris. 1999 ["1998"]. Contribution to the herpetofauna of the Venezuelan Guayana I. A data base. Scientia Guaianae. 8: xviii+270+32pp.

Ojasti, J. , Febres, G. Y M. Cova. 1983. Consumo de Fauna por una Comunidad Indígena en el Estado Bolívar, Venezuela. *En*: P. G. Aguilar (ed). Conservación y manejo de la fauna silvestre en Latinoamérica. Arequipa, Perú: IX Congreso Latinoamericano de Zoología. Pp. 45-50

Romero, G. 1998. Marco conceptual sobre la diversidad biológica. *En*: J. Esteves y D. A. Dumith (eds.). Diversidad biológica en Amazonas. Bases para una estrategia de gestión. Caracas: Sada-Amazonas-PNUD-Fundación Polar. Pp. 9-15.

Royero, R. 1993. Peces ornamentales de Venezuela. Cuadernos Lagoven, S. A. Caracas.

Van Andel, T. , A. MacKinven y O. Bánki. 2003. Commercial Non-timber forest products of the Guiana Shield. An inventory of commercial NTFP extraction and possibilities for sustainable harvesting. Netherlands Committee for IUCN. Amsterdam, The Netherlands.

Capítulo 12

La pesca deportiva versus la conservación de los pavones (*Cichla* spp) (Pisces, Cichlidae) en el bajo río Ventuari, Estado Amazonas, Venezuela

Carmen Montaña, Donald Taphorn y Carlos A. Lasso

RESUMEN

Los pavones *Cichla* spp (Pisces, Cichlidae) son los peces más apreciados en Venezuela para la pesca deportiva, debido a su tamaño y a la gran pelea que ofrecen cuando son capturados. Esta situación ha convertido al río Ventuari en un destino obligado para muchos pescadores deportivos y turistas de ámbito nacional e internacional. Con el objetivo de determinar el estatus de la pesca deportiva de los pavones (*Cichla* spp) en la zona, realizamos durante los meses de febrero y marzo de 2002 el seguimiento de esta actividad con el apoyo de diferentes grupos de pescadores que llegaron al lugar. Se registraron las tallas y los pesos de cada ejemplar y el esfuerzo de captura. En 141 horas de pesca efectiva se capturaron 760 ejemplares de las especies *C. temensis*, *C. orinocensis* y *C. intermedia*. El esfuerzo de captura estimado fue 3 pavones/hora/hombre. Las tallas más grandes correspondieron a; *C. temensis* con máximo de 783 mm de LE y 7100 g (promedio de 400 mm y 1535 g); *C. orinocensis* con 480 mm LE y 2500 g máximos (promedio 301 mm y 654 g); y finalmente, *C. intermedia* con 510 mm LE y 1800 g respectivamente (promedio 332 mm y 833 g). Estas tallas registradas se convierten en datos de interés para la pesca deportiva, debido a que la existencia de pavones "trofeo" atrae un mayor número de pescadores y, por consiguiente, se genera mayores ingresos económicos que ayudan a mejorar la calidad de vida de los habitantes de la zona.

INTRODUCCIÓN

Venezuela es conocida en el ámbito mundial por la excelente pesca de altura, además hemos sido privilegiados con los peces que se encuentran en nuestros ríos y embalses, como pavones, payaras y bagres, entre otros. En el medio acuático continental, los pavones revisten especial interés por su belleza y recreación para los pescadores deportivos. Este reconocimiento ha hecho posible que en el transcurso de los últimos cuarenta años un creciente número de pescadores norteamericanos hayan viajado para pescar pavones en diferentes cuerpos de agua artificiales (embalses) y naturales donde habitan, destacándose los ríos llaneros, los ríos del alto Orinoco y del Estado Bolívar (Quintero 1993, Urich 1993).

La trascendencia mundial de estos peces se debe especialmente a la agresividad que ofrecen para defender sus crías, son territoriales y atacan todo lo que significa una amenaza para ellos (Taphorn y Barbarino 1993). La importancia de la pesca deportiva del pavón en Venezuela radica en que es un medio para fomentar el turismo internacional, ya que muchos pescadores están dispuestos a invertir tiempo y cubrir gastos significativos de viaje, servicios y equipos. Un aficionado de la pesca de pavones procurará ir a lugares exóticos, cómodos y con seguridad personal, con el aliciente de tener la seguridad de pescar e incluso lograr una captura record. En Florida, Texas y el Golfo de México se ha introducido legalmente a *Cichla ocellaris* para ser aprovechado por la industria pesquera deportivo-recreativa, llegándose a estimar los ingresos de *Cichla* como pez deportivo en $ 1.000.000 por año (Shafland 1993). El Estado Amazonas y especialmente el río Ventuari se caracterizan por las bellezas naturales y sus ecosistemas acuáticos, los cuales poseen gran potencial íctico que pudiera utilizarse para extender el turismo basado en la pesca deportiva. De esta manera, se aumentarían los ingresos al estado y se contribuiría a mejorar la calidad de vida de los lugareños que actualmente residen en las riberas de estos ríos.

El objetivo que se persigue en este trabajo es determinar datos de pesca deportiva de los pavones (*Cichla* spp) en el bajo río Ventuari, Estado Amazonas, incluyendo aspectos como la procedencia de los pescadores, el tiempo invertido en pesca, el número de capturas, principales presas capturadas, tallas y pesos de las capturas, así como su posible impacto en la comunidad íctica.

MATERIAL Y MÉTODOS

Área de estudio

El estudio se desarrolló en el área de influencia del bajo río Ventuari, incluyendo algunos caños cercanos del río Orinoco entre las coordenadas 03° 59' 34,4 N - 67° 02' 28,7 W (confluencia del Ventuari con el Orinoco) y 04°08'64 N - 66° 36'40 O (Comunidad Las Carmelitas); en el Orinoco desde Guachapana (03° 52'36 N - 67° 01' 37,3 O) y el Caño Yagua (03° 33' 49,5 N - 66° 39' 27,7 O) (Figura 12.1). En un tramo de 53 kilómetros aproximadamente se ubicaron en el cauce principal del Ventuari diez sitios estratégicos para la pesca de *Cichla*. Estos se corresponden a lugares rocosos, playas arenosas y a corrientes suaves, moderadas a rápidas (Carmelitas, Cucurital, Laja de Picua, La Poza, Kanaripo, Yakiguapo, Isla Cisneros, Chipiro, boca de caño Tigre, boca de caño Maraya). Además se establecieron siete caños, afluentes del Ventuari, donde también se practicó la pesca de pavones, entre ellos se destacan: Chigüire, Cucurital, Sueño, Yakiguapo, Chipiro, Tigre y Maraya. En el Orinoco, las actividades de pesca se concentraron principalmente en cinco caños: Puercoespín, Totumo, Moyo, Perro de Agua y Yagua.

Pescas

El seguimiento de la pesca deportiva se realizó en febrero y marzo del año 2002. Se contó con el apoyo 35 pescadores deportivos nacionales e internacionales que llegaron al campamento de pesca Manaka durante estos meses. Los diferentes grupos de pescadores fueron entrevistados informalmente para conocer su procedencia, años que tienen visitando el lugar y sus comentarios acerca la pesca de los pavones en el área de influencia del bajo Ventuari. Para realizar las jornadas de pesca se utilizaron lanchas de aluminio y motores fuera de borda 40 HP. Los diferentes puntos de pesca se ubicaron de acuerdo a los que tenía fijado el Campamento Manaka tanto para el río Ventuari como en el río Orinoco. Cada sitio fue georeferenciado con un GPS modelo Garmin 12 y la información fue transferida a un mapa de la zona con la finalidad de tener una distribución espacial de las especies de *Cichla* presentes en la zona.

En cada jornada de pesca se midieron los peces capturados, longitud estándar en milímetros (mm) y peso en gramos (g). Además, se realizaron anotaciones sobre el sitio y tipo de hábitat donde se capturó el pez, por ejemplo: laguna, caño, cauce principal del río, adyacencias a rocas, playas, vegetación o corrientes. Para facilitar la colección de datos se entrenó a un guía de pesca del Campamento Manaka para tomar datos simultáneamente cuando el primer autor acompañaba a los pescadores en otra lancha.

La pesca deportiva fue practicada de diferentes modalidades: "casting, spinning y fly fishing". Sin embargo, las técnicas más usadas fueron spinning y casting con el uso de señuelos artificiales. Cada jornada de pesca diaria estuvo repartida durante las primeras horas de la mañana y últimas de la tarde, considerando estas horas como las de mayor actividad de *Cichla*. Se revisó el libro de visitas del Campamento Manaka con la finalidad de conocer datos relacionados con las capturas realizadas en años anteriores y procedencia de pescadores. Adicionalmente, se realizaron entrevistas informales a guías de pesca, indígenas de algunas comunidades adyacentes al bajo río Ventuari y encargados de campamentos, entre otros, con el objetivo de obtener información sobre el pasado y presente de la pesca del pavón.

RESULTADOS Y DISCUSIÓN

El uso del pavón como pez deportivo en el bajo río Ventuari se viene desarrollando desde hace unos 15 años, con la creación de campamentos de pesca deportiva en la zona. De acuerdo con las entrevistas informales a diferentes personas (pescadores deportivos, guías de pesca, indígenas, otros), se pudo conocer que los pescadores deportivos que visitan la zona provienen principalmente de otros países (80 % de las pescadores son norteamericanos y europeos). Entre los principales sitios de procedencia se encuentran Estados Unidos (Florida, Alaska, Colorado, Texas, Missouri, Oklahoma, Oregón, Nueva York, Tennessee, California, otros) y Canadá (datos registrados en el libro de visitas Campamento Manaka desde el año 1998). No obstante, también se cuenta con la participación de algunos grupos nacionales provenientes del centro del país: Caracas y Valencia.

La pesca deportiva de pavones en Venezuela ha tenido una larga trascendencia internacional. El cambio gradual y el despertar de la afición por la pesca deportiva como la ejercemos hoy en día en el país se deben en gran parte a la influencia de muchos extranjeros, especialmente norteamericanos, que vinieron a trabajar en la industria petrolera. Actualmente nuestro país se considera el mejor en registros de pesca de *Cichla* y especialmente los ríos llaneros (Cinaruco, Estado Apure), ríos del Estado Amazonas (Ventuari, Casiquiare, Pasimoni, Pasiva) y Bolívar (Caura) son considerados de gran potencial para trofeos de *Cichla* (Larsen 2002).

La pesca deportiva en el bajo río Ventuari se practica durante la temporada de aguas bajas (sequía) con unos cinco meses de excelente captura que se inician en diciembre y se extienden hasta finales de abril (mes en que inicia el ascenso de las aguas). Los diferentes grupos de pescadores han dejado registro de las capturas de pavones hechas en años anteriores de visitas al Ventuari (Tabla 12.1), con tallas de captura que varían desde pavones menores a 1,5 kg hasta mayores a 10 kg. De acuerdo con los comentarios de los pescadores, en el área de influencia del bajo Ventuari se lograba capturar un promedio de 30 pavones diarios por pescador experto y para novatos aproximadamente 15 pavones. Para los años 1998 a 2001, se encontraban fácilmente pesos desde los cuatro a diez kilogramos, pero el máximo registro en el año 2001 fue de un *Cicla temensis* de 10 kg capturado en el caño Yagua (Steven, S. 2002. com. personal). En la Tabla 12. 1 observamos también que los pesos más frecuentes en años pasados se ubicaron en pavones menores a 1,5 kg hasta 5 kg. Si comparamos los datos anteriores con los obtenidos en el 2002, observamos poca variación en los pesos, a excepción del año 2001 en el cual el intervalo de 1,5 a 2 kg fue el que registró mayor individuos para esa semana de capturas. Los pesos mayores a 5 kg eran más evidentes en los años anteriores y al menos se lograban capturar uno a dos pavones por semana. En la temporada del 2002, se logró capturar un pavón de 7,3 kg de la especie *C. temensis* (Steven S. 2002,com personal) .

Los resultados de este estudio señalan que en 141 horas de pesca se capturaron 760 pavones de las tres especies presentes en el área: *C. temensis, C. orinocensis* y *C. intermedia* (Figura 12.2). El promedio diario de pescadores que participaron en el estudio fue de cuatro, incluidos novatos y expertos. Estos lograron pescar un promedio de 14 pavones diarios por pescador y un esfuerzo de captura promedio fue de 3 pavones/hora/hombre**.** En este tipo de pesca solo se empleó señuelos artificiales (cucharillas giratorias, plumas, "spinners", peces repala, entre otros), manipulados con cañas de pescar tipo "spinning y casting". Es importante destacar que 50% de los pescadores que llegaron al campamento durante el estudio no se consideran expertos en la pesca deportiva, lo cual puede influir en la determinación del esfuerzo promedio de capturas de los pavones en el área de estudio.

El mayor número de capturas correspondió a *Cichla orinocensis*, con 119 ejemplares para el río Orinoco y 276 en el río Ventuari. *C. temensis* registró el mayor número en el Ventuari con 263, mientras que en el Orinoco se pescaron 60 ejemplares. Por su parte, *C. intermedia* fue la especie con el menor registro en el Orinoco con cinco ejemplares, mientras que en el Ventuari se pescaron 37 ejemplares.

Estructura poblacional de *Cichla*

Los pavones del área de influencia del bajo río Ventuari son peces que alcanzan tamaños satisfactorios para los registros de pesca mundial. Las tallas más grandes correspondieron a *Cichla temensis* con un máximo de 7.100 g y 783 mm LE (X: 1.535 g y 400 mm), *Cichla orinocensis* con 2500 g 480 mm LE (X: 661 g y 301 mm) y, finalmente, *Cichla intermedia* con 1.800 g y 510 mm (X: 833 g y 332 mm) (Figuras 12.3 y 12.4).

Para tener una visión amplia acerca de las tallas y pesos de los pavones presentes en el área de influencia al bajo río Ventuari, comparamos valores presentes con algunos resultados obtenidos en otros ríos de Venezuela (Figura 12. 5), entre ellos el Cinaruco (Estado Apure), el Aguaro (Estado Guárico) y el Pasimoni (Estado Amazonas) (Jepsen et al. 1997, Rodríguez-Olarte y Taphorn 1997, Winemiller et al. 1999). De esta manera observamos que los pavones del Ventuari y Pasimoni (especialmente el *C. temensis* "Pavón Cinchado") alcanzan las tallas y pesos más grandes que los dos ríos llaneros. Este hecho está determinado por el hecho de que los pavones del alto Orinoco son peces más viejos (Winemiller et al. 1999, Winemiller 2001) y quizás las poblaciones han sufrido poco impacto por parte de la población indígena que allí vive.

De acuerdo con los registros mundiales de La Asociación Internacional de Pesca Deportiva (IGFA), en Venezuela es donde se encuentran los mejores registros de *Cichla*, destacándose los ríos del Amazonas (Casiquiare y afluentes), Estado Apure (Cinaruco) y Bolívar (Caura, La Paragua). Al comparar algunos registros de pesca mundial de

Tabla 12.1. Registros de las capturas de pavones en años pasados y en el 2002 mediante la pesca deportiva. X: promedio para una semana de pesca. *: datos que obedecen a registros del libro de visitas en el Campamento Manaka; + : datos que obedecen al seguimiento del a pesca deportiva en el año 2002.

Año	X: Pavón/sem	< 1, 5 kg	1,5 - 2 kg	3-Feb kg	4-Mar kg	4 – 5 kg	6-May kg	6 – 8 kg	> 10 kg	Grupos de pesca
1998*	120	40	32	18	15	7	4	2	2	Tennessee
1999*	137	55	37	20	11	4	5	3	2	Canadá
2000*	189	84	75	17	8	5			2	Tennessee
2001*	185	38	135		11			2	1	Tennessee
2002+	186	63	87	18	10	5	2	1		Tennessec

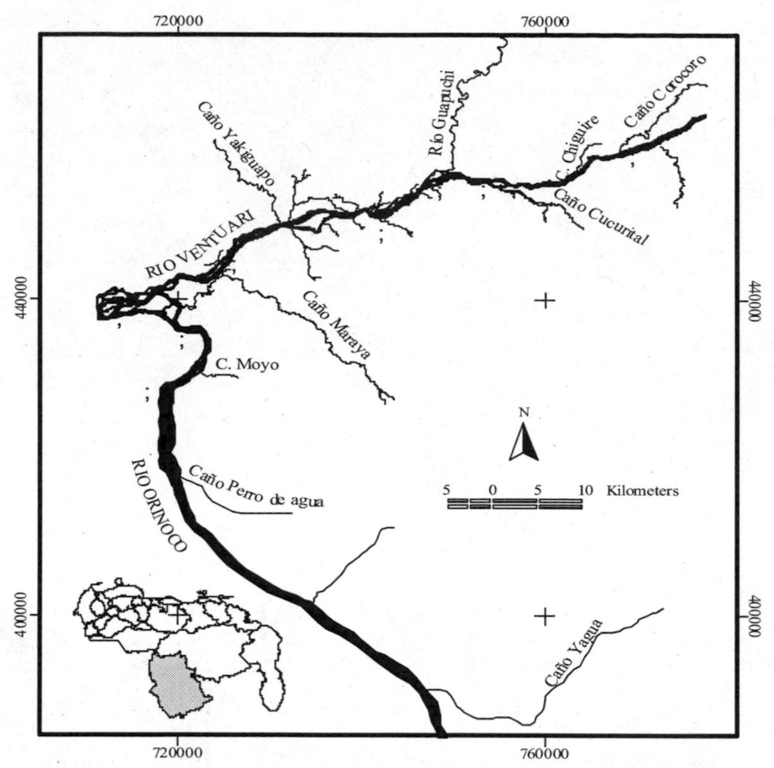

Figura 12.1. Ubicación relativa del área de estudio.

Figura 12. 2. a) *Cichla orinocensis* (Pavón mariposa, tres estrellas); b) *Cichla temensis* (Pavón cinchado, trucha, lapa); c) *Cichla intermedia* (Pavón royal).

Cichla con los obtenidos en el área de influencia al bajo río Ventuari, podemos observar que las tallas encontradas son bastante favorables y que podrían competir con estos record mundiales. Esta situación permite considerar que la zona de influencia al bajo Ventuari puede convertirse en un lugar de interés mundial para la pesca deportiva de *Cichla*, lo cual proveería una entrada anual de divisas a la nación.

Las actividades de pesca deportiva implementada por los campamentos deportivos en diferentes ríos de Venezuela donde vive el género no llegarían a representar un gran problema para el futuro de *Cichla* si los pescadores cumplieran con los lineamientos y regulaciones legales. Conocemos que la mayoría de los pescadores extranjeros practican la pesca de captura y liberación del pez, utilizando equipos específicos como cañas y señuelos artificiales. Esta situación puede garantizar la supervivencia de estos peces para próximas generaciones y, adicionalmente, la cantidad de pavones que consumen en el lugar es muy baja. De acuerdo con observaciones personales, es más atractivo para estos pescadores exhibir y tomar fotografías con sus capturas que provocar la muerte de los ejemplares grandes. Esta actitud de conservación asegura la posterior reproducción y supervivencia de estos peces.

De acuerdo con los comentarios de pescadores deportivos y locales, en los últimos años se ha visto una disminución en las tallas de los pavones, hecho que puede atribuirse a la presión por parte de los locales para saciar una necesidad alimenticia y, por otro lado, para obtener un beneficio económico con la venta de estos ejemplares en campamentos de mineros ilegales. La ausencia de regulaciones específicas y la falta de vigilancia por parte de las autoridades gubernamentales y campamentos de pesca pueden provocar un impacto negativo sobre las poblaciones de pavones trofeo. Ya existen evidencias de la presión pesquera sobre las poblaciones de *Cichla*. Por ejemplo, Rodríguez-Olarte (1996) reportó que en el río Aguaro los pavones logran reproducirse a tallas por debajo de su talla normal de madurez sexual debido a presión que se ha ejercido sobre el género. Jepsen (1995) y Jepsen et al. (1997) señalaron que muchos de los pescadores deportivos que llegaban al río Cinaruco mostraban preocupación por disminución en el éxito de las capturas y el tamaño de los pavones. Estos dos casos mencionados despiertan el interés en iniciar un plan de conservación y manejo sostenible de los pavones en el área de influencia del Ventuari, lo cual ayudaría a mantener y prolongar la llegada de turistas a la zona.

Distribución local de *Cichla*

Cichla spp usa diferentes porciones del hábitat acuático. Se logró capturar las especies *C. temensis* y *C. orinocensis* en la mayoría de los puntos de muestreos (lagunas y cauce principal de caños y ríos). Sin embargo, *C. orinocensis* fue capturada con mayor eficiencia en sistemas lagunares, asociados algún tipo de sustrato rocoso, vegetación o caramas (árboles secos, troncos), mientras que *C. temensis*, aunque compartió hábitat con *C. orinocensis*, también mostró gran afinidad por sitios ubicados en el cauce principal donde la corriente era más o menos moderada y asociada a un tipo de sustrato en particular. El mayor número de *C. temensis* capturados en el cauce principal correspondieron a ejemplares de gran tamaño. Entre estos sitios se citan Kanaripo, Yakiguapo, Picua, Cucurital y La Poza. La distribución espacial de *C. intermedia* estuvo restringida al cauce principal del río Ventuari donde la corriente era de moderada a fuerte y estuvo asociada a sustratos rocosos. Sólo localizamos cuatro sitios potenciales para la captura de esta especie, entre ellos Carmelitas, Cucurital, Picua y Kanaripó.

De acuerdo con observaciones propias y el seguimiento de la pesca, existen en el río Ventuari y río Orinoco caños potenciales para la pesca de pavones, entre los que se pueden mencionar en el Ventuari a los caños Chigüire, Maraya, Yakiguapo y Cucurital y por el Orinoco a los caños Yagua y Perro de Agua. En la Figura 12.6 se muestra la representación espacial de las especies de *Cichla* en el área de estudio. Esta distribución nos permite alertar a los guías en donde es posible capturar las diferentes especies así como las tallas más grandes.

Observaciones sobre los tipos pesquerías del bajo Ventuari

Pesca de subsistencia

La pesca de pavón por parte de los indígenas ha existido por largo tiempo. Ésta probablemente nunca representó una amenaza para las poblaciones porque la densidad de indígenas era muy baja en las cuencas de tierras bajas pobres en nutrientes. Hoy en día las cuencas del alto Orinoco, en especial la del río Ventuari, constituyen una riqueza accesible a la mayoría de las personas, porque existen embarcaciones que pueden llevar a turistas desde Puerto Ayacucho hasta San Fernando de Atabapo y de allí hasta el Ventuari. También, muchos indígenas de la zona cuentan con sus propias embarcaciones. La ruta aérea también puede facilitar la entrada a la zona de estudio pero el traslado es más costoso. Actualmente, el ingreso de colonos al río Ventuari y áreas cercanas al Parque Nacional Yapacana ha duplicado el número de pobladores en la zona lo cual ha ocasionado gran demanda por la fauna íctica y silvestre. Las personas que ingresan al parque con la intención de explotar el mineral de oro son mujeres, hombres y adolescentes quienes en su mayoría pertenecen a etnias Piaroa, Vaniva, Puinabe y Maco (nativos de la región) y Curripacos provenientes de Colombia. También, participan mineros de otras regiones del país, como los del Estado Bolívar y en algunos casos de otros países.

Durante los recorridos identificamos alrededor de diez comunidades indígenas en el área de influencia del Ventuari, todas pertenecientes a etnias indígenas Macos y Piaroa. De acuerdo con observaciones directas y comentarios del Sr. Agustín Gómez (2002) (persona con más de 15 años viviendo en el lugar), la mayoría de caños cercanos a estas comunidades ha reducido las poblaciones de pavones y otros peces grandes debido a la utilización excesiva de sistemas de pesca muy impactantes como del barbasco (ictiocida) y chinchorros (redes de ahorque) (Figura 12.7). Los resultados de este trabajo y otros como el de León-Mata (2003) muestran que los pavones constituyen el principal componente en la dieta en las comunidades del Ventuari. Algunos indígenas han señalado que semanalmente llevan diferentes especies de peces y de fauna silvestre a las minas para vender. Durante la época de sequía venden pavones de diversos tamaños y preparados (ahumados, secos o frescos), lo cual les permite obtener un buen ingreso monetario. De continuar los elevados niveles de extracción de pavón, habrá un efecto negativo prolongado sobre las poblaciones en el río Ventuari, lo cual llegará a ocasionar con toda seguridad una disminución en las tallas máximas y promedios de *Cichla*. Esta situación tendría efectos directos sobre la pesca deportiva, debido a que la sobreexplotación de los pavones lleva consigo la eliminación de adultos grandes e incrementa la abundancia de clases de tamaños pequeños y una sustitución lenta de clases de mayor tamaño. Debemos tener presente que la pesca deportiva generalmente busca la captura de peces grandes.

Además, observamos que en la mayoría de las comunidades existen motores fuera de borda de nueve hasta 40 HP y suministro de gasolina, lo cual facilita las labores de pesca en diferentes sitios del río (30 km/día aproximadamente).

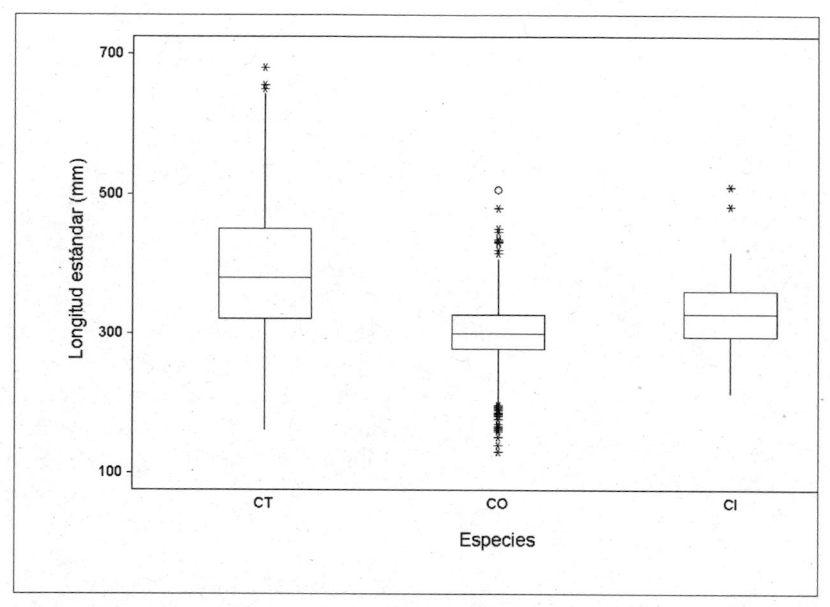

Figura 12.3. Estructura de las tallas (LE) de *Cichla* spp presente en el río Ventuari, Estado Amazonas, Venezuela.

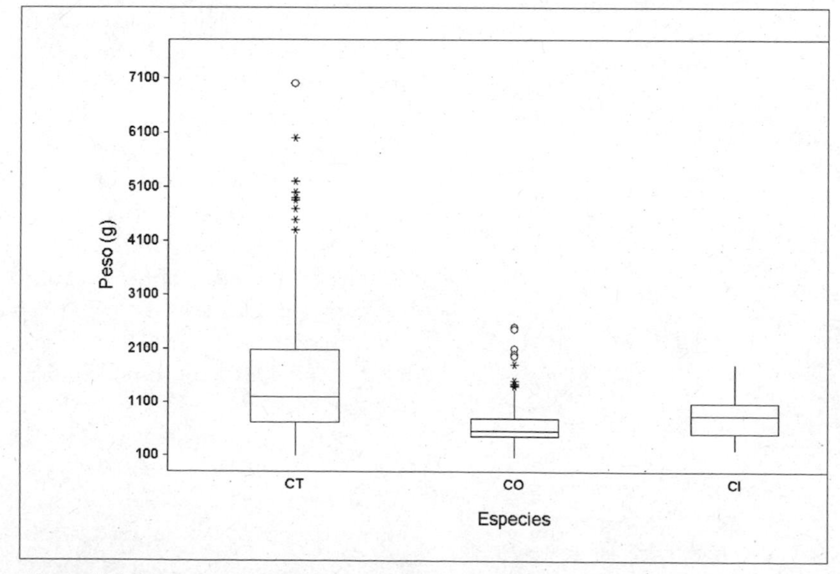

Figura 12.4. Estructura de los pesos de *Cichla* spp presente en el río Ventuari, Estado Amazonas, Venezuela.

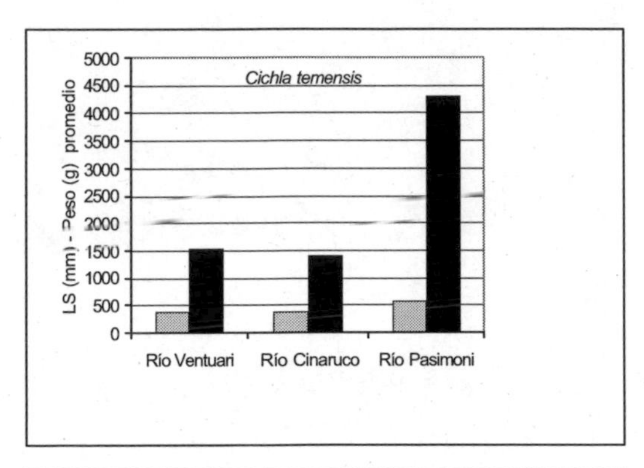

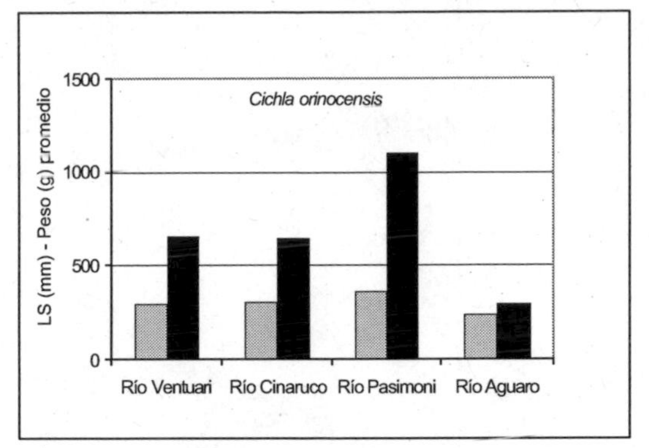

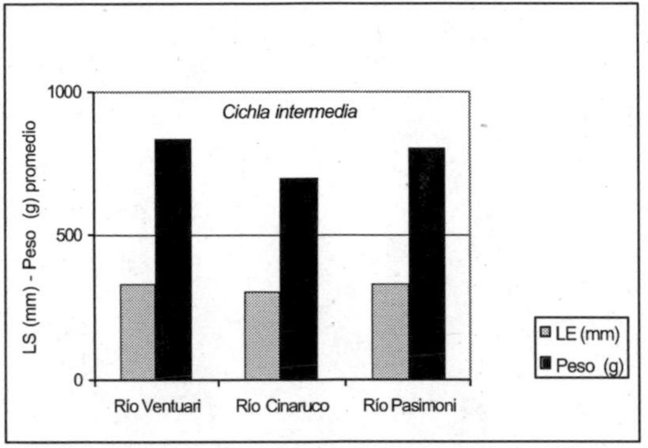

Figura 12.5. Tallas y pesos promedios de *Cichla* spp en diferentes ríos de Venezuela.

Pesca comercial (tipo artesanal)

Las actividades de pesca comercial en el bajo río Ventuari se realizan durante todo el año, pero concentradas durante los meses de bajas de agua y sequía. Observamos pescadores comerciales procedentes de San Fernando de Atabapo, los cuales llegan al río Ventuari mediante embarcaciones como bongos y motor fuera de borda 25 ó 40 HP. Estas personas pescan y en muchos casos compran el pescado a los indígenas de la zona para distribuirlo en los centros poblados cercanos como Atabapo. Como forma de pago por el pescado que es comprado a los ribereños del río Ventuari estos pescadores suministran un intercambio de productos (linternas, comida, ropa, etc.). De esta manera, el pescado es llevado a San Fernando de Atabapo para su posterior venta o simplemente lo distribuyen en los campamentos mineros. Las especies comerciales varían de acuerdo con los períodos climáticos. Por ejemplo, durante la lluvia es difícil la captura de peces tanto de cuero (bagres) como escamas (pavón, morocoto, palometa, otros). Uno de los peces más vendidos es el bocón (*Brycon* spp) y en algunos casos el morocoto (*Piaractus brachypomus*), caribes (*Serrasalmus* spp) y palometas (*Myleus* spp y *Metynnis* spp *Mylossoma* spp). La venta de bagres durante este período es escasa, pero suele encontrarse uno que otro bagre como es el caso del bagre chancleta, *Ageneiosus brevifilis* o algunos rayados *Pseudoplatystoma* spp (obs. pers.).

Los pescadores comerciales que llegan al Ventuari provienen de San Fernando Atabapo y tienen permisos otorgados por INEA-Atabapo. No obstante, estos pescadores, valiéndose de estos permisos, llevan consigo diferentes especies de pescado, entre ellos pavones (observaciones propias y comentarios de indígenas). Esta situación muestra de alguna manera que el recurso estudiado se puede ver afectado por este tipo de pesquería, debido a que frecuentemente sacan y comercializan peces que no están aptos para la venta, por su talla reglamentaria o por estar prohibida su pesca comercial, como es el caso de los pavones.

Algunos ríos en Venezuela, entre ellos el Aguaro, han sufrido una merma de las poblaciones de pavones debido a la pesca comercial y de subsistencia (Rodríguez-Olarte 1996, Jepsen et al. 1997). Esto ha determinado que las densidades de *C. temensis* sean extremadamente bajas y que la especie *C. orinocensis* esté compuesta casi completamente por peces "enanos" de la clase 1 (tallas menores a 30 cm). En el río Cinaruco se ha presentado una situación muy particular que afecta de igual manera las poblaciones de *Cichla* (Layman com. pers.). Cada año los pescadores entran al río con chinchorros y atrapan cualquier cantidad de peces, igualmente durante la sequía, y se practica una pesca deportiva excesiva por parte de algunos clubes de pesca. Taphorn y Barbarino (1993) indicaron que la sobreexplotación local en los ríos Cinaruco y Capanaparo es debida principalmente a la pesca ilegal practicada por colonos y habitantes de la zona y al fácil acceso que actualmente existe hasta dichos ríos. Los trabajos realizados por Layman y Winemiller (en prensa) en el río Cinaruco indican que en aquellos lugares donde las poblaciones de *Cichla* han sido fuertemente perturbadas por la entrada de chinchorreros (pescadores que usan el chinchorro) se

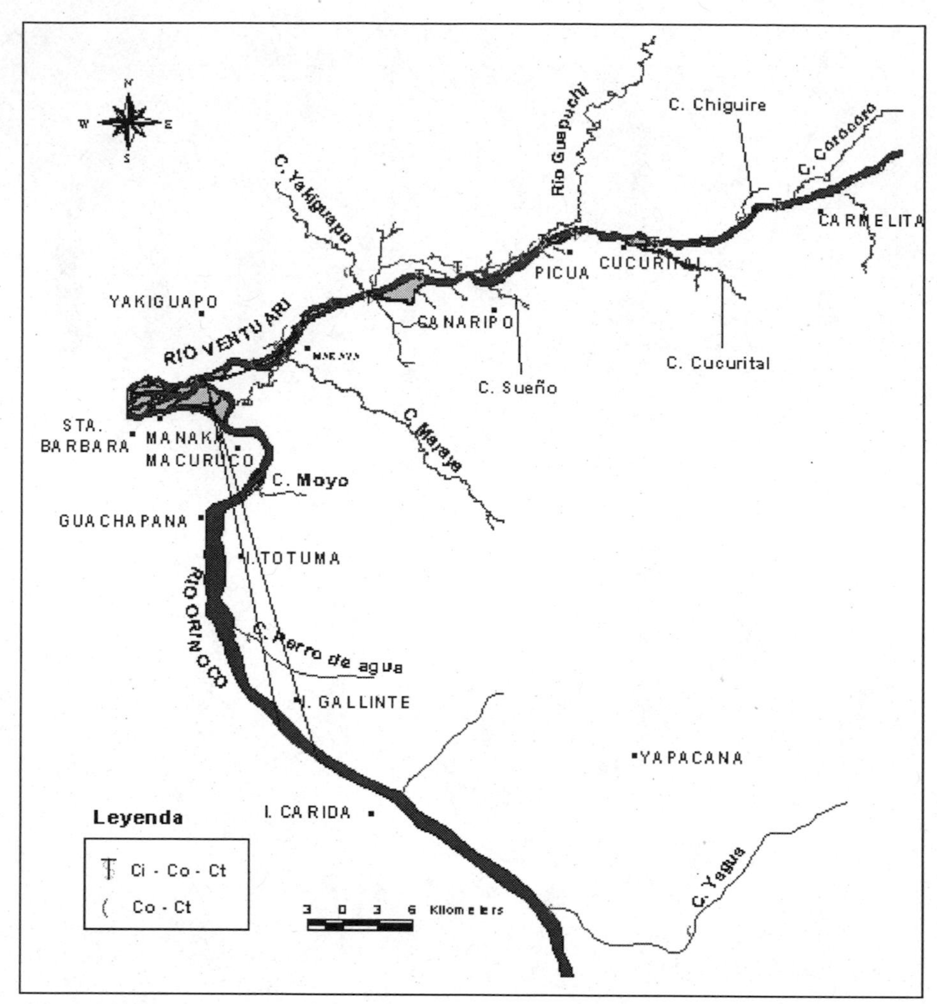

Figura 12.6. Distribución espacial de *Cichla* spp en el área de influencia del bajo río Ventuari.

Figura 12.7. Pescador del bajo río Ventuari mostrando una de sus artes de pesca.

ha producido una disminución en este recurso y las tallas grandes son difíciles de capturar. Este tipo de perturbación causa un efecto directo en la estructura trófica en dichos ambientes, ya que al eliminar a *Cichla* u otros depredadores se produce un aumento en las poblaciones de peces pequeños. Esta situación sugiere medidas más fuertes para la protección de este recurso pesquero en este río y en el Ventuari para evitar hechos como los reportados por Rodríguez-Olarte (1996) para el Parque Nacional Aguaro-Guaritico.

Problemática de la pesca de *Cichla* spp en el bajo Ventuari: recomendaciones y lineamientos de manejo

El principal problema que afecta a las poblaciones de pavones en el área de influencia del bajo río Ventuari y caños del Orinoco es la demanda por este recurso para abastecer tanto a campamentos mineros como para el consumo de las comunidades ribereñas. La explotación de este recurso trae consigo el uso de métodos extractivos de pesca (chinchorros y barbasco) muy perjudiciales para las comunidades de peces.

La pesca del pavón en el bajo Ventuari debe considerarse como una entrada para la economía a nivel nacional y regional, lo que permitirá el mejoramiento de las condiciones de vida de los lugareños. En este sentido, se recomienda iniciar una campaña divulgativa de conservación y uso sostenible que incorpore a diferentes grupos de personas que, de una u otra forma, aprovechan este recurso (indígenas, pescadores deportivos, colonos, guías de pesca, entre otros). Se debe tener en cuenta que este tipo de campañas es un proceso lento y no muy sencillo, porque se debe trabajar con personas con costumbres muy diferentes. En el caso de los indígenas se recomienda iniciar el proceso con personas que ya están recibiendo un beneficio de la pesquería deportiva, por ejemplo los guías de pesca y los trabajadores domésticos y obreros en estos campamentos.

RECOMENDACIONES Y LINEAMIENTOS

Sobre la pesca:

- Se recomienda involucrar a las comunidades ribereñas del Ventuari en las actividades desarrolladas por los diferentes campamentos de pesca. Su participación puede ser como guías de pesca, ayudantes en labores de mantenimiento en los campamentos, entre otros. Debemos recordar que la participación de estas personas dentro de los planes de conservación se verá reflejada si ellos sienten que reciben o recibirán un beneficio que mejore su calidad de vida.
- La práctica "atrape y liberación", la cual es realizada por los pescadores deportivos, se considera como una forma de minimizar la mortalidad del pez y dar así, más oportunidades para su reproducción. Sin embargo, esto puede convertirse en un problema si la práctica no se realiza de la forma correcta. Se recomienda tener en cuenta lo siguiente: no se debe mantener el pez por mucho tiempo fuera del agua; al liberarlo se debe colocar en posición natural y sostenerlo dentro del agua hasta que se recupere y pueda nadar por si solo. Si nota que el pez está sangrando por las branquias, es mejor matarlo y usarlo para consumo. Generalmente se recomienda liberar los peces en las orillas con vegetación o cercano a rocas para evitar su depredación, ya que se ha notado que son atacados principalmente por toninas *Inia geoffrensis* (Jepsen et al. 1997, Winemiller 2001).
- Se recomienda retirar el pez del agua con una red de mano que no produzca heridas ni laceraciones en su piel, para evitar futuras infecciones que lleguen a causar la muerte.
- Para garantizar el futuro del recurso, se recomienda devolver al agua todo pavón que tenga un peso por encima de 3 kg . Esto permitirá la reproducción de peces grandes y la presencia de animales "trofeo", lo que llamaría la atención de los pescadores deportivos de los cuales depende el éxito de ecoturismo establecido.
- Se recomienda una veda desde mediados de abril hasta diciembre, lo cual garantizaría la reproducción efectiva de los pavones.

Designación de áreas para la conservación:

- Se recomienda establecer un plan de vigilancia y protección para sitios de importancia potencial para pavones trofeos y nidificación. Por ejemplo, consideramos que la laguna de Cucurital, Kanaripó, caños Chigüire, Yagua, Perro de agua y Yakiguapo son sitios de excelente potencial para pavones trofeos, por tanto se deberían proteger del uso de barbasco y chinchorros. En el río Ventuari observamos a *C. orinocensis* nidificando en las cercanías de Yakiguapo, isla cercana a caño Tigre, Kanaripo y Cucurital. Así mismo, en los caños Maraya, Cucurital, Yagua y Perro de Agua observamos nidos y larvas. Los nidos de *C. temensis* fueron observados en Cucurital, Kanaripó, boca de caño Tigre (cauce principal río Ventuari) y los caños Chigüire y Perro de Agua.
- Se recomienda a los pescadores y guías de pesca alejarse de los lugares de desove y reproducción cuando practican labores de pesca, ya que observamos que algunos pavones están cuidando nidos durante la sequía o a finales de esta temporada, que corresponde además con el pico de las actividades de pesca deportiva. Los peces (progenitores) generalmente son capturados o perseguidos por los pescadores. Estas personas desconocen que los nidos son depredados por otros peces en fracción de minutos por la ausencia de los padres. La reproducción de *Cichla* es una

tarea muy costosa en términos energéticos dado por el cuidado parental que estos peces brindan a sus crías, por tanto, una pérdida en sus nidadas disminuye la supervivencia de pavones.

- En los caños donde se capturaron pavones trofeos se debe evitar el uso de chinchorros y barbasco. Los caños Chigüire y Yagua suelen ser visitados por pescadores provenientes de diferentes comunidades de la zona y de San Fernando de Atabapo. Su estadía se prolonga por una semana o más, en la cual pueden capturar diferentes peces y pavones. Se recomienda mayor vigilancia por parte de los organismos competentes y en general por personas de la zona con interés en actividades de turismo basado en la pesca deportiva.

REFERENCIAS

Jepsen, D. B. 1995. Seasonality and midscale spatial effects on *Cichla* ecology and fish species diversity in a neotropical floodplain river. Unpublished Ms. Sc. thesis. Texas: Texas A&M University.

Jepsen, D. B., K. O. Winemiller y D. C. Taphorn. 1997. Temporal patterns of resource partitioning among *Cichla* species in a Venezuelan blackwater river. J. Fish Biol. 51: 1085-1108.

Larsen, L. 2002. Peacock Bass World Records (all Standard Tackle and lines class records). Web site: http://www. Peacockbassossiation. com [Consulta: septiembre 10, 2003].

Layman, C. y K. O. Winemiller. (en prensa). Using small-scale exclusion experiments to predict impacts of fishing on a tropical floodplain river fish assemblage. Ecology.

León-Mata, O. 2003. Diagnóstico del recurso pesquero ornamental en las zonas inundables del alto Orinoco, Amazonas, Venezuela. Trabajo de Aplicación de Conocimientos. Guanare: Universidad Experimental de los Llanos Ezequiel Zamora.

Quintero, R. 1993. Turismo, pesca deportiva y conservación son un de nuestros mejores retos y oportunidades. Natura. 96: 9.

Rodríguez-Olarte, D. 1996. Ecología y conservación del pavón tres estrellas *Cichla orinocensis* (Pisces, Perciformes, Cichlidae) en el Parque Nacional Aguaro - Guariquito. Tesis de Maestría. Guanare: Universidad Experimental de los Llanos Ezequiel Zamora.

Rodríguez-Olarte, D. y D. C. Taphorn. 1997. Ecología trófica de *Cichla orinocensis* Humboldt 1833 (Pisces, Teleostei, Cichlidae) en un humedal de los llanos centrales de Venezuela. BioLlania 13: 139-163.

Shafland, P. 1993. An overview of Florida introduced butterfly peacock bass (*Cichla ocellaris*) sport fishery. Natura. 96: 26-29.

Taphorn, D. C. y A. Barbarino. 1993. Evaluación de la situación actual de los pavones, *Cichla* spp en el parque Nacional Capanaparo - Cinaruco, Estado Apure. Natura. 96: 10-25.

Urich, J. 1993. Evolución de la pesca deportiva en Venezuela. Natura. 96: 53-54.

Winemiller, K. O., D. C. Taphorn y A. Barbarino. 1997. Ecology of *Cichla,* (Cichlidae) in two blackwater rivers of southern Venezuela. Copeia 4: 690-696.

Winemiller, K. O., D. C. Taphorn y A. Barbarino. 1999. Ecology of *Cichla,* (Cichlidae) in two blackwater rivers of southern Venezuela. Copeia 4: 690-696.

Winemiller, K. O. 2001. Ecology of peacock cichlids (*Cichla* spp.) in Venezuela. J. Aquariculture and Aquatic Sciences 9: 93-112.

Apéndice 1

Lista preliminar de las plantas vasculares identificadas durante el AquaRAP Orinoco-Ventuari, 2003

Leyda Rodríguez, Edward Pérez y Anabel Rial

Abreviaciones:
o/p= observación personal
s/n= sin número
CL= Carlos Lasso
CS= Celsa Señaris
LR= Leyda Rodríguez
Ref.= Referencia

Familia	Género, especie y autor	Ref.	OR 1.1	OR 1.2	OR 1.3	OR 1.4	OR 1.5	VT 1	VT 2	VT 3.1	VT 3.2	VT 3.3	VT 4	OR 2.1	OR 2.2	OR 2.3.1	OR 2.3.2	OR 2.4	OR 2.5
			Subregión Orinoco 1					Subregión Ventuari						Subregión Orinoco 2					
	Pteridofitas																		
Hymenophyllaceae	*Trichomanes hostmanianum* (Klotzsch) Kunze	LR 2157, 2223												x			x		
Polypodiaceae	*Microgramma megalophylla* (Desv.) de la Sota	LR 1786, 2032, 2037	x						x							x		x	
Polypodiaceae	*Microgramma percussa* (Cav.) de la Sota	LR 1880				x													
Polypodiaceae	*Polypodium decumanum* Willd.	LR 2155												x					
Polypodiaceae	*Polypodium triseriale* Sw.	LR LR 1905				x													
Pteridaceae	*Adiantum* aff. *petiolatum* Desv.	LR 2135											x						
Pteridaceae	*Adiantum* sp.	LR 2136											x						
Schizaceae	*Actinostachys subtrijuga* (Mart.) C.Presl	LR 1863, 2220			x												x		
Selaginellaceae	*Selaginella parkeri* (Hook. & Grev.) Spring	LR 1861, 2055			x														x
Vittariaceae	*Vittaria* sp.	LR 1906				x													
	Espermatofitas-Angiospermas																		
Acanthaceae	*Aphelandra scabra* (Vahl) Sm.	LR 2093							x		x				x				
Acanthaceae	*Justicia comata* (L.) Lam.	LR 2090									x								
Alismataceae	*Echinodorus tenellus* (Mart.) Buch.	LR 1800		x															
Annonaceae	*Dugetia* sp.	LR s/n																	
Annonaceae	*Guatteria inundata* Mart.	LR 2082								x									
Annonaceae	*Guatteria maypurensis* Kunth in H.B.K.	LR 1764	x																

			Subregión Orinoco 1					Subregión Ventuari						Subregión Orinoco 2					
Familia	Género, especie y autor	Ref.	OR 1.1	OR 1.2	OR 1.3	OR 1.4	OR 1.5	VT 1	VT 2	VT 3.1	VT 3.2	VT 3.3	VT 4	OR 2.1	OR 2.2	OR 2.3.1	OR 2.3.2	OR 2.4	OR 2.5
	Pteridofitas																		
Annonaceae	*Guatteria riparia* R.E. Fr.	LR 2123, 2149											x	x					
Annonaceae	*Xilopia* sp.	LR o/p							x										
Apocynaceae	*Aspidosperma pachypterum* Müll. Arg in Mart.	LR 1839			x														
Apocynaceae	*Aspidosperma marcgravianum* Woodson	LR s/n							x					x		x		x	
Apocynaceae	*Himatanthus attenuatus* (Benth.) Woodson	LR 2167										x							
Apocynaceae	*Malouetia tamaquarina* (Aubl.) A. DC.	LR 1994, 2112						x					x						
Apocynaceae	*Mandevilla* sp.	LR o/p	x																
Apocynaceae	*Mandevilla lancifolia* Woodson	LR 2043							x										
Apocynaceae	*Mesechites* aff. *trifida* (Jacq.) Müll. Arg.	LR 2077								x									
Apocynaceae	*Molongum laxum* (Benth.) Pichon	LR 1884, 2002, 2076				x		x		x		x	x						
Apocynaceae	*Parahancornia negroensis* Monach.	LR 1843, 1919, 2015			x	x		x											
Aquifoliaceae	*Ilex divaricata* Mart. ex Reissek in Mart.	LR 1840, 1841			x														
Aquifoliaceae	*Ilex spruceana* Reissek in Mart.	LR 1844, 1904, 1918			x	x													
Araceae	*Heteropsis* sp.	LR o/p							x										

Familia	Género, especie y autor	Ref.	Subregión Orinoco 1					Subregión Ventuari						Subregión Orinoco 2					
			OR 1.1	OR 1.2	OR 1.3	OR 1.4	OR 1.5	VT 1	VT 2	VT 3.1	VT 3.2	VT 3.3	VT 4	OR 2.1	OR 2.2	OR 2.3.1	OR 2.3.2	OR 2.4	OR 2.5
	Pteridofitas																		
Araceae	*Montrichardia arborescens* (L.) Schott	LR 1779	x											x			x	x	x
Araceae	*Philodendron* sp.1	LR 1868			x														
Araceae	*Philodendron* sp.2	LR 2159						x			x			x					
Araceae	*Urospatha sagittifolia* (Rudge) Schott	LR 2050, CL s/n			x		x												x
Arecaceae	*Astrocaryum acaule* Mart.	LR 1856, 2096			x		x						x		x				
Arecaceae	*Astrocaryum* sp.	LR o/p													x	x			
Arecaceae	*Attalea racemosa* Spruce	LR 1855			x										x				
Arecaceae	*Bactris simplicifroms* Mart.	LR 2095									x		x		x	x		x	
Arecaceae	*Desmoncus* sp.	LR o/p					x								x				
Arecaceae	*Euterpe* sp.	LR o/p											x					x	
Arecaceae	*Leopoldinia pulchra* Mart.	LR 1790	x			x	x	x	x	x		x	x		x		x		
Arecaceae	*Mauritia flexuosa* L. f.	LR o/p																	x
Arecaceae	*Mauritiella* cf. *armata* (Mart.) Burret	LR o/p			x			x										x	
Arecaceae	*Oenocarpus* sp.	LR o/p			x										x				
Bignoniaceae	*Distictella magnoliifolia* (H.B.K.) Sandwith	LR 1979						x											
Bignoniaceae	*Memora* aff. *bracteosa* (A. DC.) Boureau	LR 1948					x												
Bignoniaceae	*Pleonotoma jasminifolia* (HBK) Miers	LR s/n													x				
Bignoniaceae	*Tabebuia* sp.	LR o/p	x						x			x	x				x		
Bignoniaceae	Bignoniaceae trepadora	LR 1943					x												
Boraginaceae	*Cordia nodosa* Lam.	LR o/p								x									
Boraginaceae	*Heliotropium indicum* L.	LR 1962					x												

			Subregión Orinoco 1					Subregión Ventuari						Subregión Orinoco 2					
Familia	Género, especie y autor	Ref.	OR 1.1	OR 1.2	OR 1.3	OR 1.4	OR 1.5	VT 1	VT 2	VT 3.1	VT 3.2	VT 3.3	VT 4	OR 2.1	OR 2.2	OR 2.3.1	OR 2.3.2	OR 2.4	OR 2.5
	Pteridofitas																		
Bromeliaceae	*Aechmea* sp.	LR o/p									x								
Bromeliaceae	*Pitcairnia* sp.1	LR 1907				x													
Bromeliaceae	*Pitcairnia* sp.2	LR 2045							x										
Bromeliaceae	*Tillandsia* sp.1	LR 1908				x													
Bromeliaceae	*Tillandsia* sp.2	LR 1909				x													
Burseraceae	*Protium unifoliolatum* Engl.	LR 2095													x				
Burseraceae	*Protium* sp.1	LR o/p			x										x				
Burseraceae	*Protium* sp.2	LR s/n			x														
Cabombaceae	*Cabomba furcata* Schult. & Schult. f.	LR 1799, 1972		x			x												
Cabombaceae	*Cabomba* sp.	LR 1803, 1973		x			x												
Cactaceae	*Epiphyllum* sp.	LR o/p				x	x												
Caesalpiniaceae	*Bauhinia guianensis* Aubl.	LR o/p					x		x				x		x	x		x	
Caesalpiniaceae	*Campsiandra emonensis* Stergios	LR 2031							x										
Caesalpiniaceae	*Campsiandra guayanensis* Stergios	LR 1837			x														
Caesalpiniaceae	*Campsiandra implexicaulis* Stergios	LR 1889a, 1993, 2121				x		x		x			x						
Caesalpiniaceae	*Campsiandra macrocarpa* Cowan var. *macrocarpa*	LR 1889b				x													
Caesalpiniaceae	*Campsiandra nutans* Stergios	LR 1773	x																
Caesalpiniaceae	*Chamaechrista desvauxii* (Collad.) Killip	LR 1845, 1926, 2016			x	x		x											

			Subregión Orinoco 1					Subregión Ventuari						Subregión Orinoco 2					
Familia	Género, especie y autor	Ref.	OR 1.1	OR 1.2	OR 1.3	OR 1.4	OR 1.5	VT 1	VT 2	VT 3.1	VT 3.2	VT 3.3	VT 4	OR 2.1	OR 2.2	OR 2.3.1	OR 2.3.2	OR 2.4	OR 2.5
	Pteridofitas																		
Caesalpiniaceae	*Chamaechrista diphylla* (L.) Greene	LR 2190												x					
Caesalpiniaceae	*Copaifera* aff. *pubiflora* Benth.	LR 1992, 2191					x	x			x	x	x		x	x			
Caesalpiniaceae	*Cynometra* sp.	LR obs. Pers.								x						x			
Caesalpiniaceae	*Dimorphandra unijuga* Tul.	LR 1896				x													
Caesalpiniaceae	*Heterostemom mimosoides* Desf.	LR 1789, 1879, 2035	x			x	x	x	x	x	x		x	x		x		x	
Caesalpiniaceae	*Macrolobium acaciifolium* (Benh.) Benth.	LR 1769	x				x	x		x	x	x	x	x		x		x	
Caesalpiniaceae	*Macrolobium multijugum* (DC.) Benth.	LR 1785, 1829, 1934	x		x	x	x					x						x	
Caesalpiniaceae	*Macrolobium* aff. *spectabile* Cowan	LR 1991						x											
Caesalpiniaceae	*Peltogyne venosa* (Vahl) Benth.	LR 1946, 1986, 2117				x	x	x	x		x	x	x					x	
Caesalpiniaceae	*Tachigali cavipes* (Spruce ex Benth.) J.F. Macbr.	LR 2027, 2175							x			x							
Caesalpiniaceae	*Tachigali odoratissima* (Spruce ex Benth.) Zarucchi & Herend	LR 1775, 1890, 2001, 2140, 2179	x		x	x	x	x				x	x					x	
Caesalpiniaceae	*Tachigali rigida* Ducke	LR 2183										x							

			Subregión Orinoco 1					Subregión Ventuari						Subregión Orinoco 2					
Familia	**Género, especie y autor**	**Ref.**	**OR 1.1**	**OR 1.2**	**OR 1.3**	**OR 1.4**	**OR 1.5**	**VT 1**	**VT 2**	**VT 3.1**	**VT 3.2**	**VT 3.3**	**VT 4**	**OR 2.1**	**OR 2.2**	**OR 2.3.1**	**OR 2.3.2**	**OR 2.4**	**OR 2.5**
	Pteridofitas																		
Caesalpiniaceae	*Tachigali* sp.	LR 2138											x						
Caryocaraceae	*Caryocar microcarpum* Ducke	LR 2170										x							
Cecropiaceae	*Coussapoa trinervia* Spruce ex Wilbread	LR 2153								x				x				x	
Celastraceae	*Goupia glabra* Aubl.	LR 2194													x				
Celastraceae	*Maytenus laevis* Reissek in Mart.	LR 2028, 2029, 2107, 2176							x			x	x			x		x	
Chrysobalanaceae	*Couepia paraensis* (Mart. & Zucc.) Benth. subsp. *glaucescens* (Spruce ex Hook. f.) Prance	LR 1836, 1846, 1924			x	x		x											
Chrysobalanaceae	*Excellodendron coriaceum* (Benth.) Prance	LR 1838			x														
Chrysobalanaceae	*Hirtella castillana* Prance	LR 1980						x											
Chrysobalanaceae	*Hirtella racemosa* Lam. var. *hexandra* (Willd. ex Roem. & Schult.) Prance	LR 1912, 2127, 2210				x							x			x		x	
Chrysobalanaceae	*Hirtella elongata* Mart. & Zucc.	LR 2197, 2211													x	x			
Chrysobalanaceae	*Licania apetala* (E. Mey.) Fritsch.	LR 1817, 1826, 2079, 2147			x					x				x					
Chrysobalanaceae	*Licania heteromorpha* Benth.	LR 1776, 1835, 1894	x		x	x										x	x		x
Chrysobalanaceae	*Licania hypoleuca* Benth.	LR 1983				x		x											
Chrysobalanaceae	*Licania licaniiflora* (Sagot) S.F.Blake													x	x				

			Subregión Orinoco 1					Subregión Ventuari						Subregión Orinoco 2					
Familia	Género, especie y autor	Ref.	OR 1.1	OR 1.2	OR 1.3	OR 1.4	OR 1.5	VT 1	VT 2	VT 3.1	VT 3.2	VT 3.3	VT 4	OR 2.1	OR 2.2	OR 2.3.1	OR 2.3.2	OR 2.4	OR 2.5
	Pteridofitas																		
Chrysobalanaceae	*Licania micrantha* Miq.	LR 1988						x										x	
Chrysobalanaceae	*Licania mollis* Benth.	LR 1820			x														
Chrysobalanaceae	*Licania octandra* (Hoffmanns. ex Roem. & Schult) Kuntze	LR s/n													x				
Chrysobalanaceae	*Licania savanarum* Prance	LR 1920				x													
Clusiaceae	*Caraipa grandifolia* Mart.	LR s/n																x	
Clusiaceae	*Clusia candelabrum* Planch. & Triana	LR 2078				x	x	x	x	x		x	x					x	
Clusiaceae	*Clusia lopezii* Maguire	LR 1834, 1883			x	x													
Clusiaceae	*Clusia microstemon* Planch. & Triana	LR 2042							x										
Clusiaceae	*Clusia renggerioides* Planch. & Triana	LR 1987						x											
Clusiaceae	*Mahurea exstipulata* Benth.	LR o/p																	x
Clusiaceae	*Tovomita spruceana* Triana & Planch.	LR 1995, 2128						x					x				x		x
Clusiaceae	*Vismia macrophylla* H.B.K.	LR 2129											x						
Combretaceae	*Combretum laurifolium* Mart.	LR 1807	x																
Combretaceae	*Combretum* sp.	LR 1997						x											
Combretaceae	*Buchenavia reticulata* Eichler	LR 2169										x							
Combretaceae	*Buchenavia suaveolens* Eiclher	LR 1878			x	x	x					x	x			x			
Combretaceae	*Buchenavia* sp.	LR o/p			x	x			x	x									
Combretaceae	*Terminalia crispialata* (Ducke) Alwan & Stace	LR 1900				x													
Combretaceae	*Terminalia virens* (Spruce ex Eichler) Alwan & Stace	LR 1824			x														
Convolvulaceae	*Aniseia cernua* Moricand	LR 1796		x															

			Subregión Orinoco 1					Subregión Ventuari						Subregión Orinoco 2					
Familia	Género, especie y autor	Ref.	OR 1.1	OR 1.2	OR 1.3	OR 1.4	OR 1.5	VT 1	VT 2	VT 3.1	VT 3.2	VT 3.3	VT 4	OR 2.1	OR 2.2	OR 2.3.1	OR 2.3.2	OR 2.4	OR 2.5
	Pteridofitas																		
Costaceae	*Costus* sp.	LR o/p							x										
Cyperaceae	*Bulbostylis leucostachya* (H.B.K.) C.B.Clarke in Urb.	LR 2038							x										
Cyperaceae	*Cyperus felipponei* Kük. in Engl.	LR 2089									x								
Cyperaceae	*Cyperus haspan* L.	LR 1791		x															
Cyperaceae	*Cyperus luzulae* (L.) Rottb. ex Retz	LR 1968					x												
Cyperaceae	*Diplacrum capitatum* (Willd.) Boeck.	LR 1871			x														
Cyperaceae	*Diplacrum guianense* (Nees) T. Koyama	LR 1976, 2023, 2224-1						x	x								x		x
Cyperaceae	*Diplasia karataefolia* L.C.Rich.	LR 1867, 2192			x										x				
Cyperaceae	*Eleocharis* cf. *interstincta* (Vahl) Roem. & Schult.	CL s/n				x													
Cyperaceae	*Eleocharis minima* Kunth.	LR 1874					x												
Cyperaceae	*Eleocharis* aff. *retroflexa* (Poir.) Urb.	LR 2019		x				x											
Cyperaceae	*Fuirena umbellata* Rottb.	LR 1760	x																
Cyperaceae	*Hypolytrum laxum* Nees	LR 2046							x										
Cyperaceae	*Hypolytrum longifolium* (L.C.Rich.) Nees	LR 1961, 2008, 2163, 2164					x	x						x					
Cyperaceae	*Hypolytrum strictum* Poepp. & Kunth in Kunth	LR 2034							x										
Cyperaceae	*Lagenocarpus guianensis* Nees	LR 1814			x														
Cyperaceae	*Lagenocarpus sabanensis* Gilly	LR 1848			x														

Familia	Género, especie y autor	Ref.	Subregión Orinoco 1					Subregión Ventuari						Subregión Orinoco 2					
			OR 1.1	OR 1.2	OR 1.3	OR 1.4	OR 1.5	VT 1	VT 2	VT 3.1	VT 3.2	VT 3.3	VT 4	OR 2.1	OR 2.2	OR 2.3.1	OR 2.3.2	OR 2.4	OR 2.5
	Pteridofitas																		
Cyperaceae	*Rhynchospora candida* (Nees) Boeck.	LR 1759	x																
Cyperaceae	*Rhynchospora cephalotes* (L.) Vahl	LR 2189, 2201												x	x	x			
Cyperaceae	*Rhynchospora pubera* (Vahl) Boeck.	LR 2064, 2065							x										
Cyperaceae	*Rhynchospora sanariapensis* Steyerm.	LR 2036, 2216							x							x			
Cyperaceae	*Scleria ramosa* C.B.Clark.	LR 2104									x								
Cyperaceae	*Scleria scabra* Willd.	LR 2188												x					
Cyperaceae	*Scleria secans* (L.) Urb.	LR 1762	x																
Cyperaceae	*Scleria tenacissima* Steud.	LR 1772	x				x						x						
Cyperaceae	*Websteria* sp.	CL s/n		x															
Cyperaceae	Cyperaceae sp.1	LR 2052																	x
Cyperaceae	*Cyperaceae* sp.2	LR 2146											x						
Cyperaceae	*Cyperaceae* sp.3	LR 1869			x														
Dilleniaceae	*Davilla* sp.	LR o/p									x								
Dilleniaceae	*Doliocarpus carnevaliorum* Aymard	LR 1923				x													
	Doliocarpus sp.	LR o/p													x				
Dilleniaceae	*Pinzona coriacea* Mart. & Zucc.	LR s/n														x			
Eriocaulaceae	*Eriocaulon humboldtii* Kunth.	LR 2051																	x
Eriocaulaceae	*Eriocaulon tenuifolium* Klotzsch ex Körn in Mart.	LR 1864, 1866, 1936, 1990			x	x		x											

			Subregión Orinoco 1					Subregión Ventuari						Subregión Orinoco 2					
Familia	Género, especie y autor	Ref.	OR 1.1	OR 1.2	OR 1.3	OR 1.4	OR 1.5	VT 1	VT 2	VT 3.1	VT 3.2	VT 3.3	VT 4	OR 2.1	OR 2.2	OR 2.3.1	CR 2.3.2	OR 2.4	OR 2.5
	Pteridofitas																		
Eriocaulaceae	*Singonanthus humboldtii* (Kunth) Ruhland in Engl.	LR 1937				x													
Eriocaulaceae	*Singonanthus* sp.	LR 1798		x															
Ebenaceae	*Dyospiros guianensis* (Aubl.) Gürke in Engl. & Prantl	LR 2086								x									
Ebenaceae	*Dyospiros poeppigiana* A.DC.	LR 1891, 1950, 2124				x	x						x						
Euphorbiaceae	*Amanoa almerindae* Leal	LR 1813, 1827, 1882			x	x							x						
Euphorbiaceae	*Amanoa* sp.	LR 2130											x			x			
Euphorbiaceae	*Caperonia castaneifolia* (L.) A.St.-Hil.	LR 1794		x															
Euphorbiaceae	*Hevea pauciflora* (Spruce ex Benth.) Müll. Arg.	LR 2061																	x
Euphorbiaceae	*Mabea anomala* Müll.Arg.	LR 1977						x											
Euphorbiaceae	*Mabea nitida* Benth.	LR 1778, 2003, 2061, 2115	x					x				x	x						x
Euphorbiaceae	*Mabea trianae* Pax	LR 2028									x								
Euphorbiaceae	*Maprounea guianensis* Aubl.	LR 2109											x						
Euphorbiaceae	*Pera distichophylla* (Mart.) Baill.	LR 2030, 2198, 2209, 2226							x				x		x	x		x	

			Subregión Orinoco 1					Subregión Ventuari						Subregión Orinoco 2					
Familia	**Género, especie y autor**	**Ref.**	**OR 1.1**	**OR 1.2**	**OR 1.3**	**OR 1.4**	**OR 1.5**	**VT 1**	**VT 2**	**VT 3.1**	**VT 3.2**	**VT 3.3**	**VT 4**	**OR 2.1**	**OR 2.2**	**OR 2.3.1**	**OR 2.3.2**	**OR 2.4**	**OR 2.5**
	Pteridofitas																		
Euphorbiaceae	*Pera bicolor* (Klotzsch) Múll. Arg. in A. DC.	LR 2075, 2111								x			x						
Euphorbiaceae	*Phyllanthus atabapoensis* Jabl.	LR 1941								x			x						
Euphorbiaceae	*Pogonophora schomburgkiana* Miers ex Benth.	LR 2025							x										
Euphorbiaceae	*Sagotia racemosa* Lanj	LR 2009						x											
Fabaceae	*Acosmium nitens* (Vogel) Yakovlev	LR 1777, 1830	x		x	x		x											
Fabaceae	*Aldina latifolia* Spruce ex Benth.	LR 1784	x			x	x	x	x		x	x		x		x		x	
Fabaceae	*Andira surinamensis* (Bondt.) Splitg. ex Amshoff	LR 1763	x																
Fabaceae	*Clitoria* javitensis (H.B.K.) Benth.	LR 2154												x	x				
Fabaceae	*Dalbergia foliosa* (Benth.) A.M. Carvalho	LR 2222															x		
Fabaceae	*Dalbergia inundata* Spruce ex Benth.	LR 2096									x								
Fabaceae	*Derris negrensis* Benth.	LR s/n											x			x			
Fabaceae	*Hymenolobium heterocarpum* Ducke	LR 2277												x		x	x	x	
Fabaceae	*Machaerium inundatum* (Mart. ex Benth.) Ducke	LR 1955					x		x				x			x			
Fabaceae	*Poecylanthe amazonica* (Ducke) Ducke	LR 1788, 2162	x											x			x	x	
Fabaceae	*Swartzia argentea* Spruce ex Benth. in Mart.	LR 1897				x	x	x	x	x	x		x	x	x	x	x	x	
Fabaceae	*Swartzia cupavenensis* R.S.Cowan	LR s/n												x		x	x	x	

			Subregión Orinoco 1					Subregión Ventuari						Subregión Orinoco 2					
Familia	Género, especie y autor	Ref.	OR 1.1	OR 1.2	OR 1.3	OR 1.4	OR 1.5	VT 1	VT 2	VT 3.1	VT 3.2	VT 3.3	VT 4	OR 2.1	OR 2.2	OR 2.3.1	OR 2.3.2	OR 2.4	OR 2.5
	Pteridofitas																		
Fabaceae	*Swartzia sericea* J.Vogel	LR 1831, 1981, 2152, 2224-2			x			x						x				x	
Fabaceae	*Vigna luteola* (Jacq.) Benth. in Mart.	LR 1761, 1804	x	x															
Flacourtiaceae	*Casearia commersoniana* Cambess in A. St. Hil.	LR 2101, 2113, 2202									x		x		x			x	
Flacourtiaceae	*Laetia suaveolens* (Poepp.) Benth.	LR 2105, 2182										x	x						
Flacourtiaceae	*Lindackeria paludosa* (Benth.) Gilg	LR 1851, 2199			x										x				
Flacourtiaceae	*Ryania angustifolia* (Turcz) Monach.	LR 2033							x										
Gentianaceae	*Coutoubea minor* H.B.K.	LR 2041							x										
Gentianaceae	*Potalia resinifera* Mart.	LR 2132											x						
Gentianaceae	*Voyria spruceana* Benth.	LR 2230																x	
Gesneriaceae	*Codonanthe* sp.	LR o/p.					x												
Heliconiaceae	*Heliconia* sp.	LR o/p.											x						
Hippocrateaceae	*Salacia eliptica* G.Don	LR 1958, 2125					x						x		x				
Humuriaceae	*Humiria balsamifera* (Aubl.) St. Hil.	LR 2017						x											
Humuriaceae	*Schitostemon oblongifolium* (Benth.) Cuatrec.	LR 1887, 1996, 2180				x	x	x				x							

			Subregión Orinoco 1					Subregión Ventuari						Subregión Orinoco 2					
Familia	Género, especie y autor	Ref.	OR 1.1	OR 1.2	OR 1.3	OR 1.4	OR 1.5	VT 1	VT 2	VT 3.1	VT 3.2	VT 3.3	VT 4	OR 2.1	OR 2.2	OR 2.3.1	OR 2.3.2	OR 2.4	OR 2.5
	Pteridofitas																		
Lacistemaceae	*Lacistema aggregatum* (Berg.) Rusby	LR 1811				x													
Lamiaceae	*Hyptis laciniata* Benth.	LR 2092									x								
Lauraceae	*Nectandra pichurim* (H.B.K) Mez	LR 2120											x						
Lauraceae	*Ocotea cernua* (Nees) Mez	LR 2004						x											
Lauraceae	*Ocotea sanariapensis* Lasser	LR 1783, 1939, 2139, 2219	x			x				x			x				x		
Lecythidaceae	*Escheweilera* aff. *coriacea* (DC.) S.A.Mori	LR s/n														x			
Lecythidaceae	*Eschweilera parvifolia* Mart. ex A. DC.	LR s/n														x			
Lecythidaceae	*Eschweilera tenuifolia* (Berg.) Miers	LR 1474, 1828, 1874, 2137	x		x	x			x			x	x	x		x		x	
Lecythidaceae	*Gustavia* sp.	LR o/p.								x								x	
Lentibulariaceae	*Utricularia hydrocarpa* Vahl	LR 1801, CL s/n		x															
Lentibulariaceae	*Utricularia* sp.	LR 1865			x														x
Loganiaceae	*Spigelia gracilis* A. DC.	LR 1930				x													
Loganiaceae	*Spigelia humilis* Benth	LR 2007, 2225						x										x	
Loganiaceae	*Strychnos guianensis* (Aubl.) Mart.	LR 1901	x			x													
Loganiaceae	*Strychnos rondeletioides* Spruce ex Benth.	LR 2080					x			x			x	x	x	x		x	

			Subregión Orinoco 1					Subregión Ventuari						Subregión Orinoco 2					
Familia	Género, especie y autor	Ref.	OR 1.1	OR 1.2	OR 1.3	OR 1.4	OR 1.5	VT 1	VT 2	VT 3.1	VT 3.2	VT 3.3	VT 4	OR 2.1	OR 2.2	OR 2.3.1	OR 2.3.2	OR 2.4	OR 2.5
	Pteridofitas																		
Loranthaceae	*Oryctanthus florulentus* (Rich.) Tiegh	LR 2171										x							
Loranthaceae	*Phthirusa guyanensis* Eichler in Mart.	LR 1921				x													
Loranthaceae	*Phthirusa* aff. *stelis* (L.) Kuijt	LR 1949					x												
Malpighiaceae	*Burdachia prismatocarpa* A.Juss.	LR 1892, 2084				x	x			x		x	x						
Malpighiaceae	*Byrsonima basiliana* W.R. Anderson	LR 1999						x											
Malpighiaceae	*Byrsonima coniophylla* A. Juss.	LR 1847			x														
Malpighiaceae	*Byrsonima cuprea* Griseb.in Mart.	LR 1819, 2174			x							x							
Malpighiaceae	*Byrsonima japurensis* Adr. Juss.	LR 1954					x												
Malpighiaceae	*Heteropteris orinocensis* (H.B.K.) A. Juss.	LR 1822, 1875, 2087, 2114, 2172			x	x	x			x		x	x			x		x	
Malpighiaceae	*Hiraea fimbriata* W.R.Anderson	LR 1959, 2126					x						x						
Malvaceae	*Hibiscus furcellatus* Desr.	LR 1768	x																
Marantaceae	*Monotagma* sp.1	LR 2013						x											
Marantaceae	*Monotagma* sp.2	LR 2200													x				
Marantaceae	*Thalia* sp.	LR o/p.															x		
Mayacaceae	*Mayaca fluviatilis* Aubl.	LR 2067							x										

Familia	Género, especie y autor	Ref.	Subregión Orinoco 1					Subregión Ventuari						Subregión Orinoco 2					
			OR 1.1	OR 1.2	OR 1.3	OR 1.4	OR 1.5	VT 1	VT 2	VT 3.1	VT 3.2	VT 3.3	VT 4	OR 2.1	OR 2.2	OR 2.3.1	OR 2.3.2	OR 2.4	OR 2.5
	Pteridofitas																		
Mayacaceae	*Mayaca longipes* Mart. ex Seub.	LR 2059																	x
Mayacaceae	*Mayaca sellowiana* Kunth.	LR 1809		x															
Melastomataceae	*Clidemia novenervia* (DC.) Triana	LR 1859			x														
Melastomataceae	*Clidemia* sp.	LR 1858			x														
Melastomataceae	*Comolia leptophylla* (Bonpl.) Naud.	LR 1932				x													
Melastomataceae	*Henriettea martiusii* (DC.) Naud.	LR 1885, 2165				x						x							
Melastomataceae	*Macairea stylosa* Triana	LR 1821, 1832			x														
Melastomataceae	*Miconia aplostachya* (Bonpl.) DC.	LR 2218			x								x			x			x
Melastomataceae	*Miconia truncata* Triana	LR 2166										x							
Melastomataceae	*Mouriri brevipes* Hook.	LR 1903, 1982, 2141				x	x	x					x						
Melastomataceae	*Mouriri* aff. *grandifolia* DC.	LR 2070								x			x						
Melastomataceae	*Pterogastra minor* Naud.	LR 2040							x										
Melastomataceae	*Tibouchina sprucena* Cogn.	LR 2039, 2145, 2215			x				x				x			x			
Melastomataceae	*Tibouchina* sp.	LR 2056																	x
Melastomataceae	*Tococa coronata* Benth.	LR 2160												x				x	
Melastomataceae	*Tococa lancifolia* Spruce ex Triana	LR 1898				x			x										

			Subregión Orinoco 1					Subregión Ventuari						Subregión Orinoco 2					
Familia	Género, especie y autor	Ref.	OR 1.1	OR 1.2	OR 1.3	OR 1.4	OR 1.5	VT 1	VT 2	VT 3.1	VT 3.2	VT 3.3	VT 4	OR 2.1	OR 2.2	OR 2.3.1	OR 2.3.2	OR 2.4	OR 2.5
	Pteridofitas																		
Melastomataceae	*Rhynchanthera* aff. *serrulata* (Rich.) DC.	LR 2053																	x
Meliaceae	*Guarea pubescens* (Rich.) A.Juss.	LR								x									
Menispermaceae	*Abuta grandifolia* (Mart.) Sandw.	LR 1853			x										x				
	Orthomene schomburgkii (Miers) Barneby & Krukoff	LR o/p					x			x									
Mimosaceae	*Abarema jupumba* (Willd.) Britton	LR s/n												x					
Mimosaceae	*Macrosamanea simabaefolia* (Benth.) Pittier	LR 1927				x													
Mimosaceae	*Parkia discolor* Spruce ex Benth.	LR 1876				x													
Mimosaceae	*Zigia latifolia* (L.) Fawc. & Rendle	LR 2005						x				x			x				
Monimiaceae	*Siparuna guianensis* Aubl.	LR o/p			x										x				
Moraceae	*Brosimum alicastrum* Sw.	LR s/n											x						
Moraceae	*Ficus malacocarpa* Standl.	LR 1975						x											
Moraceae	*Pseudolmedia laevigata* Trécul	LR 1960					x			x			x	x		x			
Myristicaceae	*Virola elongata* (Benth.) Warb	LR 2069, 2158			x					x				x		x		x	
Myristicaceae	*Virola sebifera* Aubl.	LR 1902				x													
Myrsinaceae	*Cybianthus surinamensis* (Spreng) G.Agostini	LR 2010	x																
Myrtaceae	*Calyptranthes macrophylla* O.Berg	LR 2118											x						

Familia	Género, especie y autor	Ref.	Subregión Orinoco 1					Subregión Ventuari						Subregión Orinoco 2					
			OR 1.1	OR 1.2	OR 1.3	OR 1.4	OR 1.5	VT 1	VT 2	VT 3.1	VT 3.2	VT 3.3	VT 4	OR 2.1	OR 2.2	OR 2.3.1	OR 2.3.2	OR 2.4	OR 2.5
	Pteridofitas																		
Myrtaceae	*Calyptranthes multiflora* O.Berg	LR 1806, 1944, 2020, 2083, 2108	x				x		x	x			x	x		x			
Myrtaceae	*Eugenia chrysophyllum* Poiret	LR 2150												x					
Myrtaceae	*Marlierea suborbicularis* McVaugh	LR 1845, 1938			x	x													
Myrtaceae	*Marlierea spruceana* O.Berg	LR 1780, 1886, 1998	x			x	x	x		x		x		x	x	x		x	
Myrtaceae	*Marlierea umbraticola* (H.B.K.) O.Berg	LR 2213														x			
Myrtaceae	*Marlierea uniflora* McVaugh	LR 1842			x														
Myrtaceae	*Myrcia clusiifolia* (H.B.K.) DC.	LR 1915				x													
Myrtaceae	*Myrcia grandis* McVaugh	LR 1922, 1933				x													
Myrtaceae	*Myrcia* aff. *guianensis* (Aubl.) DC.	LR 2143											x						
Myrtaceae	*Myrciaria floribunda* (Nest ex Willd.) O.Berg	LR 1860			x														
Myrtaceae	*Psidium densicomum* DC.	LR 1951, 2081					x			x				x		x			
Ochnaceae	*Blastemanthus geminiflorus* subsp. *sprucei* (Tieg.) Sastre	LR 1929, 2022			x	x			x										
Ochnaceae	*Elvasia* aff. *canescens* (Tieg.) Gilg in Endl. & Prantl.	LR 2144											x						

Familia	Género, especie y autor	Ref.	Subregión Orinoco 1					Subregión Ventuari						Subregión Orinoco 2					
			OR 1.1	OR 1.2	OR 1.3	OR 1.4	OR 1.5	VT 1	VT 2	VT 3.1	VT 3.2	VT 3.3	VT 4	OR 2.1	OR 2.2	OR 2.3.1	OR 2.3.2	OR 2.4	OR 2.5
	Pteridofitas																		
Ochnaceae	*Ouratea evoluta* Maguire & Steyerm.	LR 1833			x														
Ochnaceae	*Ouratea ferruginea* Engl.	LR 2133											x						
Ochnaceae	*Ouratea spruceana* Engl. in Mart.	LR 1940				x													
Ochnaceae	*Ouratea steyermarkii* Sastre	LR 1913				x													
Ochnaceae	*Ouratea superba* Engl. In Mart.	LR 2106				x							x						
Ochnaceae	*Sauvagesia linearifolia* St. Hil. subsp. *venezuelensis* Maguire & Wurdack	LR 1929				x													
Orchidaceae	*Epidendron* sp.	LR 2203											x						
Orchidaceae	*Polystachya* sp.1	LR 1808	x																
Orchidaceae	*Polystachya* sp.2	LR 2204											x						
Orchidaceae	*Orchidaceae* sp1	LR 1910				x													
Orchidaceae	*Orchidaceae* sp2	LR 1911				x													
Passifloraceae	*Passiflora securiclata* Mast.	LR 1947, 1978					x	x											
Polygalaceae	*Securidaca longifolia* Poepp. & Endl.	LR 2181										x							
Pipraceae	*Peperomia* sp.	LR 1881				x													
Polygonaceae	*Coccoloba dugandiana* Fernd.	LR s/n									x								
Polygonaceae	*Coccoloba excelsa* Benth.	LR s/n				x	x	x		x			x						
Polygonaceae	*Coccoloba latifolia Poir. in* Lam.	LR s/n					x			x	x			x		x			
Polygonaceae	*Coccoloba* sp.	LR o/p											x						
Poaceae	*Axonopus canescens* (Nees ex Trim.) Pilg.	LR 2185												x					
Poaceae	*Hymenachne amplexicaulis* (Rudge) Nees	LR 1797		x															

			Subregión Orinoco 1					Subregión Ventuari						Subregión Orinoco 2					
Familia	Género, especie y autor	Ref.	OR 1.1	OR 1.2	OR 1.3	OR 1.4	OR 1.5	VT 1	VT 2	VT 3.1	VT 3.2	VT 3.3	VT 4	OR 2.1	OR 2.2	OR 2.3.1	OR 2.3.2	OR 2.4	OR 2.5
	Pteridofitas																		
Poaceae	*Olyra* sp.1	LR 1957					x												
Poaceae	*Olyra* sp.2	LR 2193													x	x		x	
Poaceae	*Panicum mertensii* Roth	LR 1964					x												
Poaceae	*Panicum micranthum* Kunth in H.B.K.	LR 2217, 2221														x	x		
Poaceae	*Panicum orinocanum* Luces	LR 1928				x													
Poaceae	*Panicum parvifolium* Lam	LR 2058																	x
Poaceae	*Pariana radiciflora* Sagot ex Döll	LR 1862			x														
Poaceae	*Paspalum* sp.	LR 1967					x												
Poaceae	*Steinchisma laxa* (Sw.) Zuluaga	LR 1966					x												
Poaceae	*Trachypogon plumosus* (Humb. & Bonpl.) Nees	LR 2184, 2186, 2187	x											x					
Podostemaceae	*Mourera alcicornis* (Tul.) Royen	CS s/n													x				
Podostemaceae	*Weddellina squamulosa* Tul.	LR 2103, CS s/n									x								
Pontederiaceae	*Heteranthera* sp.	LR 1802		x															
Proteaceae	*Panopsis rubescens* (Pohl.) Rusby	LR 2178	x									x							
Proteaceae	*Roupala obtusata* Kl.	LR 2006						x	x								x		
Quiinmaceae	*Quiina longifolia* Spruce ex Planch & Triana	LR 1770	x										x		x		x		
Rubiaceae	*Borreria capitata* DC.	LR 1931				x													
Rubiaceae	*Borreria macrocephala* Standl. & Steyerm.	LR 1935				x													

			Subregión Orinoco 1					Subregión Ventuari						Subregión Orinoco 2					
Familia	Género, especie y autor	Ref.	OR 1.1	OR 1.2	OR 1.3	OR 1.4	OR 1.5	VT 1	VT 2	VT 3.1	VT 3.2	VT 3.3	VT 4	OR 2.1	OR 2.2	OR 2.3.1	OR 2.3.2	OR 2.4	OR 2.5
	Pteridofitas																		
Rubiaceae	*Chomelia volubilis* (standl.) Steyerm.	LR 2097									x								
Rubiaceae	*Coussarea violacea* Aubl.	LR 2099									x								
Rubiaceae	*Diodia hyssopifolia* (Willd. ex Roem. & Schult.) Cham. & Schult.	LR 2091									x								
Rubiaceae	*Duroia fusifera* Hook. f. ex Schum. in Mart.	LR 1779, 1792, 1953	x	x			x								x		x		
Rubiaceae	*Duroia kotchubaeoides* Steyerm.	LR 1895, 2177				x						x							
Rubiaceae	*Faramea sessilifolia* (Kunth) DC.	LR 2024, 2071, 2088, 2122, 2161							x	x			x	x		x			
Rubiaceae	*Faramea* sp.	LR 2073								x									
Rubiaceae	*Henriquezia nitida* Spruce ex Benth.	LR 1818, 1873			x														
Rubiaceae	*Ixora acuminatissima* Müll. Arg.	LR 1854, 2100			x						x				x				
Rubiaceae	*Pagamea guianensis* Aubl.	LR 1917, 1942				x													
Rubiaceae	*Pagamea coriacea* Spruce ex Benth.	LR 1916				x													
Rubiaceae	*Palicourea crocea* (Sw.) Roem. & Schult.	LR 1765	x																

			Subregión Orinoco 1					Subregión Ventuari						Subregión Orinoco 2					
Familia	Género, especie y autor	Ref.	OR 1.1	OR 1.2	OR 1.3	OR 1.4	OR 1.5	VT 1	VT 2	VT 3.1	VT 3.2	VT 3.3	VT 4	OR 2.1	OR 2.2	OR 2.3.1	OR 2.3.2	OR 2.4	OR 2.5
	Pteridofitas																		
Rubiaceae	*Posoqueria williamsii* Steyerm.	LR 2000						x										x	
Rubiaceae	*Psychotria adderleyi* Styerm.	LR 1852, 2011, 2148			x	x		x	x					x					
Rubiaceae	*Psychotria* amplectens Benth.	LR 2012						x											
Rubiaceae	*Psychotria capitata* Ruiz & Pav.	LR 1849			x														
Rubiaceae	*Psychotria* lupulina Benth.	LR 2072								x								x	
Rubiaceae	*Psychotria* subundulata Benth.	LR 2074, 2156								x				x				x	
Rubiaceae	*Rudgea cornifolia* (H.B.K.) Standl.	LR 2142											x						
Rubiaceae	*Sabicea villosa* Willd. ex Ruiz & Pav.	LR 1857			x														
Rubiaceae	*Stachyarrena penduliflora* K. Schum.	LR 1845, 1888, 1893, 2131			x	x						x	x	x		x		x	
Rubiaceae	*Stachyarrena reticulata* Steyerm.	LR 1825, 2212			x								x					x	
Sapotaceae	*Cupania scrobiculata* Aubl.	LR 1952, 1984					x	x			x								
Simaroubaceae	*Picramnia magnifolia* Macbride	LR 2134											x						
Simaroubaceae	*Simaba guianensis* Aubl.	LR 1850			x														
Smilacaceae	*Smilax* sp.	LR Obs. Pers.													x	x			
Solanaceae	*Physalis* sp.	LR 1963					x												
Solanaceae	*Solanum* sp.1			x															

			Subregión Orinoco 1					Subregión Ventuari						Subregión Orinoco 2					
Familia	Género, especie y autor	Ref.	OR 1.1	OR 1.2	OR 1.3	OR 1.4	OR 1.5	VT 1	VT 2	VT 3.1	VT 3.2	VT 3.3	VT 4	OR 2.1	OR 2.2	OR 2.3.1	OR 2.3.2	OR 2.4	OR 2.5
	Pteridofitas																		
Solanaceae	*Solanum* sp.2	LR 1965					x												
Sapotaceae	*Elaeoluma glabrescens* (Mart. & Eichler) Aubrév.	LR 1781	x																
Sapotaceae	*Elaeoluma* sp.	LR 1899			x														
Sapotaceae	*Manilkara bidentata* (A. DC.) Chavalier	LR 2021, 2116-a							x				x						
Sapotaceae	*Micropholis venulosa* (Mart. ex Eichler) Pierre	LR 1970, 2102					x		x		x		x	x					
Sapotaceae	*Micropholis* sp.	LR 2214														x			
Sapotaceae	*Pouteria elegans* (A. DC.) Baehni	LR 1787, 1989	x					x			x			x					
Sapotaceae	*Pouteria gomphiaefolia* (Mart.) Radlk.	LR 2116-b											x					x	
Strelitziaceae	*Phenakospermum guyannense* (Rich.) Endl.	LR o/p			x										x				
Sterculiaceae	*Byttneria obliqua* Benth.	LR 1782	x				x			x				x		x			
Sterculiaceae	*Melochia arenosa* Benth.	LR 1757, 1793	x	x															
Tiliaceae	*Mollia* sp.	LR o/p							x									x	
Turneraceae	*Turnera argentea* Arbo	LR 1914				x													
Violaceae	*Amphirrhox longifolia* (St.Hil.) Spreng.	LR 2094									x			x		x		x	
Violaceae	*Rinorea* sp.	LR o/p					x							x				x	
Viscaceae	*Phoradendron* sp.	LR 2173										x						x	
Vochysiaceae	*Erisma calcaratum* (Link.) Warm.	LR 2168								x		x		x			x	x	

			Subregión Orinoco 1					Subregión Ventuari						Subregión Orinoco 2					
Familia	Género, especie y autor	Ref.	OR 1.1	OR 1.2	OR 1.3	OR 1.4	OR 1.5	VT 1	VT 2	VT 3.1	VT 3.2	VT 3.3	VT 4	OR 2.1	OR 2.2	OR 2.3.1	OR 2.3.2	OR 2.4	OR 2.5
	Pteridofitas																		
Vochysiaceae	*Qualea* sp.	LR o/p				x							x						
Vochysiaceae	*Ruizterania obtusata* (Briq.) Marc.-Berti	LR 2014						x											
Vochysiaceae	*Ruizterania retusa* (Spruce ex Warm.) Marc.-Berti	LR o/p			x											x			
Vochysiaceae	*Vochysia* catingae Ducke	LR 1872			x														
Xyridaceae	*Xyris* sp.1	LR 1870			x														
Xyridaceae	*Xyris* sp.2	LR 2049																	x

Apéndice 2

Listado de las especies de plantas vasculares en la cuenca del bajo y medio río Venturari (alto río Orinoco) y en la región centro-oeste del Estado Amazonas, Venezuela

Gerardo Aymard, Richard Schargel, Paul E. Berry, Basil Stergios y Pablo Marvéz

La lista que sigue incluye las 510 especies de plantas vasculares registradas para los bosques del área del estudio en la cuenca del bajo y medio río Ventuari (alto río Orinoco) y en la región centro-oeste del Estado Amazonas, Venezuela. Las especies están ordenadas alfabéticamente por género. Las abreviaciones colocadas después de los nombres de las especies corresponden al tipo de sector en donde se recolectaron. También, se especifican el estatus fitogeográfico de las especies más importantes y los nuevos registros para la flora de la región.

Leyenda
V1: *Isla Caimán-1*, aprox. 04° 06' N; 66° 38' W
V2: *Isla Caimán-2*, aprox. 04° 06' N; 66° 39' W
V3: *Bajo Ventuari-1,* aprox. 04° 05' N; 66° 37' W
V4: *Cerro El Gavilán*, aprox. 04° 11' N; 66° 31' W
V5: *Los Castillitos*, aprox. 04° 05' N; 66° 43' W
V6: *Carmelitas-1*, aprox. 04° 08' N; 66° 28' W
V7: *Carmelitas-2*, aprox. 04° 05' N; 66° 26' W
V8: *Cerro Moriche*, aprox. 04° 42' N; 66° 18' W
V9: *Cuenca de río Ventuari*

ESPECIE	FAMILIA	No. TRANSECTO	ESTATUS FITOGEOGRÁFICO
Abarema jupunba	MIMOSACEAE	V4;V7	
Abarema macrademia	MIMOSACEAE	V5	Primer registro para Venezuela
Abuta grandifolia	MENISPERMACEAE	V4;V6;V7	
Actinostemon amazonicus	EUPHORBIACEAE	V1;V2	
Adelobotrys adscendens	MELASTOMATACEAE	V6;V7	
Adenocalymna impressum	BIGNONIACEAE	V9	
Aegiphila laxiflora	VERBENACEAE	V7	
Alchornea glandulosa	EUPHORBIACEAE	V9	
Alibertia latifolia	RUBIACEAE	V9	
Allantoma lineata	LECYTHIDACEAE	V2	
Amaioua guianensis	RUBIACEAE	V2;V5;V7;V8	
Amanoa almerindae	EUPHORBIACEAE	V2	
Amphirrox longifolia	VIOLACEAE	V1	
Anacardium giganteum	ANACARDIACEAE	V1	
Anaxagorea brevipes	ANNONACEAE	V9	
Aniba guianensis	LAURACEAE	V2	
Aniba permollis	LAURACEAE	V5;V7	Primer registro para Venezuela
Annona ambotay	ANNONACEAE	V5	
Annona sp. A	ANNONACEAE	V2	
APOCYNACEAE	APOCYNACEAE	V6	

ESPECIE	FAMILIA	No. TRANSECTO	ESTATUS FITOGEOGRÁFICO
Apteria aphylla	BURMMANIACEAE	V9	
Arberella venezuelae	POACEAE	V9	
Aspidosperma excelsum	APOCYNACEAE	V6;V8	
Aspidosperma marcgravianum	APOCYNACEAE	V3	
Aspidosperma sp.	APOCYNACEAE	V2	
Astrocaryum mumbaca	ARECACEAE	V1;V2;V4;V5;V6;V8	
Attalea maripa	ARECACEAE	V3;V4;V5'V6;V7	
Axonopus arundinaceus	POACEAE	V8	Endémica de la cuenca del Ventuari
Bactris sp.	ARECACEAE	V8	
Bauhinia longicuspis	CAESALPINIACEAE	V7	
Bauhinia outimouta	CAESALPINIACEAE	V1;V2;V4;V6;V7	
Bocageopsis multiflora	ANNONACEAE	V6;V7'V8	
Bonyunia aquatica	LOGANIACEAE	V9	
Bobyunia minor	LOGANIACEAE	V9	
Brocchinia cowanii	BROMELIACEAE	V8	Endemica del Cerro Moriche
Brosimum guianense	MORACEAE	V4;V7	
Brosimum lactescens	MORACEAE	V4	
Brosimum rubescens	MORACEAE	V4;V8	
Buchenavia parvifolia	COMBRETACEAE	V6;V7	
Buchenavia tetraphylla	COMBRETACEAE	V9	
Buchenavia sp.	COMBRETACEAE	V8	
Byrsonima cuprea	MALPIGHIACEAE	V9	
Byrsonima japurensis	MALPIGHIACEAE	V9	
Byrsonima luetzelburgii	MALPIGHIACEAE	V9	
Calea tolimana	ASTERACEAE	V9	
Calophyllum brasiliense	CLUSIACEAE	V4;V5	
Calycolpus callophyllus	MYRTACEAE	V3	
Calyptranthes macrophylla	MYRTACEAE	V2	
Calyptranthes multiflora	MYRTACEAE	V8	
Campsiandra guyanensis	CAESALPINIACEAE	V2	
Campsiandra laurifolia	CAESALPINIACEAE	V9	
Caraipa llanorum subsp. *cordifolia*	CLUSIACEAE	V8	Endémica de Venezuela
Caryocar glabrum	CARYOCARACEAE	V1	
Casearia commersoniana	FLACOURTIACEAE	V3;V4;V6;V7;V8	
Casearia spruceana	FLACOURTIACEAE	V9	
Cecropia ficifolia	CECROPIACEAE	V7;V8	
Cephalostemon affinis	RAPATEACEAE	V9	
Cephalostemon flavus	RAPATEACEAE	V9	
Cestrum tubulosum	SOLANACEAE	V8	
Chaetocarpus schomburgkianus	EUPHORBIACEAE	V2;V4;V5	
Chamaecrista negrensis	CAESALPINIACEAE	V9	
Chamaecrista ramosa var. ventuarensis	CAESALPINIACEAE	V8	
Chaunochiton angustifolium	OLACACEAE	V5	
Chionanthus implicatus	OLEACEAE	V3	
Chromolaena odorata	ASTERACEAE	V9	
Chromolaena laevigata	ASTERACEAE	V9	
Chromolaena lathyphlebia	ASTERACEAE	V8	
Clarisia racemosa	MORACEAE	V6	
Clathrotropis glaucophylla	FABACEAE	V5	
Clidemia capitellata var. levelii	MELASTOMATACEAE	V9	Endémica de la cuenca alta del Rio Ventuari

ESPECIE	FAMILIA	No. TRANSECTO	ESTATUS FITOGEOGRÁFICO
Clidemia ventuarensis	MELASTOMATACEAE	V9	Endémica del Edo. Amazonas
Clusia amazonica	CLUSIACEAE	V9	
Clusia annularis	CLUSIACEAE	V8	
Clusia candelabrum	CLUSIACEAE	V9	
Clusia chiribiquitensis	CLUSIACEAE	V9	
Clusia grandiflora	CLUSIACEAE	V9	
Clusia microntemon	CLUSIACEAE	V9	
Clusia minor	CLUSIACEAE	V9	
Clusia sp.	CLUSIACEAE	V4	
Coccoloba sp. n.	POLYGONACEAE	V1;V2;V5	
Coccoloba spruceana	POLYGONACEAE	V1	
Coccocypselum guianense	RUBIACEAE	V5	
Cochlospermum orinocense	BIXACEAE	V3;V8	
Comolia leptophylla	MELASTOMATACEAE	V9	
Conceveiba guianensis	EUPHORBIACEAE	V6;V7;V8	
Connarus lambertii	CONNARACEAE	V7	
Connarus ruber subsp. *sprucei*	CONNARACEAE	V2;V3;V4	
Copaifera sp.	CAESALPINIACEAE	V6	
Cordia scabrifolia	BORAGINACEAE	V5	
Couepia obovata	CHRYSOBALANACEAE	V6;V7	
Couma macrocarpa	APOCYNACEAE	V8	
Couma utilis	APOCYNACEAE	V5;V8	
Couratari guianensis	LECYTHIDACEAE	V6	
Coussapoa asperifolia var. *magnifolia*	CECROPIACEAE	V9	
Coussapoa trinervia	CECROPIACEAE	V5;V6;V7;V8	
Crudia oblonga	CAESALPINIACEAE	V1	
Cupania scrobiculata	SAPINDACEAE	V1;V2	
Cybianthus resinosus	MYRSINACEAE	V7	
Cybianthus venezuelanus	MYRSINACEAE	V7	
Cynanchum guanchezii	ASCLEPIADACEAE	V9	Endémica del Edo. Amazonas
Cynanchum huberii	ASCLEPIADACEAE	V9	Endémica del Edo. Amazonas
Cynanchum strictum	ASCLEPIADACEAE	V9	Endémica del Edo. Amazonas
Cynometra marginata	CAESALPINIACEAE	V1;V2	
Cynometra martiana	CAESALPINIACEAE	V6	Primer registro para Venezuela
Dalbergia amazonica	FABACEAE	V9	
Dalbergia sp.	FABACEAE	V6;V7;V8	
Dendrobangia boliviana	ICACINACEAE	V9	
Dichapetalum pedunculatum	DICHAPETALACEAE	V6	
Dicranopygium bolivarense	CYCLANTHACEAE	V9	Endémica de Venezuela
Diospyros arthantifolia	EBENACEAE	V1;V2	
Diospyros poeppigiana	EBENACEAE	V9	
Diplotropis purpurea	FABACEAE	V2	
Dipteryx punctata	FABACEAE	V4	Primer registro cuenca del Ventuari
Doliocarpus dentatus	DILLENIACEAE	V1;V5	
Doliocarpus leiophyllus	DILLENIACEAE	V9	Endémica del Edo. Amazonas
Drypetes variabilis	EUPHORBIACEAE	V2	
Duguetia lucida	ANNONACEAE	V6	
Duguetia sp.	ANNONACEAE	V2	
Dulacia cyanocarpa	OLACACEAE	V2	
Dulacia redmondii	OLACACEAE	V8	
Duroia sprucei	RUBIACEAE	V5	

ESPECIE	FAMILIA	No. TRANSECTO	ESTATUS FITOGEOGRÁFICO
Elaeoluma glabrescens	SAPOTACEAE	V1;V2	
Elizabetha princeps	CAESALPINIACEAE	V9	
Elyonurus muticus	POACEAE	V9	
Emmotum acuminatum	ICACINACEAE	V3	
Endlicheria anomala	LAURACEAE	V3;V4	
Endlicheria bracteolata	LAURACEAE	V5	
Eriocaulon tenuifolium	ERIOCAULACEAE	V9	
Ernestia tenella var. sprucei	MELASTOMATACEAE	V8	
Erisma uncinatum	VOCHYSIACEAE	V9	
Erythroxylum cataractarum	ERYTHROXYLACEAE	V9	
Erythroxylum divaricatum	ERYTHROXYLACEAE	V9	
Erythroxylum impressum	ERYTHROXYLACEAE	V5	
Erythroxylum kapplerianum	ERYTHROXYLACEAE	V5	
Erythroxylum ligustrinum	ERYTHROXYLACEAE	V6	
Erythroxylum macrophylum	ERYTHROXYLACEAE	V9	
Eschweilera laevicarpa	LECYTHIDACEAE	V4;V5	
Eschweilera micrantha	LECYTHIDACEAE	V1;V7	
Eschweilera parvifolia	LECYTHIDACEAE	V1;V2;V4;V7	
Eschweilera tenuifolia	LECYTHIDACEAE	V2;V5	
Eschweilera sp.1	LECYTHIDACEAE	V1;V2;V6	
Eschweilera sp.2	LECYTHIDACEAE	V1;V2;V6	
Etaballia dubia	FABACEAE	V9	
Eugenia sp.	MYRTACEAE	V1	
EUPHORBIACEAE-1	EUPHORBIACEAE	V6	
Euterpe precatoria	ARECACEAE	V2;V5	
Exellodendron coriaceum	CHRYSOBALANACEAE	V9	
Faramea capillipes	RUBIACEAE	V5;V6;V7;V8	
Faramea occidentalis	RUBIACEAE	V1;V2	
Faramea sessilifolia	RUBIACEAE	V1	
Faramea torquata	RUBIACEAE	V1;V3;V6	
Ficus caballina	MORACEAE	V3	
Garcinia macrophylla	CLUSIACEAE	V8	
Glandonia williamsii	MALPIGHIACEAE	V6	
Goupia glabra	HIPPOCRATEACEAE	V3;V5;V8	
Granffenrieda fantastica	MELASTOMATACEAE	V8	
Granffenrieda hitchcockii	MELASTOMATACEAE	V8	
Guarea pubescens	MELIACEAE	V3	
Guarea silvatica	MELIACEAE	V1;V4	
Guarea trunciflora	MELIACEAE	V6	
Guatteria cardoniana	ANNONACEAE	V4;V5;V8	
Guatteria ovatifolia	ANNONACEAE	V3;V4;V5	
Guatteria riparia	ANNONACEAE	V5	
Guatteria sp.	ANNONACEAE	V1	
Gustavia acuminata	LECYTHIDACEAE	V1;V2;V5;V6	
Gustavia pulchra	LECYTHIDACEAE	V9	
Gymnosiphon cymosus	BROMELIACEAE	V9	
Heisteria ovata	OLACACEAE	V6	
Helosis cayennensis var. cayennensis	BALANOPHORACEAE	V2	
Henriettea spruceana	MELASTOMATACEAE	V2	
Heteropterys cristata	MALPIGHIACEAE	V9	
Heteropsis tenuispadix	ARACEAE	V9	Endémica de Venezuela

ESPECIE	FAMILIA	No. TRANSECTO	ESTATUS FITOGEOGRÁFICO
Hevea pauciflora var. coriacea	EUPHORBIACEAE	V2	
Himathanthus articulatus	APOCYNACEAE	V3'V5;V6;V7	
Hirtella adderleyi	CHRYSOBALANACEAE	V5	Endémica del Edo. Amazonas
Hirtella longipedicellata	CHRYSOBALANACEAE	V9	Endémica del Edo. Amazonas
Hirtella racemosa var. racemosa	CHRYSOBALANACEAE	V4;V5;V6;V7;V8	
Hypolytrum pulchrum	CYPERACEAE	V2	
Hypolytrum strictum	CYPERACEAE	V8	
Ilex savannarum var. morichei	AQUIFOLIACEAE	V8	Endémica del Cerro Moriche
Indeterminada-2		V6	
Inga alba	MIMOSACEAE	V1	
Inga bourgonii	MIMOSACEAE	V4;V7;V8	
Inga heterophylla	MIMOSACEAE	V6;V7;V8	
Inga ingoides	MIMOSACEAE	V1	
Inga micradenia	MIMOSACEAE	V1	
Inga pilosula	MIMOSACEAE	V5	
Inga umbellifera	MIMOSACEAE	V9	
Inga sp.1	MIMOSACEAE	V6	
Iryanthera laevis	MYRISTICACEAE	V4;V8	
Iryanthera macrophylla	MYRISTICACEAE	V9	
Isertia parviflora	RUBIACEAE	V9	
Ixora acuminatissima	RUBIACEAE	V4	
Jacaranda copaia	BIGNONIACEAE	V4;V5	
Lacmellea elongata	APOCYNACEAE	V6	
Lacmellea obovata	APOCYNACEAE	V7	Primer registro para Venezuela
Lacunaria oppositifolia	QUIINACEAE	V9	
Laetia cupulata	FLACOURTIACEAE	V1	
Lagenocarpus rigidus subsp. tremulus	CYPERACEAE	V8	
LAURACEAE-1	LAURACEAE	V6;V7;V8	
LAURACEAE-2	LAURACEAE	V6	
LAURACEAE-3	LAURACEAE	V6	
LAURACEAE-4	LAURACEAE	V6	
LAURACEAE-5	LAURACEAE	V6	
Leopoldinia pulchra	ARECACEAE	V2	
Licania apetala	CHRYSOBALANACEAE	V6	
Licania hypoleuca	CHRYSOBALANACEAE	V7;V8	
Licania intrapetiolaris	CHRYSOBALANACEAE	V1	
Licania kunthiana	CHRYSOBALANACEAE	V5	
Licania lata	CHRYSOBALANACEAE	V6	
Licania leucosepala	CHRYSOBALANACEAE	V4	
Licania longistyla	CHRYSOBALANACEAE	V2	
Licania octandra subsp. pallida	CHRYSOBALANACEAE	V4;V5;V8	
Licania parviflora	CHRYSOBALANACEAE	V6	
Licania polita	CHRYSOBALANACEAE	V1;V2;V5	
Licania sprucei	CHRYSOBALANACEAE	V4;V5	
Lindackeria latifolia	FLACOURTIACEAE	V9	
Lunania parviflora	FLACOURTIACEAE	V9	
Mabea nitida	EUPHORBIACEAE	V6	
Mabea piriri	EUPHORBIACEAE	V7	
Mabea trianae	EUPHORBIACEAE	V2	
Machaerium quinata	FABACEAE	V2	

ESPECIE	FAMILIA	No. TRANSECTO	ESTATUS FITOGEOGRÁFICO
Machaerium sp.	FABACEAE	V7	
Macrolobium discolor var. egranulosum	CAESALPINIACEAE	V8	
Macrolobium savannarum	CAESALPINIACEAE	V9	Endémica de Venezuela
Malpighiaceae	MALPIGHIACEAE	V5	
Manilkara sp.	SAPOTACEAE	V1;V6	
Maprounea guianensis	EUPHORBIACEAE	V5	
Maquira sp.	MORACEAE	V1	
MARCGRAVIACEAE	MARCGRAVIACEAE	V6;V7;V8	
Marliera spruceana	MYRTACEAE	V1;V2;V3	
Marliera ventuarensis	MYRTACEAE	V9	Endémica de la cuenca alta del Rio Ventuari
Matalea stenopetala	ASCLEPIADACEAE	V9	
Matayba guianensis	SAPINDACEAE	V4	
Matayba opaca var. opaca	SAPINDACEAE	V9	
Mesosetum filifolium	POACEAE	V9	
Miconia affinis	MELASTOMATACEAE	V4;V8	
Miconia ampla	MELASTOMATACEAE	V9	
Miconia chrysophylla	MELASTOMATACEAE	V4	
Miconia fragilis	MELASTOMATACEAE	V4	
Miconia lasseri	MELASTOMATACEAE	V9	
Miconia myriandra	MELASTOMATACEAE	V4;V5	
Miconia pilgeriana	MELASTOMATACEAE	V9	
Miconia prasina	MELASTOMATACEAE	V4	
Miconia punctata	MELASTOMATACEAE	V3;V8	
Miconia tomentosa	MELASTOMATACEAE	V5	
Miconia trinervia	MELASTOMATACEAE	V9	
Miconia sp.1	MELASTOMATACEAE	V6;V7	
Miconia sp.2	MELASTOMATACEAE	V7	
Miconia sp.3	MELASTOMATACEAE	V7	
Mimosaceae	MIMOSACEAE	V7	
Minquartia guianensis	OLACACEAE	V4;V6;V7;V8	
Mollia speciosa	TILIACEAE	V5	
Monotrema bracteatum	RAPATEACEAE	V9	
Monotrema flavus	RAPATEACEAE	V9	
Morinda peduncularis	RUBIACEAE	V5	
Morinda tenuifolia	RUBIACEAE	V3	
Mouriri acutiflora	MELASTOMATACEAE	V1;V2;V6;V7;V8	
Mouriri grandiflora	MELASTOMATACEAE	V5;V6;V7;V8	
Mouriri nigra	MELASTOMATACEAE	V4;V6;V8	
Mouriri subumbellata	MELASTOMATACEAE	V9	
Moutoubea guianensis	POLYGALACEAE	V2;V6	
Myrcia aliena	MYRTACEAE	V9	
Myrcia dichasialis	MYRTACEAE	V3	
Myrcia fallax	MYRTACEAE	V1;V8	
Myrcia grandis	MYRTACEAE	V2	
Myrcia sp.1	MYRTACEAE	V8	
Myrcia sp.2	MYRTACEAE	V6	
MYRTACEAE-1	MYRTACEAE	V6;V8	
MYRTACEAE-2	MYRTACEAE	V6	
Naucleopsis glabra	MORACEAE	V2	Primer registro para Venezuela
Navia crispa	BROMELIACEAE	V8	Endémica del Cerro Moriche

ESPECIE	FAMILIA	No. TRANSECTO	ESTATUS FITOGEOGRÁFICO
Neea obovata	NYCTAGINACEAE	V9	
Neea ovalifolia	NYCTAGINACEAE	V9	
Norantea guianensis	MARCGRAVIACEAE	V4	
Ocotea bofo	LAURACEAE	V5	
Ocotea cernua	LAURACEAE	V2;V3	
Oenocarpus bacaba	ARECACEAE	V4;V5;V6;V7;V8	
Oenocarpus balickii	ARECACEAE	V2	
Oenocarpus bataua	ARECACEAE	V8	
Ormosia coccinea	FABACEAE	V3	
Orthaea thibaudioides	ERICACEAE	V9	Endémica del Edo. Amazonas
Ouratea angulata	OCHNACEAE	V6;V7	
Ouratea brevicalyx	OCHNACEAE	V9	Endémica del Edo. Amazomas
Ouratea castaneifolia	OCHNACEAE	V6	
Ouratea huberi	OCHNACEAE	V9	Endémica de la cuenca del Rio Ventuari
Ouratea roraimae	OCHNACEAE	V9	
Ouratea steyermarkii	OCHNACEAE	V9	
Ouratea superba	OCHNACEAE	V9	
Ouratea thyrsoidea	OCHNACEAE	V9	
Ouratea sp. n	OCHNACEAE	V1	
Pachira gracilis subsp. gracilis	BOMBACACEAE	V9	Endémica del Edo. Amazonas
Pachira humilis	BOMBACACEAE	V9	
Pachira liesneri	BOMBACACEAE	V9	Endémica del Edo. Amazonas
Pachyloma pusillum	MELASTOMATACEAE	V9	Endémica del Edo. Amazonas
Pagamea anisophylla	RUBIACEAE	V9	
Pagamea coriacea	RUBIACEAE	V9	
Pagamea guianensis	RUBIACEAE	V9	
Pagamea thyrsiflora	RUBIACEAE	V9	
Palicourea corymbifera	RUBIACEAE	V6;V7	
Palicourea longiflora	RUBIACEAE	V9	
Palicourea triphylla	RUBIACEAE	V5	
Palicourea sp.	RUBIACEAE	V6	
Parahancornia oblonga	APOCYNACEAE	V2;V5	
Pariana radiciflora	POACEAE	V1	
Parinari pachyphylla	CHRYSOBALANACEAE	V8	
Parkia pendula	MIMOSACEAE	V4;V6;V7;V8	
Parodiolyra luetzelburgii	POACEAE	V9	
Passiflora garckei	PASSIFLORACEAE	V9	
Passiflora laurifolia	PASSIFLORACEAE	V9	
Paullinia sp.	SAPINDACEAE	V6	
Peltogyne paniculata	CAESALPINIACEAE	V1;V2	
Peltogyne venosa	CAESALPINIACEAE	V2	
Pera decipens	EUPHORBIACEAE	V5;V6;V7	
Pera glabrata	EUPHORBIACEAE	V9	
Persea sp. n	LAURACEAE	V1	
Petrea bracteata	VERBENACEAE	V9	
Phenakospermum guyannense	STRELITZIACEAE	V3;V4;V5;V8	
Philodendron dyscarpium var. ventuarianum	ARACEAE	V9	Endémica de la cuenca del Rio Ventuari
Phoradendron perrottetii	VISCACEAE	V9	
Phyllanthus ventuarii	EUPHORBIACEAE	V9	Endémica de la cuenca alta del Ventuari

ESPECIE	FAMILIA	No. TRANSECTO	ESTATUS FITOGEOGRÁFICO
Piper arboreum	PIPERACEAE	V4;V7;V8	
Piper otto-huberi var. otto-huberi	PIPERACEAE	V9	Endémica del Edo. Amazonas
Pitcairnia juncoides	BROMELIACEAE	V9	Endémica del Edo. Amazonas
Pitcairnia orchidifolia	BROMELIACEAE	V5	Primer registro Edo. Amazonas
Pitcairnia pruinosa	BROMELIACEAE	V9	
Platycarpum schultesii var. zarucchii	RUBIACEAE	V9	Endémica del Edo. Amazonas
Platonia insignis	CLUSIACEAE	V3	
Pleonotoma exsula	BIGNONIACEAE	V7	
Plinia pinnata	MYRTACEAE	V9	
Plukenetia multiglandulosa	EUPHORBIACEAE	V9	Endémica de la cuenca alta del Ventuari
Poroqueiba sericea	ICACINACEAE	V5	
Portulacca sedifiolia	PORTULACCACEAE	V9	
Portulacca teretifolia	PORTULACCACEAE	V9	
Posoqueria williamsii	RUBIACEAE	V2;V4	
Potalia resinifera	GENTIANACEAE	V5	
Pourouma cecropiifiolia	CECROPIACEAE	V8	
Pourouma guianensis	CECROPIACEAE	V9	
Pourouma minor	CECROPIACEAE	V8	
Pouteria caimito	SAPOTACEAE	V4	
Pouteria glomerata	SAPOTACEAE	V1	
Pouteria sp.1	SAPOTACEAE	V1;V2;V5;V6;V7;V8	
Pouteria sp.2	SAPOTACEAE	V5;V6;V8	
Pouteria sp.3	SAPOTACEAE	V1	
Pristimera nervosa	HIPPOCRATEACEAE	V9	
Protium aracouchini	BURSERACEAE	V2	
Protium heptaphyllum subsp. ulei	BURSERACEAE	V3;V7;V8	
Protium opacum subsp. exaggeratum	BURSERACEAE	V9	
Protium sagotianum	BURSERACEAE	V4;V5	
Protium tenuifolium	BURSERACEAE	V4	
Protium unifoliolatum	BURSERACEAE	V1;V5;V6;V7;V8	
Protium sp.1	BURSERACEAE	V6	
Prunus amplifolia	ROSACEAE	V1;V6	Primer registro para Venezuela
Pseudoconnarus macrophyllus	CONNARACEAE	V6	
Pseudolmedia laevigata	MORACEAE	V1;V2;V8	
Psychotria acuminata	RUBIACEAE	V9	
Psychotria amplectans	RUBIACEAE	V5	
Psychotria anceps	RUBIACEAE	V9	
Psychotria bahiensis var. cornigera	RUBIACEAE	V9	Endémica del Edo. Amazonas
Psychotria borjensis	RUBIACEAE	V9	
Psychotria capitata	RUBIACEAE	V5	
Psychotria cincta	RUBIACEAE	V9	
Psychotria colorata	RUBIACEAE	V2	
Psychotria deflexa	RUBIACEAE	V9	
Psychotria egensis	RUBIACEAE	V9	
Psychotria erecta	RUBIACEAE	V2	
Psychotria hoffmannseggiana	RUBIACEAE	V9	
Psychotria lupulina	RUBIACEAE	V9	
Psychotria microbotrys	RUBIACEAE	V9	

ESPECIE	FAMILIA	No. TRANSECTO	ESTATUS FITOGEOGRÁFICO
Psychotria racemosa	RUBIACEAE	V9	
Psychotria remota	RUBIACEAE	V9	
Psychotria rosea	RUBIACEAE	V9	
Psychotria ventuariana	RUBIACEAE	V9	Endémica de Venezuela
Pterocarpus sp.	FABACEAE	V5	
Qualea paraensis	VOCHYSIACEAE	V4;V6;V7;V8	
Qualea wurdackii	VOCHYSIACEAE	V8	Endémica del Edo. Amazonas
Quiina sp.	QUIINACEAE	V6	
Quiina tinifolia	QUIINACEAE	V1	
Randia amazonasensis	RUBIACEAE	V9	Endémica del Edo. Amazonas
Rapatea spruceana	RAPATEACEAE	V9	
Remijia argentea	RUBIACEAE	V9	Endémica del Edo. Amazonas
Remijia sp.	RUBIACEAE	V8	
Retiniphyllum glabrum	RUBIACEAE	V5	
Rhynchospora caracasana	CYPERACEAE	V8	
Rhynchospora globosa	CYPERACEAE	V8	
Richeria grandis	EUPHORBIACEAE	V2	
Rinorea pubiflora	VIOLACEAE	V1	
Roucheria calophylla	HUGONIACEAE	V1;V2	
Roucheria columbiana	HUGONIACEAE	V6;V7	
Roucheria laxiflora	HUGONIACEAE	V1;V2	
Roupala obtusata	PROTEACEAE	V2	
Rourea fereroi	CONNARACEAE	V9	Endémica de la cuenca alta del Rio Ventuari
Rourea glabra	CONNARACEAE	V6;V7	
Rudgea cornifolia	RUBIACEAE	V2	
Rudgea crassiloba	RUBIACEAE	V9	
Rudgea lauracea	RUBIACEAE	V8	
Rudgea maypurensis	RUBIACEAE	V9	
Rudgea morichensis	RUBIACEAE	V8	Endémica del Cerro Moriche
Rudgea sp. n.	RUBIACEAE	V4;V5;V6;V7	
Ruizterania retusa	VOCHYSIACEAE	V5	
Sabicea brachycalyx	RUBIACEAE	V9	
Sacoglottis guianensis	HUMIRIACEAE	V5	
Sacoglottis mattogrosensis	HUMIRIACEAE	V7	
Sagotia racemosa	EUPHORBIACEAE	V1;V2;V3;V4;V5	
SAPOTACEAE-1	SAPOTACEAE	V6;V8	
SAPOTACEAE-2	SAPOTACEAE	V6	
SAPOTACEAE-3	SAPOTACEAE	V6	
SAPOTACEAE-4	SAPOTACEAE	V6	
SAPOTACEAE-5	SAPOTACEAE	V6	
Sauvagesia nudicaulis	OCHNACEAE	V9	
Sauvagesia ramosa	OCHNACEAE	V9	
Sauvagesia rubiginosa	OCHNACEAE	V9	
Schefflera morototoni	ARALIACEAE	V7	
Schizachyrium tenerum	POACEAE	V9	
Schoenocephalium cucullatum	RAPATEACEAE	V9	
Senna baccillaris var. benthamiana	CAESALPINIACEAE	V8	
Senefelderopsis chiribiquetensis	EUPHORBIACEAE	V8	
Simarouba amara	SIMAROUBACEAE	V3	

ESPECIE	FAMILIA	No. TRANSECTO	ESTATUS FITOGEOGRÁFICO
Sipanea acinifolia	RUBIACEAE	V9	
Sipanea veris	RUBIACEAE	V9	
Sipaneopsis morichensis	RUBIACEAE	V8	Endémica del Cerro Moriche
Sipaneopsis maguirei	RUBIACEAE	V9	
Sipaneopsis wurdackii	RUBIACEAE	V9	Endémica del Edo. Amazonas
Siparuna guianensis	SIPARUNACEAE	V3;V4;V7;V8	
Sloanea grandiflora	ELAEOCARPACEAE	V6;V7;V8	
Sloanea laxiflora	ELAEOCARPACEAE	V9	
Sloanea stipitata	ELAEOCARPACEAE	V9	
Solanum monachophyllum	SOLANACEAE	V6	
Sorocea muriculata subsp. uaupensis	MORACEAE	V4;V6;V7;V8	
Sparattanthelium tupiniquinorum	HERNANDIACEAE	V6;V7	
Spathyphyllum monachinoi	ARACEAE	V9	Endémica del Edo. Amazonas
Spondias sp.	ANACARDIACEAE	V7;V8	
Stachyarrhena duckei	RUBIACEAE	V5	
Stachyarrhena penduliflora	RUBIACEAE	V9	
Stegolepis hitchocockii subsp. morichensis	RAPATEACEAE	V9	Endémica del Edo. Amazonas
Stegolepis grandis	RAPATEACEAE	V9	Endémica del Edo. Amazonas
Sterigmopetalum chrysophyllum	RHIZOPHORACEAE	V9	Endémica de la cuenca alta del Rio Ventuari
Strychnos bredemeyeri	LOGANIACEAE	V9	
Strychnos panurensis	LOGANIACEAE	V9	
Strychnos peckii	LOGANIACEAE	V9	
Styrax guianensis	STYRACACEAE	V9	
Swartzia arborecens	FABACEAE	V6	
Swartzia argentea	FABACEAE	V1	
Swartzia benthamiana	FABACEAE	V9	
Swartzia caudata	FABACEAE	V9	Endémica del Edo. Amazonas
Swartzia cupavenensis	FABACEAE	V2	Endémica del Edo. Amazonas
Swartzia grandifolia	FABACEAE	V9	
Swartzia polyphylla	FABACEAE	V1	
Swartzia sericea var. sericea	FABACEAE	V9	
Swartzia sp.	FABACEAE	V8	
Syngonanthus ottohuberi	ERIOCAULACEAE	V9	Endémica del Edo. Amazonas
Tabebuia barbata	BIGNONIACEAE	V4	
Tabebuia insignis var. insignis	BIGNONIACEAE	V3	
Tabernaemontana undulata	APOCYNACEAE	V1	
Tachigali cavipes	CAESALPINIACEAE	V9	
Tachigali guianensis	CAESALPINIACEAE	V4;V6	
Tachigali odoratissima	CAESALPINIACEAE	V2	
Tachigali reticulata	CAESALPINIACEAE	V9	
Talisia dasyclada	SAPINDACEAE	V3;V6	
Talisia guianensis	SAPINDACEAE	V5;V6;V7;V8	
Talisia hemidasya	SAPINDACEAE	V4	
Talisia sp.1	SAPINDACEAE	V1;V2;V7	
Talisia sp.2	SAPINDACEAE	V8	
Talisia sp.3	SAPINDACEAE	V8	
Tapirira guianensis	ANACARDIACEAE	V3;V4;V5;V6;V8	

ESPECIE	FAMILIA	No. TRANSECTO	ESTATUS FITOGEOGRÁFICO
Tapirira obtusa	ANACARDIACEAE	V1	
Tassadia medinae	APOCYNACEAE	V9	Endémica de Venezuela
Tepuianthus savannensis	GENTIANACEAE	V9	
Terminalia amazonica	COMBRETACEAE	V6	
Terminalia yapacana	COMBRETACEAE	V9	Endémica del Edo. Amazonas
Tetragastris panamensis	BURSERACEAE	V9	
Tococa coronata	MELASTOMATACEAE	V2	
Tovomita carinata	CLUSIACEAE	V6	
Tovomita eggersii	CLUSIACEAE	V8	
Tovomita spruceana	CLUSIACEAE	V2	
Tovomita umbellata	CLUSIACEAE	V3;V5;V6;V7;V8	
Trattinnickia glaziovii	BURSERACEAE	V1;V5;V6;V7;V8	Primer registro para Venezuela
Unonopsis sp.	ANNONACEAE	V6	
Urospathella wurdackii	ARACEAE	V9	
Vaccinium puberulum var. subcrenulatum	ERICACEAE	V8	
Vatairea guianensis	FABACEAE	V1;V2	
Virola elongata	MYRISTICACEAE	V2;V6;V7;V8	
Virola sebifera	MYRISTICACEAE	V1;V5;V6;V7;V8	
Vismia japurensis	CLUSIACEAE	V3	
Vismia jaruensis	CLUSIACEAE	V4	
Vismia macrophyla	CLUSIACEAE	V8	
Vitex compressa	VERBENACEAE	V9	
Vochysia glaberrima	VOCHYSIACEAE	V5	
Vochysia tilletii	VOCHYSIACEAE	V9	Endémica del Edo. Amazonas
Vochysia sp.	VOCHYSIACEAE	V8	
Vochysia tomentosa	VOCHYSIACEAE	V5	
Votomita ventuarensis	MELASTOMATACEAE	V9	Endémica del Edo. Amazonas
Xylopia amazonica	ANNONACEAE	V2;V6;V7;V8	
Xylopia benthamii	ANNONACEAE	V8	
Xylopia venezuelana	ANNONACEAE	V9	
Xyris lacerata	XYRIDACEAE	V9	
Xyris lomatophylla	XYRIDACEAE	V9	
Xyris paraensis var. longipes	XYRIDACEAE	V9	
Xyris subglabrata	XYRIDACEAE	V9	
Yutajea liesneri	RUBIACEAE	V9	Endémica de Venezuela
Zygia cataractae	MIMOSACEAE	V5;V6	
Zygia latifolia var. communis	MIMOSACEAE	V2;V6	
Zygia racemosa	MIMOSACEAE	V9	
Zygia ramiflora	MIMOSACEAE	V9	
Adiantopsis radiata	PTERIDOPHYTA	V9	
Cassebeera pinnata	PTERIDOPHYTA	V9	
Cyclodium guianense	PTERIDOPHYTA	V9	
Lindsaea stricta var. parvula	PTERIDOPHYTA	V9	
Niphidium crassifolium	PTERIDOPHYTA	V9	

Apéndice 3

Levantamientos estructurales de ocho transectos de plantas en la cuenca del bajo y medio río Ventuari (alto río Orinoco) y en la región centro-oeste del Estado Amazonas, Venezuela

Gerardo Aymard, Richard Schargel, Paul E. Berry, Basil Stergios y Pablo Marvéz

Leyenda:
ABUND = Abundancia o densidad, definido como el número de árboles o individuos encontrados en el área estudiada, y definido por el tamaño de los individuos medidos (diámetro y altura) y por las especies en cada parcela;
FREC = Frecuencia de las especies, definido como el número de subparcelas en las cuales se encuentran las especies;
AREA BASAL = Area basal, o el área ocupada por la sección transversal del tallo a la altura del pecho;
DOM =Dominancia (%)
IVI = Los índices de valor de importancia (IVI).

V1: Isla Caimán-1, aprox. 04° 06' N; 66° 38' W

ESPECIE	ABUND.	ABUND.%	AREA BASAL	DOM. %	FREC.	FREC. %	IVI %
Actinostemon amazonicus	90	32.1	0.259	4.0	90	7.1	14.4
Sagotia racemosa	37	13.2	0.192	3.0	100	7.9	8.0
Cynometra marginata	6	2.1	1.195	18.4	40	3.1	7.9
Gustavia acuminata	19	6.8	0.175	2.7	80	6.3	5.3
Trattinnickia glaziovii	2	0.7	0.860	13.3	20	1.6	5.2
Mouriri acutiflora	14	5.0	0.201	3.1	50	3.9	4.0
Licania polita	9	3.2	0.192	3.0	60	4.7	3.6
Crudia oblonga	4	1.4	0.422	6.5	30	2.4	3.4
Pouteria sp.2	3	1.1	0.428	6.6	20	1.6	3.1
Peltogyne paniculata	8	2.9	0.201	3.1	40	3.1	3.0
Marliera spruceana	8	2.9	0.102	1.6	50	3.9	2.8
Manilkara sp.	4	1.4	0.278	4.3	30	2.4	2.7
Eschweilera sp.1	2	0.7	0.372	5.7	20	1.6	2.7
Pseudolmedia laevigata	6	2.1	0.111	1.7	50	3.9	2.6
Caryocar glabrum	4	1.4	0.165	2.6	30	2.4	2.1
Roucheria calophylla	3	1.1	0.165	2.6	30	2.4	2.0
Swartzia polyphylla	3	1.1	0.138	2.1	30	2.4	1.9
Anacardium giganteum	1	0.4	0.250	3.9	10	0.8	1.7
Talisia sp.	1	0.4	0.230	3.5	10	0.8	1.6
Bauhinia outimouta	5	1.8	0.028	0.4	30	2.4	1.5
Amphirrox longifolia	5	1.8	0.018	0.3	30	2.4	1.5
Tapirira obtusa	3	1.1	0.024	0.4	30	2.4	1.3
Cupania scrobiculata	1	0.4	0.113	1.8	10	0.8	1.0
Eschweilera parvifolia	2	0.7	0.035	0.5	20	1.6	0.9
Eschweilera micrantha	3	1.1	0.008	0.1	20	1.6	0.9
Maquira sp.	2	0.7	0.030	0.5	20	1.6	0.9
Elaeoluma glabrescens	2	0.7	0.023	0.4	20	1.6	0.9
Pouteria glomerata	2	0.7	0.022	0.3	20	1.6	0.9
Diospyros arthantifolia	2	0.7	0.013	0.2	20	1.6	0.8

ESPECIE	ABUND.	ABUND.%	AREA BASAL	DOM. %	FREC.	FREC. %	IVI %
Pouteria sp.3	1	0.4	0.064	1.0	10	0.8	0.7
Faramea torquata	3	1.1	0.010	0.2	10	0.8	0.7
Eugenia sp.	2	0.7	0.003	0.0	10	0.8	0.5
Coccoloba spruceana	1	0.4	0.022	0.3	10	0.8	0.5
Myrcia fallax	1	0.4	0.017	0.3	10	0.8	0.5
Prunus amplifolia	1	0.4	0.012	0.2	10	0.8	0.4
Roucheria laxiflora	1	0.4	0.011	0.2	10	0.8	0.4
Swartzia argentea	1	0.4	0.008	0.1	10	0.8	0.4
Quiina tinifolia	1	0.4	0.008	0.1	10	0.8	0.4
Guarea silvatica	1	0.4	0.008	0.1	10	0.8	0.4
Eschweilera sp.2	1	0.4	0.007	0.1	10	0.8	0.4
Vatairea guianensis	1	0.4	0.007	0.1	10	0.8	0.4
Faramea occidentalis	1	0.4	0.006	0.1	10	0.8	0.4
Astrocaryum munbaca	1	0.4	0.006	0.1	10	0.8	0.4
Inga alba	1	0.4	0.006	0.1	10	0.8	0.4
Inga micradenia	1	0.4	0.005	0.1	10	0.8	0.4
Inga ingoides	1	0.4	0.005	0.1	10	0.8	0.4
Guatteria sp.	1	0.4	0.004	0.1	10	0.8	0.4
Laetia cupulata	1	0.4	0.004	0.1	10	0.8	0.4
Virola sebifera	1	0.4	0.004	0.1	10	0.8	0.4
Licania intrapetiolaris	1	0.4	0.003	0.1	10	0.8	0.4
Protium unifoliolatum	1	0.4	0.002	0.0	10	0.8	0.4
Rinorea pubiflora	1	0.4	0.002	0.0	10	0.8	0.4
Doliocarpus dentatus	1	0.4	0.002	0.0	10	0.8	0.4
Coccoloba sp. n.	1	0.4	0.002	0.0	10	0.8	0.4
Pouteria sp.1	1	0.4	0.001	0.0	10	0.8	0.4
Total	**280**	**100.0**	**6.480**	**100.0**	**1270**	**100**	**100**

V2: Isla Caimán-2, aprox. 04° 06' N; 66° 39' W

ESPECIE	ABUND.	ABUND.%	AREA BASAL	DOM. %	FREC.	FREC. %	IVI %
Sagotia racemosa	91	27.2	0.2822	7.7	100	6.3	13.7
Gustavia acuminata	35	10.4	0.1866	5.1	100	6.3	7.3
Allantoma lineata	3	0.9	0.4616	12.5	30	1.9	5.1
Tachigali odoratissima	16	4.8	0.1887	5.1	60	3.8	4.6
Pseudolmedia laevigata	10	3.0	0.2490	6.8	60	3.8	4.5
Marliera spruceana	14	4.2	0.1778	4.8	70	4.4	4.5
Actinostemon amazonicus	25	7.5	0.0459	1.2	70	4.4	4.4
Euterpe precatoria	10	3.0	0.0951	2.6	70	4.4	3.3
Cynometra marginata	8	2.4	0.1167	3.2	60	3.8	3.1
Eschweilera sp.1	4	1.2	0.1852	5.0	30	1.9	2.7
Swartzia cupavenensis	9	2.7	0.0777	2.1	50	3.1	2.6
Coccoloba sp. n.	10	3.0	0.0924	2.5	30	1.9	2.5
Peltogyne paniculata	3	0.9	0.1768	4.8	20	1.3	2.3
Campsiandra guyanensis	3	0.9	0.1368	3.7	30	1.9	2.2
Hevea pauciflora var. coriacea	7	2.1	0.0628	1.7	40	2.5	2.1
Licania polita	3	0.9	0.1160	3.1	30	1.9	2.0
Naucleopsis glabra	3	0.9	0.1089	3.0	30	1.9	1.9
Leopoldinia pulchra	6	1.8	0.0380	1.0	40	2.5	1.8
Virola elongata	6	1.8	0.0257	0.7	40	2.5	1.7
Peltogyne venosa	2	0.6	0.0916	2.5	20	1.3	1.4
Elaeoluma glabrescens	1	0.3	0.1219	3.3	10	0.6	1.4

ESPECIE	ABUND.	ABUND.%	AREA BASAL	DOM. %	FREC.	FREC. %	IVI %
Roucheria laxiflora	4	1.2	0.0341	0.9	30	1.9	1.3
Eschweilera parvifolia	2	0.6	0.0507	1.4	20	1.3	1.1
Aniba guianensis	4	1.2	0.0049	0.1	30	1.9	1.1
Vatairea guianensis	2	0.6	0.0457	1.2	20	1.3	1.0
Protium aracouchini	2	0.6	0.0441	1.2	20	1.3	1.0
Drypetes variabilis	2	0.6	0.0424	1.2	20	1.3	1.0
Licania longistyla	3	0.9	0.0269	0.7	20	1.3	1.0
Tovomita spruceana	2	0.6	0.0331	0.9	20	1.3	0.9
Eschweilera tenuifolia	2	0.6	0.0534	1.5	10	0.6	0.9
Machaerium quinata	3	0.9	0.0168	0.5	20	1.3	0.9
Duguetia sp.	2	0.6	0.0173	0.5	20	1.3	0.8
Posoqueria williamsii	3	0.9	0.0053	0.1	20	1.3	0.8
Astrocaryum mumbaca	2	0.6	0.0138	0.4	20	1.3	0.7
Cupania scrobiculata	2	0.6	0.0086	0.2	20	1.3	0.7
Amaioua guianensis	2	0.6	0.0056	0.2	20	1.3	0.7
Zygia latifolia var. communis	2	0.6	0.0043	0.1	20	1.3	0.7
Roupala obtusata	2	0.6	0.0036	0.1	20	1.3	0.7
Mouriri acutiflora	1	0.3	0.0360	1.0	10	0.6	0.6
Aspidosperma sp.	1	0.3	0.0353	1.0	10	0.6	0.6
Talisia sp.	1	0.3	0.0305	0.8	10	0.6	0.6
Chaetocarpus schomburgkianus	1	0.3	0.0260	0.7	10	0.6	0.5
Parahancornia oblonga	1	0.3	0.0191	0.5	10	0.6	0.5
Bauhinia outimouta	1	0.3	0.0154	0.4	10	0.6	0.4
Roucheria calophylla	1	0.3	0.0147	0.4	10	0.6	0.4
Diplotropis purpurea	1	0.3	0.0095	0.3	10	0.6	0.4
Eschweilera sp.2	1	0.3	0.0053	0.1	10	0.6	0.4
Pouteria sp.1	1	0.3	0.0042	0.1	10	0.6	0.3
Oenocarpus balickii	1	0.3	0.0041	0.1	10	0.6	0.3
Dulacia cyanocarpa	1	0.3	0.0038	0.1	10	0.6	0.3
Xylopia amazonica	1	0.3	0.0038	0.1	10	0.6	0.3
Amanoa almerindae	1	0.3	0.0035	0.1	10	0.6	0.3
Myrcia grandis	1	0.3	0.0035	0.1	10	0.6	0.3
Ocotea cernua	1	0.3	0.0035	0.1	10	0.6	0.3
Moutabea guianensis	1	0.3	0.0034	0.1	10	0.6	0.3
Faramea occidentalis	1	0.3	0.0029	0.1	10	0.6	0.3
Rudgea cornifolia	1	0.3	0.0026	0.1	10	0.6	0.3
Henriettea spruceana	1	0.3	0.0017	0.0	10	0.6	0.3
Diospyros arthantifolia	1	0.3	0.0014	0.0	10	0.6	0.3
Richeria grandis	1	0.3	0.0012	0.0	10	0.6	0.3
Connarus ruber var. sprucei	1	0.3	0.0011	0.0	10	0.6	0.3
Mabea trianae	1	0.3	0.0007	0.0	10	0.6	0.3
Tococa coronata	1	0.3	0.0007	0.0	10	0.6	0.3
Total	**335**	**100**	**3.6818**	**100.0**	**1590**	**100**	**100.0**

V3: Bajo Ventuari-1, aprox. 04° 05' N; 66° 37' W

ESPECIE	ABUND.	ABUND.%	AREA BASAL	DOM. %	FREC.	FREC. %	IVI %
Attalea maripa	58	19.1	5.9345	69.4	100	8.8	32.5
Himathanthus articulatus	19	6.3	0.6527	7.6	80	7.1	7.0
Guatteria ovatifolia	28	9.2	0.1914	2.2	90	8.0	6.5
Tapirira guianensis	25	8.2	0.3373	3.9	80	7.1	6.4

ESPECIE	ABUND.	ABUND.%	AREA BASAL	DOM. %	FREC.	FREC. %	IVI %
Simarouba amara	24	7.9	0.0647	0.8	80	7.1	5.2
Myrcia dichasialis	21	6.9	0.1015	1.2	70	6.2	4.8
Siparuma guianensis	15	4.9	0.0666	0.8	70	6.2	4.0
Tabebuia insignis var. insignis	8	2.6	0.2944	3.4	50	4.4	3.5
Ocotea cernua	13	4.3	0.0480	0.6	40	3.5	2.8
Calycolpus callophyllus	11	3.6	0.0849	1.0	40	3.5	2.7
Talisia dasyclada	10	3.3	0.0420	0.5	40	3.5	2.4
Guarea pubescens	12	3.9	0.0520	0.6	30	2.7	2.4
Protium heptaphyllum subsp.ulei	6	2.0	0.1055	1.2	40	3.5	2.2
Connarus ruber subsp. sprucei	7	2.3	0.0150	0.2	40	3.5	2.0
Aspidosperma marcgravianum	4	1.3	0.1482	1.7	30	2.7	1.9
Goupia glabra	5	1.6	0.0782	0.9	30	2.7	1.7
Endlicheria anomala	5	1.6	0.0169	0.2	30	2.7	1.5
Ormosia coccinea	5	1.6	0.0160	0.2	30	2.7	1.5
Miconia punctata	6	2.0	0.0176	0.2	20	1.8	1.3
Chionanthus implicatus	3	1.0	0.0035	0.0	30	2.7	1.2
Ficus caballina	3	1.0	0.0770	0.9	20	1.8	1.2
Cochlospermum orinocense	1	0.3	0.1633	1.9	10	0.9	1.0
Casearia commersoniana	4	1.3	0.0028	0.0	10	0.9	0.7
Sagotia racemosa	3	1.0	0.0042	0.0	10	0.9	0.6
Platonia insignis	2	0.7	0.0081	0.1	10	0.9	0.5
Phenakospermum guienense	2	0.7	0.0060	0.1	10	0.9	0.5
Tovomita umbellata	1	0.3	0.0054	0.1	10	0.9	0.4
Vismia japurensis	1	0.3	0.0048	0.1	10	0.9	0.4
Marliera spruceana	1	0.3	0.0020	0.0	10	0.9	0.4
Emmotum acuminatum	1	0.3	0.0009	0.0	10	0.9	0.4
Total	**304**	**100.0**	**8.5452**	**100.0**	**1130**	**100.0**	**100.0**

V4: Cerro El Gavilán, aprox. 04° 11' N; 66° 31' W

ESPECIE	ABUND.	ABUND.%	AREA BASAL	DOM. %	FREC.	FREC. %	IVI %
Talisia hemidasya	48	19.12	0.2896	4.8	100	7.4	10.4
Qualea paraensis	5	1.99	1.1754	19.3	30	2.2	7.8
Oenocarpus bacaba	17	6.77	0.5226	8.6	90	6.6	7.3
Parkia pendula	3	1.20	1.0604	17.4	30	2.2	6.9
Phenakospermum guianense	23	9.16	0.2638	4.3	70	5.1	6.2
Astrocaryum mumbaca	24	9.56	0.0645	1.1	80	5.9	5.5
Guarea silvatica	16	6.37	0.0675	1.1	80	5.9	4.5
Rudgea sp. n.	11	4.38	0.0617	1.0	90	6.6	4.0
Protium tenuifolium	8	3.19	0.2690	4.4	50	3.7	3.8
Licania leucosepala	7	2.79	0.4029	6.6	20	1.5	3.6
Attalea maripa	6	2.39	0.3321	5.5	40	2.9	3.6
Piper arboreum	8	3.19	0.0095	0.2	50	3.7	2.3
Chaetocarpus schomburgkianus	2	0.80	0.2905	4.8	10	0.7	2.1
Iryanthera laevis	3	1.20	0.1957	3.2	10	0.7	1.7
Miconia chrysophylla	4	1.59	0.0341	0.6	30	2.2	1.5
Sorocea muriculata subsp. uaupensis	5	1.99	0.0082	0.1	30	2.2	1.4
Brosimum lactescens	2	0.80	0.1173	1.9	20	1.5	1.4
Tabebuia barbata	1	0.40	0.1810	3.0	10	0.7	1.4
Jacaranda copaia	3	1.20	0.0425	0.7	30	2.2	1.4
Casearia commersoniana	4	1.59	0.0557	0.9	20	1.5	1.3
Brosimum rubescens	3	1.20	0.0227	0.4	30	2.2	1.3

ESPECIE	ABUND.	ABUND.%	AREA BASAL	DOM. %	FREC.	FREC. %	IVI %
Licania sprucei	3	1.20	0.0604	1.0	20	1.5	1.2
Pouteria caimito	3	1.20	0.0073	0.1	30	2.2	1.2
Norantea guianensis	3	1.20	0.0220	0.4	20	1.5	1.0
Licania octandra subsp. pallida	2	0.80	0.0449	0.7	20	1.5	1.0
Endlicheria anomala	2	0.80	0.0767	1.3	10	0.7	0.9
Guatteria ovatifolia	2	0.80	0.0270	0.4	20	1.5	0.9
Abuta grandifiolia	2	0.80	0.0152	0.2	20	1.5	0.8
Tachigali guianensis	2	0.80	0.0116	0.2	20	1.5	0.8
Inga bourgonii	1	0.40	0.0774	1.3	10	0.7	0.8
Sagotia racemosa	2	0.80	0.0071	0.1	20	1.5	0.8
Ixora acuminatissima	2	0.80	0.0060	0.1	20	1.5	0.8
Clusia sp.	2	0.80	0.0261	0.4	10	0.7	0.7
Abarema jupunba	1	0.40	0.0475	0.8	10	0.7	0.6
Tapirira guianensis	1	0.40	0.0353	0.6	10	0.7	0.6
Dipteryx punctata	1	0.40	0.0314	0.5	10	0.7	0.5
Eschweilera parvifolia	1	0.40	0.0308	0.5	10	0.7	0.5
Matayba guianensis	1	0.40	0.0172	0.3	10	0.7	0.5
Miconia myriantha	1	0.40	0.0131	0.2	10	0.7	0.4
Minquartia guianensis	1	0.40	0.0106	0.2	10	0.7	0.4
Calophyllum brasiliense	1	0.40	0.0095	0.2	10	0.7	0.4
Miconia affinis	1	0.40	0.0075	0.1	10	0.7	0.4
Mouriri nigra	1	0.40	0.0068	0.1	10	0.7	0.4
Bauhinia outimouta	1	0.40	0.0050	0.1	10	0.7	0.4
Vismia jaruensis	1	0.40	0.0041	0.1	10	0.7	0.4
Connarus ruber var. sprucei	1	0.40	0.0038	0.1	10	0.7	0.4
Posoqueria williamsii	1	0.40	0.0025	0.0	10	0.7	0.4
Protium sagotianum	1	0.40	0.0020	0.0	10	0.7	0.4
Miconia prasina	1	0.40	0.0020	0.0	10	0.7	0.4
Miconia fragilis	1	0.40	0.0017	0.0	10	0.7	0.4
Siparuna guianensis	1	0.40	0.0016	0.0	10	0.7	0.4
Guatteria cardoniana	1	0.40	0.0015	0.0	10	0.7	0.4
Hirtella racemosa	1	0.40	0.0013	0.0	10	0.7	0.4
Brosimum guianense	1	0.40	0.0012	0.0	10	0.7	0.4
Eschweilera laevicarpa	1	0.40	0.0011	0.0	10	0.7	0.4
Total	**251**	**100.00**	**6.0858**	**100.0**	**1360**	**100.0**	**100.0**

V5: Los Castillitos, aprox. 04° 05' N; 66° 43' W

ESPECIE	ABUND.	ABUND.%	AREA BASAL	DOM. %	FREC.	FREC. %	IVI %
Chaetocarpus schomburgkianus	26	11.82	6.0982	56.9	100	7.41	25.39
Ruizterania retusa	18	8.18	0.8575	8.0	70	5.19	7.12
Goupia glabra	7	3.18	0.7059	6.6	40	2.96	4.25
Couma utilis	12	5.45	0.4233	4.0	30	2.22	3.88
Licania sprucei	9	4.09	0.2992	2.8	50	3.70	3.53
Coccoloba sp. n.	10	4.55	0.0431	0.4	50	3.70	2.88
Attalea maripa	4	1.82	0.4340	4.1	30	2.22	2.70
Erythroxylum impressum	8	3.64	0.0739	0.7	40	2.96	2.43
Tapirira guianensis	7	3.18	0.1148	1.1	40	2.96	2.41
Potalia resinifera	8	3.64	0.0076	0.1	40	2.96	2.22
Conceveiba guianensis	8	3.64	0.0745	0.7	30	2.22	2.18
Mollia speciosa	5	2.27	0.1229	1.1	40	2.96	2.13
Rudgea sp. n.	6	2.73	0.0438	0.4	40	2.96	2.03

ESPECIE	ABUND.	ABUND.%	AREA BASAL	DOM. %	FREC.	FREC. %	IVI %
Oenocarpus bacaba	4	1.82	0.1885	1.8	30	2.22	1.93
Vochysia glaberrima	4	1.82	0.1834	1.7	30	2.22	1.92
Licania kunthiana	5	2.27	0.0848	0.8	30	2.22	1.76
Phenakospermum guianense	4	1.82	0.2038	1.9	20	1.48	1.73
Protium unifoliolatum	4	1.82	0.0354	0.3	40	2.96	1.70
Eschweilera laevicarpa	4	1.82	0.0859	0.8	30	2.22	1.61
Guatteria cardoniana	3	1.36	0.0145	0.1	30	2.22	1.24
Endlicheria bracteolata	3	1.36	0.0061	0.1	30	2.22	1.21
Talisia guianensis	3	1.36	0.0361	0.3	20	1.48	1.06
Amaioua guianensis	3	1.36	0.0067	0.1	20	1.48	0.97
Coussapoa trinervia	2	0.91	0.0523	0.5	20	1.48	0.96
Virola sebifera	2	0.91	0.0335	0.3	20	1.48	0.90
Sagotia racemosa	2	0.91	0.0069	0.1	20	1.48	0.82
Erythroxylum kapplerianum	2	0.91	0.0041	0.0	20	1.48	0.81
Zygia cataractae	2	0.91	0.0028	0.0	20	1.48	0.81
Morinda peduncularis	2	0.91	0.0023	0.0	20	1.48	0.80
Pouteria sp.1	2	0.91	0.0022	0.0	20	1.48	0.80
Ocotea bofo	2	0.91	0.0653	0.6	10	0.74	0.75
Tovomita spruceana	2	0.91	0.0519	0.5	10	0.74	0.71
Jacaranda copaia	2	0.91	0.0414	0.4	10	0.74	0.68
Protium sagotianus	2	0.91	0.0233	0.2	10	0.74	0.62
Mouriri grandiflora	2	0.91	0.0134	0.1	10	0.74	0.59
Doliocarpus dentatus	2	0.91	0.0118	0.1	10	0.74	0.59
Gustavia acuminata	2	0.91	0.0081	0.1	10	0.74	0.58
Tovomita umbellata	2	0.91	0.0058	0.1	10	0.74	0.57
Himatahanthus articulatus	1	0.45	0.0415	0.4	10	0.74	0.53
Faramea capillipes	1	0.45	0.0387	0.4	10	0.74	0.52
Licania octandra subsp. pallida	1	0.45	0.0266	0.2	10	0.74	0.48
Sacoglottis guianensis	1	0.45	0.0241	0.2	10	0.74	0.47
Duroia sprucei	1	0.45	0.0127	0.1	10	0.74	0.44
Eschweilera tenuifolia	1	0.45	0.0109	0.1	10	0.74	0.43
Pera decipiens	1	0.45	0.0093	0.1	10	0.74	0.43
Guatteria riparia	1	0.45	0.0090	0.1	10	0.74	0.43
Poroqueiba sericea	1	0.45	0.0079	0.1	10	0.74	0.42
Pterocarpus sp.	1	0.45	0.0079	0.1	10	0.74	0.42
Pouteria sp.2	1	0.45	0.0057	0.1	10	0.74	0.42
Euterpe precatoria	1	0.45	0.0055	0.1	10	0.74	0.42
Malpigiaceae	1	0.45	0.0045	0.0	10	0.74	0.41
Licania polita	1	0.45	0.0041	0.0	10	0.74	0.41
Chaunochoton angustifolium	1	0.45	0.0038	0.0	10	0.74	0.41
Inga pilosula	1	0.45	0.0038	0.0	10	0.74	0.41
Stachyarrhena duckei	1	0.45	0.0038	0.0	10	0.74	0.41
Abarema macrademia	1	0.45	0.0036	0.0	10	0.74	0.41
Cordia scabrifolia	1	0.45	0.0036	0.0	10	0.74	0.41
Vochysia tomentosa	1	0.45	0.0036	0.0	10	0.74	0.41
Astrocaryum munbaca	1	0.45	0.0026	0.0	10	0.74	0.41
Aniba permollis	1	0.45	0.0020	0.0	10	0.74	0.40
Clathrotropis glaucophylla	1	0.45	0.0020	0.0	10	0.74	0.40
Maprounea guianensis	1	0.45	0.0013	0.0	10	0.74	0.40
Miconia myriandra	1	0.45	0.0013	0.0	10	0.74	0.40
Total	**220**	**100.00**	**10.7094**	**100.0**	**1350**	**100**	**100**

V6: Carmelitas-1, aprox. 04° 08' N; 66° 28' W

ESPECIE	ABUND.	ABUND.%	AREA BASAL	DOM. %	FREC.	FREC. %	IVI %
Sorocea muriculata subsp. uaupensis	43	12.7	0.045	1.3	100	4.6	6.19
Parkia pendula	4	1.2	0.470	13.7	40	1.8	5.55
Aspidosperma excelsum	5	1.5	0.412	12.0	40	1.8	5.09
Conceveiba guianensis	12	3.6	0.099	2.9	90	4.1	3.51
Adelobotrys adscendens	17	5.0	0.068	2.0	70	3.2	3.40
Couepia obovata	15	4.4	0.096	2.8	60	2.7	3.32
Rudgea sp.n.	16	4.7	0.030	0.9	60	2.7	2.79
Attalea maripa	5	1.5	0.157	4.6	50	2.3	2.77
Roucheria columbiana	8	2.4	0.139	4.0	40	1.8	2.74
Clarisia racemosa	2	0.6	0.224	6.5	20	0.9	2.67
Mouriri acutiflora	8	2.4	0.092	2.7	60	2.7	2.59
Qualea paraensis	1	0.3	0.214	6.2	10	0.5	2.32
SAPOTACEAE-3	5	1.5	0.105	3.1	40	1.8	2.12
Protium unifoliolatum	7	2.1	0.055	1.6	50	2.3	1.98
Sparattanthelium tupiniquinorum	10	3.0	0.015	0.4	50	2.3	1.89
Paullinia sp.	8	2.4	0.027	0.8	50	2.3	1.81
Minquartia guianensis	6	1.8	0.066	1.9	30	1.4	1.69
Inga heterophylla	6	1.8	0.064	1.9	30	1.4	1.67
Abuta grandifolia	8	2.4	0.008	0.2	50	2.3	1.63
Manilkara sp.	6	1.8	0.042	1.2	40	1.8	1.61
Duguetia lucida	6	1.8	0.025	0.7	50	2.3	1.59
Eschweilera sp.2	6	1.8	0.027	0.8	40	1.8	1.46
Zygia latifolia	7	2.1	0.013	0.4	40	1.8	1.43
Eschweilera sp.1	4	1.2	0.049	1.4	30	1.4	1.33
Bocageopsis multiflora	3	0.9	0.054	1.6	30	1.4	1.27
Talisia dasyclada	6	1.8	0.014	0.4	30	1.4	1.18
Palicourea sp.	1	0.3	0.089	2.6	10	0.5	1.11
Virola elongata	3	0.9	0.052	1.5	20	0.9	1.11
Mouriri nigra	5	1.5	0.016	0.5	30	1.4	1.11
Virola sebifera	2	0.6	0.069	2.0	10	0.5	1.02
LAURACEAE-2	2	0.6	0.053	1.5	20	0.9	1.01
Rourea glabra	5	1.5	0.004	0.1	30	1.4	0.99
Trattinnickia glaziovii	2	0.6	0.044	1.3	20	0.9	0.93
Buchenavia parvifolia	1	0.3	0.068	2.0	10	0.5	0.91
Pera decidens	1	0.3	0.062	1.8	10	0.5	0.85
Myrcia sp.1	2	0.6	0.033	1.0	20	0.9	0.82
Oenocarpus bacaba	2	0.6	0.032	0.9	20	0.9	0.81
Unonopsis sp.	4	1.2	0.010	0.3	20	0.9	0.79
Heisteria ovata	3	0.9	0.004	0.1	30	1.4	0.79
Hirtella racemosa var. racemosa	2	0.6	0.023	0.7	20	0.9	0.73
Glandonia williamsii	2	0.6	0.021	0.6	20	0.9	0.70
Tapirira guianensis	3	0.9	0.004	0.1	20	0.9	0.64
MARCGRAVIACEAE	3	0.9	0.002	0.1	20	0.9	0.62
Bauhinia outimouta	2	0.6	0.010	0.3	20	0.9	0.59
Pseudoconnarus macrophyllus	2	0.6	0.007	0.2	20	0.9	0.57
Licania lata	2	0.6	0.007	0.2	20	0.9	0.57
Faramea capillipes	2	0.6	0.006	0.2	20	0.9	0.56
SAPOTACEAE-4	2	0.6	0.006	0.2	20	0.9	0.56
APOCYNACEAE	2	0.6	0.006	0.2	20	0.9	0.56
Moutoubea guianensis	3	0.9	0.010	0.3	10	0.5	0.54

ESPECIE	ABUND.	ABUND.%	AREA BASAL	DOM. %	FREC.	FREC. %	IVI %
Talisia guianensis	2	0.6	0.004	0.1	20	0.9	0.54
Ouratea angulata	2	0.6	0.004	0.1	20	0.9	0.54
Terminalia amazonica	2	0.6	0.004	0.1	20	0.9	0.54
MYRTACEAE-2	2	0.6	0.002	0.0	20	0.9	0.52
Ouratea castaneifolia	1	0.3	0.025	0.7	10	0.5	0.49
LAURACEAE-3	1	0.3	0.020	0.6	10	0.5	0.45
Pouteria sp.1	2	0.6	0.005	0.2	10	0.5	0.40
Faramea torquata	2	0.6	0.005	0.2	10	0.5	0.40
Coussapoa trinervia	1	0.3	0.013	0.4	10	0.5	0.38
Casearia commersoniana	2	0.6	0.001	0.0	10	0.5	0.36
Couratari guianensis	1	0.3	0.010	0.3	10	0.5	0.34
Gustavia acuminata	1	0.3	0.008	0.2	10	0.5	0.33
Abarema jupunba	1	0.3	0.007	0.2	10	0.5	0.32
Swartzia arborecens	1	0.3	0.007	0.2	10	0.5	0.32
Himathanthus articulatus	1	0.3	0.007	0.2	10	0.5	0.31
Guarea trunciflora	1	0.3	0.006	0.2	10	0.5	0.31
Zygia cataractae	1	0.3	0.005	0.2	10	0.5	0.30
Licania parviflora	1	0.3	0.004	0.1	10	0.5	0.29
LAURACEAE-1	1	0.3	0.004	0.1	10	0.5	0.29
Miconia sp.1	1	0.3	0.004	0.1	10	0.5	0.29
Mouriri grandiflora	1	0.3	0.004	0.1	10	0.5	0.29
SAPOTACEAE-1	1	0.3	0.004	0.1	10	0.5	0.29
Tovomita umbellata	1	0.3	0.004	0.1	10	0.5	0.29
Xylopia amazonica	1	0.3	0.003	0.1	10	0.5	0.28
Erythroxylum ligustrinum	1	0.3	0.003	0.1	10	0.5	0.28
Dalbergia sp.	1	0.3	0.003	0.1	10	0.5	0.28
Tovomita carinata	1	0.3	0.003	0.1	10	0.5	0.28
Cynometra martiana	1	0.3	0.002	0.1	10	0.5	0.27
Copaifera sp.	1	0.3	0.002	0.1	10	0.5	0.27
LAURACEAE-4	1	0.3	0.002	0.0	10	0.5	0.27
Mabea nitida	1	0.3	0.001	0.0	10	0.5	0.26
Pouteria sp.2	1	0.3	0.001	0.0	10	0.5	0.26
SAPOTACEAE-2	1	0.3	0.001	0.0	10	0.5	0.26
MYRTACEAE-1	1	0.3	0.001	0.0	10	0.5	0.26
Prunus amplifolia	1	0.3	0.001	0.0	10	0.5	0.26
Dichapetalum pedunculatum	1	0.3	0.001	0.0	10	0.5	0.26
EUPHORBIACEAE-1	1	0.3	0.001	0.0	10	0.5	0.26
LAURACEAE-5	1	0.3	0.001	0.0	10	0.5	0.26
Sloanea grandiflora	1	0.3	0.001	0.0	10	0.5	0.26
Astrocaryum mumbaca	1	0.3	0.001	0.0	10	0.5	0.26
SAPOTACEAE-5	1	0.3	0.001	0.0	10	0.5	0.26
Protium sp.1	1	0.3	0.001	0.0	10	0.5	0.26
Indeterminada-2	1	0.3	0.001	0.0	10	0.5	0.26
Palicourea corymbifera	1	0.3	0.001	0.0	10	0.5	0.26
Lacmellea elongata	1	0.3	0.001	0.0	10	0.5	0.26
Quiina sp.	1	0.3	0.001	0.0	10	0.5	0.26
Licania apetala	1	0.3	0.001	0.0	10	0.5	0.26
Tachigali guianensis	1	0.3	0.001	0.0	10	0.5	0.26
Inga sp.1	1	0.3	0.000	0.0	10	0.5	0.26
Total	**338**	**100**	**3.441**	**99.9**	**2190**	**100**	**99.95**

V7: Carmelitas-2, aprox. 04° 05' N; 66° 26' W

ESPECIE	ABUND.	ABUND.%	AREA BASAL	DOM. %	FREC.	FREC. %	IVI %
Attalea maripa	18	6.3	0.908	33.6	90	4.9	14.9
Sacoglottis mattogrosensis	4	1.4	0.603	22.4	30	1.6	8.5
Rudgea sp.n.	23	8.1	0.039	1.5	90	4.9	4.8
Conceveiba guianensis	21	7.4	0.064	2.4	80	4.3	4.7
Minquartia guianensis	14	4.9	0.043	1.6	90	4.9	3.8
Protium heptaphyllum subsp. ulei	14	4.9	0.039	1.4	70	3.8	3.4
Couepia obovata	9	3.2	0.073	2.7	70	3.8	3.2
Adelobotrys adscendens	14	4.9	0.022	0.8	60	3.2	3.0
Bocageopsis multiflora	6	2.1	0.088	3.3	50	2.7	2.7
Piper arboreum	8	2.8	0.007	0.3	70	3.8	2.3
Himathanthus articulatus	2	0.7	0.129	4.8	20	1.1	2.2
Virola elongata	8	2.8	0.021	0.8	50	2.7	2.1
Amaioua guianensis	8	2.8	0.016	0.6	50	2.7	2.0
Talisia guianensis	7	2.5	0.023	0.8	50	2.7	2.0
Sorocea muriculata subsp. uaupensis	8	2.8	0.008	0.3	50	2.7	1.9
Trattinnickia glaziovii	6	2.1	0.018	0.7	50	2.7	1.8
Aniba permolis	3	1.1	0.090	3.3	20	1.1	1.8
Mabea piriri	6	2.1	0.016	0.6	50	2.7	1.8
Bauhinia outimouta	6	2.1	0.021	0.8	40	2.2	1.7
Miconia sp.1	4	1.4	0.049	1.8	30	1.6	1.6
Xylopia amazonica	5	1.8	0.005	0.2	40	2.2	1.4
Marcgraviaceae	7	2.5	0.011	0.4	20	1.1	1.3
Connarus lambertii	5	1.8	0.008	0.3	30	1.6	1.2
Eschweilera parvifolia	4	1.4	0.036	1.3	10	0.5	1.1
Spondias sp.	1	0.4	0.059	2.2	10	0.5	1.0
Virola sebifera	5	1.8	0.006	0.2	20	1.1	1.0
Machaerium sp.	3	1.1	0.010	0.4	30	1.6	1.0
Protium unifoliolatum	4	1.4	0.012	0.5	20	1.1	1.0
Pouteria sp.1	3	1.1	0.006	0.2	30	1.6	1.0
Pera decipens	1	0.4	0.053	2.0	10	0.5	0.9
Sparattanthelium tupiniquinorum	4	1.4	0.006	0.2	20	1.1	0.9
Brosimum guianense	2	0.7	0.025	0.9	20	1.1	0.9
Casearia commersoniana	3	1.1	0.005	0.2	20	1.1	0.8
Dalbergia sp.	2	0.7	0.007	0.3	20	1.1	0.7
Abuta grandifolia	2	0.7	0.006	0.2	20	1.1	0.7
Eschweilera micrantha	2	0.7	0.006	0.2	20	1.1	0.7
Inga heterophylla	2	0.7	0.005	0.2	20	1.1	0.7
Qualea paraensis	2	0.7	0.005	0.2	20	1.1	0.7
Licania hypoleuca	2	0.7	0.003	0.1	20	1.1	0.6
Cecropia ficifolia	1	0.4	0.027	1.0	10	0.5	0.6
Palicourea corymbifera	2	0.7	0.002	0.1	20	1.1	0.6
Ouratea angulata	2	0.7	0.002	0.1	20	1.1	0.6
Rourea glabra	2	0.7	0.002	0.1	20	1.1	0.6
Oenocarpus bacaba	1	0.4	0.025	0.9	10	0.5	0.6
Hirtella racemosa var. racemosa	2	0.7	0.001	0.0	20	1.1	0.6
Sloanea glandiflora	2	0.7	0.011	0.4	10	0.5	0.6
Schefflera morototoni	1	0.4	0.020	0.8	10	0.5	0.5
Inga bourgonii	2	0.7	0.009	0.3	10	0.5	0.5
Abarema jupunba	2	0.7	0.003	0.1	10	0.5	0.5

ESPECIE	ABUND.	ABUND.%	AREA BASAL	DOM. %	FREC.	FREC. %	IVI %
LAURACEAE-1	1	0.4	0.007	0.3	10	0.5	0.4
Cybianthus resinosus	1	0.4	0.006	0.2	10	0.5	0.4
Siparuma guianensis	1	0.4	0.005	0.2	10	0.5	0.4
Talisia sp.	1	0.4	0.004	0.2	10	0.5	0.3
Buchenavia parvifolia	1	0.4	0.004	0.1	10	0.5	0.3
Mouriri grandiflora	1	0.4	0.004	0.1	10	0.5	0.3
Miconia sp.3	1	0.4	0.002	0.1	10	0.5	0.3
Bauhinia longicuspis	1	0.4	0.002	0.1	10	0.5	0.3
Mimosaceae	1	0.4	0.002	0.1	10	0.5	0.3
Roucheria columbiana	1	0.4	0.002	0.1	10	0.5	0.3
Pleonotoma exsula	1	0.4	0.001	0.1	10	0.5	0.3
Faramea capillipes	1	0.4	0.001	0.1	10	0.5	0.3
Mouriri acutiflora	1	0.4	0.001	0.1	10	0.5	0.3
Tovomita umbellata	1	0.4	0.001	0.0	10	0.5	0.3
Coussopoa trinervia	1	0.4	0.001	0.0	10	0.5	0.3
Miconia sp.2	1	0.4	0.001	0.0	10	0.5	0.3
Parkia pendula	1	0.4	0.001	0.0	10	0.5	0.3
Aegiphila laxiflora	1	0.4	0.001	0.0	10	0.5	0.3
Cybianthus venezuelanus	1	0.4	0.001	0.0	10	0.5	0.3
Lacmellea obovata	1	0.4	0.000	0.0	10	0.5	0.3
Total	**285**	**100.0**	**2.698**	**100**	**1850**	**100**	**100**

V8: Cerro Moriche, aprox. 04° 42' N; 66° 18' W

ESPECIE	ABUND.	ABUND.%	AREA BASAL	DOM. %	FREC.	FREC. %	IVI %
Oenocarpus bacaba	29	9.6	0.7195	19.5	90	5.0	11.4
Bocageopsis multiflora	21	7.0	0.1590	4.3	80	4.5	5.2
Goupia glabra	3	1.0	0.4519	12.2	30	1.7	5.0
Tapirira guianensis	17	5.6	0.1767	4.8	40	2.2	4.2
Qualea wurdackii	16	5.3	0.1129	3.1	60	3.4	3.9
Oenocarpus bataua	4	1.3	0.2337	6.3	40	2.2	3.3
Mouriri nigra	13	4.3	0.0705	1.9	60	3.4	3.2
Myrcia fallax	17	5.6	0.0564	1.5	40	2.2	3.1
Swartzia sp.	6	2.0	0.1423	3.9	50	2.8	2.9
Sloanea grandiflora	12	4.0	0.0209	0.6	60	3.4	2.6
Phenakospermum guianense	8	2.6	0.0899	2.4	50	2.8	2.6
Astrocaryum mumbaca	4	1.3	0.1551	4.2	40	2.2	2.6
Miconia punctata	11	3.6	0.0202	0.5	60	3.4	2.5
Casearia commersoniana	9	3.0	0.0444	1.2	50	2.8	2.3
Trantinnickia glaziovii	2	0.7	0.1548	4.2	20	1.1	2.0
Minquartia guianensis	6	2.0	0.0541	1.5	40	2.2	1.9
Licania octandra subsp. pallida	5	1.7	0.0805	2.2	30	1.7	1.8
Buchenavia sp.	1	0.3	0.1676	4.5	10	0.6	1.8
LAURACEAE-1	6	2.0	0.0194	0.5	50	2.8	1.8
Dalbergia sp.	7	2.3	0.0097	0.3	40	2.2	1.6
Pouteria sp.2	4	1.3	0.0473	1.3	30	1.7	1.4
Aspidosperma excelsum	3	1.0	0.0581	1.6	30	1.7	1.4
Diospyros arthantifolia	5	1.7	0.0057	0.2	40	2.2	1.3
Parinari pachyphylla	3	1.0	0.0651	1.8	20	1.1	1.3
Xylopia amazonica	4	1.3	0.0222	0.6	30	1.7	1.2
Licania hypoleuca	6	2.0	0.0162	0.4	20	1.1	1.2
Inga heterophylla	3	1.0	0.0515	1.4	20	1.1	1.2

ESPECIE	ABUND.	ABUND.%	AREA BASAL	DOM. %	FREC.	FREC. %	IVI %
Piper arboreum	3	1.0	0.0199	0.5	30	1.7	1.1
Couma macrocarpa	1	0.3	0.0855	2.3	10	0.6	1.1
Bactris sp.	4	1.3	0.0056	0.2	30	1.7	1.1
Amaioua guianensis	4	1.3	0.0054	0.1	30	1.7	1.0
Senna baccillaris var. benthamiana	3	1.0	0.0293	0.8	20	1.1	1.0
Pourouma cecropiifiolia	4	1.3	0.0118	0.3	20	1.1	0.9
Talisia sp.2	3	1.0	0.0147	0.4	20	1.1	0.8
Spondias sp. (19536)	2	0.7	0.0206	0.6	20	1.1	0.8
SAPOTACEAE-1	1	0.3	0.0519	1.4	10	0.6	0.8
Hirtella racemosa var racemosa	3	1.0	0.0045	0.1	20	1.1	0.7
Iryanthera laevis	3	1.0	0.0248	0.7	10	0.6	0.7
Myrtaceae-1	2	0.7	0.0144	0.4	20	1.1	0.7
Protium heptaphyllum	2	0.7	0.0132	0.4	20	1.1	0.7
Sorocea muriculata subsp.uaupensis	2	0.7	0.0123	0.3	20	1.1	0.7
Miconia affinis	2	0.7	0.0115	0.3	20	1.1	0.7
Virola sebifera	2	0.7	0.0108	0.3	20	1.1	0.7
Inga bourgonii	2	0.7	0.0311	0.8	10	0.6	0.7
Vismia macrophyla	2	0.7	0.0080	0.2	20	1.1	0.7
Parkia pendula	2	0.7	0.0060	0.2	20	1.1	0.6
Abuta grandifolia	2	0.7	0.0024	0.1	20	1.1	0.6
Mouriri grandiflora	2	0.7	0.0021	0.1	20	1.1	0.6
Garcinia macrophylla	2	0.7	0.0012	0.0	20	1.1	0.6
Tovomita carinata	2	0.7	0.0011	0.0	20	1.1	0.6
Cochlospermum orinocense	1	0.3	0.0269	0.7	10	0.6	0.5
Mouriri acutiflora	2	0.7	0.0103	0.3	10	0.6	0.5
Vochysia sp.	1	0.3	0.0127	0.3	10	0.6	0.4
Cecropia ficifolia	1	0.3	0.0115	0.3	10	0.6	0.4
Guatteria cardoniana	1	0.3	0.0095	0.3	10	0.6	0.4
Pouteria sp.1	1	0.3	0.0053	0.1	10	0.6	0.3
Coussapoa trinervia	1	0.3	0.0026	0.1	10	0.6	0.3
Tovomita eggersii	1	0.3	0.0024	0.1	10	0.6	0.3
Marcgraviaceae	1	0.3	0.0021	0.1	10	0.6	0.3
Tovomita umbellata	1	0.3	0.0020	0.1	10	0.6	0.3
Siparuna guianensis	1	0.3	0.0020	0.1	10	0.6	0.3
Couma utilis	1	0.3	0.0016	0.0	10	0.6	0.3
Mycia sp.1	1	0.3	0.0016	0.0	10	0.6	0.3
Pseudolmedia laevigata	1	0.3	0.0010	0.0	10	0.6	0.3
Protium unifoliolatum	1	0.3	0.0008	0.0	10	0.6	0.3
Virola elongata	1	0.3	0.0008	0.0	10	0.6	0.3
Xylopia benthamii	1	0.3	0.0006	0.0	10	0.6	0.3
Faramea capillipes	1	0.3	0.0006	0.0	10	0.6	0.3
Talisia guianensis	1	0.3	0.0006	0.0	10	0.6	0.3
Brosimum rubescens	1	0.3	0.0005	0.0	10	0.6	0.3
Talisia sp.1	1	0.3	0.0005	0.0	10	0.6	0.3
Total	**302**	**100**	**3.6893**	**100.0**	**1790**	**100**	**100**

Apéndice 4

Parámetros limnológicos de los sitios muestreados en los diferentes ecosistemas acuáticos adyacentes a la zona de confluencia de los ríos Orinoco y Ventuari

Abrahan Mora, Luzmila Sánchez, Carlos A. Lasso y César Mac-Quhae

Abreviaturas: Profundidad (Prof.), Transparencia (Trans.), pH, Conductividad (Cond.), Oxígeno disuelto (O.D.). * Estos puntos no fueron tomados en cuenta para el promedio de los parámetros fisicoquímicos de los caños, debido a que se encontraban muy cerca de la desembocadura del caño con los ríos Orinoco o Ventuari.

CÓDIGO	Estación	Prof. (m)	Trans. (cm)	pH	Cond. (µS/cm)	Temp. (°C)	O.D. (mg/L)	Coordenadas
OR1.1	Laguna Macuruco	3,8	210	4,12	7,2	28,7	2,78	03º56`23``N 67º00`31``W
OR1.1	Laguna Macuruco	4,1	210	4,18	6,6	28,4	2,65	03º56`02``N 67º00`28``W
OR1.1	Laguna Macuruco	1,8	total	4,15	6,7	27,8	1,91	03º55`31``N 67º00`20``W
OR1.2	Estero de Macuruco	1,6	95	4,80	6,0	32,0	5,33	03º56`23``N 67º00`10``W
OR1.3*	Caño Moyo	4,0	110	5,40	7,1	30,1	4,51	03º53`31``N 66º59`46``W
OR1.3	Caño Moyo	1,8	135	4,40	8,6	28,9	2,18	03º53`29``N 66º59`42``W
OR1.3	Caño Moyo	2,0	160	4,30	9,9	29,4	2,27	03º53`18``N 66º`59`27``W
OR1.3	Caño Moyo	3,0	170	3,85	10,2	29,5	2,64	03º53`13``N 66º59`05``W
OR1.4	Caño Perro de Agua	5,0	90	4,57	7,3	27,4	1,95	03º45`10``N 66º59`23``W
OR1.4	Caño Perro de Agua	4,3	100	3,89	7,2	27,7	1,81	03º44`38``N 66º`58`40``W
OR1.4	Caño Perro de Agua	2,0	120	3,75	7,5	26,9	1,39	03º44`01``N 66º58`06``W

CÓDIGO	Estación	Prof. (m)	Trans. (cm)	pH	Cond. (µS/cm)	Temp. (°C)	O.D. (mg/L)	Coordenadas
OR1.5*	Caño Guachapana	5,0	100	4,54	6,5	30,2	4,22	03º52`37``N 67º01`56``W
OR1.5	Caño Guachapana	4,5	130	4,20	6,6	27,7	3,25	03º52`29``N 67º02`01``W
OR1.5	Caño Guachapana	2,2	110	4,17	6,9	27,2	2,26	03º51`22``N 67º`02`18``W
OR1.5	Caño Guachapana	2,3	115	4,20	7,8	26,5	0,58	03º49`52``N 67º02`38``W
VT1*	Caño Guapuchi	3,6	130	5,31	4,7	27,2	5,55	04º06`46``N 66º46`40``W
VT1	Caño Guapuchi	4,3	120	4,79	4,6	27,2	5,65	04º07`43``N 66º45`45``W
VT1	Caño Guapuchi	3,1	125	4,72	4,6	27,0	5,72	04º09`06``N 66º45`19``W
VT1	Caño Guapuchi	2,3	130	4,59	4,6	26,8	6,01	04º12`03``N 66º44`36``W
VT1(AA)	Caño Guapuchi (Aguas Azules)	0,9	total	4,49	4,4	27,1	3,14	04º11`00``N 66º44`39``W
VT2*	Caño Tigre	3,9	105	5,34	9,3	28,1	4,99	04º01`27``N 66º58`38``W
VT2	Caño Tigre	1,2	total	5,20	9,3	27,9	3,93	04º01`31``N 66º58`38``W
VT2	Caño Tigre	2,2	130	5,25	9,1	27,7	3,43	04º01`33``N 66º58`37``W
VT3.1*	Caño Chipiro	3,2	130	5,20	4,9	26,3	3,16	04º00`37``N 67º01`04``W
VT3.1	Caño Chipiro	2,7	170	4,53	4,9	26,3	3,15	04º00`40``N 67º01`00``W
VT3.1	Caño Chipiro	3,0	170	4,44	4,6	26,1	2,96	04º00`56``N 67º00`53``W
VT3.3*	Laguna Lorenzo	4,3	90	4,52	6,6	28,1	4,10	03º59`04``N 66º59`20``W
VT3.3	Laguna Lorenzo	2,7	120	4,38	6,1	27,7	1,79	03º59`05``N 66º59`09``W
VT3.3	Laguna Lorenzo	3,8	105	4,30	6,4	27,6	1,19	03º59`21``N 66º58`59``W
VT4*	Caño Negro	3,8	110	4,99	7,1	27,7	2,50	04º03`42``N 66º54`19``W
VT4	Caño Negro	3,4	185	3,72	6,0	27,5	0,75	04º03`35``N 66º54`21``W
VT4	Caño Negro	3,1	140	4,06	6,0	27,6	0,77	04º03`31``N 66º54`19``W
VT4	Caño Negro	1,8	160	4,09	6,2	27,6	1,05	04º03`22``N 66º54`13``W
*OR2.1	Caño Cangrejo	2,7	90	5,85	9,4	28,7	5,24	03º57`45``N 67º03`59``W
OR2.1	Caño Cangrejo	1,5	110	5,04	5,9	26,3	3,82	03º57`41``N 67º04`01``W

continued

CÓDIGO	Estación	Prof. (m)	Trans. (cm)	pH	Cond. (µS/cm)	Temp. (°C)	O.D. (mg/L)	Coordenadas
OR2.1	Caño Cangrejo	2,1	Total	4,30	5,4	25,8	3,54	03º57`31``N 67º04`06``W
OR2.1	Caño Cangrejo	1,7	total	4,29	4,3	25,5	3,10	03º57`33``N 67º04`04``W
OR2.2*	Caño Manaka	1,9	60	5,19	10,0	28,9	4,42	03º57`34``N 67º04`51``W
OR2.2	Caño Manaka	1,0	total	5,35	10,0	28,6	4,64	03º57`33``N 67º04`52``W
OR2.3*	Caño El Carmen	2,7	85	5,70	9,4	28,6	5,06	03º57`27``N 67º05`33``W
OR2.3	Caño El Carmen	1,8	120	5,01	8,1	27,7	2,84	03º57`22``N 67º05`31``W
OR2.3	Caño El Carmen	1,4	total	4,25	5,3	26,3	1,34	03º57`22``N 67º05`27``W
OR2.4*	Caño Winare	3,0	180	4,91	5,0	25,5	4,45	03º58`10``N 67º06`41``W
OR2.4	Caño Winare	5,8	200	4,75	5,0	25,4	4,71	03º58`17``N 67º06`38``W
OR2.4	Caño Winare	1,7	160	4,85	4,8	25,8	4,60	03º58`14``N 67º06`39``W
CPOR1	Canal Principal Orinoco 1 (Margen Derecho)	9,6	70	5,23	8,1	28,1	5,75	03º45`16``N 66º59`37``W
CPOR1	Canal Principal Orinoco 1 (Medio)	4,3	50	5,35	9,6	28,5	6,35	03º45`15``N 66º`59`43``W
CPOR1	Canal Principal Orinoco 1 (Margen Izquierdo)	3,8	60	5,25	10,0	28,6	6,30	03º45`14``N 66º59`49``W
CPVT	Canal Principal Ventuari (Margen Derecho)	3,9	100	5,35	9,5	28,6	5,35	04º00`27``N 67º00`26``W
CPVT	Canal Principal Ventuari (Medio)	4,3	100	5,37	9,4	28,8	5,85	04º00`15``N 67º00`16``W
CPVT	Canal Principal Ventuari (Margen Izquierdo)	3,1	105	5,10	8,8	28,4	5,55	04º00`07``N 67º00`28``W
CPOR2	Canal Principal Orinoco 2 (Margen Derecho)	4,8	85	5,25	9,3	28,7	6,14	03º58`13``N 67º08`04``W
CPOR2	Canal Principal Orinoco 2 (Medio)	3,1	80	5,15	8,8	28,9	5,90	03º58`03``N 67º08`15``W
CPOR2	Canal Principal Orinoco 2 (Margen Izquierdo)	4,6	85	5,49	9,5	29,4	6,28	03º57`50``N 67º08`17``W

Apéndice 5

Lista de las especies de peces en las localidades de la expedición AquaRAP Orinoco-Ventuari, 2003.

Carlos A. Lasso, Alejandro Giraldo, Oscar M. Lasso-Alcalá, Oscar León-Mata, Carlos DoNascimiento, Nadia Milani, Douglas Rodríguez-Olarte, Josefa C. Señaris y Donald Taphorn

Localidades: Subregión Orinoco 1 (OR 1): Laguna de Macuruco (OR 1.1), Estero de Macuruco (OR 1.2), Caño Moyo (OR 1.3), Caño de Perro de Agua (OR 1.4), Caño Güachapana (OR 1.5). Subregión Orinoco 2 (OR 2): Caño Cangrejo (OR 2.1), Caño Manaka (OR 2.2), Caño El Carmen (OR 2.3), Caño Winare (OR 2.4), Morichal Caño Verde (OR 2.5). Subregión Ventuari (VT): Caño Guapuchí (VT 1), Caño Tigre (VT 2), Caño y Laguna Chipiro (VT 3.1), Rio Ventuari, Laja La Calentura (VT 3.2), Laguna Lorenzo (VT 3.3), Caño Palometa (VT 4).

Especies indicadas con asterisco (*) son nuevas para la ciencia. Los números corresponden a número de ejemplares.

	Subregión Orinoco 1					Subregión Orinoco 2					Subregión Ventuari					
TAXA	1.1	1.2	1.3	1.4	1.5	2.1	2.2	2.3	2.4	2.5	1	2	3.1	3.2	3.3	4
MYLIOBATIFORMES																
Potamotrygonidae																
* *Potamotrygon* sp.					1											
CLUPEIFORMES																
Engraulidae																
Anchoviella guianensis			25		27			1			65			2		4
CHARACIFORMES																
Anostomidae																
Anostomus anostomus									8							
Laemolyta taeniata					8				4		1					
Leporinus agassizi					2											
Leporinus cf. *klausewitzi*														7		
Leporinus cf. *lebaili*							1									
Leporinus gr. *fasciatus*		1			1			1						12		
Leporinus gossei								1								
Leporinus gr. *friderici*														2		
Leporinus punctatus								1								
Leporinus sp.								6						40		
Leporinus sp. "spotted"														48		
Leporinus steyermarki														10		
* *Schizodon* sp.						2										
Acestrorhynchidae																
Acestrorhynchus falcatus						1										
Acestrorhynchus falcirostris	99		9	2	1		1		3		3					2
Acestrorhynchus grandoculis											2					
Acestrorhynchus heterolepis																1
Acestrorhynchus microlepis	4		10	6				1	1		4					1
Acestrorhynchus minimus			2								68					2

	Subregión Orinoco 1					Subregión Orinoco 2					Subregión Ventuari					
TAXA	1.1	1.2	1.3	1.4	1.5	2.1	2.2	2.3	2.4	2.5	1	2	3.1	3.2	3.3	4
Acestrorhynchus nasutus							1	1								
Characidae																
Agoniates anchovia				1											2	
Aphyocharax alburnus						1										
Aphyocharax sp.														1		
Asiphonichthys condei	14	5	23													
* *Brittanichthys* sp.	4		3													
Brycon amazonicus	1															
Brycon falcatus		3														
Brycon melanopterus	1						1		4							1
Brycon pesu											1			22		
Bryconamericus orinocoense	76		4	3	1298	8		38			274		15	532		478
Bryconops alburnoides											2					
Bryconops caudomaculatus	4		14	22	1	3					79	1		25		
Bryconops giacopinii			25		1			3			69			22		29
Catoprion mento	5		4			2										
Chalceus macrolepidotus	1							1								
Gnathocharax steindachneri											14					1
Hemigrammus bellottii	208															8
Hemigrammus elegans	31				282	2	35				154			164	6	
Hemigrammus gr. micropterus	216	241	29	3	248	30	11	31			131			1		2
Hemigrammus microstomus											17					
Hemigrammus rhodostomus			230	1		2		9			6					1
Hemigrammus schmardae	7		2	1	172						99			343		15
Hemigrammus sp. "arriba"	13	3		1	36									2		
Hemigrammus sp. "slender"	62		9	59	2				7		24					81
Hemigrammus stictus	269		1			1										
Hemigrammus vorderwinkleri	60	52	34	33	5	147	4	176	5		119	39	49	7		35
Heterocharax microlepis			16													
Hyphessobrycon sp. 1	23	1	31	24							241			66		9
Hyphessobrycon sp. 2					5											
Iguanodectes adujai			4													
Iguanodectes geisleri				2												
Iguanodectes spilurus	3				1						1			25		
Metynnis hypsauchen	2	10	8			1										
Metynnis lippincottianus			2					1								
Metynnis luna	1															
Metynnis sp.					1											
Microschemobrycon casiquiare			84	5	79						77			31		4
Moenkhausia ceros														19		
Moenkhausia collettii	67	12	4	39			2	37			12	4			10	2
Moenkhausia copei					63		10			1	50	1		32		18
Moenkhausia cotinho											14					
Moenkhausia lepidura	14		1					1			2			1		6
Moenkhausia megalops					4	2										
Moenkhausia oligolepis	5		1			3					40					
Moenkhausia robertsi								1								
Moenkhausia sanctaefilomenae											5					
Moenkhausia sp. "anal"			1													
Moenkhausia sp. "dos puntas"	6				46		8								2	

	Subregión Orinoco 1					Subregión Orinoco 2					Subregión Ventuari					
TAXA	1.1	1.2	1.3	1.4	1.5	2.1	2.2	2.3	2.4	2.5	1	2	3.1	3.2	3.3	4
Myleus rubripinnis						1								59		
Myleus schomburgkii						1										
Myleus torquatus														27		
Mylosoma duriventre						4										
Paracheirodon innesi	482	7	5			43		3	2	99	42		1			
Poptella compressa						6		1								
Prystobrycon caerospinus	1		4													
Pygopristis denticulata	5	33	6													
Serrasalmus altuvei	4						1					3	1		1	
Serrasalmus gouldingi					3	1						1			2	4
Serrasalmus manueli					1	1					3	2	1		2	3
Serrasalmus rhombeus							1							1		3
* *Serrasalmus* sp.														6		
Tetragonopterus argenteus					29		1									
Thayeria oblicua	4					8		4								
Triportheus venezuelensis	5			3	3		3		3		2	6				5
Triportheus brachipomus												1				
Chilodontidae																
Caenotropus labyrinthicus					5											
Caenotropus maculatus					3											
Caenotropus mestomorgmatos					2											
Crenuchidae																
Amnocriptocharax cf. *elegans*														2		
Characidium zebra											1	1				
Characidium pellucidum											104	3		42		2
Characidium sp.																8
* *Characidium* sp. "rápidos"														2		
Elachocharax pulcher					5		7	3	1		9	2				1
Elachocharax qeryi								1								
Elachocharax sp.			7													
Melanocharacidium cf. *pectorale*														53		
Melanocharacidium dispilomma														107		
Melanocharacidium sp.														4		
Microcharacidium gnomus								9						6		
Microcharacidium weitzmani								1								
Odontocharacidium sp.			1	11												
Poecilocharax weitzmani			4					86		2						1
Ctenoluciidae																
Boulengerella cuvieri			2						1							
Boulengerella lateristriga			3													
Boulengerella lucius			1	2	2				1		2				1	
Boulengerella maculata					5										2	6
Boulengerella xyrekes					4						2			2		
Curimatidae																
Curimata roseni	1															
Curimata vittata				3	2											
Curimatopsis macrolepis	301			1		6		5								
Cyphocharax abramoides			2													
Cyphocharax oenas										4						
Cyphocharax spilurus	229										13			11		

	Subregión Orinoco 1					Subregión Orinoco 2					Subregión Ventuari					
TAXA	1.1	1.2	1.3	1.4	1.5	2.1	2.2	2.3	2.4	2.5	1	2	3.1	3.2	3.3	4
Cyphocharax sp.					4											
Potamorhina altamazonica	2															
Psectogaster essequibensis					1		1									
Steindachnerina sp.														1		
Cynodontidae																
Cynodon gibbus						1	1					2				
Hydrolycus armatus	4					2						2			3	2
Hydrolycus wallacei			2	5	1	1	4		3						4	1
Rhaphiodon vulpinus													1		3	4
Erythrinidae																
Erythrinus erythrinus												2	4			
Hoplerythrinus unitaeniatus	2															
Hoplias macrophthalmus										1						1
Hoplias malabaricus			1		2				1	1	1	1				1
* *Hoplias* sp.														20		
Gasteropelecidae																
Carnegiella marthae	9					3		6			5					
Hemiodontidae																
Anodus orinocensis	1						1								3	
Argonectes longiceps				1	3			1	1		3				2	
Bivibranchia fowleri											5					
Hemiodus amazonum														17		
Hemiodus argenteus	2				5		2	1	1							
Hemiodus gracilis			15	2	13						2					1
Hemiodus immaculatus	1		6	4			1		1					2	5	
Hemiodus semitaeniatus					12									10		
Hemiodus unimaculatus	1				1		3	1			1					
Micromischodus sugillatus			2	1												
Lebiasinidae																
Copella nattereri			1		1			4		22	1					
Copella metae		2		26		275		46	2	23	12	1	1			2
Nannostomus eques	17		7	3	4			5	3	6	6	5	3			
Nannostomus marginatus	3	1		3	1			2			2					
Nannostomus marilynae	152	1	405	7							427			38		
Nannostomus unifasciatus	172		37	2		4								1		1
Pyrrhulina lugubris	52															
Prochilodontidae																
Prochilodus mariae							1									
Semaprochilodus kneri	2			1	6	1					1				1	3
GYMNOTIFORMES																
Apteronotidae																
Apteronotus leptorhynchus														4		
Gymnotidae																
Electrophorus electricus							1		1							
Hypopomidae																
Hypopomidae (género no identificado)															1	
Hypopygus lepturus	2			1	1			2							1	
Hypopygus neblinae	2	1	18	2	3			3			12			1		6
Microsternarchus bilineatus	5		11	22	22			4			1	2		3		2
Steatogenys elegans					1											

	Subregión Orinoco 1					Subregión Orinoco 2					Subregión Ventuari					
TAXA	1.1	1.2	1.3	1.4	1.5	2.1	2.2	2.3	2.4	2.5	1	2	3.1	3.2	3.3	4
Rhamphichthyidae																
Gymnorhamphichthys hypostomus				1	5						8			1		
Sternopygidae																
Eigenmannia humboldtii							1									
Eigenmannia macrops					1									1		
Eigenmannia virescens							1	1								
SILURIFORMES																
Aspredinidae																
Acanthobunocephalus nicoi											15					
Auchenipteridae																
Ageneiosus inermis	1															
Asterophysus batrachus	1						3									
Auchenipterichthys longimanus					4	1						10				
Auchenipterichthys punctatus			10													
Auchenipterus ambyacus					1											
Centromochlus heckelii					2											
Tatia musaica	5					1		1								
Tatia sp. 1	1		2									5				
Tatia sp. 2											5					
Tetranematichthys quadrifilis			1													
* *Trachelyichthys* sp.			39	5	3						57					
Trachelyopterus galeatus						1										
Callichthyidae																
Corydoras sp.											25					
Megalechis thoracata	6				2			1					5			
Doradidae																
Acanthodoras cataphractus			2		5											1
Opsodoras ternetzi					3											
Platydoras costatus												1		1		1
Scorpiodoras heckelii	1		8	119	6		2	6	2		25		67	39		2
Heptapteridae																
Cetopsorhamdia sp.														1		
Gladioglanis machadoi			6	16	14						1					8
Goeldiella eques											1					1
Imparfinis pristos				5							24					
Imparfinis sp.														1		
Mastiglanis asopos								1			16					
Microglanis poecilus				1	6			1			1					1
Nemuroglanis pauciradiatus				2							8					
Pimelodella cristata							1									
Pimelodella sp.	1				1											
Rhamdia muelleri														1		
Loricariidae																
Acestridium martini			2	3												
Farlowella vittata											3					
* *Hemiancistrus* sp.														1		
Hypostomus annophilus																
Hypostomus sp. 1														1		
Hypostomus sp. 2														1		
Parotocinclus eppleyi											6			25		

	Subregión Orinoco 1					Subregión Orinoco 2					Subregión Ventuari					
TAXA	1.1	1.2	1.3	1.4	1.5	2.1	2.2	2.3	2.4	2.5	1	2	3.1	3.2	3.3	4
Pseudancistrus sp.					1			1								
Pseudolithoxus dumus									1							
Rineloricaria formosa	1		4	2	5						16			1		
Rineloricaria sp. 1														69		
Pimelodidae																
Pimelodus albofasciatus	2				41											
Sorubim elongatus	1				13											
Pseudopimelodidae																
* *Batrochoglanis* sp.														1		
Pseudopimelodus bufonius														2	1	
Trichomycteridae																
* Género y sp. nueva																
Ochmacanthus orinoco				3	1						26			1		
Sarcoglanidinae														1		
* *Paracanthopoma* sp.					16											
Stegophilus septentrionalis											1					
SYNBRANCHIFORMES																
Synbranchidae																
Synbranchus marmoratus	3		2	2	5			1								3
BELONIFORMES																
Belonidae																
Belonion dibranchodon	26		37		5	10		1			4					24
Potamorrhaphis guianensis			2								1					
CYPRINODONTIFORMES																
Cyprinodontidae																
Fluviphylax obscurus			77	34	1	5		2			5	4				3
PERCIFORMES																
Cichlidae																
Acaronia vultuosa	11	1	1								10	5				3
Aequidens diadema					1			1	4	5				1		
Aequidens tetramerus					4	1	1									
Apistogramma cf. iniridae	112	31	57	33	1		10	33	6		153		14	3	4	30
Apistogramma sp.														6		
Biotodoma wavrini			13		8	5	1	4			73					5
Biotoecus dicentrarchus					1											
Bujurquina sp.	1				1											
Cichla intermedia												2				
Cichla orinocensis	1		1	1				1						1		1
Cichla temensis	8			1	2				2			1			1	1
* *Crenicichla* sp. "bellicosa"					1											
Crenicichla geayi	4															1
Crenicichla lenticulata											1			2		
Crenicichla lugubris											2					
Crenicichla saxatilis	1										11					
Crenicichla wallacii	7		9	3	21	2		6			5	4		38	7	
Dicrossus filamentosus	82		39		6	1		12	2		106	1		19		
Geophagus abalios				1												
Geophagus sp. "striped tail"					9		3									
Heros severus	1				11									6		
Hoplarchus psittacus			2								1					

	Subregión Orinoco 1					Subregión Orinoco 2					Subregión Ventuari					
TAXA	1.1	1.2	1.3	1.4	1.5	2.1	2.2	2.3	2.4	2.5	1	2	3.1	3.2	3.3	4
* *Laetacara* sp. "orangeflossen"	5		7	2								3	5	1		7
Mesonauta insignis	1	3	2		22						7		1	25		
Pterophyllum altum	2						1	1								
Satanoperca daemon	7		3									1		2		
Satanoperca sp.					3											
Gobiidae																
Microphilypnus amazonicus			26				23	3			20			2		13
Microphilypnus ternetzi	3	2														
Sciaenidae																
Plagioscion squamosissimus												1				
PLEURONECTIFORMES																
Achiridae																
Hypoclinemus mentalis								1								

Apéndice 6

Concentraciones de mercurio Hg (ug/g) en tejidos de peces en la región del AquaRAP Orinoco-Ventuari 2003.

Carlos A. Lasso y Luis Perez

LE = longitud estándar del pez analizado.
Valores sombreados corresponden a cifras superiores a lo permitido por la Organización Mundial de la Salud (OMS), como aptas para cosumo humano.

Código	ESPECIE	LE (mm)	Peso (g)	Hg (ug/g)
AM 1	*Cichla intermedia*	350	1100	0,440
AM 2	*Hydrolicus armatus*	485	1950	0,578
AM 3	*Rhaphiodon vulpinus*	320	260	0,672
AM 4	*Hoplias malabaricus*	295	500	0,664
AM 5	*Pinirampus pinirampu*	1115	1850	0,930
AM 6	*Hoplias malabaricus*	270	400	0,204
AM 7	*Acestrorhynchus heterolepis*	440	880	1,420
AM 8	*Hoplias malabaricus*	305	600	0,436
AM 9	*Hydrolicus armatus*	483	1900	1,090
AM 10	*Boulengerella lucius*	440	700	0,822
AM 11	*Hydrolicus armatus*	580	3200	3,440
AM 12	*Cichla temensis*	395	1200	0,354
AM 13	*Pseudoplatystoma fasciatum*	435	750	0,394
AM 14	*Cichla temensis*	295	550	0,248
AM 15	*Hydrolicus armatus*	480	1650	0,695
AM 16	*Cichla temensis*	490	2400	0,523
AM 17	*Cichla orinocensis*	295	550	0,351

Apéndice 7

Lista de los peces identificados para la cuenca del río Ventuari.

Carmen Montaña, Donald Taphorn, Leo Nico, Carlos A. Lasso, Oscar León-Mata, Alejandro Giraldo, Oscar M. Lasso-Alcalá, Carlos DoNascimiento y Nadia Milani

MCNG: Museo de Ciencias Naturales de Guanare; MHNLS: Museo de Historia Natural La Salle, Caracas; INIA: Instituto Nacional de Investigaciones Agropecuarias, Puerto Ayacucho

TAXA Genero	Especie	Autor	Colección		
			MCNG	MHNLS	INIA
ORDEN MYLIOBATIFORMES					
Familia Potamotrygonidae					
Potamotrygon	*orbigny*	(Castelnau 1855)	X	X	
Potamotrygon	*motoro*	(Müller & Henle 1814)	X	X	
ORDEN CLUPEIFORMES					
Familia Clupeidae					
Pellona	*castelnaeana*	(Valenciennes 1837)	X	X	
Familia Engraulididae					
Amazonsprattus	*scintilla*	(Roberts 1984)	X	X	
Anchoviella	*guianensis**	(Eigenmann 1912)		X	
Anchoviella	*jamesi*	(Jordan & Seale 1926)	X		
Anchoviella	sp.		X		
Pterengraulis	*atherinoides*	(Linnaeus 1766)		X	
ORDEN CHARACIFORMES					
Familia Anostomidae					
Anostomus	*anostomus*	(Linnaeus 1758)	X		X
Anostomus	*ternetzi*	(Fernández-Yépez 1950)	X		
Laemolyta	*taeniata*	(Kner 1854)	X		
Leporinus	*brunneus*	(Myers 1946)	X	X	X
Leporinus	*cf. klausewitzi*	Géry 1960		X	
Leporinus	*cf. lebaili**	Géry & Planquette 1983		X	
Leporinus	*fasciatus*	(Bloch 1795)	X		X
Leporinus	*friderici*	(Bloch 1794)	X		X
Leporinus	*maculatus*	(Müller & Troschel 1848)	x		
Leporinus	*melanopleura*	(Günther 1864)	X		
Leporinus	*nicefori*	(Fwler 1943)	X		
Leporinus	sp.		X		
Leporinus	sp. "doble raya"		X		
Leporinus	sp. "spotted"*			X	
Leporinus	*steyermarki*	(Inger 1956)	X		
Pseudanos	*gracilis*	(Kner 1859)	X		
Pseudanos	*irinae*	(Winterbottom 1980)	X		X
Schizodon	sp.		X	X	
Familia Acestrorhynchidae					
Acestrorhynchus	*falcatus*	(Bloch 1794)	X		X
Acestrorhynchus	*falcirostris*	(Cuvier 1819)	X		

TAXA Genero	Especie	Autor	Colección		
			MCNG	MHNLS	INIA
Acestrorhynchus	*grandoculis*	(Menezes y Géry 1983)	X		
Acestrorhynchus	*heterolepis*	(Cope 1878)	X		
Acestrorhynchus	*microlepis*	(Schomburgk 1841)	X		X
Acestrorhynchus	*minimus*	(Menezes 1969)	X		
Acestrorhynchus	*nasutus*	(Eigenmann 1912)	X		
Familia Characidae					
Acestrocephalus	*boehlkei*	(Menezes 1977)	X		
Acestrocephalus	*ginesi*	(Lasso y Taphorn 2000)	X		
Agoniates	*anchovia**	Eigenmann 1914		X	
Aphyocharax	*alburnus*	(Günther 1869)	X		
Aphyocharax	sp. "larga"		X		
Astyanax	*anteroides*	(Eigenmann 1908)	X		
Astyanax	*bimaculatus*	(Linnaeus 1758)	X		X
Astyanax	sp 1.		X		
Astyanax	sp 2. "Ventuari"		X		
Astyanax	sp 3." *tencuaensis"*		X		
Asiphonichthys	*condei*	(Géry 1976)			X
Brycon	*bicolor*	(Pellegrin 1909)	X		
Brycon	*falcatus*	(Müller & Troschel 1844)	X		
Brycon	*melanopterus**	(Cope 1872)		X	
Brycon	*pesu*	(Müller & Troschel 1841)	X	X	
Bryconamericus	*cf. breviceps*	Eigenmann 1908		X	
Bryconamericus	*cismontanus*	(Eigenmann 1914)	X		
Bryconamericus	*orinocoense*	Román-Valencia 2003	X		
Bryconamericus	sp 1. "no spot"		X		
Bryconamericus	sp 2. "tailspot"		X		
Bryconamericus	*ternetzi*	(Myer 1928)	X		
Bryconops	*affinis*	(Günther 1864)	X		
Bryconops	*alburnoides*	(Kner 1858)	X		X
Bryconops	*caudomaculatus*	(Günther 1864)	X		
Bryconops	*giacopinii*	(Fernández-Yépez 1950)	X		
Bryconops	*humeralis*	(Machado-Allison, Chernoff & Buckup 1996)	X		
Bryconops	*melanurus*	Steindachner 1915	X		
Catoprion	*mento*	(Cuvier 1819)	X		
Chalceus	*macrolepidotus*	(Cuvier 1817)	X		
Charax	*condei*	Géry & Knöppel 1976	X		
Charax	*gibbossus*	(Linnaeus 1758)		X	X
Colossoma	*macropomum*	(Cuvier 1819)	X		
Cheirodon	*pulcher*	(Gill 1858)	X		
Creagrutus	*bolivari*	(Schultz 1944)	X		
Creagrutus	*maxillaris*	(Myers 1927)	X		
Creagrutus	*phasma*	(Myers 1927)	X		
Creagrutus	sp. "fathead"		X		
Ctenobrycon	*spilurus*	(Valenciennes 1849)	X		
Cynopotamus	*bipunctatus*	(Pellegrin 1909)	X		
Engraulisoma	*taeniatum*	(Castro 1981)	X		
Exodon	*paradoxus*	(Muller & Troschel 1845)	X		
Gephyrocharax	sp.		X		
Galeocharax	sp.		X		
Gnathocharax	*steindachneri*	(Fowler 1913)	X	X	
Hemibrycon	*metae*	(Myers 1930)			X
Hemibrycon	sp 1 *"tencuaensis"*		X		
Hemigrammus	*analis*	(Durbin 1909)	X		
Hemigrammus	*barrigonae*	(Eigenmann & Henn 1914)			X

TAXA Genero	Especie	Autor	Colección		
			MCNG	MHNLS	INIA
Hemigrammus	*bellottii*	(Steindachner 1882)			X
Hemigrammus	*elegans*	(Steindachner 1882)	X		
Hemigrammus	*erythrozonus*	(Durbin 1909)			X
Hemigrammus	*gracilis*	(Reinhardt *en* Lütken 1874)	X		
Hemigrammus	*levis*	(Durbin *en* Eigenmann 1908)	X	X	X
Hemigrammus	*micropterus*	(Meek 1907)	X	X	X
Hemigrammus	*microstomus*	(Durbin 1910)	X		
Hemigrammus	*mimus*	(Böhlke 1955)	X		
Hemigrammus	*newboldi*	(Fernández-Yépez 1949)	X		
Hemigrammus	*ocellifer*	(Steindachner 1882)	X		
Hemigrammus	*rhodostomus*	(Ahl 1924)	X	X	X
Hemigrammus	*schmardae*	(Steindachner 1882)	X	X	
Hemigrammus	sp 1.		X		
Hemigrammus	sp 2. "arriba"*			X	
Hemigrammus	sp 3. "cola pintada"		X		
Hemigrammus	sp 4. "slender"*			X	
Hemigrammus	sp 5. "tijeras"		X		
Hemigrammus	*stictus*	(Durbin 1909)	X		
Hemigrammus	*unilineatus*	(Gill 1858)	X		X
Hemigrammus	*vorderwinkleri*	(Géry 1963)	X		X
Heterocharax	*macrolepis*	(Eigenmann 1912)	X		X
Hoplocharax	*goethei*	(Géry 1966)	X		
Hyphessobrycon	*af. callistus*	(Boulenger 1900)	X		
Hyphessobrycon	*bentosi*	(Durbin 1908)	X		
Hyphessobrycon	*eos*	(Durbin 1909)	X		
Hyphessobrycon	*metae*	(Eigenmann & Henn 1914)	X		
Hyphessobrycon	*minimus*	(Durbin 1909)	X		
Hyphessobrycon	*cf. minor*	Durbin 1909	X		
Hyphessobrycon	sp 1. "Ventuari"		X		
Hyphessobrycon	sp 2. "radio linea"		X		
Hyphessobrycon	*sweglesi*	(Géry 1961)	X		
Iguanodectes	*spilurus*	(Günther 1864)	X		
Iguanodectes	*tenuis*	Cope 1872	X		
Jupiaba	*af. essequibensis*	(Eigenmann 1909)	X		
Jupiaba	*polylepis*	(Günther 1864)	X	X	
Jupiaba	*scologaster*	(Weitzman & Vari 1986)	X	X	
Lonchogenys	*ilisha*	(Myers 1927)	X		
Metynnis	*argenteus*	(Ahl 1924)	X		
Metynnis	*hypsauchen*	(Müller & Trsochel 1844)	X		
Metynnis	*lippincotianus*	(Cope 1870)	X		
Metynnis	*luna*	(Cope 1878)	X		
Metynnis	sp.		X		X
Microschemobrycon	*callops*	(Böhlke 1953)	X		
Microschemobrycon	*casiquiare*	(Böhlke 1953)	X		X
Microschemobrycon	*cf. callops*	Böhlke 1953	X		
Moenkhausia	*browni*	(Eigenmann 1909)	X		X
Moenkhausia	*cf. ceros*	Eigenmann 1908	X		
Moenkhausia	*chrysargyrea*	(Günther 1864)	X		
Moenkhausia	*collettii*	(Steindachner 1882)	X		X
Moenkhausia	*copei*	(Steindachner 1882)	X	X	
Moenkhausia	*cotinho**	Eigenmann 1908		X	
Moenkhausia	*dichroura*	(Kner 1859)	X		
Moenkhausia	*georgiae*	(Géry 1966)			
Moenkhausia	*intermedia*	(Eigenmann 1908)	X		
Moenkhausia	*lepidura*	(Kner 1859)	X		

TAXA Genero	Especie	Autor	Colección		
			MCNG	MHNLS	INIA
Moenkhausia	*lepidura* "manchón"		X		
Moenkhausia	*lepidura hasemani*	Eigenmann 1917			X
Moenkhausia	*oligolepis*	(Günther 1864)	X	X	X
Moenkhausia	*sanctaefilomenae**	(Steindachner 1907)		X	
Moenkhausia	sp 1. "big eye"		X		
Moenkhausia	sp 2. "coma"		X		
Moenkhausia	sp 3. "dos puntas"*			X	
Moenkhausia	sp 4. "palida"		X		
Myleus	*rubripinnis*	(Müller & Troschel 1844)	X		
Myleus	*schomburgki*	(Jardine 1841)	X	X	
Myleus	sp 1.		X		
Myleus	*torquatus*	(Kner 1860)	X		
Mylesinus	*schomburgki*	(Valenciennes 1849)	X		
Odontostilbe	*pulcher*	(Gill 1858)	X		
Oxybrycon	*parvulus*	(Géry 1963)	X		
Paracheirodon	*axelrodi*	(Schultz 1956)	X		
Paracheirodon	*innesi**	(Myers 1936)		X	
Parapristella	*georgiae*	(Géry 1964)	X		
Phenacogaster	*megalostictus*	(Eigenmann 1909)	X		
Phenacogaster	*microstictus*	(Eigenmann 1919)			X
Piaractus	*brachypomus*	(Cuvier 1818)	X		
Poptella	*compressa*	(Günther 1864)	X		X
Pristobrycon	*striolatus*	(Steindachner 1908)	X	X	
Pygocentrus	*cariba*	(Valenciennes 1849)	X		X
Pygopristis	*denticulatus*	(Cuvier 1819)	X		X
Rhinobrycon	*negrensis*	(Myers 1944)	X		
Roeboides	*affinis*	(Günther 1868)	X		
Roeboides	*dientonito*	(Schultz 1944)	X		
Roestes	sp.		X		
Salminus	sp.		X		
Serrabrycon	*magoi*	(Vari 1986)	X		
Serrasalmus	*altuvei**	Ramírez 1965		X	
Serrasalmus	*eigenmanni*	(Norman 1928)	X		
Serrasalmus	*elongatus*	(Kner 1860)	X		
Serrasalmus	*gouldingi**	Fink & Machado-Allison 1992		X	
Serrasalmus	*manueli*	(Fernández-Yépez & Ramírez 1967)	X		X
Serrasalmus	*rhombeus*	(Linnaeus 1766)	X		X
Serrasalmus	sp 1. "Amazonas"		X		
Serrasalmus	sp 2. "mancha dorsal"		X		
Tetragonopterus	*argenteus*	(Cuvier 1870)	X		
Tetragonopterus	*chalceus*	(Agassiz 1829)	X		X
Thayeria	*obliqua*	(Eigenmann 1957)			X
Triportheus	*auritus*	(Valenciennes 1850)	X	X	X
Triportheus	*brachypomus*	(Valenciennes 1850)	X		
Triportheus	sp*	(Günther 1864)		X	
Triportheus	*venezuelensis*	Malabarba 2004	X		
Familia Chilodontidae					
Caenotropus	*labyrinthicus*	(Kner 1859)	X		
Caenotropus	*maculosus*	(Eigenmann 1912)		X	
Caenotropus	*mestomorgmatus*	(Vari, Castro & Raredon 1995)	X		
Chilodus	*punctatus*	(Müller & Trsochel 1844)	X		
Familia Crenuchidae					
Ammocryptocharax	*elegans*	(Wietzman & Kanazawa 1976)	X		
Ammocryptocharax	*vintoni*	(Eigenmann 1909)			X
Characidium	*catenatum*	Eigenmann 1909	X		

TAXA Genero	Especie	Autor	Colección		
			MCNG	MHNLS	INIA
Characidium	sp 1 *crandelli*-grup 2				X
Characidium	sp 2 *crandelli*-grup 3				X
Characidium	*declivirostre*	(Steindachner 1915)	X		
Characidium	sp 3 *fasciatum*-grup 1				X
Characidium	*pellucidum*	Eigenmann 1909		X	
Characidium	*cf. purpuratum*				X
Characidium	sp 4		X		
Characidium	sp 5		X		
Characidium	*zebra*	(Eigenmann 1909)	X		
Characidium	sp. n.*			X	
Melanocharacidium	*depressum*	(Buckup 1993)	X		
Melanocharacidium	*pectorale**	Buckup 1993		X	
Melanocharacidium	*dispilomma**	Buckup 1993		X	
Melanocharacidium	sp 1		X		
Melanocharacidium	sp 2		X		
Elachocharax	*pulcher*	(Myers 197)	X		
Microcharacidium	*gnomus*	(Buckup 1993)	X		
Poecilocharax	*weitzmani*	(Gery 1965)	X	X	
Familia Ctenoluciidae					
Boulengerella	*cuvieri*	(Agassiz *en* Spix & Agassiz 1829)	X		
Boulengerella	*lateristriga*	(Boulenger 1895)	X		
Boulengerella	*lucius*	(Cuvier 1816)	X		
Boulengerella	*maculata*	(Valenciennes *en* Cuvier & Valenciennes 1849)	X		X
Boulengerella	*xyrekes*	(Vari 1995)	X		
Familia Curimatidae					
Curimata	*incompta*	(Vari 1989)	X		
Curimata	*ocellata*	(Eigenmann & Eigenmann 1889)	X		
Curimata	sp.		X		
Curimata	*vittata*	(Kner 1859)	X		
Curimatella	*immaculata*	(Fernández-Yépez 1948)	X		
Curimatella	sp.		X		
Curimatopsis	*macrolepis*	(Steindachner 1876)	X		
Cyphocharax	*spilurus*	(Günther 1868)	X		
Potamorhina	*altamazonica*	(Cope 1878)	X		
Psectrogaster	*ciliata*	(Müller & Troschel 1845)	X		
Steindachnerina	*argentea*	(Gill 1858)	X		
Steindachnerina	sp.*			X	
Familia Cynodontidae					
Cynodon	*gibbus*	(Spix 1829)	X	X	
Hydrolycus	*armatus*	(Schomburgk 1841)	X	X	
Hydrolycus	*tatauaia*	(Toledo-Piza, Menezes & Santos 1999)	X		
Hydrolycus	*wallacei**	(Toledo-Piza, Menezes & Santos 1999)		X	
Rhaphiodon	*vulpinus*	(Agassiz 1829)	X	X	
Familia Erythrinidae					
Erythrinus	*erythrinus*	(Bloch & Schneider 1801)	X		
Hoplerythrinus	*unitaeniatus*	(Spix 1829)	X	X	
Hoplias	*malabaricus*	(Bloch 1794)	X	X	X
Hoplias	*macrophthalmus*	(Pellegrin 1907)	X		
Hoplias	sp. n.*			X	
Familia Gasteropelecidae					
Carnegiella	*marthae*	(Myers 1927)	X		X
Carnegiella	*strigata*	(Günther 1864)	X		
Thoracocharax	*stellatus*	(Kner 1859)	X		
Familia Hemiodontidae					

TAXA Genero	Especie	Autor	Colección		
			MCNG	MHNLS	INIA
Anodus	*orinocensis*	(Steindachner 1888)	X	X	
Argonectes	*longiceps*	(Kner 1859)	X		
Bivibranchia	*fowleri*	(Steindachner 1908)	X	X	X
Hemiodus	*amazonum**	(Humboldt 1821)		X	
Hemiodus	*argenteus*	(Pellegrin 1908)	X		
Hemiodus	*goeldii*	Steindachner 1908	X		
Hemiodus	*gracilis*	(Günther 1864)	X		
Hemiodus	*immaculatus*	(Kner 1859)	X		
Hemiodus	*semitaeniatus*	(Kner 1859)	X	X	
Hemiodus	*thayeria*	(Böhlke1955)	X		
Hemiodus	*unimaculatus*	(Bloch 1794)	X		
Familia Lebiasinidae					
Copella	*metae*	(Eigenmann 1914)	X		
Copella	*nattereri*	(Steindachner 1875)	X		
Nannostomus	*digrammus*	(Fowler 1913)			X
Nannostomus	*eques*	(Steindachner 11876)	X		
Nannostomus	*espei*	(Meinken 1956)	X		
Nannostomus	*marginatus*	(Eigenmann 1909)	X		
Nannostomus	*marilynae*	(Weitzman & Cobb 1975)	X		X
Nannostomus	*trifasciatus*	(Steindachner 1876)	X		
Nannostomus	*unifasciatus*	(Steindachner 1876)	X		X
Pyrrhulina	*brevis*	(Steindachner 1875)	X		
Familia Parodontidae					
Parodon	sp.		X		
Familia Prochilodontidae					
Prochilodus	*mariae*	(Eigenmann 1922)	X	X	
Prochilodus	*rubrotaeniatus*	(Valenciennes 1849)	*X*		
Semaprochilodus	*kneri*	(Pellegrin 1909)	X	X	
ORDEN GYMNOTIFORMES					
Familia Apteronotidae					
Apteronotus	*albifrons*	(Linnaeus 1766)	X		
Apteronotus	*leptorhynchus*	(Ellis 1912)	X	X	
Familia Gymnotidae					
Electrophorus	*electricus*	(Gill 1864)	X	X	X
Gymnotus	*carapo*	(Linnaeus 1758)	X		
Gymnotus	*stenoleucus*	(Mago-Leccia 1994)	X		
Familia Hypopomidae					
Brachyhypopomus	sp.		X	X	
Hypopomus	sp.		X		
Hypopygus	*lepturus*	(Hoedeman 1962)	X	X	
Hypopygus	*neblinae*	(Mago-Leccia 1994)	X	X	
Microsternarchus	*bilineatus*	(Fernández-Yépez 1968)		X	X
Racenisia	*fimbriipinna*	(Mago-Leccia 1994)	X		
Steatogenys	*duidae*	(La Monte 1929)	X		
Familia Rhamphichthyidae					
Gymnorhamphichthys	*hypostomus**	Ellis 1912		X	
Gymnorhamphichthys	*rondoni*	(Miranda-Ribeiro 1920)	X		X
Rhamphichthys	*marmoratus*	(Castelnau 1855)	X		
Familia Sternopygidae					
Eigenmannia	*macrops*	(Boulenger 1897)	X	X	
Eigenmannia	*virescens*	(Valenciennes 1847)	X		X
Sternopygus	*macrurus*	(Block & Schneider 1801)	X		
ORDEN SILURIFORMES					
Familia Ageneiosidae					
Ageneiosus	*inermis*	Linnaeus 1766	X	X	

TAXA	Especie	Autor	Colección		
Genero			MCNG	MHNLS	INIA
Familia Aspredinidae				X	
Acanthobunocephalus	*nicoi**	Friel 1995		X	
Familia Auchenipteridae					
Asterophysus	*batrachus*	(Kner 1858)			X
Auchenipterus	sp.		X		
Auchenipterichthys	*longimanus**	(Günther 1864)		X	
Auchenipterichthys	sp.				X
Centromochulus	sp.		X		
Gelanoglanis	*stroudi*	(Böhlke 1980)	X		
Parauchenipterus	*galeatus*	(Linnaeus 1766)	X		
Tatia	*concolor*	Mees 1974	X		
Tatia	*musaica**	Royero 1992		X	
Tatia	*reticulata*	Mees 1974	X		X
Tatia	sp. "spotted"		X		
Tatia	sp. 1		X		
Tatia	sp. 2*			X	
Tetranematichthys	*quadrifilis*	(Kner 1858)			X
Trachelyichtys	sp.*			X	
Trachelyopterichthys	*anduzei*	(Ferraris & Fernández 1987)	X		
Trachelyopterichthys	*taeniatus*	(Kner 1857)	X		
Trachycorystes	sp.		X		
Trachycorystes	*trachycorystes*	(Valenciennes 1840)	X		
Familia Aspredinidae					
Bunocephalus	sp.		X		
Familia Callichthyidae					
Callichthys	*callichthys*	(Linnaeus 1758)	X		
Corydoras	sp.		X	X	X
Hoplosternum	*littorale*	(Hancock 1828)	X		X
Megalechis	*thoracata*	(Valenciennes 1840)	X	X	
Familia Cetopsidae					
Cetopsis	*coecutiens*	(Lichtenstein 1829)	X		
Helogenes	*marmoratus*	(Günther 1863)			X
Pseudocetopsis	sp.		X		
Familia Doradidae					
Acanthodoras	*cataphractus**	(Linnaeus 1758)		X	
Acanthodoras	*cf. calderonensis*	(Vaillant 1880)			X
Acanthodoras	*spinossisimus*	(Eigenmann et Eigenmann 1888)	X		
Amblydoras	sp.		X	X	
Doras	*lipophthalmus*	Kner 1855	X		
Doras	sp.		X		
Hassar	sp.		X		
Leptodoras	*linelli*	(Eigenmann 1912)	X		
Platydoras	*costatus*	(Linnaeus 1766)	X	X	
Nemadoras	sp. 1		X		
Nemadoras	sp. 2		X		
Nemadoras	sp. 3		X		
Scorpiodoras	*heckelii*	(Kner 1855)	X	X	
Familia Heptapteridae					
Brachyglanis	sp.		X		
Cetopsorhamdia	sp.*			X	
Gladioglanis	*machadoi**	Ferraris & Mago-Leccia 1989		X	
Goeldiella	*eques**	(Müller & Troschel 1848)		X	X
Heptapterus	sp.		X		
Imparfinis	n. sp.		X		
Imparfinis	*pristos**	Mees & Cala 1989		X	

TAXA Genero	Especie	Autor	Colección		
			MCNG	MHNLS	INIA
Imparfinis	sp. *bolama*		X		
Mastiglanis	*asopos**	Bockmann 1994		X	
Mastiglanis	sp.		X		
Microglanis	*poecilus**	Eigenmann, 1912		X	
Myoglanis	sp.		X		
Nemuroglanis	*pauciradiatus**	Ferraris 1988		X	
Leptorhamdia	sp.		X		
Pimelodella	*cristata*	(Müller & Trsochel 1848)		X	
Pimelodella	*gracilis*	(Valenciennes 1836)		X	
Pimelodella	sp. "linea"		X		
Pimelodella	sp. 1		X		
Pimelodella	sp. 2		X		
Rhamdia	*muelleri**	(Günther 1864)		X	
Rhamdia	*quelen*	(Quoy & Gaimard 1824)	X		
Familia Loricariidae					
Ancistrus	sp.		X		
Corymbophanus	sp.		X		
Dentectes	*barbamatus*	(Salazar, Isbrücker & Nijssen 1982)	X		
Hypostomus	*ammophilus*	(Armbruster & Page 1996)	X	X	
Hypostomus	sp. 1*			X	
Hypostomus	sp. 2*			X	
Hypostomus	sp. 3			X	
Farlowella	*mariaelenae*	(Martin 1964)	X		
Farlowella	*vittata*	(Myers 1942)	X	X	
Hemiancistrus	sp.		X		
Hypancistrus	*inspector*	(Armbruster 2002)	X		
Hypancistrus	sp. "snowball"		X		
Hypancistrus	sp. "zebra"		X		
Hypoptopoma	*steindachnerina*	(Boulenger 1895)	X		
Hypostomus	*micromaculatus*	(Boeseman 1968)	X		
Hypostomus	*robinii*	(Valenciennes 1840)	X		
Hypostomus	*squalinus*	(Schomburgk 1841)	X		
Leporacanthicus	*galaxias*	(Isbrücker & Nijssen 1989)	X		
Lithoxancistrus	*orinoco*	(Isbrücker, Nijssen et Cala 1988)			X
Lithoxus	sp.		X		
Limatulichthys	cf. *griseus*	(Eigenmann 1909)	X		
Loricaria	sp.		X		X
Loricariichthys	*brunneus*	(Hancock 1828)	X		
Panaque	*nigrolineatus*	(Peters 1877)	X		
Parotocinclus	*eppleyi**	Schaefer & Provenzano 1993		X	
Parotocinclus	sp.		X		X
Peckoltia	sp1.		X	X	
Peckoltia	sp. "amarillo"		X		
Peckoltia	sp. "verde"		X		
Pseudoancistrus	sp.		X		
Pseudohemiodon	sp.		X		
Pseudolithoxus	*antrax*	(Armbruster & Provenzano 2000)	X		
Pseudolithoxus	*dumus*	(Armbruster & Provenzano 2000)	X		
Pseudolithoxus	*tigris*	(Armbruster & Provenzano 2000)	X		
Pterygoplichthys	*gibbiceps*	(Kner 1854)	X		
Rineloricaria	*fallax*	(Steindachner 1878)	X		
Rineloricaria	*formosa*	(Isbrücker & Nijssen 1979)	X	X	
Rineloricaria	sp 1 "black"		X		
Rineloricaria	sp 2 "light"		X		
Rineloricaria	sp. 3		X		

TAXA Genero	Especie	Autor	Colección		
			MCNG	MHNLS	INIA
Familia Pimelodidae					
Brachyplatystoma	*filamentosus*	(Lichtenstein 1819)	X	X	
Brachyplatystoma	*juruense*	(Boulenger 1898)	X		
Brachyplatystoma	*vailantii*	(Valenciennes 1840)	X		
Leiarius	*cf. pictus*	(Müller & Troschel 1849)	X		
Megalonema	sp.		X		
Pimelodus	*albofasciatus*	(Mees 1974)			X
Pimelodus	*blochii*	(Valenciennes 1840)	X	X	
Pimelodus	*ornatus*	(Kner 1857)	X		
Pinirampus	*pinirampus**	(Spix & Agassix 1829)		X	
Sorubim	*elongatus*	(Littmann, Burr, Schmidt & Rios 2001)	X	X	
Prhactocephalus	*hemilliopterus*	(Bloch & Schneider 1801)	X		
Pseudoplatystoma	*fasciatum*	(Linnaeus 1766)	X		
Pseudoplatystoma	*tigrinum*	(Valenciennes 1840)	X		
Familia Pseudopimelodidae					
Batrochoglanis	sp.*			X	
Microglanis	*iheringi*	(Gomes 1946)	X		
Microglanis	*poecilus**	Eigenmann 1912		X	
Microglanis	sp.		X	X	
Pseudopimelodus	*apurensis*	(Mees 1978)	X		
Pseudopimelodus	*bufonius*	(Valenciennes 1840)			
Pseudopimelodus	*raninus*	Valenciennes 1840	X		
Pseudopimelodus	sp.		X		
Familia Trichomycteridae					
Acanthopoma	*bondi*	(Myers 1942)	X		
Haemomaster	*venezuelae*	(Myers 1914)	X		
Homodiaetus	*haemomyzom*	(Myers 1942)	X		
Ochmacanthus	*af. orinoco*	Myers 1927	X	X	
Sarcoglanidinae	(gen. et sp. nov.)*			X	
Paracanthopoma	sp.		X		
Stegophilus	*septentrionalis**	Myers 1927		X	
Trichomycterus	sp.		X	X	
Vandellia	sp.		X	X	
ORDEN SYNBRANCHIFORMES					
Familia Synbranchidae					
Synbranchus	*marmoratus*	(Bloch 175)	X	X	
ORDEN BELONIFORMES					
Familia Belonidae					
Belonion	*dibranchodon**	Collette 1966		X	
Potamorrhaphis	*guianensis*	(Schomburgk 1843)	X	X	
Potamorrhaphis	*petersi*	(Collete 1974)		X	X
Familia Hemirhamphidae					
Hyporhamphus	*brederi*	(Fernández-Yépez 1948)	X		
ORDEN CYPRINODONTIFORMES					
Familia Rivulidae					
Pterolebias	*xiphophorus*	(Thomerson & Taphorn 1992)	X		
Rivulus	*nicoi*	(Thomerson & Taphorn 1992)	X		
Rivulus	*tecminae*	(Thomerson, Nico & Taphorn)1992	X	X	
Familia Cyprinodontidae					
Fluviphylax	*obscurus*	Myers 1955	X		
ORDEN PERCIFORMES					
Familia Nandidae					
Monocirrhus	*polyacanthus*	Heckel 1840	X		
Familia Cichlidae					

TAXA Genero	Especie	Autor	Colección		
			MCNG	MHNLS	INIA
Acaronia	*vultuosa*	Kullander 1989	X	X	X
Aequidens	*diadema* "alto orinoco"		X		
Aequidens	*diadema* "grey"		X		
Aequidens	*tetramerus*	Heckel 1840	X		X
Apistogramma	*iniridae*	(Kullander 1979)	X		X
Apistogramma	n. sp. "sailfin breve"		X		
Apistogramma	sp. "sporttail"		X		
Biotodoma	*wavrini*	Gosse 1963	X	X	X
Biotoecus	*dicentrarchus*	Kullander 1989	X		
Bujurqina	n. sp.		X		
Cichla	*intermedia*	Machado-Allison 1971	X	X	
Cichla	*orinocensis*	Humboldt 1833	X	X	X
Cichla	*temensis*	Humboldt 1833	X	X	X
Cichlasoma	*orinocensis*	Kullander 1983		X	
Crenicichla	*cf. lepidota*	Heckel 1840			X
Crenicichla	*cf. ornata*	Regan 1905		X	
Crenicichla	*geayi**	Pellegrin 1903		X	
Crenicichla	*johanna*	(Heckel 1840)			X
Crenicichla	*lenticulata*	(Heckel 1840)	X		
Crenicichla	*lugubris**	Heckel 1840		X	
Crenicichla	n. sp. *"Atabapo"*		X		
Crenicichla	n. sp. *"belicosa"*		X	X	
Crenicichla	n. sp. *"rojo"*		X		
Crenicichla	n. sp. *"tigre"*		X		
Crenicichla	n. sp. *o-lugubris*		X		
Crenicichla	*saxatilis**	(Linnaeus, 1758)		X	
Crenicichla	sp *o-wallacii*		X		
Crenicichla	*wallacii**	Regan 1905		X	
Dicrossus	*filamentosus*	(Ladiges 1958)	X	X	
Geophagus	*abalios*	(López & Taphorn 2004)	X		
Geophagus	*dicrozoster*	(López & Taphorn 2004)	X		
Geophagus	*taeniopareius*	(Kullander & Royero 1992)	X		
Heros	n. sp. *"common"*		X		
Heros	*severus*	(Heckel 1840)	X	X	X
Hoplarchus	*psittacus*	(Heckel 1840)	X	X	
Hyselacara	*coryphonoides*	(Heckel 1840)	X		
Laetacara	n. sp. *orangeflossen*		X		
Mesonauta	*egregius*	(Kullander & Silvergrip 1991)	X		
Mesonauta	*insignis*	(Heckel 1840)	X		
Mesonauta	sp.		X		
Pterophyllum	*altum*	(Pellegrin 1903)	X		
Satanoperca	*daemon*	(Heckel 1840)	X	X	
Satanoperca	*mapiritensis*	(Fernánez-Yépez 1950)	X		
Familia Gobiidae					
Microphilypnus	*amazonicus*	(Myers 1927)	X		
Familia Sciaenidae					
Pachypops	*furcraeus*	(Lacepéde 1802)	X		
Pachyurus	*schomburgki*	(Güenther 1860)	X		
Plagioscion	*squamosissimus*	(Heckel 1840)	X	X	
ORDEN PLEURONECTIFORMES					
Familia Achiridae					
Hypoclinemus	*mentalis*	(Günther 1862)	X		

Apéndice 8

Listado de anfibios y reptiles del AquaRAP Orinoco-Ventuari 2003

Josefa C. Señaris y Gilson Rivas

X= colectado; O= observado; O*= información

		Region Orinoco 1					Región Ventuari						Región Orinoco 2							
TAXA	**Referencia***	**OR 1.1**	**OR 1.2**	**OR 1.3**	**OR 1.4**	**OR 1.5**	**VT 1**	**VT 2**	**VT 3.1**	**VT 3.2**	**VT 3.3**	**VT 4**	**OR 2.1**	**OR 2.2**	**OR 2.3**	**OR 2.4**	**OR 2.5**	**OR 2.6**	**OR 2.7**	**Otras**
CLASE AMPHIBIA																				
ORDEN ANURA																				
Family Bufonidae																				
Bufo granulosus Spix 1824	G&S														X			X		
Bufo guttatus Schneider 1799	G&S											X						X		
Bufo margaritifera (Laurenti 1768) complex	G&S											X	X	X		X			X	
Bufo marinus (Linnaeus 1758)	G&S			X								X	X					X		
Family Dendrobatidae																				
Dendrobates leucomelas Fitzinger 1864	R																	X		
Minyobates steyermarki (Rivero 1971)	G&S																			
Family Hylidae																				
Aparasphenodon venezolanus (Mertens 1950)	P&C																			
Hypsiboas geographicus (Spix 1824)				X										X						
Hypsiboas granosus (Boulenger 1882)	G&S												X							
Hypsiboas wavrini (Parker 1936)	G&S			X	O		X					X	X	X	X			X		
Hylidae sp							X													
Osteocephalus taurinus Steindachner 1862	G&S				X							X	X	X	X			X		

TAXA	Referencia*	Region Orinoco 1					Región Ventuari						Región Orinoco 2							
		OR 1.1	OR 1.2	OR 1.3	OR 1.4	OR 1.5	VT 1	VT 2	VT 3.1	VT 3.2	VT 3.3	VT 4	OR 2.1	OR 2.2	OR 2.3	OR 2.4	OR 2.5	OR 2.6	OR 2.7	Otras
Scinax boesemani (Goin 1966)	G&S																			
Scinax rostratus (Peters 1863)	G&S																			
Scinax ruber (Laurenti 1768)														X				X		
Scinax sp		X																		
Family Leptodactylidae																				
Adenomera hylaedactyla (Cope 1868)	G&S																			
Eleutherodactylus vilarsi Melin 1941	G&S																			
Leptodactylus bolivianus Boulenger 1898	G&S			X																
Leptodactylus fuscus (Schneider 1799)	G&S												X							
Leptodactylus knudseni Heyer 1972	G&S				X		O					X							X	
Leptodactylus lithonaetes Heyer 1995	H																			
Leptodactylus macrosternum Miranda-Ribeiro 1926										X					X					
Leptodactylus mystaceus (Spix 1824)		X						X					X		X					
Leptodactylus pallidirostris Lutz 1930	G&S	X					X		X			X	X	X	X	X			X	
Lithodytes lineatus (Schneider 1799)	G&C																			
Pseudopaludicola boliviana Parker 1927		X		X		X							X	X	X		X	X		
Pseudopaludicola llanera Lynch 1989	G&S			X														X		
Family Pipidae																				
Pipa pipa (Linnaeus 1758)	G&S	X											X	X	X					
ORDEN GYMNOPHIONA																				
Family Caeciliidae																				
Nectocaecilia petersi (Boulenger 1882)	G&S																			
Typhlonectes compressicauda (Duméril & Bibron 1841)	G&S																			
CLASE REPTILIA																				
ORDEN SQUAMATA																				
Family Gekkonidae																				
Gonatodes humeralis (Guichenot 1855)	G&S				X							X		X		X		X	X	
Hemidactylus palaichthus Kluge 1969	G&S																	X		
Thecadactylus rapicauda (Houttuyn 1782)	G&S																			
Family Gymnophthalmidae																				
Cercosaura ocellata ocellata (Wagler 1830)																		X		
Gymnophthalmus underwoodi complex	G&S													X				X		X
Leposoma parietale (Cope 1885)	G&S													X						X

		Region Orinoco 1					Región Ventuari						Región Orinoco 2							
TAXA	Referencia*	OR 1.1	OR 1.2	OR 1.3	OR 1.4	OR 1.5	VT 1	VT 2	VT 3.1	VT 3.2	VT 3.3	VT 4	OR 2.1	OR 2.2	OR 2.3	OR 2.4	OR 2.5	OR 2.6	OR 2.7	Otras
Neusticurus sp				O	O							O	O			O				
Family Iguanidae																				
Iguana iguana Linnaeus 1758	G&S											O	O		O					
Family Polychrotidae																				
Anolis auratus Daudin 1802	G&S														X	O		X		
Family Teiidae																				
Ameiva ameiva (Linnaeus 1758)	G&S																			
Cnemidophorus lemniscatus (Linnaeus 1758)	G&S																	O		
Crocodilurus amazonicus Spix 1825	G&S, AP																			
Kentropyx altamazonica Cope 1876	G&S	X		O	X		O	O	X									X		
Kentropyx striata (Daudin 1802)																		X		
Tupinambis teguixin (Linnaeus 1758)	G&S			O																
Family Tropiduridae																				
Uracentron azureum werneri Mertens 1925																		X		
Uranoscodon superciliosus (Linnaeus 1758)	G&S				X			X	X			X	X		O	X				
Plica plica (Linnaeus 1758)	G&S																			
Tropidurus hispidus (Spix 1825)	G&S																			
Family Scincidae																				
Mabuya nigropunctata (Spix 1825)	G&S	O												X		O				
Family Boidae																				
Boa constrictor Linnaeus 1758	G&S																			
Corallus hortulanus (Linnaeus 1758)	G&S			X								X		X				X		
Eunectes murinus Linnaeus 1758	G&S														O					
Family Colubridae																				
Chironius carinatus (Linnaeus 1758)			X															X		
Chironius fuscus (Linnaeus 1758)	D														X					
Erythrolamprus aesculapii (Linnaeus 1766)	G&S																			
Helicops angulatus (Linnaeus 1758)	G&S																			
Hydrodynastes bicinctus (Herrmann 1804)	G&S														X	O				
Leptodeira annulata ashmeadii (Hallowell 1845)	G&S																			
Leptophis ahaetulla copei Oliver 1942	G&S																			
Liophis lineatus (Linnaeus 1758)																		X		

		Region Orinoco 1					Región Ventuari						Región Orinoco 2							
TAXA	Referencia*	OR 1.1	OR 1.2	OR 1.3	OR 1.4	OR 1.5	VT 1	VT 2	VT 3.1	VT 3.2	VT 3.3	VT 4	OR 2.1	OR 2.2	OR 2.3	OR 2.4	OR 2.5	OR 2.6	OR 2.7	Otras
Mastigodryas boddaerti (Sentzen 1796)																				X
Oxybelis argenteus (Daudin 1803)	G&S																			
Philodryas viridissimus (Linnaeus 1758)																		X		
Siphlophis compressus (Daudin 1803)														X						
Spilotes pullatus (Linnaeus 1758)	G&S																			
Xenodòn rabdocephalus (Wied 1824)	G&S																			
Xenodon severus (Linnaeus 1758)	G&S																			
ORDEN CROCODYLIA																				
Family Alligatoridae																				
Caiman crocodilus Linnaeus 1758	G&S	O										O								
Paleosuchus trigonatus (Schneider 1801)	G&S	O		O	O		O					O			O					
Family Crocodylidae																				
Crocodylus intermedius Graves 1819	G&S	O*																		
ORDEN TESTUDINES																				
Family Chelidae																				
Chelus fimbriatus (Schneider 1783)	G&S																			X
Platemys platycephala (Schneider 1792)																				
Family Geomydidae																				
Rhinoclemmys punctularia (Daudin 1801)	P&T																			
Family Kinosternidae																				
Kinosternon scorpioides (Linnaeus 1766)	G&S																X			
Family Testudinidae																				
Geochelone denticulata (Linnaeus 1766)	G&S																			
Family Podocnemidae																				
Peltocephalus dumerilianus (Schweigger 1812)	G&S																			
Podocnemis erythrocephala (Spix 1824)						O														
Podocnemis expansa (Schweigger 1812)	G&S	O*																		
Podocnemis unifilis Troschel 1848	G&S					O														
Podocnemis vogli Müller 1935															X					
	TOTAL	23 anfibios, 36 reptiles					12 anfibios, 12 reptiles						21 anfibios, 32 reptiles							

AP= Avila-Pires 1995D= Dixon et al. 1993; G&C= Gorzula y Cerda 1979; G&S=Gorzula y Señaris 1999; H= Heyer 1995; P&C= Paolillo y Cerda 1981; P&T= Pritchard y Trebbau 1984; R= Rivero 1961.

Apéndice 9

Listado de especies de aves del AquaRAP Orinoco-Ventuari 2003

Miguel Lentino

TAXA	Subregion Orinoco 1					Subregión Ventuari						Subregión Orinoco 2							
	OR 1.1	OR 1.2	OR 1.3	OR 1.4	OR 1.5	VT 1	VT 2	VT 3.1	VT 3.2	VT 3.3	VT 4	OR 2.1	OR 2.2	OR 2.3	OR 2.4	OR 2.5	OR 2.6	OR 2.7	Otras
Anhinga anhinga											X								
Phalacrocorax olivaceus									X			X							
Agamia agami				X							X								
Ardea cocoi									X										
Butorides striatus			X			X			X					X	X	X			
Casmerodius albus					X														
Cochlearius cochlearius									X					X					
Egretta caerulea						X			X										
Pilherodius pileteaus	X	X							X			X							
Jabiru mycteria					X														
Mesembrinibis cayennensis	X	X				X						X							
Cathartes aura ruficollis	X	X	X	X	X				X		X	X			X	X	X		
Coragyps atratus				X	X							X		X	X	X			
Buteo magnirostris magnirostris	X	X			X			X	X		X	X							
Buteogallus urubitinga														X					
Geranospiza caerulescens caerulescens												X							
Ictinea plumbea						X													
Pandion haliaetus carolinensis			X		X				X			X							
Daptrius ater						X		X	X			X							

TAXA	Subregion Orinoco 1					Subregión Ventuari						Subregión Orinoco 2							
	OR 1.1	OR 1.2	OR 1.3	OR 1.4	OR 1.5	VT 1	VT 2	VT 3.1	VT 3.2	VT 3.3	VT 4	OR 2.1	OR 2.2	OR 2.3	OR 2.4	OR 2.5	OR 2.6	OR 2.7	Otras
Micrastur mirandolllei												X							
Milvago chimachima	X	X	X		X	X			X			X		X	X	X			
Mitu tomentosa						X					X								
Pipile pipile cumanensis											X								
Eurypga helias helias									X										
Heliornis fulica			X	X							X								
Hoploxypterus cayanus			X						X			X							
Vanellus chilensis			X			X						X							
Actitis macularia macularia												X							
Rhynchops niger									X										
Phaethusa simplex			X	X		X			X			X							
Sterna superciliaris									X			X							
Columba cayennensis cayennensis	X	X	X	X		X			X		X	X					X		
Columba speciosa								X											
Columba subvinacea purpureotincta						X													
Leptotila rufaxilla dubusi			X									X							
Leptotila verreauxi												X							
Amazona amazonica amazonica	X	X				X			X		X	X			X	X	X		
Amazona ochrocephala ochrocephala				X		X						X					X		
Ara ararauna				X					X		X	X							
Ara chloroptera												X							
Ara macao												X							
Ara nobilis												X							
Ara severa												X					X		
Aratinga leucopthalmus												X					X		
Aratinga pertinax chrysophrys				X								X							
Brotogeris cyanoptera												X							
Forpus sclateri									X			X							
Pionites melanocephala melanocephala			X									X			X	X			
Crotophaga major						X			X			X							
Piaya cayana cayana												X			X	X			
Otus choliba crucigerus						X													
Caprimulgus nigrescens				X															
Chordeiles acutipennis acutipennis												X							
Chordeiles rupestris rupestris												X							
Hydropsalis climacocerca climacocerca												X							

TAXA	Subregion Orinoco 1					Subregión Ventuari						Subregión Orinoco 2							
	OR 1.1	OR 1.2	OR 1.3	OR 1.4	OR 1.5	VT 1	VT 2	VT 3.1	VT 3.2	VT 3.3	VT 4	OR 2.1	OR 2.2	OR 2.3	OR 2.4	OR 2.5	OR 2.6	OR 2.7	Otras
Nyctidromus albicollis albicollis						X						X							
Reinarda squamata												X					X		
Amazilia fimbriata elegantissima											X	X							
Amazilia versicolor milleri												X							
Anthracothorax nigricollis												X							
Hylocharis cyanus viridiventris												X							
Phaethornis bourcieri whitelyi												X							
Phaethornis hispidus						X						X							
Phaethornis ruber episcopus											X								
Phaethornis squalidus rupurumii												X							
Thalurania furcata orenocensis											X	X					X		
Trogon violaceus crissalis			X			X						X							
Trogon viridis viridis												X							
Ceryle torquata	X	X	X	X		X		X	X		X	X		X	X	X			
Chloroceryle aenea aenea	X	X		X													X		
Chloroceryle americana americana	X	X	X	X		X		X	X		X	X		X	X	X			
Chloroceryle inda				X				X											
Chloroceryle amazona	X	X	X	X		X		X	X		X	X		X	X	X			
Momotus momota momota											X	X							
Galbula galbula						X													
Chelidoptera tenebrosa tenebrosa												X							
Monasa atra	X	X									X								
Capito Níger aurantiicinctus												X							
Ramphastos tucanus											X	X							
Ramphastos vitellinus															X	X			
Campephilus melanoleucos melanoleucos				X							X	X							
Celeus elegans jumana												X			X	X	X		
Melanerpes cruentatus extensus												X							
Picumnus exilis undulatus												X							
Dendrocincla fuliginosa phaeochroa												X							
Glyphorynchus spirurus rufigularis																	X		
Lepidocolaptes albolineatus												X							
Nasica longirostris longirostris															X	X	X		
Xiphorhynchus guttatus polystictus			X																
Xiphorhynchus obsoletus notatus						X											X		

TAXA	Subregion Orinoco 1					Subregión Ventuari						Subregión Orinoco 2							
	OR 1.1	OR 1.2	OR 1.3	OR 1.4	OR 1.5	VT 1	VT 2	VT 3.1	VT 3.2	VT 3.3	VT 4	OR 2.1	OR 2.2	OR 2.3	OR 2.4	OR 2.5	OR 2.6	OR 2.7	Otras
Xiphorhynchus picus duidae												X							
Philydor pyrrhodes				X															
Synallaxis albescens josephinae												X							
Cercomacra tyrannina tyrannina						X						X							
Formicarius colma colma											X	X			X	X			
Formicivora grisea rufiventris			X									X							
Hylophylax poecilonota poecilonota											X	X							
Hypocnemoides melanopogon occidentalis						X		X			X	X			X	X	X		
Myrmeciza atrothorax atrothorax											X								
Myrmotherula axillaris melaena								X				X			X	X	X		
Myrmotherula surinamensis surinamensis				X															
Sakesphorus canadensis intermedius						X						X					X		
Schistocichla leucostigna								X											
Sclateria naevia argentata			X																
Taraba major semifasciata												X							
Thamnophilus amazonicus cinereiceps								X											
Cephalopterus ornatus ornatus												X			X	X			
Lipaugus vociferans				X				X			X				X	X			
Perissocephalus tricolor				X															
Heterocercus flavivertex			X								X	X					X		
Pipra erythrocephala erythrocephala	X	X		X							X	X					X		
Pipra filicauda																	X		
Pipra pipra pipra			X	X		X									X	X	X		
Xenopipo atronitens			X	X													X		
Attila spadiceus spadiceus																	X		
Camptostoma obsoletum napaeum												X							
Elaenia cristata			X									X							
Inezia subflava obscura				X								X							
Megarynchus pitangua												X							
Myiarchus ferox ferox				X								X							
Myiarchus swainsoni phaeonotus			X																
Myiopagis gaimardii guianensis				X								X							
Myiozetetes cayanensis cayanensis	X	X										X					X		
Myiozetetes similis			X									X							
Ochthornis littoralis									X										

TAXA	Subregion Orinoco 1					Subregión Ventuari						Subregión Orinoco 2							
	OR 1.1	OR 1.2	OR 1.3	OR 1.4	OR 1.5	VT 1	VT 2	VT 3.1	VT 3.2	VT 3.3	VT 4	OR 2.1	OR 2.2	OR 2.3	OR 2.4	OR 2.5	OR 2.6	OR 2.7	Otras
Pitangus sulphuratus trinitatis	X	X	X						X			X							
Terenotriccus erythrurus venezuelensis											X								
Todirostrum cinereum cinereum	X	X										X					X		
Tolmomyias flaviventris dissors	X	X										X							
Tyrannus melancholicus melancholicus	X	X	X						X			X		X	X	X	X		
Atticora melanoleuca									X			X					X		
Progne chalybea						X			X			X							
Tachycineta albiventer			X	X	X	X		X				X							
Thryothorus leucotis bogotensis						X		X				X			X	X			
Mimus gilvus												X							
Catharus minimus minimus												X							
Turdus fumigatus orinocensis											X								
Turdus ignobilis arthuri			X																
Turdus leucomelas albiventer												X							
Polioptila plumbea innotata			X	X								X					X		
Hylophilus brunneiceps				X															
Vireo olivaceus vividior												X							
Cacicus cela cela	X	X									X	X							
Icterus chrysocephalus												X							
Scaphidura oryzivora									X			X							
Seiurus noveboracensis			X																
Coereba flaveola minima			X	X								X							
Chlorophanes spiza spiza												X							
Dacnis cayana cayana												X							
Euphonia chlorotica												X							
Ramphocelus carbo carbo	X	X	X	X		X						X		X	X	X	X		
Schistochlamys melanopis												X		X					
Tangara cayana cayana												X							
Thraupis episcopus nesophila	X	X	X	X							X	X			X	X	X		
Thraupis palmarum melanoptera	X	X									X	X			X	X	X		
Cyanocompsa cyanoides rothschildi						X													
Saltator coerulescens																	X		
Total de Especies	**22**	**22**	**33**	**32**	**8**	**32**		**14**	**30**		**32**	**107**		**11**	**24**	**24**	**31**		

Apéndice 10

Encuestas estructuradas durante el AquaRAP Orinoco-Ventuari 2003

Oscar J. León-Mata, Donald Taphorn, Carlos A. Lasso, y Josefa C. Señaris

BioCentro - AquaRAP03. Encuesta: "El Uso de los Recursos Acuáticos" N°:____ Fecha: / / 03, Comunidad (Guachapana, Macuruco, Picua, Maraya, Chipiro, Pto. Nuevo, ________________). **Lenguaje:** (Maco, Baniva, Curípaco, Piaroa, ________________).
Nombre: ________________, **Edad:** _____, **N° Familia:** ____, **Coordenadas:** ____ ° ____' ____" N; ____ ° ____' ____" W. **Hora:** ____ pm / am.

1.

Pesca Comercial	N. I.	C	V	Mes	P (Bs.)		N.I.	C	V	Mes	P.(Bs)	Cual consume más (3)	lo ceban
Bagre Rayao						Cachama						1.	1
Palometa						Dorado						2.	2
B. Chancleta						Mije						3.	3
Morocoto						Saltador						Lo vende (S / N) Minería: Kg.	
Caribe						Sapúara						Precio: Bs. (Diario, Semanal,	Cuantas personas va
Cajáro						Viejita						Mensual) Comunidad: Kg.	contigo a pescar: (1),
Pavón						Sardinata						Precios: Bs. (Diario, Semanal,.	(2), (3), (4), más:
Raya						Otros:						Mensual).Ciudad: Kg	
Cuana												Precios: Bs. (Diario, Semanal,	Que tipo de
Valentón												Mensual) Artes pesca: (Azuelos) ,	embarcación utilizan:
Pámpano												(Atarraya), (Caña de pescar), (Redes de	(Curiara), (Bongo),
Bocón												Ahorque), (Chinchorros), (explosivos),	(Bote), Otros:
Payara												(trampas) Otros:	

(NI.): Nombre indígenas; **(C):** para Consumo; **(V):** para la Venta; **(Mes):** En qué mes se pesca más ó se captura; **P (Bs):** A qué precio que lo vende.

2.

Pesca Ornamental:	N.I.	Mes	(Ind.)	.P(Bs)		N.I.	Mes	(Ind)	P(Bs.)	Cual Vende más Precios
C. Cebra					P. Hoja					1.
C. Hipostomo					Moneda					2.
C. Atabapo					Rodostomo					3.
C. Bandera					Estrigata mármol					
C. Chengele					Agujón					Por Gral. Captura.
C. Guacamaya					Apistograma					Ind.: Diarios
C. Loricaria					Palometica					Ind.: Semanal
C.Piña					Mataguaro					Ind.: Mensual
C. Plancheta					Hemiodos punto					Capturarlos: (min. hr.)
C. Pta. de Oro					Hemiodos rojo					Que Tiempo necesita para
C. Pto. Diamante					Anostomo					El Arte de pesca que utilizan es:
C. Roja					Corredora puntata					(Nasa),(Red de Mano), (Trampa)
C. Verde					Leporinos					(Tela mosquitero), (Chinchorros)
C. Vitatus					Tigrito					(con la manos), Otros:
C. Mariposa					C. Alcalde					¿Los Compradores te dan
Escalares					Cardenales					los Materiales (S / N)
Rayas					Cara de Caballo					Cómo traslada desde campo -
Gancho rojo					Sardinitas, Otros:					almacenamiento:
Pencil										
Viejitas										

(Ind.): Números de individuos que captura en un mes; .P (Bs): A qué precio lo vende cada uno ó por mayor.

3.

En general la pesca lo realizan a:	P.O.	P.C.	M/T/N	Especies (2)	Cerca de la	P.O.	P.C.	M/T/N	Especies (2)
Orilla del (Río, Caño, Raudales, Rebalse, Remansos, Laguna): ( ),					Vegetación				
Bosque inundados ( ), ( ),					Piedras				
Lajas de Piedras ( ), ( ),					Troncos				
Morichales ( ), ( ),					Arenas				
Playa de Arena ( ), ( ),					Otros:				
Otros:									

(P.O.): para la pesca ornamental; (P.C.): para la pesca Consumo; (M/T/N): la pesca lo realiza en la Mañana, Tarde, Noche;

4.

Los P. O. es un sustento económico:	*Total Bs.	Especies más vendidas (2).	Vía (A. F.)	+Lo llevan
Familiar (S/ N) para los meses ( )				
Personal (S / N)				
Los P. C. es un Ingreso para la				(Minería, Ciudad, Comunidad)
Familia (S / N) para los meses ( )				
Personal (S / N)				

(*Total Bs): Dinero Total que gana *(Diarios, Semanales, Mensuales, verano, invierno); Vía (A. F.): Como lo traslada por vía aérea ó fluvial; + (Colombia, S. F. Atabapo, P. Ayacucho, otros)

5.

Almacenamiento (P. C.):	Días	Venderlo a	Kgs.	Precios	Especies C.	Almacenamiento (P. O.):	Días	Venderlo a	Especies C.	Indv.	Precios	Muere
Ahumado						Río						
Congelado						Piscinas Plásticas						
Seco						Piscina de Cemento						
Enhielado						Curiara						
Otros:						Canoa						
						Bolsas plásticas						

(Días): Tiempo que dura almacenados (P.C.); (Venderlo a): A donde lo vende; (Kgs): Cuanto kilogramos almacena ó vende; (Precios): A que precios lo vende; (Especies C.): Especies que más almacena ó comercializa; (Indv): Cantidad de individuos que Almacena (P.O.); (Muere): Cantidad de Individuos que se mueren almacenados (P.O.).

6.

Meses:

CAZA (NC)	N. I.	V	C	E	F	M	A	M	J	J	A	S	O	N	D	Proviene
Gallineta																
Paují																
Pava, C. Blanco																
Pava, C. Rojo																
Guacamayas																
Loros																
Babo Blanco																
Babo Negro																
Cabezón																
Chipiro																
Caimán																
Tonina																
Perro de Agua																
Danto																
Lapa																

CAZA (NC)	N. I.	V	C	E	F	M	A	M	J	J	A	S	O	N	D	Proviene
Chácharo																
Mono																
Picure																
Iguana																
Ardillas																
Cachicamo																
Otros:																
Orquídeas																
Minería ( )																

Provienen: a.- Aguas (Arriba/Abajo/desembocaduras/Medio) del río Ventuarí. (Todos); b.- Aguas (Arriba/Abajo/Medio) del río Orinoco. (Todos); c.- Ambos ríos. Otro origen: (NI.): Nombres indígenas; (V): Para venderlo; (C): Para consumo; (Meses): Meses optimo de mayor abundancia, extracción (plantas) ó cacería.

7.

Meses:

Vegetación	N. I.	*Uso (Med, const.,)	+Hábitat	E	F	M	A	M	J	J	A	S	O	N	D
Palo Amarillo															
Palo de Cachicamo															
Parature															
Sal zafra															
Laurel															
Cunaguaro															
Palo de Perro de Agua															
Platanote															
Chiga															
P. Manaka															
P. Temiche															
P. Mavaco															
P. Carana															
Palo´kina Otros:															

*Uso (Med, const.): Como uso medicinales ó para construcciones de vivienda u otros usos *(Curiara, bongo, canalete, chozas, paludismo, diarrea, deparasitante, etc.); (+Hábitat): Tipos de hábitat donde se consigue la vegetación +(Sabana, ríos, caños, Bosque inundado, etc.); (Meses): meses de mayor abundancia ó extracción (plantas) que uno puede conseguirlo.

Observaciones:

Apéndice 11

Lista de las especies utilizadas en la pesca de subsistencia en la región del AquaRAP Orinoco-Ventuari 2003

Oscar J. León-Mata, Donald Taphorn, Carlos A. Lasso, y Josefa C. Señaris

NOMBRE COMÚN	NOMBRE CIENTÍFICO	Curripaco	Maco	Piaroa	Baniwa
Agua dulce	*Hoplerythrinus unitaeniatus*			wará	
Agujón	*Boulengerella* spp	yoyo	wajelvaño	aatá-poinsá	
Aimara	*Hoplias macrophthalmus*			tachá iniqua	
Arenca	*Triportheus spp*			puruke	
Bagre cogotúo, chorrosco	*Pimelodus* sp			manaka-poinsa	
Bagre chancleta	*Ageneiosus* spp	tírri		guajaponía	
Bagre paleta	*Sorubim* spp			ni-ué	
Bagre rayao	*Pseudoplatystoma fasciatum, P. tigrinum*	collírri	dúri	culiri curiri	garríriguo
Bagre sapo	*Pseudopimelodus* sp			du-nuño	
Bagre yaque	*Zungaro zungaro*			yaque-poinsa	
Berbanche, blanco pobre	*Pinirampus pinirampu*			tana-poinsa	
Bocachico	*Semaprochilodus kneri*			anámari	
Bocón, palambra	*Brycon bicolor*	dapenaíta	ahí	ahí	
Cachama	*Colossoma macropomum*		cadut	cachama	
Cajaro	*Phractocephalus hemiliopterus*	maparra	cajalú	cajaro-poinsa	
Cangrejo	*Fredius chaffajoni*			joseke	
Cara e´caballo	*Geophagus* spp			gravó	
Cara´e perros	*Acestrorhynchus* spp			güaturi	
Caracol	*Pomacea olivacea*			mimé	
Caribe	*Serrasalmus manueli*	umay	casay	caribe, güasipana	paromá
Caribe negro	*Serrasalmus rombheus*			caribe iniqua	
Dorado	*Brachyplatystoma flavicans*			avecepeña, vatanapo	
Güabina	*Hoplias malabaricus*			tachá	
Lau-lau	*Brachyplatystoma vaillanti*		marichirri	merisíri	
Mataguaro	*Crenicichla* spp	vaví			
Mije	*Leporinus* spp			kumue	
Morocoto	*Piaractus brachypomus*		molú	casamí casamaní, kasama	
Palometa	*Mylossoma duriventris, M. aureum*		anachí	anasí	
Pámpano	*Myleus rubripinnis*	chápa	valat	pámpano	igüito
Pavón	*Cichla temensis*	yaupa	ojah	apóff apó	zapas
Payara	*Hydrolicus* spp	vetsolí	payara	vayara	
Payarín	*Cynodon gibbus*			vayara	

NOMBRE COMÚN	NOMBRE CIENTÍFICO	Curripaco	Maco	Piaroa	Baniwa
Payarín	*Raphiodon vulpinus*			wichuno	
Raya	*Potamotrygon* spp	yamarra	chivarí	sibarí	inamaro
Raya tigrita	*Potamotrygon orbignyi*			yaví-sibari	
Saltón	*Hemiodus* spp, *Argonectes longiceps*	cavirrí	saltón diar	anamané	
Sardinata	*Pellona flavipinnis, P.castelneana*		botavaya	poda-poinsa, wuajo-poinsa	
Temblador	*Electrophorus electricus*			mejú	
Valentón	*Brachyplatystoma filamentosum*		macolí macurí	marisiri	
Vieja lora	*Heros* spp		mallarro	pareeva perevo, taka pareva	
Viejita	*Aequidens* spp	yavírra	valerot		

Apéndice 12

Lista y precio de las especies de peces ornamentales en la región del AquaRAP Orinoco-Ventuari 2003.

Oscar J. León-Mata, Donald Taphorn, Carlos A. Lasso, y Josefa C. Señaris

Nombre comercial	Nombre científico	1993		2000		2002	
		N° peces	Bs.	N° peces	Bs.	N° peces	Bs.
Cardenal	*Paracheirodon axelrodi, P. simulans*			1000	800 (todos)		
Corredora puntata	*Corydoras* spp ?						
Cucha	Loricariidae (n.i.)						
Cucha amarilla	*Aphanotorolus* sp ?						
Cucha Atabapo	Loricariidae (n.i.)						
Cucha bandera	Loricariidae (n.i.)			50	150	10 a 30	180-500
Cucha chéngele	Loricariidae (n.i.)	3 a 50	120			6 a 80	250
Cucha guacamaya	Loricariidae (n.i.)			30	250	2 a 3	200
Cucha mariposa	Loricariidae (n.i.)	15 a 300	50-60				
Cucha plancheta	Loricariidae (n.i.)						
Cucha punta de diamante	Loricariidae (n.i.)	20 a 60	150-300			20 a 30	500
Cucha punta de oro	Loricariidae (n.i.)	20	60	400	60	25 a 30	200 a 300
Escalar	*Pterophyllum altum*	1000	60-200	1500-2000	600-800		
Gancho rojo	*Myleus rubripinnis*						
Matagüaro	*Crenicichla* spp						
Raya	*Potamotrygon motoro*			10	2000-2500		

Apéndice 13

Principales especies de cacería y productos forestales en la región del AquaRAP Orinoco-Ventuari 2003.

Oscar J. León-Mata, Donald Taphorn, Carlos A. Lasso, y Josefa C. Señaris

NOMBRE COMÚN	NOMBRE CIENTÍFICO
FLORA	
Chigo	*Campsiandra* sp
Palo de boya o baré blanco / negro	Apocynaceae
Salzafrá o sasafrás	*Ocotea cymbarum*
Palma manaka	*Euterpe* sp
Palma cunagüaro	*Aspidosperma* sp
Palma chiqui-chiqui	*Leopoldinia piassaba*
REPTILES	
Babo blanco	*Caiman crocodilus*
Babo negro	*Paleosuchus* spp
Cabezón	*Peltocephalus dumerilianus*
Chipiro	*Podocnemis erythrocephala*
Iguana	*Iguana iguana iguana*
Caimán de Orinoco	*Crocodilus intermedius*
AVES	
Gallineta	Tinamidae
Paují	Cracidae
Pava cuello rojo	*Penelope jacquacu*
Guacamayas	Psittacidae
Loros	Psittacidae
Tucanes	Ramphastidae
MAMÍFEROS	
Tonina	*Inia geoffrensis*
Perro de agua	*Pteronura brasiliensis*
Danto	*Tapirus terrestris*
Lapa	*Agouti paca*
Chácharo	*Pecari tajacu, Tayassu peccari*
Monos	Cebidae
Picures	*Dasyprocta* spp
Ardillas	Sciuridae
Cachicamos	Dasypodidae